运 筹 学

（第 2 版）

主　编　　宋学锋

副主编　　魏晓平

编　写　　宋学锋　　魏晓平

　　　　　戴　槟　　刘志强

　　　　　吴瑞明　　樊世清

东南大学出版社

内 容 提 要

运筹学是一门关于优化技术的科学,应用极为广泛。本书讲述了运筹学主要分支的基本原理与方法,包括:线性规划、目标规划、整数规划、动态规划、对策论、存储论、排队论、决策论、图论与网络计划技术等理论与方法,并附有相应的应用案例。适合高等院校经济管理、工程管理等专业作为教材使用,也可以作为有关科教人员的学习参考。

图书在版编目(CIP)数据

运筹学/宋学锋主编 . —2 版. —南京:东南大学出版社,
2016.2(2017.4 重印)
 ISBN 978-7-5641-6338-9

Ⅰ. ①运… Ⅱ. ①宋… Ⅲ. ①运筹学 Ⅳ. O22

中国版本图书馆 CIP 数据核字(2016)第 015109 号

东南大学出版社出版发行
(南京四牌楼 2 号 邮编 210096)
出版人:江建中
江苏省新华书店经销 南京京新印刷有限公司印刷
开本:700mm×1000mm 1/16 印张:22 字数:436 千字
2016 年 2 月第 2 版 2017 年 4 月第 2 次印刷
ISBN 978-7-5641-6338-9
印数:3001—6000 册 定价:36.00 元

(凡因印装质量问题,可直接向营销部调换。电话:025-83791830)

编写委员会名单

主任委员　成　虎　盛承懋

副主任委员　（以姓氏笔画为序）

王元钢　王卓甫　刘碧云

李启明　宋学锋　陆军令

陆惠民　杨鼎久

委　　员　（以姓氏笔画为序）

刘钟莹　许　敏　连永安

周　云　黄月华　黄安永

黄有亮　温作民

第 2 版前言

运筹学(Operations Research)是第二次世界大战以后发展起来的一门新兴科学。它在生产管理、工程管理、军事作战、财政经济以及社会科学中都得到了极为广泛的应用。随着我国社会主义市场经济体制改革的深入,管理运筹学方法的研究和应用日益受到广大工程管理和经济管理研究人员和实际工作者的重视,很多院校都加强了这方面的教学和研究工作。这有助于提高学生定量分析和解决实际问题的能力,为决策提供科学依据。为此,我们在近十几年运筹学教学和研究的基础上,参照国内外有关资料,编写了本教材,以满足工程技术与管理类各本科专业,以及 MBA 运筹学课程教学的需要。

本书共分 13 章,内容包括:线性规划、整数规划、目标规划、非线性规划、动态规划、矩阵对策、网络计划技术、存贮论、排队论、单目标决策和多目标决策等运筹学的主要内容。对于财会班、进修班等的管理数学或运筹学课程,因学时数较少,可以选其中的基本内容进行教学。

本教材第 1 章、第 11 章至第 12 章,由南京财经大学宋学锋教授编写;第 2 章至第 5 章由中国矿业大学魏晓平教授编写;第 6 章至第 7 章由南京工业大学戴槟教授编写;第 8 章和第 9 章,由中国矿业大学刘志强教授编写;第 10 章,由中国矿业大学樊世清副教授编写;第 13 章由上海交通大学吴瑞明副教授编写。全书由宋学锋教授总纂。

本书在编写过程中力求通俗易懂,避免过于繁琐的数学推导;注重结合工程与经济管理中的案例讲解有关原理和方法。

本教材自 2003 年出版以来,得到了不少高校的欢迎和采用,虽然经过多次的重印,仍不能满足需求。本次重版,修订了原教材中的个别疏漏和错误。鉴于我们水平所限,本书如有不当和疏漏之处,欢迎广大读者批评指正。

编　者

2015 年 12 月

目　　录

1 绪 论

1.1 运筹学的定义

运筹学一词的英文原名为 Operations Research(缩写为 OR),可直译为"运用研究"或"作业研究". 1957 年我国学者从"夫运筹于帷幄之中,决胜于千里之外"这句古语中摘取"运筹"二字,将 Operations Research 正式译作运筹学.

运筹学一词虽然起源于 20 世纪 30 年代,但目前尚没有统一的定义.据大英百科全书释义,"运筹学是一门应用于管理有组织系统的科学","运筹学为掌管这类系统的人提供决策目标和数量分析的工具".

P. M. Morse 和 G. E. Kimball 认为:"运筹学是为执行部门对它们控制下的业务活动采取决策提供定量根据的科学方法".

我国《辞海》(1979 年版)中有关运筹学条目的释义为,"运筹学主要研究经济活动与军事活动中能用数量来表达有关运用、筹划与管理方面的问题,它根据问题的要求,通过数学的分析与运算,作出综合性的合理安排,以达到较经济较有效地使用人力物力. "

《中国企业管理百科全书》(1984 年版)中的释义为,"运筹学应用分析、试验、量化的方法,对经济管理系统中人、财、物等有限资源进行统筹安排,为决策者提供有依据的解决方案,以实现最有效的管理. "

由于运筹学涉及的主要领域是管理问题,因此,国外称运筹学为管理科学.研究的基本手段是建立数学模型,并比较多地运用各种数学工具,因此,国内曾有人将运筹学称作"管理数学".

1.2 运筹学的起源与发展情况

运筹学最初是由于第二次世界大战的军事需要而发展起来的,在军事上,它有时称为运筹分析或运筹评估(有时是武器系统评估).虽然最初运筹学的系统应用主要是在军事方面,但如今还广泛应用于工业与政府.运筹学是一种科学方法.它是一种以定量的研究方法去研究优化问题并寻求其确定解答的方法体系.

运筹学这个名词的正式使用是在 1938 年,当时英国为解决空袭的早期预警,做好反侵略战争准备,而积极进行"雷达"的研究. 但随着雷达性能的改善和配置数量的增多,出现了来自不同雷达站的信息以及雷达站同整个防空作战系统的协调配合问题. 1938 年 7 月,波得塞(Bawadsey)雷达站的负责人罗伊(A. P. Rowe)提出立即进行整个防空作战系统运行的研究,并用"Operational Research"一词作为这方面研究的描述,这就是 OR(运筹学)这个名词的起源. 运筹学小组的活动,开始局限于对空军战术的研究,以后扩展到海军和陆军,并参与战略决策的研究.

这种研究在美国、加拿大等国很快得到效仿. 二次世界大战中,各国的运筹学小组进行了提高轰炸效果或侦察效果,用水雷有效封锁敌方海面等方面的分析研究,为取得反法西斯战争的胜利做出了贡献. 1939 年前苏联学者康托洛维奇出版了《生产组织与计划中的数学方法》一书,对列宁格勒胶合板厂的计划任务建立了一个线性规划的模型,并提出了求解方法,为数学与管理科学的结合做出了开创性的工作. 战后,运筹学的活动扩展到工业和政府等部门,它的发展大致可以分成四个阶段:

1) 初创阶段

从 1945 年到 20 世纪 50 年代初,被称为创建时期. 此阶段的特点是人数不多,范围较小,出版物、学会等寥寥无几. 最初英国一些战时从事运筹学研究的人积极讨论如何将运筹学方法应用于民用部门,于 1948 年成立"运筹学俱乐部",在煤炭、电力等部门推广应用运筹学并取得了一些进展. 1948 年美国麻省理工学院把运筹学作为一门课程介绍,1950 年英国伯明翰大学正式开设运筹学课程,1952 年在美国喀斯(Case)工业大学设立了运筹学的硕士和博士点. 第一本运筹学杂志《运筹学季刊》(O. R. Quarterly)于 1950 年在英国创刊,第一个运筹学会——美国运筹学会于 1952 年成立,并于同年出版了《运筹学学报》(Journal of ORSA).

2) 成长阶段

自 20 世纪 50 年代初期到 50 年代末期,被认为是运筹学的成长时期. 此阶段的一个特点是电子计算机技术的迅速发展,使得运筹学中一些方法如单纯形法、动态规划方法等,得以用来解决实际管理系统中的优化问题,促进了运筹学的推广应用. 50 年代末,美国大约有半数的大公司在自己的经营管理中应用运筹学. 另一个特点是出现了更多刊物、学会.

从 1956 年到 1959 年就有法国、印度、日本、荷兰、比利时等 10 个国家成立运筹学会,并又有 6 种运筹学刊物问世. 1957 年在英国牛津大学召开了第一次国际运筹学会议,1959 年成立国际运筹学会(International Federation of Operations Research Societies,IFORS).

3) 应用普及阶段

20 世纪 60 年代至今,被认为是运筹学迅速发展和开始普及的时期. 此阶段的特点是运筹学进一步细分为各个分支,专业学术团体迅速增多,更多期刊的创办,运筹学书籍的大量出版,以及更多学校将运筹学课程纳入教学计划.第三代电子数字计算机的出现,促使运筹学得以用来研究一些大的复杂的系统,如城市交通、环境污染、国民经济计划等.

我国第一个运筹学小组于 1956 年在中国科学院力学研究所成立,1958 年建立了运筹学研究室,1960 年在山东济南召开全国应用运筹学的经验交流和推广会议,1962 年和 1978 年先后在北京和成都召开了全国运筹学专业学术会议,1980 年 4 月成立中国运筹学会.在农林、交通运输、建筑、机械、冶金、石油化工、水利、邮电、纺织等部门,运筹学的方法已开始得到应用推广,并取得了突出的成绩.例如:中国科学院系统科学研究所已故研究员王毓云于 1988 年获得了国际运筹学奖;第 15 届国际运筹学大会于 1999 年在北京召开.

另外,中国运筹学会、中国系统工程学会以及与国民经济各部门有关的专业学会,也都把运筹学应用作为重要的研究领域.我国各高等院校,特别是各经济管理类专业中已普遍把运筹学作为一门专业的主干课程列入教学计划之中.总之,运筹学知识在我国得到了广泛的普及和应用.

4) 发展阶段

目前,运筹学仍在蓬勃发展之中,各个分支无论是从内容上还是从理论方法上,都在不断拓展和深入发展之中.如:非线性多目标规划、整体优化、随机规划、递阶对策、以及算法复杂性等方面的研究方兴未艾.

值得说明的是,由于运筹学在经济管理方面的广泛应用,引发了管理学科的快速发展,使管理学科大约在 20 世纪 60 年代进入了管理科学时代.因此,在管理学科中,运筹学又被称为管理科学.只是管理学科注重运筹学理论与方法的实际应用研究,而应用数学学科注重运筹学的理论研究,比如研究各种运筹学问题最优解的存在性、求解的计算方法、计算复杂性等等.

1.3　运筹学研究的基本特点与步骤

运筹学是一门应用科学.运筹学研究的基本特点是:定量化、模型化、最优化.定量化就是对所研究的问题进行分析,找出问题影响因素间的定量关系;模型化就是根据所研究问题的性质与类型,选取适当的运筹学模型描述,并使模型准确反映问题的本质;最优化就是在模型的基础上通过运算求出问题的最优解,即在可行方案中找出最优方案的过程.

如果说辅助决策是运筹学应用的目的,那么正确建立模型则是运筹学方法的核心,也是求出最优解的前提.

围绕着模型的建立、修正与应用,运筹学的研究可划分为以下步骤:

1) 分析与表述问题

首先对研究的问题进行系统的观察分析,归纳出决策的目标及制订决策时在行动和时间等各方面的限制,分析时可以先提出一个初步的目标,通过对系统的各种因素和相互关系的研究,使这个目标进一步明确化;此外还需要与有关人员进一步讨论,明确有关研究问题的过去与未来,问题的边界、环境以及包含这个问题在内的更大系统的有关情况,以便在对问题的表述中确定问题中哪些是可控的决策变量,哪些是不可控的变量,确定限制变量取值的工艺技术条件及对目标的有效度量;另外,还要收集有关的数据,确定问题各要素间的定量关系,各要素变量的取值范围等.

2) 建立模型

模型是研究者对客观现实经过思维抽象后用文字、图表、符号、关系式以及实体模样描述所认识到的客观对象.模型表达了问题包含的各种变量间的相互关系.模型的正确建立是运筹学研究中的关键一步,对模型的研制是一项艺术,它是将实际问题、经验、科学方法三者有机结合的创造性的工作.

运筹学在解决问题时,按研究对象不同可构造各种不同的模型.模型的基本形式有形象模型、模拟模型和数学模型.目前用得最多的是数学模型.构造模型是一种创造性劳动,成功的模型往往是科学和艺术的结晶,构建模型的方法和思路有以下五种:

(1) 直接分析法　按研究者对问题内在机理的认识直接构造出模型.运筹学中已有不少现存的模型,如线性规划模型、投入产出模型、排队模型、存贮模型、决策和对策模型等等.这些模型都有很好的求解方法及求解的软件,但用这些现存的模型研究问题时,要注意不能生搬硬套.

(2) 类比法　有些问题可以用不同方法构造出模型,而这些模型的结构性质是类同的,这就可以互相类比.如物理学中的机械系统、气体动力学系统、水力学系统、热力学系统及电路系统之间就有不少彼此类同的现象.甚至有些经济、社会系统也可以用物理系统来类比.在分析有些经济、社会问题时,不同国家之间有时也可以找出某些类比的现象.

(3) 数据分析法　对有些问题的机理尚未了解清楚,若能搜集到与此问题密切有关的大量数据,或通过某些试验获得大量数据,这就可以用统计分析方法建立模型.

(4) 试验分析法　当有些问题的机理不清,又不能做大量试验来获得数据时,就只能通过对局部试验的数据加以分析来构造模型.

(5) 构想法　当有些问题的机理不清,缺少数据,又不能做试验来获得数据时,例如一些社会、经济、军事问题,人们只能在已有的知识、经验和某些研究的基

4

础上,对于将来可能发生的情况给出逻辑上合理的设想和描述,然后用已有的方法构造模型,并不断修正完善,直至比较满意为止.

建立模型的好处,一是使问题的描述高度规范化,如管理中对人力、设备、材料、资金的利用安排都可以归纳为所谓资源的分配利用问题,可建立起一个统一的规划模型,而对规划模型的研究代替了对一个个具体问题的分析研究;二是建立模型后,可以通过输入各种数据资料,分析各种因素同系统整体目标之间的因果关系,从而确立一套逻辑的分析问题的程序方法;三是建立系统的模型为应用电子计算机来解决实际问题架设起桥梁.建立模型时既要尽可能包含系统的各种信息资料,又要抓住本质的因素.

3) 对问题求解

用数学方法或其他工具对模型求解.根据问题的要求可分别求出最优解、次最优解或满意解;依据对解的精度的要求及算法上实现的可能性,又可区分为精确解和近似解等.求解模型可以借助计算机工具,标准的运筹学模型基本都有现成的软件包可以使用,例如:中国矿业大学管理学院运用 VB 编制的基于 Windows 界面的软件包.

4) 对模型解进行检验

将实际问题的数据资料代入模型,找出的精确的或近似的解毕竟是模型的解.为了检验得到的解是否正确,常采用回溯的方法.即将历史的资料输入模型,研究得到的解与历史实际的符合程度,以判断模型是否正确.当发现有较大误差时,要将实际问题同模型重新对比,检查实际问题中的重要因素在模型中是否已考虑到,检查模型中各公式的表达是否前后一致,以及检查模型中各参数取极值情况时问题的解,以便发现问题进行修正.

5) 确定解的适用范围

任何模型都有一定的适用范围,模型的解是否有效首先要注意模型是否继续有效,并依据灵敏度分析的方法,确定最优解保持稳定时的参数变化范围.一旦外界条件参数变化超出这个范围,就要及时对模型及导出的解进行修正.

6) 解(方案)的实施

方案的实施是运筹学研究的目的,要向实际应用部门讲清方案的用法,以及在实际中可能产生的困难和克服困难的措施与方法等.

为了有效地应用运筹学,前英国运筹学学会会长托姆林森提出了六条原则:①合伙原则.是指运筹学工作者要和各方面人,尤其是要同实际部门工作者合作.②催化原则.是指在多学科共同解决某问题时,要引导人们改变一些常规的看法.③互相渗透原则.要求多部门彼此渗透地考虑问题,而不是只局限于本部门.④独立原则.在研究问题时,不应受某人或某部门的特殊政策所左右,应独立从事工作.⑤宽容原则.解决问题的思路要宽,方法要多,而不是局限于某种特定的方法.⑥平衡原则. 要考虑各种矛盾的平衡, 关系的平衡.

1.4 运筹学的主要内容

运筹学经过半个多世纪的发展, 目前已经形成了丰富的内容, 产生了众多的分支. 按所解决问题性质和模型的特点划分, 运筹学的主要分支和基本内容有以下几个方面:

1) 线性规划

经营管理中如何有效地利用现有人力物力完成更多的任务, 或在预定的任务目标下, 如何耗用最少的人力物力去实现. 这类问题可以用数学语言表达, 即先根据问题要达到的目标选取适当的变量, 问题的目标通过用变量的函数形式表示(称为目标函数), 对问题的限制条件用有关变量的等式或不等式表达(称为约束条件). 当变量连续取值, 且目标函数和约束条件均为线性时, 称这类模型为线性规划的模型. 有关对线性规划问题建模、求解和应用的研究构成了运筹学中的线性规划分支.

2) 非线性规划

如果上述模型中目标函数或约束条件不全是线性的, 对这类模型的研究便构成了非线性规划的分支.

3) 动态规划

有些经营管理活动由一系列阶段组成, 在每个阶段依次进行决策, 而且各阶段的决策之间互相关联, 因而构成一个多阶段的决策过程. 动态规划则是研究一个多阶段决策过程总体优化的问题.

4) 图与网络分析

生产及工程管理中经常碰到工序间的合理衔接搭配问题, 设计中经常碰到研究各种管道、线路的通过能力以及仓库、附属设施的布局等问题. 运筹学中把一些研究的对象用节点表示, 对象之间的联系用连线(边)表示, 点边的集合构成图. 如果给图中各边赋予某些具体的权数, 并指定了起点和终点, 称这样的图为网络图. 图与网络分析这一分支通过对图与网络性质及优化的研究, 解决设计与管理中的实际问题.

5) 存贮论

为了保证企业生产正常进行, 需一定数量材料和物资的储备. 存贮论则是研究在各种供应和需求条件下, 应当在什么时间, 提出多大的订货批量来补充储备, 使得用于采购、贮存和可能发生的短缺的费用损失的总和为最少等问题的运筹学分支.

6) 对策论

一种用来研究具有对抗性局势的模型．在这类模型中，参与对抗的各方均有一组策略可供选择，对策论的研究为对抗各方提供为获取对自己有利的结局应采取的最优策略．对策论内容也很广泛，如：零和对策与非零和对策；合作对策与非合作对策；静态对策与微分对策；以及主从对策，等等．

7) 决策论

在一个管理系统中，采用不同的策略会得到不同的结局和效果．由于系统状态和决策准则的差别，对效果的度量和决策的选择也有差异．决策论通过对系统状态的性质、采取的策略及效果的度量进行综合研究，以便确定决策准则，并选择最优的决策方案．决策论又包括单目标决策和多目标决策．

8) 排队论

一种研究排队服务系统工作过程优化的运筹学理论和方法．在这类系统中，服务对象何时到达，以及系统对每个对象的服务时间是随机的．排队论通过找出这类系统工作特征的数值，为设计新的服务系统和改进现有系统提供数量依据．工业企业生产中多台设备的看管、机修服务等都属于这类服务系统．

9) 其他

随着运筹学的不断发展，运筹学除了上述基本内容以外，还有不少后来发展起来的分支，如：随机规划、模糊规划、层次分析方法（AHP）、DEA 方法、总体优化方法，等等．

1.5　运筹学的应用

运筹学早期的应用主要在军事领域．二次大战后运筹学的应用转向民用，特别是在经济管理领域应用十分广泛，大大促进了管理学科的发展，形成了管理科学理论与方法．从生产出现分工开始就有管理，但管理作为一门科学则开始于 20 世纪初．随着生产规模的日益扩大和分工的越来越细，要求生产组织高度的合理性、高度的计划性和高度的经济性，促使人们不仅研究生产的个别部门，而且要研究它们相互之间的联系，要将它们当作一个整体研究，并在已有方案基础上寻求更优的方案，从而促进了运筹学的发展和应用．

运筹学的诞生既是管理科学发展的需要，也是管理科学研究深化的标志．管理科学是研究人类管理活动的规律及其应用的一门综合性交叉科学，这是运筹学研究和提出问题的基础．但运筹学又在对问题进一步分析的基础上找出各种因素之间的本质联系，并对问题通过建模和求解，使人们对管理活动的规律性认识进一步深化．例如管理中有关库存问题的讨论，对最高和最低控制限的存贮方法，过去只从定性上进行描述,而运筹学则进一步研究了在各种不同需求情况下最高与最低控制限的具体数值.又如计划的编制,过去习惯采用的甘特图只是反映了各道工序的起止时间,反映不出它们相互之间的联系和制约.而运筹学中通过编制网络计划,从系统的观点揭示了这种工序间的联系和制约,为计划的调整优化提供了科学的依据.

运筹学在经济管理中的应用主要有以下几个方面:

(1) 工程管理与优化设计　网络计划技术以及优化方法在建筑工程与工业工程管理、电子、光学与机械设计等方面都有重要的应用.

(2) 生产计划与管理　在总体计划方面主要是从总体确定生产、存贮和劳动力的配合等计划以适应波动多变的市场需求计划,主要用线性规划和模拟方法等.还可用于生产作业计划、日程表的编排等.

(3) 市场营销管理　在广告预算和媒介的选择、竞争性定价、新产品开发、销售计划的制定等方面都需要运用运筹学进行定量分析,确定最优方案.

(4) 库存管理　主要应用于多种物资库存量的管理,确定某些设备的能力或容量,如停车场的大小、新增发电设备的容量大小、合理的水库容量等.目前国际新动向是:将库存理论与计算机的物资管理信息系统相结合,建立管理信息系统,如 MRPII 等.美国西电公司,从 1971 年起用五年时间建立了"西电物资管理系统",使公司节省了大量物资存贮费用和运费,而且减少了管理人员.

(5) 会计与财务分析及管理　主要涉及预算、贷款、成本分析、定价、投资、证券管理、现金管理等.用得较多的方法是:统计分析、数学规划、决策分析.此外还有盈亏点分析法、价值分析法等.

(6) 人力资源管理　人员的需求估计;人才的开发,即进行教育和训练;人员的分配,主要是各种指派问题;各类人员的合理利用;人才的评价,其中有如何测定一个人对组织、社会的贡献;工资和津贴的确定;以及激励与约束方法等.

(7) 设备维修、更新和可靠性、项目选择和评价等.

(8) 物流管理与交通运输问题　涉及空运、水运、公路运输、铁路运输、管道运输、厂内运输;空运问题涉及飞行航班和飞行机组人员服务时间安排等;水运有船舶航运计划、港口装卸设备的配置和船到港后的运行安排;公路运输除了汽车调度计划外,还有公路网的设计和分析,市内公共汽车路线的选择和行车时刻表的安排,出租汽车的调度和停车场的设立;铁路运输方面的应用就更多了.

(9) 城市管理　各种紧急服务系统的设计和运用,如救火站、救护车、警车等分布点的设立.美国曾用排队论方法来确定纽约市紧急电话站的值班人数.加拿大曾研究一城市的警车的配置和负责范围,出事故后警车应定的路线等.此外,还有城市垃圾的清扫、搬运和处理,城市供水和污水处理系统的规划等等.

1.6 我国运筹学发展简况

我国运筹学的研究始于 20 世纪 50 年代．1956 年,在钱学森和许国志先生的推动下中国科学院力学研究所成立了中国第一个运筹学小组．1959 年,中国第二个运筹学小组在中国科学院数学所成立,主要研究方向为排队论、非线性规划和图论．1963 年,中国科技大学在国内率先开设运筹学课程．1965 年,著名数学家华罗庚先生率队在全国传授、推广与应用优化技术和统筹方法．中国运筹学会于"文化大革命"之后的 1980 年成立,华罗庚当选为第一届理事长,许国志和越民义教授任副理事长．1982 年,中国运筹学会成为国际运筹学联合会(IFORS)的成员．1992 年,中国运筹学会从中国数学会独立出来,成为国家一级学会．1999 年,第十五届IFORS 大会在北京成功举行．

在应用方面,从 1958 年开始运筹学在交通运输、工业、农业、水利建设、邮电等方面,尤其是在运输方面,从物资调运、装卸到调度等都有应用．粮食部门为解决合理粮食调运问题,提出了"图上作业法"．我国的运筹学工作者从理论上证明了它的科学性．在解决邮递员合理投递路线时,管梅谷提出了国外称之为"中国邮路问题"的解法．在工业生产中推广了合理下料,机床负荷分配方法．在纺织业中曾用排队论方法解决细纱车间劳动组织等问题．在农业中研究了作业布局、劳力分配和麦场设置等问题．从 1965 年起统筹法的应用在建筑业、大型设备维修计划等方面取得可喜的进展．从 1970 年起在全国大部分省、市和部门推广优选法．其应用范围有配方及配比的选择、生产工艺条件的选择、工艺参数的确定、工程设计参数的选择、仪器仪表的调试等．在 20 世纪 70 年代中期最优化方法在工程设计界得到广泛的重视．在光学设计、船舶设计、飞机设计、变压器设计、电子线路设计、建筑结构设计和化工过程设计等方面都有成果．从 20 世纪 70 年代中期排队论开始应用于矿山、港口电讯等方面．在 20 世纪 80 年代,运筹学与系统工程理论与方法在我国很快普及,并在各个领域得到了越来越广泛的应用．我国运筹学家章祥荪、崔晋川和陈锡康等分别于 1996 年和 1999 年荣获 IFORS 为发展中国家设立的运筹学进展奖．

运筹学知识目前已经成为工程管理、经济管理与工程设计人员最常用的定量分析的基本工具和方法．

2 线性规划

线性规划(Linear Programming,简称 LP)是运筹学的一个重要分支,其研究始于 20 世纪 30 年代末.许多人把线性规划的发展列为 20 世纪中期最重要的科学进步之一.1947 年美国数学家丹捷格(G.B.Dantzig)提出求解线性规划的一般方法——单纯形法.从而使线性规划在理论上趋于成熟.此后随着电子计算机的出现,计算技术发展到一个高阶段.单纯形法解题步骤可以编成计算机程序,从而使线性规划在实际中的应用日益广泛和深入.目前,从解决工程问题的最优化问题,到工业、农业、交通运输、军事国防等部门的计划管理与决策分析,乃至整个国民经济计划的综合平衡,线性规划都有用武之地,它已成为现代管理科学的重要基础之一.

2.1 线性规划问题及其数学模型

线性规划研究可以归纳成两种类型的问题:一类是给定了一定数量的人力、物力、财力等资源,研究如何运用这些资源使完成的任务最多;另一类是给定了一项任务,研究如何统筹安排,才能以最少的人力、物力、财力等资源来完成该项任务.事实上,这两个问题又是一个问题的两个方面,就是寻求某个整体目标的最优化问题.下面是几个典型的实际问题.

2.1.1 线性规划问题实例

1) 生产计划

【例 1】 某工厂生产甲、乙两种产品,需消耗 A、B、C 三种材料.每生产单位产品甲,可得收益 4 万元;每生产单位产品乙,可得收益 5 万元,生产单位产品甲、乙对材料 A、B、C 的消耗量及材料的供应量如表 2.1 所示.

表 2.1

	甲	乙	资源量
A	1	1	45
B	2	1	80
C	1	3	90
收　益	4	5	

问如何安排生产才能使总收益最大?

此问题可用数学语言描述.设在计划期内甲、乙两种产品的产量分别为 x_1、x_2,按给定的条件,材料 A 在计划期间的供应量为 45 单位,这对产品产量是一个限制条件.因此,在安排生产时,要保证甲、乙产品所消耗的材料 A 不超过该材料供应量,可用不等式表示为

$$x_1 + x_2 \leqslant 45$$

类似地,对材料 B、C 也有下述不等式

$$\begin{cases} 2x_1 + x_2 \leqslant 80 \\ x_1 + 3x_2 \leqslant 90 \end{cases}$$

该厂的目标是使总收益最大,如以 Z 代表总收益,则有

$$z = 4x_1 + 5x_2$$

称其为目标函数.

此外,产品产量不可能是负的,因此有 $x_1 \geqslant 0, x_2 \geqslant 0$.

综上所述,此问题的数学模型为:求一组变量 x_1、x_2 满足下列约束条件

$$\begin{cases} x_1 + x_2 \leqslant 45 \\ 2x_1 + x_2 \leqslant 80 \\ x_1 + 3x_2 \leqslant 90 \\ x_1, x_2 \geqslant 0 \end{cases}$$

使目标函数

$$z = 4x_1 + 5x_2$$

为最大.

2) 物资调运问题

【例2】 某运输部门考虑这样一个运输问题:有 A_1、A_2、A_3 三家工厂生产同一种产品,日产量分别是 6、4、12 万吨;有 B_1、B_2、B_3、B_4 四个门市部,其日销售量分别为 6、2、7、7 万吨.每个工厂到各门市部的单位运费(万元／万吨)如表 2.2 所示.问如何组织调运可使总运费最少?

表 2.2　　　　　　　　万元／万吨

	B_1	B_2	B_3	B_4
A_1	4	8	8	4
A_2	9	5	6	3
A_3	3	11	4	2

设 $A_i(i = 1, 2, 3)$ 到 $B_j(j = 1, 2, 3, 4)$ 的调运量为 x_{ij},详见表 2.3.

表 2.3

	B_1	B_2	B_3	B_4	日产量(万吨)
A_1	x_{11}	x_{12}	x_{13}	x_{14}	6
A_2	x_{21}	x_{22}	x_{23}	x_{24}	4
A_3	x_{31}	x_{32}	x_{33}	x_{34}	12
日销量(万吨)	6	2	7	7	22

由于供需平衡,所以各厂的调出量应等于其日产量,即 x_{ij} 必须满足

$$\begin{cases} x_{11} + x_{12} + x_{13} + x_{14} = 6 \\ x_{21} + x_{22} + x_{23} + x_{24} = 4 \\ x_{31} + x_{32} + x_{33} + x_{34} = 12 \end{cases}$$

此外,还要保证各部门的日销售量,故 x_{ij} 还必须满足

$$\begin{cases} x_{11} + x_{21} + x_{31} = 6 \\ x_{12} + x_{22} + x_{32} = 2 \\ x_{13} + x_{23} + x_{33} = 7 \\ x_{14} + x_{24} + x_{34} = 7 \end{cases}$$

显然,从各工厂到各门市部的产品调运量都不能为负,即有

$$x_{ij} \geq 0 \qquad (i = 1,2,3; j = 1,2,3,4)$$

目标是要使总运费

$$z = 4x_{11} + 8x_{12} + 8x_{13} + 4x_{14} + 9x_{21} + 5x_{22} + 6x_{23} +$$
$$3x_{24} + 3x_{31} + 11x_{32} + 4x_{33} + 2x_{34}$$

达到最小.

归纳起来,此问题的数学模型为:求一组变量 $x_{ij}(i = 1,2,3; j = 1,2,3,4)$ 满足下列约束条件

$$\begin{cases} x_{11} + x_{12} + x_{13} + x_{14} = 6 \\ x_{21} + x_{22} + x_{23} + x_{24} = 4 \\ x_{31} + x_{32} + x_{33} + x_{34} = 12 \\ x_{11} + x_{21} + x_{31} = 6 \\ x_{12} + x_{22} + x_{32} = 2 \\ x_{13} + x_{23} + x_{33} = 7 \\ x_{14} + x_{24} + x_{34} = 7 \\ x_{ij} \geq 0 \qquad (i = 1,2,3; j = 1,2,3,4) \end{cases}$$

使目标函数

$$z = 4x_{11} + 8x_{12} + 8x_{13} + 4x_{14} + 9x_{21} + 5x_{22} + 6x_{23} +$$

$$3x_{24} + 3x_{31} + 11x_{32} + 4x_{33} + 2x_{34}$$

达到最小.

3) 配料问题

【例3】 某合金产品由甲、乙两种金属混合制成,按合金性能要求,金属甲不能超过 6% ,金属乙不能少于 92%(为简单起见,其他杂质不计).若金属甲、乙的价格分别为 2 百元／千克和 5 百元／千克.那么,此合金应该按怎样的比例配料才能使其原料成本最低?

若设每千克合金产品中甲、乙金属的含量分别为 x_1、x_2,则为满足合金对金属甲、乙含量的限制,应该有

$$x_1 \leqslant 0.06$$
$$x_2 \geqslant 0.92$$

而金属甲、乙构成合金的含量总平衡关系式为

$$x_1 + x_2 = 1$$

当然,金属甲、乙的含量均不能为负值,即有 $x_1 \geqslant 0, x_2 \geqslant 0$.目标是使原料成本

$$z = 2x_1 + 5x_2$$

达到最低.

于是,得此问题的数学模型为:求一组变量 x_1、x_2 满足下列约束条件

$$\begin{cases} x_1 \leqslant 0.06 \\ x_2 \geqslant 0.92 \\ x_1 + x_2 = 1 \\ x_1, x_2 \geqslant 0 \end{cases}$$

使目标函数

$$z = 2x_1 + 5x_2$$

达到最小.

以上三个例子,尽管其实际问题的背景有所不同,但讨论的都是资源的最优配置问题.它具有如下一些共同特点.

目标明确:决策者有着明确的目标,即寻求某个整体目标最优.如最大收益、最小费用、最小成本等.

多种方案:决策者可从多种可供选择的方案中选取最佳方案,如不同的生产方案和不同的物资调运方案等.

资源有限:决策者的行为必须受到限制,如产品的生产数量受到资源供应量的限制,物资调运既要满足各门市部的销售量,又不能超过各工厂的生产量.

线性关系:约束条件及目标函数均保持线性关系.

具有以上特点的决策问题,被称为线性规划问题.从数学模型上概括,可以认

为,线性规划问题是求一组非负的变量 $x_1, x_2, \cdots, x_n$,在一组线性等式或线性不等式的约束条件下,使得一个线性目标达到最大值或者最小值.

2.1.2　线性规划的数学模型

上述三个例子的数学模型有以下共同特征:

(1) 存在一组变量 $x_1, x_2, \cdots, x_n$,称为决策变量,表示某一方案.通常要求这些变量的取值是非负的.

(2) 存在若干个约束条件,可以用一组线性等式或不等式来描述.

(3) 存在一个线性目标函数,按实际问题求最大值或者最小值.

根据以上特征,可以将线性规划问题抽象为一般的数学表达式,即线性规划问题数学模型(简称线性规划模型)的一般形式为

$$\max(\min) \; z = c_1 x_1 + c_2 x_2 + \cdots + c_n x_n$$

$$\text{s.t.} \begin{cases} a_{11} x_1 + a_{12} x_2 + \cdots + a_{1n} x_n \leqslant (=, \geqslant) b_1 \\ a_{21} x_1 + a_{22} x_2 + \cdots + a_{2n} x_n \leqslant (=, \geqslant) b_2 \\ \vdots \\ a_{m1} x_1 + a_{m2} x_2 + \cdots + a_{mn} x_n \leqslant (=, \geqslant) b_m \\ x_1, x_2, \cdots, x_n \geqslant 0 \end{cases}$$

式中的"max"是"maximize"(求最大值)的缩写,"min"是"minimize"(求最小值)的缩写,"s.t."是"subject to"(在 …… 条件下)的缩写. c_j, b_i, a_{ij} 是由实际问题所确定的常数. $c_j (j = 1, 2, \cdots, n)$ 称为利润系数或成本系数,对前者通常是求最大值问题,对后者通常是求最小值问题; $b_i (i = 1, 2, \cdots, m)$ 称为限定系数或常数项; $a_{ij} (i = 1, 2, \cdots, m; j = 1, 2, \cdots, n)$ 称为结构系数或消耗系数; $x_j (j = 1, 2, \cdots, n)$ 为决策变量;每一个约束条件只持有一种符号($\leqslant$ 或 $=$ 或 $\geqslant$).

2.1.3　线性规划模型的标准形式

在制定出一个线性规划模型后,下一步的任务就是研究如何求出这个模型的解.但由于线性规划模型有各种形式,而数学模型上的多样性给研究线性规划的解法带来了不便.为了讨论和计算方便,我们要在这众多的形式中规定一种形式,将其称为线性规划模型的标准形式.线性规划模型的标准型为

$$\max \; z = c_1 x_1 + c_2 x_2 + \cdots + c_n x_n$$

$$\text{s.t.} \begin{cases} a_{11} x_1 + a_{12} x_2 + \cdots + a_{1n} x_n = b_1 \\ a_{21} x_1 + a_{22} x_2 + \cdots + a_{2n} x_n = b_2 \\ \vdots \\ a_{m1} x_1 + a_{m2} x_2 + \cdots + a_{mn} x_n = b_m \\ x_1, x_2, \cdots, x_n \geqslant 0 \end{cases}$$

上述形式的特点是：

（1）所有决策变量都是非负的；

（2）所有约束条件都是"＝"型；

（3）目标函数是求最大值；

（4）所有常数项 $b_i(i = 1,2,\cdots,m)$ 均为非负的.

注：对目标函数的类型原则上没有硬性的规定，求最大化和最小化都可以. 但是为了讨论方便，暂时规定目标函数最大化为标准型.

2.1.4 线性规划标准型缩写形式

上述的标准型有三种常见形式的缩写：

（1）线性规划模型一般的缩写

$$\max z = \sum_{j=1}^{n} c_j x_j$$

$$\text{s.t.} \begin{cases} \sum_{j=1}^{n} a_{ij} x_j = b_i & (i = 1,2,\cdots,m) \\ x_j \geqslant 0 & (j = 1,2,\cdots,n) \end{cases}$$

线性规划模型的标准型有时用矩阵或向量描述往往更为方便.

（2）向量表示线性规划模型的标准型缩写

$$\max z = \boldsymbol{CX}$$

$$\text{s.t.} \begin{cases} \sum_{j=1}^{n} \boldsymbol{P}_j x_j = \boldsymbol{b} \\ x \geqslant 0 \end{cases}$$

$$\boldsymbol{C} = (c_1, c_2, \cdots, c_n)$$

其中

$$\boldsymbol{X} = \begin{bmatrix} x_1 \\ x_2 \\ \vdots \\ x_n \end{bmatrix}; \quad \boldsymbol{P}_j = \begin{bmatrix} a_{1j} \\ a_{2j} \\ \vdots \\ a_{mj} \end{bmatrix}; \quad \boldsymbol{b} = \begin{bmatrix} b_1 \\ b_2 \\ \vdots \\ b_m \end{bmatrix}$$

向量 $\boldsymbol{P}_j$ 是变量 x_j 对应的约束条件中的系数列向量.

（3）矩阵表示线性规划模型的标准型缩写

$$\max z = \boldsymbol{CX}$$

$$\text{s.t.} \begin{cases} \boldsymbol{AX} = \boldsymbol{b} \\ \boldsymbol{X} \geqslant 0 \end{cases}$$

其中

$$A = \begin{bmatrix} a_{11} & a_{12} & \cdots & a_{1n} \\ a_{21} & a_{22} & \cdots & a_{2n} \\ \vdots & \vdots & & \vdots \\ a_{m1} & a_{m2} & \cdots & a_{mn} \end{bmatrix} = (\boldsymbol{P}_1, \boldsymbol{P}_2, \cdots, \boldsymbol{P}_n)$$

其他同前.我们称 A 为约束方程组的系数矩阵($m \times n$),一般 $m < n$, m、n 均为正整数.

2.1.5　线性规划模型的标准化问题

由于对线性规划问题解的研究是基于标准型进行的,因此,对于给定的非标准型线性规划问题的数学模型,则需要将其化为标准型.对于不同形式的线性规划模型,可以采取如下一些办法:

1) 目标函数为最小值问题

对于目标函数为最小值问题,只要将目标函数两边都乘以 -1,即可化成等价的最大值问题.

2) 约束条件为"$\leqslant$"类型

对这样的约束,可在不等式的左边加上一个非负的新变量,即可化为等式.这个新增的非负变量称为松弛变量.

3) 约束条件为"$\geqslant$"类型

对这样的约束,可在不等式的左边减去一个非负的新变量,即可化为等式.这个新增的非负变量称为剩余变量(也可统称为松弛变量).

一般说来,松弛变量和剩余变量的目标函数系数等于零.

4) 决策变量 x_k 的符号不受限制

对于这种情况,可用两个非负的新变量 x'_k 和 x''_k 之差来代替,即将变量 x_k 写成 $x_k = x'_k - x''_k$.而 x_k 的符号由 x'_k 和 x''_k 的大小来决定,通常将 x_k 称为自由变量.

5) 常数项 b_i 为负值

对于这种情况,可在约束条件的两边分别乘以 -1 即可.

下面举例说明如何将线性规划的非标准形式化为标准型.

【例 4】　把例 1 的线性规划模型化为标准型,例 1 的数学模型为

$$\max z = 4x_1 + 5x_2$$

$$\text{s.t.} \begin{cases} x_1 + x_2 \leqslant 45 \\ 2x_1 + x_2 \leqslant 80 \\ x_1 + 3x_2 \leqslant 90 \\ x_1, x_2 \geqslant 0 \end{cases}$$

【解】　在各不等式的左边分别引入松弛变量使不等式成为等式,从而得标

准型：

$$\max z = 4x_1 + 5x_2 + 0x_3 + 0x_4 + 0x_5$$

$$\text{s. t.} \begin{cases} x_1 + x_2 + x_3 = 45 \\ 2x_1 + x_2 + x_4 = 80 \\ x_1 + 3x_2 + x_5 = 90 \\ x_1, x_2, \cdots, x_5 \geqslant 0 \end{cases}$$

【例 5】 将下列线性规划模型化成标准型

$$\min z = 3x_1 - x_2 + 3x_3$$

$$\text{s. t.} \begin{cases} x_1 + x_2 + x_3 \leqslant 6 \\ x_1 + x_2 - x_3 \geqslant 2 \\ -3x_1 + 2x_2 + x_3 = 5 \\ x_1, x_2 \geqslant 0, x_3 \text{ 无非负约束} \end{cases}$$

【解】 通过以下四个步骤：

（1）目标函数两边乘上 -1 化为求最大值；

（2）以 $x'_3 - x''_3 = x_3$ 代入目标函数和所有的约束条件中，其中 $x'_3 \geqslant 0, x''_3 \geqslant 0$；

（3）在第一个约束条件的左边加上松弛变量 x_4；

（4）在第二个约束变量的左边减去剩余变量 x_5.

于是可得到该线性规划模型的标准型：

$$\max (-z) = -3x_1 + x_2 - 3x'_3 + 3x''_3 + 0x_4 + 0x_5$$

$$\text{s. t.} \begin{cases} x_1 + x_2 + x'_3 - x''_3 + x_4 = 6 \\ x_1 + x_2 - x'_3 + x''_3 - x_5 = 2 \\ -3x_1 + 2x_2 + x'_3 - x''_3 = 5 \\ x_1, x_2, x'_3, x''_3, x_4, x_5 \geqslant 0 \end{cases}$$

2.2 线性规划问题的解及其几何意义

2.2.1 线性规划问题解的概念

由 2.1 知线性规划模型的标准型为

$$\max \ z = c_1 x_1 + c_2 x_2 + \cdots + c_n x_n \tag{2.1}$$

$$\text{s.t.} \begin{cases} a_{11} x_1 + a_{12} x_2 + \cdots + a_{1n} x_n = b_1 \\ a_{21} x_1 + a_{22} x_2 + \cdots + a_{2n} x_n = b_2 \\ \vdots \\ a_{m1} x_1 + a_{m2} x_2 + \cdots + a_{mn} x_n = b_m \\ x_1, x_2, \cdots, x_n \geqslant 0 \end{cases} \begin{matrix} \\ \\ (2.2) \\ \\ \\ (2.3) \end{matrix}$$

1）可行解

满足线性规划约束条件(2.2)和(2.3)的解 $X = (x_1, x_2, \cdots, x_n)^{\mathrm{T}}$ 称为线性规划问题的可行解,而所有可行解的集合称为可行域.

2）最优解

使线性规划模型中(2.1)式成立的可行解称为线性规划问题的最优解.

3）线性规划的基

设 A 是约束方程组(2.2)的 $m \times n$ 阶系数矩阵,其秩为 m,则 A 中任意 m 个线性无关的列向量构成的 $m \times m$ 阶子矩阵称为线性规划的一个基矩阵或简称为一个基,记为 B.显然,B 为非奇异矩阵,即 $|B| \neq 0$.

组成基矩阵的 m 个列向量称为**基向量**,其余 $n - m$ 个向量称为**非基向量**;与 m 个基向量相对应的 m 个变量被称为**基变量**,其余的 $n - m$ 个变量则被称为**非基变量**.显然,基变量随着基的变化而改变,当基被确定后,基变量和非基变量也随之确定了.

4）基本解

若令约束方程组(2.2)中的 $n - m$ 个非基变量为零,再对余下的 m 个基变量求解,所得到的约束方程组的解称为基本解.

如设 $B = (P_1, P_2, \cdots, P_m)$ 为线性规划的一个基,于是 $x_i (i = 1, 2, \cdots, m)$ 为基变量,$x_j (j = m + 1, m + 2, \cdots, n)$ 就为非基变量.现令非基变量 $x_{m+1} = x_{m+2} = \cdots = x_n = 0$,方程组(2.2)就变为

$$\text{s.t.} \begin{cases} a_{11} x_1 + a_{12} x_2 + \cdots + a_{1n} x_n = b_1 \\ a_{21} x_1 + a_{22} x_2 + \cdots + a_{2n} x_n = b_2 \\ \vdots \\ a_{m1} x_1 + a_{m2} x_2 + \cdots + a_{mn} x_n = b_m \end{cases}$$

此时方程组有 m 个方程、m 个未知数,可惟一地解出 $x_1, x_2, \cdots, x_m$.则向量

$$X = (x_1, x_2, \cdots, x_m, \underbrace{0, \cdots, 0}_{n-m})^{\mathrm{T}}$$

就是对应于基 B 的基本解.

5）基本可行解

满足非负条件(2.3)的基本解称为基本可行解;对应于基本可行解的基,称为

可行基.

显然,基本可行解既是基本解,又是可行解.因为约束方程组(2.2)的基的数目最多为 C_n^m 个,又由于基本解与基一一对应,故基本解的数目亦不多于 C_n^m 个.一般,基本可行解的数目要少于基本解的数目.

【例 6】 求下列线性规划问题的所有基本解,并指出哪些是基本可行解.

$$\max z = 3x_1 + x_2$$

$$\text{s.t.} \begin{cases} 2x_1 + 3x_2 \leqslant 4 \\ 3x_1 + x_2 \leqslant 5 \\ x_1, x_2 \geqslant 0 \end{cases}$$

【解】 将已知模型化为标准型:

$$\max z = 3x_1 + x_2$$

$$\text{s.t.} \begin{cases} 2x_1 + 3x_2 + x_3 = 4 \\ 3x_1 + x_2 + x_4 = 5 \\ x_1, x_2, x_3, x_4 \geqslant 0 \end{cases}$$

系数矩阵为

$$A = \begin{bmatrix} 2 & 3 & 1 & 0 \\ 3 & 1 & 0 & 1 \end{bmatrix} = (P_1, P_2, P_3, P_4)$$

由于其中任意两个列向量都是线性无关的,故有 $C_4^2 = 6$ 个不同的基,对应着 6 个不同的基本解,如表 2.4 所示.由于 $X_{B_1}, X_{B_2}, X_{B_5}, X_{B_6}$ 满足非负条件(2.3),所以为基本可行解;而 X_{B_3}, X_{B_4} 两个基本解,不满足非负条件,因此为非可行解.

表 2.4

基	基向量	基变量	非基变量	对应的基本解
$B_1 = \begin{bmatrix} 2 & 3 \\ 3 & 1 \end{bmatrix}$	(P_1, P_2)	(x_1, x_2)	(x_3, x_4)	$X_{B_1} = (11/7, 2/7, 0, 0)^{\mathrm{T}}$
$B_2 = \begin{bmatrix} 2 & 1 \\ 3 & 0 \end{bmatrix}$	(P_1, P_3)	(x_1, x_3)	(x_2, x_4)	$X_{B_2} = (5/3, 0, 2/3, 0)^{\mathrm{T}}$
$B_3 = \begin{bmatrix} 2 & 0 \\ 3 & 1 \end{bmatrix}$	(P_1, P_4)	(x_1, x_4)	(x_2, x_3)	$X_{B_3} = (2, 0, 0, -1)^{\mathrm{T}}$
$B_4 = \begin{bmatrix} 3 & 1 \\ 1 & 0 \end{bmatrix}$	(P_2, P_3)	(x_2, x_3)	(x_1, x_4)	$X_{B_4} = (0, 5, -11, 0)^{\mathrm{T}}$
$B_5 = \begin{bmatrix} 3 & 0 \\ 1 & 1 \end{bmatrix}$	(P_2, P_4)	(x_2, x_4)	(x_1, x_3)	$X_{B_5} = (0, 4/3, 0, 11)^{\mathrm{T}}$
$B_6 = \begin{bmatrix} 1 & 0 \\ 0 & 1 \end{bmatrix}$	(P_3, P_4)	(x_3, x_4)	(x_1, x_2)	$X_{B_6} = (0, 0, 4, 5)^{\mathrm{T}}$

2.2.2 图解法

图解法虽然只适用于求解两个变量的线性规划问题,但对于进一步了解和掌握求解多变量线性规划问题的基本原理有着重要的意义,现仍以 2.1 的例 1 为例,说明图解法的基本原理和解题过程.该问题的数学模型为

$$\max\ z = 4x_1 + 5x_2$$

$$\text{s.t.}\begin{cases} x_1 + x_2 \leqslant 45 \\ 2x_1 + x_2 \leqslant 80 \\ x_1 + 3x_2 \leqslant 90 \\ x_1, x_2 \geqslant 0 \end{cases}$$

【**解**】 (1)确定可行域

设 x_1 为横坐标,代表产品甲的产量;x_2 为纵坐标,代表产品乙的产量.由于 $x_1 \geqslant 0, x_2 \geqslant 0$,所以在 x_1, x_2 为坐标轴的直角坐标系中,只需考虑第一象限,即 x_1 轴的上边(包括 x_1 轴)和 x_2 轴的右边(包括 x_2 轴).

每个不等式约束代表一个半平面(等式约束代表一直线).例如第一个约束条件 $x_1 + x_2 \leqslant 45$,可在 x_1Ox_2 平面上做直线 $x_1 + x_2 = 45$.这条直线把平面分成两个半平面,满足 $x_1 + x_2 \leqslant 45$ 的点在左下方的半平面,并包括该直线在内,如图 2.1 所示.对于后两个约束条件也可以照此办理,即分别作出直线 $2x_1 + x_2 = 80$ 与直线 $x_1 + 3x_2 = 90$,并在图 2.1 中用箭头方向表明满足 $2x_1 + x_2 \leqslant 80$ 和满足 $x_1 + 3x_2 \leqslant 90$ 的半平面.两个非负条件也可分别表示两个半平面.这五个半平面构成一个封闭的多边形(见图 2.1 的阴影部分),即多边形 $OABCD$,在该多边形上任何一点的坐标(x_1, x_2)都同时满足所有约束条件,因此,都是该问题的可行解.可行解构成的集合称为可行域.

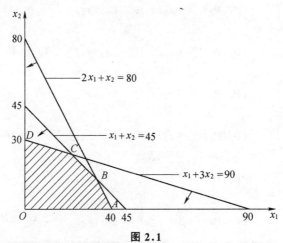

图 2.1

（2）再从可行域内寻找最优解点

线性规划问题中有无限多可行解，哪一个解是最优解呢？这取决于目标函数的系数（图形）.

目标函数 $z = 4x_1 + 5x_2$ 在坐标平面上可以表示为以 Z 为参数的一簇平行线，即

$$x_2 = -\frac{4}{5}x_1 + \frac{1}{5}z$$

其斜率为 $-\frac{4}{5}$，截距为 $\frac{1}{5}z$，位于同一直线上的点，具有相同的目标函数值，因而称其为等值线.

当 $z = 0$ 时，此线通过原点 $(0,0)$. 若将此直线沿函数值增大的方向平移，距离原点越远，其目标函数值越大. 如直线依次通过 $(10,0)(30,0)$ 和 $(40,0)$ 时，目标函数值分别为 $40,120,160$. 但到这条直线即将脱离可行域的最后一点（或一条线段）的瞬时，再继续平移，直线上将不再有可行域上的点，故该点的目标函数值是满足约束条件的最大值，这一点就是最优解点，见图 2.2 中的 C 点.

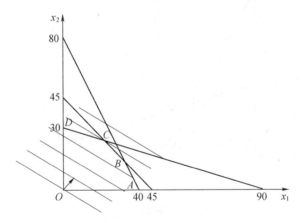

图 2.2

（3）确定最优点坐标

C 点的坐标就是该问题的最优解，它是直线 $x_1 + x_2 = 45$ 与直线 $x_1 + 3x_2 = 90$ 的交点，解方程组

$$\begin{cases} x_1 + x_2 = 45 \\ x_1 + 3x_2 = 90 \end{cases}$$

得 $x_1 = -\frac{45}{2}, x_2 = -\frac{45}{2}$；将其代入目标函数有 $z = 4 \times \frac{45}{2} + 5 \times \frac{45}{2} = 202.5$

这表明最优生产计划是产品甲、乙的生产量均为 $\frac{45}{2}$，可获得的最大利润为

202.5 万元.

2.2.3 线性规划解的几种特殊情况

下面用几何图形直观地说明求解线性规划问题时可能遇到的几种特殊情况.

1）多重最优解（无穷多最优解）

【例7】 若将例1的目标函数改为

$$\max z = 4x_1 + 4x_2$$

则其等值线与约束条件

$$x_1 + x_2 \leqslant 45$$

的边界线 BC 相互平行. 在这些等值线中, 离原点最远又可与可行域有交点的直线恰好与 BC 重合, 如图2.3所示. 这表明以 B、C 为端点的线段上的任意点都使目标函数取得相同的最大值. 可见该线性规划问题有多重最优解.

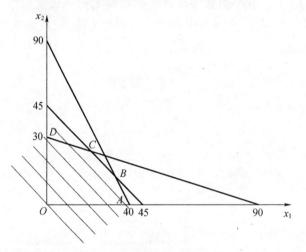

图2.3

2）无界解（或无最优解）

【例8】 若线性规划模型为

$$\max z = 5x_1 + 4x_2$$

$$s.t. \begin{cases} -4x_1 + 3x_2 \leqslant 3 \\ -2x_1 + 4x_2 \leqslant 8 \\ x_1, x_2 \geqslant 0 \end{cases}$$

将上述问题表示成图2.4, 从图2.4中可以看出, 可行域无界. 当目标函数在 $z = 5x_1 + 4x_2$ 沿着增大的方向平行移动时, 始终都与可行域相交, 这说明目标函数无上界, 即 $z \to \infty$. 因此, 称该线性规划问题为无界解. 在实际问题中, 若出现这种情况, 需要检查是否漏掉了约束条件.

需要指出的是, 无界可行域并不一定意味着目标函数无界. 如将目标函数改为

22

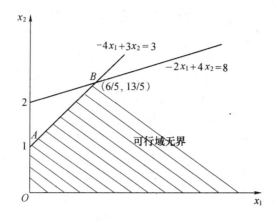

图 2.4

$$\min z = 5x_1 + 4x_2$$

由图 2.4 可知,其最优解为:$x_1 = 0$,$x_2 = 0$,目标函数值等于零.显然,要根据具体模型来分析无界可行域与无界解之间的关系.

3) 无可行解

【例 9】 线性规划模型

$$\max z = x_1 + 2x_2$$

$$\text{s.t.} \begin{cases} x_1 + x_2 \leqslant 5 \\ 10x_1 + 7x_2 \geqslant 70 \\ x_1, x_2 \geqslant 0 \end{cases}$$

其约束条件用图 2.5 表示,从图中可以看出,没有能同时满足所有约束条件的点,说明该问题无可行解.

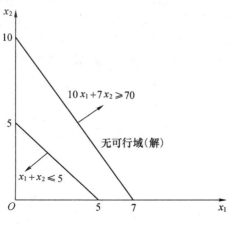

图 2.5

23

2.2.4 解的基本性质

根据线性规划解的基本概念,并从图解法的几何图形中,可以直观地看出线性规划问题的解具有以下一些基本性质(有关性质的证明见本章 2.7)

(1) 满足线性规划约束条件的可行解区域构成一个凸多边形;

(2) 凸多边形的顶点与基本可行解一一对应;

(3) 线性规划问题若有可行解,一定有基本可行解,即凸多边形必有顶点;

(4) 基本可行解的个数是有限的,即凸多边形的顶点个数是有限的;

(5) 线性规划问题若有最优解,一定可以在凸多边形的某个顶点上取得,即可以在基本可行解中找到.

因此,求解线性规划问题,只需在基本可行解(凸多边形的顶点)中寻找,而且由于基本可行解的个数是有限的,这就保证了线性规划若有最优解,一定可以在有限步内得到最优解.

2.3 单纯形法

单纯形法是一种代数迭代法,是求解一般线性规划问题行之有效的基本方法.本节主要介绍单纯形法的基本思想和利用单纯形法的计算过程.

2.3.1 单纯形法的基本思想

单纯形法的基本思想是根据线性规划的解的性质,在可行域中找到一个基本可行解作初始解;并检验此解是否是最优解,若是最优解可结束计算,否则就转换到另一个基本可行解,并使目标函数值得到改进;然后对新解进行检验,以决定是否需要继续进行转换,一直到求得最优解为止.

下面先按照单纯形法的基本思想来讨论本章的例1,该问题的数学模型为

$$\max z = 4x_1 + 5x_2$$

$$\text{s.t.} \begin{cases} x_1 + x_2 \leqslant 45 \\ 2x_1 + x_2 \leqslant 80 \\ x_1 + 3x_2 \leqslant 90 \\ x_1, x_2 \geqslant 0 \end{cases}$$

在上述约束条件中依次分别加入松弛变量 x_3, x_4, x_5,将其化为标准型:

$$\max z = 4x_1 + 5x_2 \qquad\qquad (2.4)$$

$$\text{s. t.} \begin{cases} x_1 + x_2 + x_3 = 45 & (2.5) \\ 2x_1 + x_2 + x_4 = 80 & (2.6) \\ x_1 + 3x_2 + x_5 = 90 & (2.7) \\ x_1, x_2, x_3, x_4, x_5 \geqslant 0 \end{cases}$$

在约束条件(2.5)(2.6)(2.7)中, x_3, x_4, x_5 的系数列向量构成单位矩阵, 成为线性规划的一个基. x_3, x_4, x_5 是基变量, x_1, x_2 为非基变量. 若令非基变量 $x_1 = 0, x_2 = 0$ 可得 $x_3 = 45, x_4 = 80, x_5 = 90$. 显然, 这是一个基本可行解.

若选择基本可行解 $X^{(0)} = (0,0,45,80,90)^{\mathrm{T}}$ 为初始解, 即为图 2.1 的原点, 其目标函数 $z = 0$. 对于本问题, 它的实际意义相当于全部资源均未投入使用, 当然也就没有生产产品, 故其利润目标为零. 显然, 这不会是一个最优解. 因此, 需要考虑寻求一个新的基本可行解, 且使目标函数值增加.

从目标函数(2.4)可以看出, 由于非基变量 x_1, x_2 前面的系数均为正数, 所以当 x_1 或 x_2 由现在的零变成大于零变量时, 均可使目标函数值增加. 又因为 x_2 的系数比 x_1 的系数大(利润增长率大), 故首先选 x_2 为新的基本可行解中的基变量, 称其为进基变量.

为保证新解仍为基本可行解, 则必须用基变量置换原解基变量中的某一个, 使其由基变量变为非基变量, 即成为零变量, 一般称其为出基变量. 为此, 可把式 (2.5)、(2.6)、(2.7)中的基变量用非基变量表示出来, 即有

$$\begin{cases} x_3 = 45 - x_1 - x_2 \\ x_4 = 80 - 2x_1 - x_2 \\ x_5 = 90 - x_1 - 3x_2 \end{cases}$$

因 x_1 仍为非基变量, 即 $x_1 = 0$, 于是有

$$\begin{cases} x_3 = 45 - x_2 \\ x_4 = 80 - x_2 \\ x_5 = 90 - 3x_2 \end{cases}$$

若取 $x_3 = 0$, 则 $x_2 = \dfrac{45}{1} = 45$; 若取 $x_4 = 0$, 则 $x_2 = \dfrac{80}{1} = 80$; 若取 $x_5 = 0$, 则 x_2 $= \dfrac{90}{3} = 30$. 为保证新解中的 $x_3 \geqslant 0, x_4 \geqslant 0, x_5 \geqslant 0$, 显然, x_2 在新的基本可行解中所能得到的最大值为30, 即

$$x_2 = \min\left\{\frac{45}{1}, \frac{80}{1}, \frac{90}{3}\right\} = 30$$

这就是说, 出基变量应选随进基变量增大最先变为零者. 因此, x_5 为出基变量. 我们把上述这种确定出基变量的规则, 称为最小比值法则, 其目的是为了在迭代过程中始终保证解的可行性. 为简便地得到一个新的基本可行解, 可对约束方程

组(2.5)、(2.6)、(2.7)进行变换,即将式(2.7)中 x_2 的系数变成1,式(2.5)、(2.6)中 x_2 的系数变成0.其变换过程为:

用 $\frac{1}{3}$ 乘式(2.7),得式(2.10);

用 $-\frac{1}{3}$ 乘式(2.7)加到式(2.5),得式(2.8);

用 $-\frac{1}{3}$ 乘式(2.7)式加到式(2.6),得式(2.9);

于是新的约束方程组为:

$$\frac{2}{3}x_1 + x_3 - \frac{1}{3}x_5 = 15 \tag{2.8}$$

$$\frac{5}{3}x_1 + x_4 - \frac{1}{3}x_5 = 50 \tag{2.9}$$

$$\frac{1}{3}x_1 + x_2 + \frac{1}{3}x_5 = 30 \tag{2.10}$$

若令非基变量 x_1, x_5 等于零,基变量 x_3, x_4, x_2 的值就可以从右边常数项直接得到.于是,得到新的基本可行解 $\boldsymbol{X}^{(1)} = (0, 30, 15, 50, 0)^{\mathrm{T}}$,该解对应于图2.1所示可行域的顶点 D.

相应地把目标函数用非基变量表示,变成

$$z(\boldsymbol{X}^{(1)}) = 150 + \frac{7}{3}x_1 - \frac{5}{3}x_5 \tag{2.11}$$

而当 $x_1 = x_5 = 0$ 时, $z(\boldsymbol{X}^{(1)}) = 150$.显然, $z(\boldsymbol{X}^{(1)}) > z(\boldsymbol{X}^{(0)})$.

上述结果表明,生产产品乙30个单位,可获得的利润值为150万元.

从式(2.11)可以看出,当非基变量 x_1 的值增加(由零变为非零)时,仍可使目标函数值增加,因此该问题还没有得到最优解.将 x_1 作为进基变量,分析式(2.8)、(2.9)、(2.10)可知, x_1 在新的基本可行解中的最大值由式(2.8)决定才不违背变量非负要求,故取 x_3 为出基变量.重复上述变换过程,得

$$x_1 + \frac{3}{2}x_3 - \frac{1}{2}x_5 = \frac{45}{2} \tag{2.12}$$

$$-\frac{5}{2}x_3 + x_4 + \frac{1}{2}x_5 = \frac{25}{2} \tag{2.13}$$

$$x_2 - \frac{1}{2}x_3 + \frac{1}{2}x_5 = \frac{45}{2} \tag{2.14}$$

令非基变量 $x_3 = x_5 = 0$,得 $x_1 = \frac{45}{2}, x_2 = \frac{45}{2}, x_4 = \frac{25}{2}$ 即

$$\boldsymbol{X}^{(2)} = \left(\frac{45}{2}, \frac{45}{2}, 0, \frac{25}{2}, 0\right)^{\mathrm{T}}$$

其相当于图2.1的可行域的顶点 C.

而目标函数用非基变量表示,式(2.11)变成

26

$$z(\boldsymbol{X}^{(2)}) = \frac{405}{2} - \frac{7}{2}x_3 - \frac{1}{2}x_5 \qquad (2.15)$$

由于上述目标函数的所有非基变量的系数均小于零,故当 x_3 或 x_5 增加时,目标函数值只会减少,而无法再使目标函数值增加.因此,$\boldsymbol{X}^{(2)}$ 就是该问题最优解,目标函数的最大值为 $\frac{405}{2}$.

此结果表明,工厂应生产产品甲和产品乙各 22.5 个单位,可获得最大的利润为 202.5 万元.

从上述代数解法中可以看出,求最优解的过程是一种迭代选优的过程,即从一个基本可行解迭代到另一个基本可行解,且使目标函数值一次比一次好.而在几何上,则是从可行域的一个顶点迭代到另一个相邻的顶点.

2.3.2 单纯形表

为方便运算,可以将上述代数解法表格化,即将运算过程的有关系数列成表格.如将式(2.5)、(2.6)、(2.7)及式(2.4)列成表 2.5.

表 2.5

基变量值	系数变量				
	x_1	x_2	x_3	x_4	x_5
45	1	1	1	0	0
80	2	1	0	1	0
90	1	3	0	0	1
目标函数系数	4	5	0	0	0

同样,把式(2.8)～(2.11)列成表 2.6,而把式(2.12)～(2.15)列成表 2.7.

表 2.6

	x_1	x_2	x_3	x_4	x_5
15	2/3	0	1	0	$-1/3$
50	5/3	0	0	1	$-1/3$
30	1/3	1	0	0	1/3
	7/3	0	0	0	$-5/3$

表 2.7

	x_1	x_2	x_3	x_4	x_5
45/2	1	0	3/2	0	$-1/2$
25/2	0	0	$-5/2$	1	1/2
45/2	0	1	$-1/2$	0	1/2
	0	0	$-7/2$	0	$-1/2$

这样,就可将代数迭代求解过程,通过表格的变换实现,而单纯形法正是利用这种称之为单纯形表的表格来进行的.一般,对于如下形式的线性规划模型:

$$\max z = c_1 x_1 + c_2 x_2 + \cdots + c_m x_m + c_{m+1} x_{m+1} + \cdots + c_n x_n$$

$$\text{s.t.} \begin{cases} x_1 + a_{1m+1} x_{m+1} + a_{1m+2} x_{m+2} + \cdots + a_{1n} x_n = b_1 \\ x_2 + a_{2m+1} x_{m+1} + a_{2m+2} x_{m+2} + \cdots + a_{2n} x_n = b_2 \\ \vdots \\ x_m + a_{mm+1} x_{m+1} + a_{mm+2} x_{m+2} + \cdots + a_{mn} x_n = b_m \\ x_1, x_2, \cdots, x_n \geqslant 0 \end{cases}$$

其单纯形表如表 2.8 所示.

在表 2.8 中,c_j 行的数字是目标函数中各变量的系数,下面一行是与之相对应的变量;$\boldsymbol{X}_B$ 列填入的是基变量,这里为 $x_1, x_2, \cdots, x_m$;$\boldsymbol{C}_B$ 列填入的是与基变量相对应的目标函数中的系数,它们随着基变量的改变而变化;$\boldsymbol{b}'$ 列填入的是约束方程组右端的常数,即非基变量为零时,基变量的取值;中间为约束条件中的变量系数,θ_i 列是确定出基变量时,用于最小比值法计算的数字.

表 2.8

	$c_j \rightarrow$		c_1	c_2	$\cdots$	c_m	c_{m+1}	c_{m+2}	$\cdots$	c_n	θ_i
$\boldsymbol{C}_B$	$\boldsymbol{X}_B$	$\boldsymbol{b}'$	x_1	x_2	$\cdots$	x_m	x_{m+1}	x_{m+2}	$\cdots$	x_n	
c_1	x_1	b_1	1	0	$\cdots$	0	a_{1m+1}	a_{1m+2}	$\cdots$	a_{1n}	
c_2	x_2	b_2	0	1	$\cdots$	0	a_{2m+1}	a_{2m+2}	$\cdots$	a_{2n}	
$\vdots$	$\vdots$	$\vdots$	$\vdots$	$\vdots$		$\vdots$	$\vdots$	$\vdots$		$\vdots$	
c_m	x_m	b_m	0	0	$\cdots$	1	a_{mm+1}	a_{mm+2}	$\cdots$	a_{mn}	
	λ_j		0	0	$\cdots$	0	λ_{m+1}	λ_{m+2}	$\cdots$	λ_n	

表 2.8 的最后一行称为检验数(λ_j)行,它是把目标函数用非基变量表示时非基变量的系数.利用检验数就可以判断此表对应的基本可行解是否为最优解.当求极大化线性规划问题时,所有的检验数均小于或等于零,表明目标函数值不可能再增加,即得到最优解,如表 2.7 所示;而当检验中存在正数,表明目标函数值还会增加,故此时的解不是最优解,如表 2.5 和表 2.6 所示.

表 2.8 所示的单纯形表,实际上是把约束条件中的基变量用非基变量表示,同时把目标函数也用非基变量表示后,所形成的利于在表格上进行运算的一种形式.下面就来讨论单纯形表与线性规划模型间的对应关系.

对于线性规划模型

$$\max z = \boldsymbol{CX}$$

$$\text{s.t.} \begin{cases} \boldsymbol{AX} = \boldsymbol{b} \\ \boldsymbol{X} \geqslant 0 \end{cases}$$

若将其系数矩阵 $\boldsymbol{A}$ 用分块矩阵(将一个矩阵用若干条纵线和横线分成许多子

块,并以所分得的子块为元素的矩阵)来表示,即对

$$A = \begin{bmatrix} a_{11} & a_{12} & \cdots & a_{1m} & \vdots & a_{1m+1} & a_{1m+2} & \cdots & a_{1n} \\ a_{21} & a_{22} & \cdots & a_{2m} & \vdots & a_{2m+1} & a_{2m+2} & \cdots & a_{2n} \\ \vdots & \vdots & & \vdots & & \vdots & \vdots & & \vdots \\ a_{m1} & a_{m2} & \cdots & a_{mm} & \vdots & a_{mm+1} & a_{mm+2} & \cdots\cdots & a_{mn} \end{bmatrix}$$

令

$$B = \begin{bmatrix} a_{11} & a_{12} & \cdots & a_{1m} \\ a_{21} & a_{22} & \cdots & a_{2m} \\ \vdots & \vdots & & \vdots \\ a_{m1} & a_{m2} & \cdots & a_{mm} \end{bmatrix} = (P_1, P_2, \cdots, P_m)$$

$$N = \begin{bmatrix} a_{1m+1} & a_{1m+2} & \cdots & a_{1n} \\ a_{2m+1} & a_{2m+2} & \cdots & a_{2n} \\ \vdots & \vdots & & \vdots \\ a_{mm+1} & a_{mm+2} & \cdots & a_{mn} \end{bmatrix} = (P_{m+1}, P_{m+2}, \cdots, P_n)$$

则有

$$A = (B \quad N)$$

相应地可有 $X = (X_B \quad X_N)^T$,即以 $X_B = (x_1, x_2, \cdots, x_m)^T$ 和 $X_N = (x_{m+1}, x_{m+2}, x_n)^T$ 分别表示初始基变量和非基变量. 同样也可有 $C = (C_B \quad C_N)$,其中 $C_B = (c_1, c_2, \cdots, c_m)$ 为目标函数中基变量的系数,$C_N = (c_{m+1}, c_{m+2}, \cdots, c_n)$ 为初始非基变量的系数. 于是对约束条件有

$$AX = (B \quad N)\begin{pmatrix} X_B \\ X_N \end{pmatrix} = BX_B + NX_N = b$$

若设 B 为可行基,即 B 为非奇异矩阵,则 B^{-1} 存在,故由 $BX_B + NX_N = b$ 可得到

$$X_B + B^{-1}NX_N = B^{-1}b \tag{2.16}$$

即

$$X_B = B^{-1}b - B^{-1}NX_N \tag{2.17}$$

同样,对目标函数有

$$z = CX = (C_B \quad C_N)\begin{pmatrix} X_B \\ X_N \end{pmatrix} = C_BX_B + C_NX_N$$

将式(2.17)代入上式,得

$$z = C_B(B^{-1}b - B^{-1}NX_N) + C_NX_N$$
$$= C_BB^{-1}b + (C_N - C_BB^{-1}N)X_N \tag{2.18}$$

显然,若令非基变量 $X_N = 0$,由式(2.17)得 $X_B = B^{-1}b$,如果使 $X_B = $

$\boldsymbol{B}^{-1}\boldsymbol{b} \geqslant 0$,便得到一个基本可行解:

$$X = \begin{pmatrix} \boldsymbol{X}_B \\ \boldsymbol{X}_N \end{pmatrix} = \begin{pmatrix} \boldsymbol{B}^{-1}\boldsymbol{b} \\ 0 \end{pmatrix}$$

当 $\boldsymbol{B} = \boldsymbol{I}$ 时,则有

$$X = \begin{pmatrix} \boldsymbol{X}_B \\ \boldsymbol{X}_N \end{pmatrix} = \begin{pmatrix} \boldsymbol{b} \\ 0 \end{pmatrix}$$

其中基变量的值为 $x_i = b_i(i = 1,2,\cdots,m)$. 由式(2.18)得 $z = \boldsymbol{C}_B\boldsymbol{B}^{-1}\boldsymbol{b}$. 同时可以看出,$\boldsymbol{C}_N - \boldsymbol{C}_B\boldsymbol{B}^{-1}\boldsymbol{N}$ 为非基变量的系数向量,其中的第 j 个分量 $\boldsymbol{C}_j - \boldsymbol{C}_B\boldsymbol{B}^{-1}\boldsymbol{P}_j(j = m + 1, m + 2, \cdots, n)$ 为非基变量 x_j 的系数. 这就是检验数,即 $\lambda_j = c_j - \boldsymbol{C}_B\boldsymbol{B}^{-1}\boldsymbol{P}_j(j = m + 1, m + 2, \cdots, n)$.

这样便可由式(2.16)和式(2.18)的有关系数和常数构成表2.8所示的单纯形表,从而使单纯形法的运算过程更加简单明了.

2.3.3 单纯形法计算步骤

单纯形法的运算是利用单纯形表来进行的. 下面通过示例进一步说明单纯形法的具体运算步骤.

(1) 确定初始基本可行解,建立初始单纯形表;

(2) 最优性检验,若所有的检验数 $\lambda_j \leqslant 0$,则已得到最优解,停止运算. 否则,转下一步;

(3) 确定进基变量 x_k. 在所有的正检验数中选择最大的检验数所对应的非基变量为进基变量. 若有两个或两个以上的非基变量的检验数均为最大,一般可选其下标小者. 如果进基变量 x_k 所在列的所有系数 $a_{ik} \leqslant 0(i = 1,2,\cdots,m)$. 则该线性规划问题为无界解,停止运算;否则,进行下一步;

(4) 确定出基变量 x_s. 按最小比值法则求出

$$\theta = \min\left\{\frac{b_i}{a_{ik}} \,\middle|\, a_{ik} > 0\right\} = \frac{b_s}{a_{sk}}$$

故 x_s 为出基变量. 若出现相同的最小比值时,则从相同的最小比值所对应的基变量中,选下标小者作为出基变量,转下一步;

(5) 以 a_{sk} 为主元素,按下列公式进行变换,得新单纯形表,即得到一组新的基本可行解,返回第2步,重新进行检验运算直到取得最优解或判定无最优解.

对主元素所在行的所有元素有

$$a'_{sj} = \frac{a_{sj}}{a_{sk}} \tag{2.19}$$

$$b'_s = \frac{b_s}{a_{sk}} \tag{2.20}$$

对其他各行的所有元素有

$$b'_i = b_i - \frac{a_{ik}}{a_{sk}}b_s \tag{2.21}$$

$$a'_{ij} = a_{ij} - \frac{a_{ik}}{a_{sk}}a_{sj} \tag{2.22}$$

$$\lambda'_j = \lambda_j - \frac{\lambda_k}{a_{sk}}a_{sk} \tag{2.23}$$

其中 b'_s、a'_{sj}、b'_i、a'_{ij}、λ'_j 为所求新单纯形表之系数.

【例 10】 用单纯形法求解线性规划模型

$$\max z = 4x_1 + 5x_2 + 0x_3 + 0x_4 + 0x_5$$

$$\text{s.t.} \begin{cases} x_1 + x_2 + x_3 = 45 \\ 2x_1 + x_2 + x_4 = 80 \\ x_1 + 3x_2 + x_5 = 90 \\ x_1, x_2, \cdots, x_5 \geqslant 0 \end{cases}$$

【解】 对上述标准模型用单纯形法求解如下:

(1) 以 x_3, x_4, x_5 为基变量,则 x_1, x_2 为非基变量,确定初始基本可行解为

$$\boldsymbol{X}^{(0)} = (0, 0, 45, 80, 90)^{\mathrm{T}}$$

此时目标函数恰为用非基变量表示的形式,故知非基变量 x_1, x_2 的检验数分别为

$$\lambda_1 = 4, \qquad \lambda_2 = 5$$

列初始单纯形表,见表 2.9.

表 2.9

$c_j \rightarrow$			4	5	0	0	0	θ_i
$\boldsymbol{C}_B$	$\boldsymbol{X}_B$	b'	x_1	x_2	x_3	x_4	x_5	
0	x_3	45	1	1	1	0	0	45/1
0	x_4	80	2	1	0	1	0	80/1
0	x_5	90	1	[3]	0	0	1	90/3
	λ_j		4	5	0	0	0	

(2) 因存在大于零的检验数,故 $X^{(0)}$ 不是最优解,转下一步;

(3) 由于 $\lambda_2 = 5$ 是所有检验数中的最大者,故选 x_2 为进基变量,且因存在 $a_{i2} > 0$,进行下一步;

(4) 按最小比值法则计算

$$\theta = \min\left\{ \left. \frac{b'_i}{a_{i2}} \right| a_{i2} > 0 \right\} = \min\left\{ \frac{45}{1}, \frac{80}{1}, \frac{90}{3} \right\} = 30$$

因 90/3 对应 x_5 那一行,所以 x_5 为出基变量,转下一步;

（5）以 x_2 对应列和 x_5 对应行交叉处的元素 3 为主元素，按式(2.19)～(2.23)的有关公式进行迭代运算，得新单纯形表. 且在 $\boldsymbol{X}_B$ 列以 x_2 代替 x_5，在 $\boldsymbol{C}_B$ 列以 C_2 代替 C_5，见表 2.10.

表 2.10

	$c_j \rightarrow$		4	5	0	0	0	θ_i
C_B	X_B	b'	x_1	x_2	x_3	x_4	x_5	
0	x_3	15	$[2/3]$	0	1	0	$-1/3$	$15 \times 3/2$
0	x_4	50	$5/3$	0	0	1	$-1/3$	$50 \times 3/5$
5	x_2	30	$1/3$	1	0	0	$1/3$	$30 \times 3/1$
	λ_j		$7/3$	0	0	0	$-5/3$	

由表 2.10 可知，新的基本可行解为
$$\boldsymbol{X}^{(1)} = (0,30,15,50,0)^{\mathrm{T}}$$
返回(2)，由于仍有 $\lambda_1 > 0$，再重复上述运算过程，得表 2.11.

表 2.11

	$c_j \rightarrow$		4	5	0	0	0	θ_i
C_B	X_B	b'	x_1	x_2	x_3	x_4	x_5	
4	x_3	$45/2$	1	0	$3/2$	0	$-1/2$	
0	x_4	$25/2$	0	0	$-5/2$	1	$1/2$	
5	x_2	$45/2$	0	1	$-1/2$	0	$1/2$	
	λ_j		0	0	$-7/2$	0	$-1/2$	

由于所有的检验数都已小于或等于零，表明目标函数已不可能再增加，所以得到了最优解：
$$\boldsymbol{X}^{\cdot} = \boldsymbol{X}^{(2)} = \left(0, \frac{45}{2}, \frac{45}{2}, \frac{25}{2}, 0\right)^{\mathrm{T}}$$
它所对应的目标函数值为
$$z(\boldsymbol{X}^{\cdot}) = 4 \times \frac{45}{2} + 5 \times \frac{45}{2} = \frac{405}{2} = 202.5(万元)$$
至此，本题运算结束.

下面对 2.2.2 图解法中所介绍的线性规划问题的解的几种特殊情况，用单纯形法进一步求解说明.

【例 11】 用单纯形法求 2.2 的例 7.

【解】 所求问题的标准模型为
$$\max z = 4x_1 + 4x_2 + 0x_3 + 0x_4 + 0x_5$$

$$\text{s. t.} \begin{cases} x_1 + x_2 + x_3 & = 45 \\ 2x_1 + x_2 & + x_4 & = 80 \\ x_1 + 3x_2 & + x_5 & = 90 \\ x_1, x_2, \cdots, x_5 \geqslant 0 \end{cases}$$

以 x_3, x_4, x_5 为基变量,x_1, x_2 为非基变量,确定初始基本可行解并建立初始单纯形表,其整个求解过程如表 2.12 所示.

表 2.12

C_B	X_B	b'	x_1	x_2	x_3	x_4	x_5	θ_i
	$c_j \rightarrow$		4	4	0	0	0	
0	x_3	45	1	1	1	0	0	
0	x_4	80	[2]	1	0	1	0	
0	x_5	90	1	3	0	0	1	
	λ_j		4	4	0	0	0	
0	x_3	5	0	[1/2]	1	$-1/2$	0	5×2
4	x_1	40	1	1/2	0	1/2	0	40×2
0	x_5	50	0	5/2	0	$-1/2$	1	$50 \times 2/5$
	λ_j		0	2	0	-2	0	
4	x_2	10	0	1	2	-1	0	
4	x_1	35	1	0	-1	1	0	
0	x_5	25	0	0	-5	[2]	1	
	λ_j		0	0	-4	0	0	

因为所有的检验数 λ_j 都小于或等于零,故得最优解为

$$\boldsymbol{X}^{(1)} = (35, 10, 0, 0, 25)^\mathrm{T}$$

目标函数值为 180.

值得注意的是,在此例运算的最终单纯形表中,除基变量的检验数为零外,非基变量 x_4 的检验数也为零. 这就意味着若让 x_4 增加不会使目标函数值有所改变. 也就是说,如果让 x_4 进基并继续迭代下去,就会得到另一个基本可行解,见表 2.13.

表 2.13

C_B	X_B	b'	x_1	x_2	x_3	x_4	x_5	θ_i
	$c_j \rightarrow$		4	4	0	0	0	
4	x_2	45/2	0	1	$-1/2$	0	1/2	
4	x_1	45/2	1	0	3/2	0	$-1/2$	
0	x_4	25/2	0	0	$-5/2$	1	1/2	
	λ_j		0	0	-4	0	0	

表 2.13 给出的最优解为:

$$X^{(2)} = \left(\frac{45}{2}, \frac{45}{2}, 0, \frac{25}{2}, 0\right)^{\mathrm{T}}$$

其目标函数值也为 180. 按最优解定义,使目标函数达到最大值的任一可行解都是一个最优解. 所以,这个线性规划问题有多个最优解. 由表 2.12 和表 2.13 求出的两个最优解为可行域的两个顶点,见图 2.3 的 B 和 C 两点. 实际上,由图解法已经知道,BC 线段上的所有点都是该线性规划问题的最优解. 如点 $(30,15)$,即 $x_1 = 30, x_2 = 15$,其所对应的目标函数值也为 180. 这表明,它虽不是基本可行解(不在可行区域的顶点上),但同样是该线性规划问题的一个最优解.

一般来说,凡是在最优单纯形表中出现检验数为零的非基变量,就存在多个最优解. 这种情况称为线性规划问题具有多重最优解.

当线性规划问题具有多重最优解时,在实际应用中,可以在这些取得相同最优值的方案中,结合实际情况,考虑其他条件,进行比较选择,确定一个最好的方案. 如本例表 2.12 所示最优解中,松弛变量 $x_5 = 25$,即表明第三种资源的剩余量为 25 个单位;表 2.13 所示最优解中,松弛变量 $x_4 = 12.5$,即表明第二种资源的剩余量为 12.5 个单位;而由另一个最优解:$x_1 = 30, x_2 = 15$,知 $x_4 = 5, x_5 = 15$,即表明第二种资源和第三种资源的剩余量分别为 5 个单位和 15 个单位. 这样,在获得相同经济效益的前提下,出现了不同资源的剩余. 从资源管理的角度,则可根据资源的短缺程度,选择更有利于发挥资源效用的方案作为实施方案.

【例 12】 用单纯形法求解 2.2 的例 8.

【解】 将所求问题化成标准模型

$$\max z = 5x_1 + 4x_2 + 0x_3 + 0x_4$$

$$\text{s.t.} \begin{cases} -4x_1 + 3x_2 + x_3 = 3 \\ -2x_1 + 4x_2 + x_4 = 8 \\ x_1, x_2, x_3, x_4 \geq 0 \end{cases}$$

以 x_3, x_4 为基变量,x_1, x_2 为非基变量,确定初始基本可行解为:$x_3 = 3, x_4 = 8,$ $x_1 = x_2 = 0,$

列单纯形表求解如下:

表 2.14

	$c_j \rightarrow$		5	4	0	0	θ_i
C_B	X_B	b'	x_1	x_2	x_3	x_4	
0	x_3	3	-4	3	1	0	
0	x_4	8	-2	4	0	1	
	λ_j		5	4	0	0	

在表 2.14 中，$\lambda_1 > \lambda_2$，选 x_1 为进基变量，但进基变量 x_1 所在列的所有系数均小于零，故此问题为无最优解，见图 2.4.

2.4 确定初始基本可行解的 M 大法与两阶段法

在用单纯形法求解线性规划问题时，首先要确定出一个初始基本可行解. 2.3 节所列举的模型中的所有约束条件都是"≤"类型，且 $b_i \geqslant 0(i = 1, 2, \cdots, m)$. 当把这些模型化为标准模型后，所有松弛变量的系数构成一个 m 阶子矩阵，以其为基，松弛变量为基变量，右端常数就可提供一个明显的初始基本可行解. 但是，对于任意一个线性规划问题，在化成标准模型后，一般来说不易直接得到一个初始的基本可行解. 例如线性规划模型

$$\min z = -3x_1 + x_2 + x_3$$

$$\text{s. t.} \begin{cases} x_1 - 2x_2 + x_3 \leqslant 11 \\ -4x_1 + x_2 + 2x_3 \geqslant 3 \\ -2x_1 + x_3 = 1 \\ x_1, x_2, x_3 \geqslant 0 \end{cases}$$

其标准模型（以下称为模型 1，用 M_1 表示）为

$$M_1 : \max \ (-z) = 3x_1 - x_2 - x_3$$

$$\text{s. t.} \begin{cases} x_1 - 2x_2 + x_3 + x_4 = 11 \\ -4x_1 + x_2 + 2x_3 - x_5 = 3 \\ -2x_1 + x_3 = 1 \\ x_1, x_2, \cdots, x_5 \geqslant 0 \end{cases}$$

在上述模型中，只有松弛变量 x_4 的系数列向量为单位向量，其他变量的系数列向量均为非单位向量，系数矩阵中没有一个单位矩阵为基. 由此可见该约束方程没有一个明显的初始基本可行解. 为了迅速地找到一个初始基本可行解，就必须使方程组的系数矩阵中存在一个三阶单位矩阵. 为此，我们在模型 M_1 的约束方程组的后两个约束条件的左边，人为地分别加上非负变量 x_6 和 x_7（称这种人为引入的变量为人工变量或称人造变量）. 于是，得到

$$\text{s. t.} \begin{cases} x_1 - 2x_2 + x_3 + x_4 = 11 \\ -4x_1 + x_2 + 2x_3 - x_5 + x_6 = 3 \\ -2x_1 + x_3 + x_7 = 1 \\ x_1, x_2, x_3, x_4, x_5, x_6, x_7 \geqslant 0 \end{cases} \tag{2.24}$$

这时方程组(2.24)中，x_4, x_6, x_7 所对应的列向量构成一个单位矩阵. 如果选

x_4, x_6, x_7 为初始基变量,则可得到方程组(2.24)中一个明显的初始基本可行解.

$$X^{(0)} = (0,0,0,11,0,3,1)^T$$

由于人工变量的加入,破坏了原有模型 M_1 的约束条件.因此,上面得到的 $X^{(0)}$ 不再是 M_1 的基本可行解.但如果在求解迭代过程中,人工变量 x_6, x_7 能从基变量中退出,变为非基变量,即 $x_6 = x_7 = 0$,则方程组(2.24)的基本可行解也就自然成为模型 M_1 的基本可行解了.为实现这一目的,就要设法在迭代过程中让人工变量从基变量中退出去(或其值为零).下面介绍两种常用的方法 —— 大 M 法和两阶段法.

2.4.1 大 M 法

根据所给定的线性规划问题,列出其标准型,然后考察标准型的系数矩阵是否包含一个单位子矩阵,即方程组是否有一个明显的初始基本可行解.若没有,可把人工变量引进到目标函数中去,并取人工变量的价值系数为 $-M$(在最小化问题中取 M),这里 M 是一个很大的正数.通常称 M 为惩罚因子,是对引入不为零的人工变量的一种惩罚,由于人工变量对目标函数有很大的负面影响,单纯形方法的寻优机制会自动将人工变量驱逐出基外,从而找到原问题的一个基本可行解.如根据大 M 法对 M_1 构造的新问题为

$$M_2 : \max z = +3x_1 - x_2 - x_3 - Mx_6 - Mx_7$$

$$\text{s.t.} \begin{cases} x_1 - 2x_2 + x_3 + x_4 = 11 \\ -4x_1 + x_2 + 2x_3 - x_5 + x_6 = 3 \\ -2x_1 + x_3 + x_7 = 1 \\ x_1, x_2, x_3, x_4, x_5, x_6, x_7 \geq 0 \end{cases}$$

尽管 M_1 和 M_2 是两个不同的线性规划问题,但从 M_2 的构造过程可以看出,两个问题有着密切的联系.显然,只要人工变量从基变量退出,M_2 的最优解也就是 M_1 的最优解,且两个问题具有相同的目标函数值.因此,我们完全可以借助 M_2 来求解 M_1.

求解 M_2 的单纯形表为表 2.15.

表 2.15

C_B	X_B	b'	$c_j \rightarrow$ 3 x_1	-1 x_2	-1 x_3	0 x_4	0 x_5	$-M$ x_6	$-M$ x_7	θ_i
0	x_4	11	1	-2	1	1	0	0	0	11
$-M$	x_6	3	-4	1	2	0	-1	1	0	3/2
$-M$	x_7	1	-2	0	[1]	0	0	0	1	1

续表：

	λ_j		$3-6M$	$-1+M$	$-1+3M$	0	$-M$	0	0	
0	x_4	10	3	-2	0	1	0	0	-1	
$-M$	x_6	1	0	$[1]$	0	0	-1	1	-2	1
-1	x_3	1	-2	0	1	0	0	0	1	
	λ_j		1	$M-1$	0	0	$-M$	0	$1-3M$	
0	x_4	12	$[3]$	0	0	1	-2	2	-5	12/3
-1	x_2	1	0	1	0	0	-1	1	-2	
-1	x_3	1	-2	0	1	0	0	0	1	
	λ_j		1	0	0	0	-1	$1-M$	$-M-1$	
3	x_1	4	1	0	0	1/3	$-2/3$	2/3	$-5/3$	
-1	x_2	1	0	1	0	0	-1	1	-2	
-1	x_3	9	0	0	1	2/3	$-4/3$	4/3	$-7/3$	
	λ_j		0	0	0	$-1/3$	$-1/3$	$1/3-M$	$-M+2/3$	

从表 2.15 可以看出，所有的人工变量都已从基变量中退出，且检验数均小于或等于零. 于是可得 M_1 的最优解及目标值分别为：

$$\boldsymbol{X} = (4,1,9,0,0)^{\mathrm{T}}$$
$$-z(\boldsymbol{X}) = 2, z(\boldsymbol{X}) = -2$$

如果经过多次迭代后，检验数已满足最优判别条件，但仍有人工变量为基变量，且其值不为零，则说明所求问题无可行解.

【例13】 用大 M 法求解 2.2 例 9 所示线性规划问题.

【解】 该问题的标准型（模型 M_1）为

$$M_1: \max z = x_1 + 2x_2$$

$$\begin{cases} x_1 + x_2 + x_3 = 5 \\ 10x_1 + 7x_2 - x_4 = 70 \\ x_1, x_2, x_3, x_4 \geqslant 0 \end{cases}$$

引入人工变量构造一个新问题（模型 M_2）.

$$M_2: \max z = x_1 + 2x_2 - Mx_5$$

$$\begin{cases} x_1 + x_2 + x_3 = 5 \\ 10x_1 + 7x_2 - x_4 + x_5 = 70 \\ x_1, x_2, \cdots, x_5 \geqslant 0 \end{cases}$$

对 M_2 用单纯形表进行运算，见表 2.16.

表 2.16

$c_j \rightarrow$			1	2	0	0	$-M$	θ_i
C_B	X_B	b'	x_1	x_2	x_3	x_4	x_5	
0	x_3	5	$[1]$	1	1	0	0	5/1
$-M$	x_5	70	10	7	0	-1	1	70/10
	λ_j		$1+10M$	$2+7M$	0	$-M$	0	
1	x_1	5	1	1	1	0	0	
$-M$	x_5	20	0	-3	-10	-1	1	
	λ_j		0	$1-3M$	$-1-10M$	$-M$	0	

得 M_2 的最优解 $X = (5,0,0,0,20)^T$,但其中人工变量 x_5 不为零,这表明所求问题 M_1 没有可行解,如图 2.5 所示.

2.4.2 两阶段法

两阶段法是处理人工变量的另一种方法,顾名思义,这种方法是将加入人工变量后的线性规划问题分两段来解. 现仍以

$$\max (-z) = 3x_1 - x_2 - x_3$$

$$\text{s. t.} \begin{cases} x_1 - 2x_2 + x_3 + x_4 = 11 \\ -4x_1 + x_2 + 2x_3 - x_5 = 3 \\ -2x_1 + x_3 = 1 \\ x_1, x_2, \cdots, x_5 \geqslant 0 \end{cases}$$

为例来介绍两阶段法.

1) 第一阶段

根据所给定问题的标准型构造出辅助问题:

$$\min w = x_6 + x_7$$

$$\text{s. t.} \begin{cases} x_1 - 2x_2 + x_3 + x_4 = 11 \\ -4x_1 + x_2 + 2x_3 - x_5 + x_6 = 3 \\ -2x_1 + x_3 + x_7 = 1 \\ x_1, x_2, x_3, x_4, x_5, x_6, x_7 \geqslant 0 \end{cases}$$

目标函数是极小化,取人工变量的价值系数为 1,其他变量的系数均为 0. 然后用单纯形法求辅助问题的最优解,见表 2.17.

表 2.17

C_B	X_B	b'	$c_j \rightarrow$ 0 x_1	0 x_2	0 x_3	0 x_4	0 x_5	-1 x_6	-1 x_7	θ_i
0	x_4	11	1	-2	1	1	0	0	0	11
-1	x_6	3	-4	1	2	0	-1	1	0	3/2
-1	x_7	1	-2	0	[1]	0	0	0	1	1
	λ_j		-6	1	3	0	-1	0	0	
0	x_4	10	3	-2	0	1	0	0	-1	
-1	x_6	1	0	[1]	0	0	-1	1	-2	1
0	x_3	1	-2	0	1	0	0	0	1	
	λ_j		0	1	0	0	-1	0	-3	
0	x_4	12	3	0	0	1	-2	2	-5	
0	x_2	1	0	1	0	0	-1	1	-2	
0	x_3	1	-2	0	1	0	0	0	1	
	λ_j		0	0	0	0	0	-1	-1	

所有的 λ_j 都小于或等于零,最优解为

$$X = (0,1,1,12,0,0,0)^{\mathrm{T}}$$

$$w = 0$$

2)第二阶段

把 $X = (0,1,1,12,0)^{\mathrm{T}}$ 作为原问题的初始基本可行解,对原问题的目标函数进行优化,即在改变目标函数后,第一阶段的最终表格转变成第二阶段的初始表格,继续运用单纯形法以决定最优解,见表 2.18.

表 2.18

C_B	X_B	b'	$c_j \rightarrow$ 3 x_1	-1 x_2	-1 x_3	0 x_4	0 x_5	θ_i
0	x_4	12	[3]	0	0	1	-2	12/3
-1	x_2	1	0	1	0	0	-1	
-1	x_3	1	-2	0	1	0	0	
	λ_j		1	0	0	0	-1	
3	x_1	4	1	0	0	1/3	$-2/3$	
-1	x_2	1	0	1	0	0	-1	
-1	x_3	9	0	0	1	2/3	$-4/3$	
	λ_j		0	0	0	$-1/3$	$-1/3$	

由于所有的 λ_j 都小于或等于零,故原问题的最优解与目标值为

$$X^* = (4,1,9,0,0)^{\mathrm{T}}$$
$$-z(X^*) = 2, \qquad z(X^*) = -2$$

两阶段法与大 M 法不同的是,第一阶段的辅助问题只能为原问题提供初始基本可行解,而不能直接得到原问题的最优解. 事实上,当辅助问题最小值 W 为零时,表明所有的人工变量均从基变量中退出,原问题已获得基本可行解. 若 W 的最小值不等于 0,表明原问题无可行解.

2.5 解的退化、循环和防止循环的方法

在前面的讨论中,单纯形方法求得的每一个基本可行解都是非退化的,每一次单纯形迭代都可使目标函数严格改善,因此单纯形方法可以在有限次迭代内收敛. 当问题退化时会发生什么问题呢?本节将讨论与退化有关的问题.

2.5.1 退化和退化引起的循环

如果得到的解是退化解时,按退化的定义可知,至少有一个基变量取零值. 因而在选择出基变量进行最小 θ 比值时,当取零的基变量也在备选的出基变量中时,最小比值将为零,换基迭代后的入基变量也将为零. 由此可知,迭代前后的解都是退化解,目标函数也不会改善,这样的迭代称为退化迭代.

退化的几何原因可解释如下:线性规划可行域上的极点一般是由 n 个 $n-1$ 维超平面相交而成. 若通过某个极点的超平面超过 n 个,该点即为一个退化极点,显然一个退化的极低点是由若干个正常极点相聚而成. 不难证明,任何一个退化极点含有至少 $n+1$ 个正常极点. 通过退化极点的超平面的个数越多,退化极点内包含的正常极点数也越多. 这些极点除代表的基互不相同外,代表的解完全相同. 退化迭代实质上是在构成退化极点的正常极点之间移动,因而完全有可能经过若干次迭代后又回到原出发点而陷入循环.

数学上,退化现象可解释为:右边项 b 可以表示为基中少于 m 个列向量的正线性组合,此时,线性规划的基是一个退化基. 换句话说,如果右边项 b 可以用约束矩阵中一组 $m-1$ 个列向量的正线性组合表示时,线性规划问题就存在退化的可能. 下面我们给出一个退化引起循环的例子:

【例 14】 求解下列线性规划问题
$$\max z = 10x_1 - 57x_2 - 9x_3 - 24x_4$$
$$\text{s. t.} \begin{cases} 0.5x_1 - 5.5x_2 - 2.5x_3 + 9x_4 \leqslant 0 \\ 0.5x_1 - 1.5x_2 - 0.5x_3 + x_4 \leqslant 0 \\ x_1 \leqslant 1 \\ x_1, x_2, x_3, x_4 \geqslant 0 \end{cases}$$

求解过程见表 2.19,进基和出基变量的选择仍采用前面所述规则,如果同时有几个变量有相同的最大 λ_j 或最小 θ 时,选下标最小的变量进基或出基.

表 2.19 存在退化解的单纯形计算表

C_B	X_B	$B^{-1}b$	X_1	X_2	X_3	X_4	X_5	X_6	X_7	
	c_j		10	-57	-9	-24	0	0	0	
0	X_5	0	$[1/2]$	$-11/2$	$-5/2$	9	1	0	0	0
0	X_6	0	$1/2$	$-3/2$	$-1/2$	1	0	1	0	0
0	X_7	1	1	0	0	0	0	0	1	1
	λ_j		10	-57	-9	-24	0	0	0	
10	X_1	0	1	-11	-5	18	2	0	0	$-$
0	X_6	0	0	$[4]$	2	-8	-1	1	0	0
1	X_7	1	0	11	5	-18	-2	0	1	$1/11$
	λ_j		0	53	41	-204	-20	0	0	
10	X_1	0	1	0	$[1/2]$	-4	$-3/4$	$11/4$	0	0
-57	X_2	0	0	1	$1/2$	-2	$-1/4$	$1/4$	0	0
0	X_7	1	0	0	$-1/2$	4	$3/4$	$11/4$	1	$-$
	λ_j		0	0	$29/2$	-98	$-27/4$	$-53/4$	0	
-9	X_3	0	$+2$	0	1	-8	$-3/2$	$11/2$	0	
-57	X_2	0	-1	1	0	$[2]$	$1/2$	$-5/2$	0	
0	X_7	1	1	0	0	0	0	0	1	$-$
	λ_j		-29			18	15	-93	0	
-9	X_3	0	-2	4	1	0	$[1/2]$	$-9/2$	0	0
-24	X_4	0	$-1/2$	$1/2$	0	1	$1/4$	$-5/4$	0	0
0	X_7	1	1	0	0	0	0	0	1	$-$
	λ_j		-20	-9	0	0	$21/2$	$-141/2$	0	
0	X_5	0	-4	8	2	0	1	-9	0	0
-24	X_4	0	$1/2$	$-3/2$	$-1/2$	1	0	$[1]$	0	0
0	X_7	1	1	0	0	0	0	0	1	$-$
	λ_j		22	-93	-21	0	0	24	0	
0	X_5	0	$1/2$	$-11/2$	$-5/2$	9	1	0	0	0
0	X_6	0	$1/2$	$-3/2$	$-1/2$	1	0	1	0	0
0	X_7	1	1	0	0	0	0	0	1	1
	λ_j		10	-57	-9	-24	0	0	0	

经过六次迭代后,又回到第一个单纯形表,计算出现了循环.如果仍按原定规则迭代,计算永远不会结束.这就是单纯形方法中因退化产生的循环现象.例 14 是一个高度退化的问题,三个基变量中有两个为零.在整个迭代过程中,尽管可行基变来变去,但解始终未变,一直保持为 $X = (0,0,0,0,0,0,1)^T$,目标函数也始终未变.退化迭代除了基和单纯形表改变外,解和目标函数都不会变.我们将退化迭代

的特点总结如下：

（1）退化解的基变量中至少有一个取零值；

（2）退化迭代中基在不断变化，但是解不变；

（3）退化迭代不会引起目标函数值的改变.

2.5.2　防止循环的方法

退化现象普遍存在于规模较大的线性规划问题中. 它是线性规划问题的一种病态. 退化迭代总在退化极点上打转，因而降低单纯形计算法的计算效率，甚至陷入循环而无法继续求解. 为避免退化引起的循环，人们通过研究退化现象的本质，寻找防止循环的方法. 目前人们提出的防止循环的主要方法是摄动法:摄动法是受退化几何解释的启发而提出的. 具体方法是:如果对退化问题的右边项做微小的扰动，每个超平面都会有一个微小的位移，使原来相交于一点的超平面略微错开一些，退化极点就变成若干个不退化的极点，从而避免了因退化引起的循环. 我们举例说明摄动法的原理和应用.

【例 15】　求解下列线性规划问题

$$\max z = x_1 + x_2 + 4x_3$$

$$\text{s. t.} \begin{cases} x_1 + 4x_3 \leqslant 4 \\ x_2 + 4x_3 \leqslant 4 \\ x_1, x_2, x_3 \geqslant 0 \end{cases}$$

表 2.20　单纯形计算表

	c_j		1	1	4	0	0	
C_B	X_B	$B^{-1}b$	X_1	X_2	X_3	X_4	X_5	
0	X_4	4	1	0	[4]	1	0	1
0	X_5	4	0	1	4	0	1	1
	λ_j		1	1	4	0	0	
4	X_3	1	1/4	0	1	1/4	0	—
0	X_5	0	−1	[1]	0	−1	1	0
	λ_j		0	1	0	−1	0	
4	X_3	1	[1/4]	0	1	1/4	0	4
1	X_2	0	−1	1	0	−1	1	—
	λ_j		1	0	0	0	−1	
1	X_1	4	1	0	4	1	0	
1	X_2	4	0	1	4	0	1	
	λ_j		0	0	−4	−1	−1	

【解】　用单纯形表求解:

该问题的可行域是个三维空间的棱锥,如图 2.4 所示. 极点 A 是由四个二维平面相交而成,超过该问题的维数,因而是一个退化的极点.

摄动法在约束的右端加入一个小的扰动后会破坏右边项和基的线性相关性,从而破坏了退化基存在的条件. 为了保证引入扰动后基不再退化,不同约束的右端可加入不同的扰动值,一般的方法是,选定 m 个扰动值,使得 $0 \leqslant \varepsilon_1 \leqslant \varepsilon_2 \leqslant \cdots \leqslant \varepsilon_j \leqslant \cdots \leqslant \varepsilon_m \leqslant 1$. 具体的数值可先选一个足够小的 ε 为基数,取 ε 系列为 $\varepsilon, 2\varepsilon, 3\varepsilon$, $\cdots$ 或 $\varepsilon^1, \varepsilon^2, \varepsilon^3, \cdots$. 例 2.15 的问题加入扰动后可写为:

$$\max z = x_1 + x_2 + 4x_3$$

$$\text{s.t.} \begin{cases} x_1 + 4x_3 \leqslant 4 + \varepsilon \\ x_2 + 4x_3 \leqslant 4 + 2\varepsilon \\ x_1, x_2, x_3 \geqslant 0 \end{cases}$$

单纯形表变为如下形式(见表 2.21).

表 2.21　加入扰动的单纯形计算表

C_B	X_B	$B^{-1}b$	c_j 1	1	4	0	0	
			X_1	X_2	X_3	X_4	X_5	θ
0	X_4	$4 + \varepsilon$	1	0	[4]	1	0	$1 + \varepsilon/4$
0	X_5	$4 + 2\varepsilon$	0	1	4	0	1	$1 + \varepsilon/2$
	λ_j		1	1	4	0	0	
4	X_3	$1 + \varepsilon/4$	1/4	0	1	1/4	0	—
0	X_5	ε	-1	[1]	0	-1	1	ε
	λ_j		0	1	0	-1	0	
4	X_3	$1 + \varepsilon/4$	[1/4]	0	1	1/4	0	$4 + \varepsilon$
1	X_2	ε	-1	1	0	-1	1	—
	λ_j		1	0	0	0	-1	
1	X_1	$4 + \varepsilon$	1	0	4	1	0	
1	X_2	$4 + 2\varepsilon$	0	1	4	0	1	
	λ_j		0	0	-4	-1	-1	

加入扰动后基变量不再为零,尽管迭代次数保持未变,但所有的迭代不是退化迭代,因而避免了发生循环的可能.

2.6　线性规划应用

如何将一个复杂的实际问题转化为一个合理的线性规划模型既是一门科学,又是一门艺术. 仅仅了解线性的数学原理是不够的,还需要在实践中学习将实际问题抽象为数学模型的技巧,不断总结和提高构造模型的技术,才能真正将线性规划技术应用到实际中.下面再举几个比较典型的线性规划问题.

2.6.1　生产工艺优化问题

　　许多企业的生产过程是一个连续的生产过程,各道工序之间有紧密和稳定的联系,这些生产过程是可以用数学模型来描述的,应用数学模型,人们可以优化生产过程,提高设备利用效率,提高企业的经济效益.特别是线性规划可以求解规模较大的问题,因此在生产工艺优化方面大有用武之地.

　　【例 16】　佳美化工厂生产洗衣粉和洗涤剂.生产原料可以从市场上以每千克 5 元的价格买到.处理 1 千克原料可生产 0.5 千克普通洗衣粉和 0.3 千克普通洗涤剂.普通洗衣粉和普通洗涤剂可分别以每千克 8 元和 12 元的价格在市场上出售.工厂设备每天最多可处理 4 吨原料,每加工 1 千克原料的成本为 1 元.为生产浓缩洗衣粉和高级洗涤剂,工厂还可继续对普通洗衣粉和普通洗涤剂进行精加工.处理 1 千克普通洗衣粉可得 0.5 千克浓缩洗衣粉,处理 1 千克普通洗涤剂可得 0.25 千克高级洗涤剂.加工示意图见图 2.6.浓缩洗衣粉的市场价格为每千克 24 元,高级洗涤剂的价格为每千克 55 元.每千克精加工产品的加工成本为 3 元.如果产品市场和原料供应没有限制,问该工厂如何生产能使其利润最大?

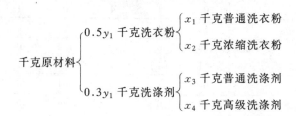

图 2.6　佳美化工厂加工示意图

　　【解】　设 x_1 为普通洗衣粉的产量,x_2 为浓缩洗衣粉的产量,x_3 为普通洗涤剂的产量,x_4 为高级洗涤剂的产量,y_1 为原材料的供应量.模型的目标函数可写为:
$$\max z = 8x_1 + 12x_3 + 24x_2 + 55x_4 - 3x_2 - 3x_4 - (5+1)y_1$$
　　目标函数的前四项是产品的销售收入,第五项、第六项是精加工成本.最后一项是原料的采购和加工成本.模型的约束主要是物流的平衡约束,例如对洗衣粉生产有如下的平衡关系:$0.5y_1 - x_1 - 2x_2 = 0$;同理可得洗涤剂的平衡约束:$0.3y_1 - x_3 - 4x_4 = 0$.最后可得线性规划模型为:
$$\max z = 8x_1 + 21x_2 + 12x_3 + 52x_4 - 6y_1$$
$$\text{s.t.} \begin{cases} 0.5y_1 - x_1 - 2x_2 = 0 \\ 0.3y_1 - x_3 - 4x_4 = 0 \\ y_1 \leqslant 4\,000 \\ x_1, x_2, x_3, x_4, y_1 \geqslant 0 \end{cases}$$

2.6.2 多周期动态生产计划问题

线性规划还可以用来描述多周期的动态生产计划问题,在动态的生产计划问题中,管理者可以考虑在不同的生产周期中的生产平衡问题,并可在加班生产和库存中进行权衡以降低总生产成本.下面是一个简单的多周期生产计划的例子.

【例 17】 东风机器制造厂专为拖拉机厂配套生产柴油机.今年头四个月收到的订单数量分别为 3 000 台,4 500 台,3 500 台,5 000 台柴油机.该厂正常生产每月可生产柴油机 3 000 台,利用加班还可生产 1 500 台.正常生产成本为每台 5 000 元,加班生产还要追加 1 500 元成本,库存成本为每台每月 200 元.华津厂如何组织生产才能使生产成本最低?

【解】 设 x_i 为第 i 月正常生产的柴油机数,y_i 为第 i 月加班生产的柴油机数,z_i 为第 i 月月初柴油机的库存数.如果令 d_i 为第 i 月的需求,第一个月期初的库存为零,则模型的目标函数为:

$$\min z = \sum_{i=1}^{4} (5000x_i + 6500y_i + 200z_i)$$

约束的一般形式为:

$$x_i + y_i + z_i - z_{i+1} = d_i \qquad (i = 1,2,3,4)$$

模型的详细形式如下:

$$\min w = 5\,000(x_1 + x_2 + x_3 + x_4) + 6\,500(y_1 + y_2 + y_3 + y_4) \\ + 200(z_2 + z_3 + z_4)$$

$$\text{s.t.} \begin{cases} x_1 + y_1 - z_2 = 3\,000 \\ x_2 + y_2 + z_2 - z_3 = 4\,500 \\ x_3 + y_3 + z_3 - z_4 = 3\,500 \\ x_4 + y_4 + z_4 = 5\,000 \\ 0 \leqslant x_i \leqslant 3\,000 \qquad (i = 1,2,3,4) \\ 0 \leqslant y_i \leqslant 1\,500 \qquad (i = 1,2,3,4) \\ z_i \geqslant 0 \qquad (i = 1,2,3,4) \end{cases}$$

2.6.3 投资证券组合的选择

金融机构和个人投资者经常会遇到证券组合的选择问题,即从多种可供选择的投资机会中选择收益率高,风险小的投资组合.选择时,投资者要在收益、收益增长的潜在可能、风险和其他条件中进行综合权衡,以便得到一个最佳投资方案.以下即是一个简单的例子.

【例 18】 某人有一笔 50 万元的资金可用于长期投资,可供选择的投资机会包括购买国库券、购买公司债券、投资房地产、购买股票或银行保值储蓄等. 不同的投资方式的具体参数见表 2.22.

表 2.22　各种投资机会的参数表

序号	投资方式	投资期限(年)	年收益率(%)	风险系数	增长潜力(%)
1	国库券	3	11	1	0
2	公司债券	10	15	3	15
3	房地产	6	25	8	30
4	股票	2	20	6	20
5	短期定期存款	1	10	1	5
6	长期保值储蓄	5	12	2	10
7	现金存款	0	3	0	0

投资者希望投资组合的平均年限不超过 5 年, 平均的期望收益率不低于 13%, 风险系数不超过 4, 收益的增长潜力不低于 10%. 问在满足上述要求的前提下投资者该如何选择投资组合使平均年收益率最高?

【解】　设 x_i 为第 i 种投资方式在总投资额中占的比例, z 为总利润. 则该问题的线性模型可写为:

$$\max z = 11x_1 + 15x_2 + 25x_3 + 20x_4 + 10x_5 + 12x_6 + 3x_7$$

$$\text{s.t.} \begin{cases} 3x_1 + 10x_2 + 6x_3 + 2x_4 + x_5 + 5x_6 \leqslant 5 \\ 11x_1 + 15x_2 + 25x_3 + 20x_4 + 10x_5 + 12x_6 + 3x_7 \geqslant 13 \\ x_1 + 3x_2 + 8x_3 + 6x_4 + x_5 + 2x_6 \leqslant 4 \\ 15x_2 + 30x_3 + 20x_4 + 5x_5 + 10x_6 \geqslant 10 \\ x_1 + x_2 + x_3 + x_4 + x_5 + x_6 + x_7 = 1 \\ x_1, x_2, x_3, x_4, x_5, x_6, x_7 \geqslant 0 \end{cases}$$

模型的目标函数反映的是平均收益率最大, 前四个约束分别是对投资年限、平均收益率、风险系数和增长潜力的限制. 最后一个约束是全部投资比例的总和必须等于 1.

2.7　线性规划的基本理论

前面我们介绍了线性规划问题的概念、性质和求解方法, 本节将阐述有关的基本定理.

2.7.1　凸集与极点

由图解法可知, 对于只有两个变量的线性规划问题, 其约束条件所形成的可行域为凸多边形.这种多边形具有一个主要的性质,即连接多边形内任意两点的线段上的点仍在此多边形内,这就是二维空间的凸集.而 n 个变量的线性规划问题的可行域为凸多面体,即为 n 维空间的凸集.

根据上述性质,可以这样来定义凸集:若在某个点集中任取两点,连接这两点的线段上的一切点都在这个点集之中,这个点集便是一个凸集.上述定义还可以描述为:

设 R 是 n 维欧氏空间的一个点集,若点 $\boldsymbol{X}^{(1)} \in R$,点 $\boldsymbol{X}^{(2)} \in R$,连接 $\boldsymbol{X}^{(1)}$、$\boldsymbol{X}^{(2)}$ 线段上的一切点,均有

$$\boldsymbol{X} = \alpha \boldsymbol{X}^{(1)} + (1 - \alpha) \boldsymbol{X}^{(2)} \in R \qquad (0 \leqslant \alpha \leqslant 1)$$

则称 R 为凸集

在凸集 R 中,我们把不能成为凸集内两点连接线段上的点称为凸集的极点.如图 2.1 的顶点 A、B、C、D、O 便是极点.极点的定义可以描述为:

设 R 为凸集,$\boldsymbol{X} \in R$,若对于任意两点 $\boldsymbol{X}^{(1)} \in R$,$\boldsymbol{X}^{(2)} \in R$,不存在 α $(0 < \alpha < 1)$ 使下式成立

$$\boldsymbol{X} = \alpha \boldsymbol{X}^{(1)} + (1 - \alpha) \boldsymbol{X}^{(2)}$$

则称 $\boldsymbol{X}$ 为 R 的一个极点.

2.7.2　线性规划的基本定理

定理 1　线性规划问题的所有可行解组成的集合是凸集.

证明　如果可行解只有一个,定理显然成立.如果可行解至少有两个,则根据凸集的定义,只要证明 R 内任意两点 $\boldsymbol{X}^{(1)}$、$\boldsymbol{X}^{(2)}$ 连线上的点必然在 R 内即可.

设 $\boldsymbol{X}^{(1)}$、$\boldsymbol{X}^{(2)}$ 是 R 内的任意两点,且 $\boldsymbol{X}^{(1)} \neq \boldsymbol{X}^{(2)}$.则有

$$\boldsymbol{AX}^{(1)} = \boldsymbol{b} \quad \boldsymbol{X}^{(1)} \geqslant 0$$
$$\boldsymbol{AX}^{(2)} = \boldsymbol{b} \quad \boldsymbol{X}^{(2)} \geqslant 0$$

令 $\boldsymbol{X}$ 为 $\boldsymbol{X}^{(1)}$ 和 $\boldsymbol{X}^{(2)}$ 连线上的任意一点,即

$$\boldsymbol{X} = \alpha \boldsymbol{X}^{(1)} + (1 - \alpha) \boldsymbol{X}^{(2)} \qquad (0 \leqslant \alpha \leqslant 1)$$

将 $\boldsymbol{X}$ 代入约束条件,得到

$$\begin{aligned}
\boldsymbol{AX} &= \boldsymbol{A}[\alpha \boldsymbol{X}^{(1)} + (1 - \alpha) \boldsymbol{X}^{(2)}] \\
&= \alpha \boldsymbol{AX}^{(1)} + (1 - \alpha) \boldsymbol{AX}^{(2)} \\
&= \alpha \boldsymbol{b} + (1 - \alpha) \boldsymbol{b} \\
&= \boldsymbol{b}
\end{aligned}$$

又因 $\boldsymbol{X}^{(1)}, \boldsymbol{X}^{(2)} \geqslant 0$;$\alpha \geqslant 0, 1 - \alpha \geqslant 0$.所以 $\boldsymbol{X} \geqslant 0$.故 $\boldsymbol{X} \in R$,从而是凸集.

引理　线性规划的可行解 $\boldsymbol{X}$ 为基本可行解的充要条件是 $\boldsymbol{X}$ 的非零向量即基变量所对应的系数列向量是线性无关的.

证明　必要性:若 $\boldsymbol{X}$ 为基本可行解,则由基本可行解定义知 $\boldsymbol{X}$ 的非零向量即

基变量所对应的系数列向量是线性无关的.

充分性:若 X 的非零向量所对应的系数列向量线性无关,则个数 k 小于或等于 m.若 k 等于 m,它们构成一个基,据定义知 X 为基本可行解;若 k 小于 m,总可以从其余的列向量中选出 $m - k$ 个列向量,与这 k 个列向量构成最大的线性无关组,这样也确定了一个基,它所对应的解,据定义也是基本可行解.

定理 2 线性规划问题的基本可行解 X 对应可行域 R 的极点.

现分两部分证明.

(1) 如 X 是可行域 R 的极点,则一定是基本可行解.

采用反证法.根据引理,如 X 不是基本可行解,则它的非零向量所对应的系数列向量 $P_{i1}, P_{i2}, \cdots, P_{ik}$ 线性相关,即存在一组不全为零的数 $\delta_1, \delta_2, \cdots, \delta_k$,使得

$$\delta_1 P_{i1} + \delta_2 P_{i2} + \cdots + \delta_k P_{ik} = 0 \tag{2.25}$$

用一个 $\lambda > 0$ 的数乘上式得

$$\lambda \delta_1 P_{i1} + \lambda \delta_2 P_{i2} + \cdots + \lambda \delta_k P_{ik} = 0 \tag{2.26}$$

因 $X \in R$,故有

$$\sum_{j=1}^{n} x_j P_j = \sum_{t=1}^{k} x_{it} P_{it} = b \tag{2.27}$$

式(2.27)加上式(2.26),得

$$\sum_{t=1}^{k} (x_{it} + \lambda \delta_t) P_{it} = b$$

式(2.27)减去式(2.26),得

$$\sum_{t=1}^{k} (x_{it} - \lambda \delta_t) P_{it} = b$$

现取

$$X^{(1)} = (x_{i1} + \lambda \delta_1, x_{i2} + \lambda \delta_2, \cdots, x_{ik} + \lambda \delta_k, 0, \cdots, 0)^{\mathrm{T}}$$
$$X^{(2)} = (x_{i1} - \lambda \delta_1, x_{i2} - \lambda \delta_2, \cdots, x_{ik} - \lambda \delta_k, 0, \cdots, 0)^{\mathrm{T}}$$

当 λ 充分小时,可保证

$$x_{it} \pm \lambda \delta_t \geqslant 0 \quad (t = 1, 2, \cdots, k)$$

即是 $X^{(1)}$、$X^{(2)}$ 可行解.

由 $X^{(1)}$、$X^{(2)}$ 相加,可得

$$X = \frac{1}{2} X^{(1)} + \frac{1}{2} X^{(2)}$$

这表示 X 是 $X^{(1)}$、$X^{(2)}$ 连线上的中点,即 X 不是可行域的极点,这与条件 X 是可行域 R 的极点相矛盾.故第一部分的命题得证.

(2) 如 X 是基本可行解,则一定是可行域 R 的极点.

仍用反证法.假设 X 不是可行域 R 的极点.则在可行域 R 中必定可以找到两

个不同的点
$$X^{(1)} = (x_1^{(1)}, x_2^{(1)}, \cdots, x_n^{(1)})^{\mathrm{T}}$$
$$X^{(2)} = (x_1^{(2)}, x_2^{(2)}, \cdots, x_n^{(2)})^{\mathrm{T}}$$

使 $X = \alpha X^{(1)} + (1 - \alpha) X^{(2)}$ $\quad (0 < \alpha < 1)$

其分量为
$$x_j = \alpha x_j^{(1)} + (1 - \alpha) x_j^{(2)} \quad (j = 1, 2, \cdots, n)$$

重新进行编号,设前 $k(k \leqslant m)$ 个为非零向量. 当 $j \geqslant k + 1$ 时, $x_j = 0$. 于是有
因 $\alpha > 0, 1 - \alpha > 0$,故必有
$$x_j = x_j^{(1)} = x_j^{(2)} = 0 \quad (j = k + 1, k + 2, \cdots, n)$$

由于 $X^{(1)} \in R, X^{(2)} \in R$,有
$$\sum_{j=1}^{k} P_j x_j^{(1)} = b$$
$$\sum_{j=1}^{k} P_j x_j^{(2)} = b$$

将以上两式两端相减,得
$$\sum_{j=1}^{k} P_j (x_j^{(1)} - x_j^{(2)}) = 0$$

由于 $X^{(1)}$ 和 $X^{(2)}$ 是两个不同的点,故上式的 $X^{(1)} - X^{(2)}$ 必不全为零. 因此,向量 $P_1, P_2, \cdots, P_k$ 线性相关. 这与 X 是基本可行解相矛盾. 故第二部分命题得证.

定理 3 线性规划问题若有最优解,则一定可以在基本可行解中找到.

证明 设 $X^{(1)}$ 为线性规划的最优解,改变变量的位置,将非零分量放在前面,有
$$X^{(1)} = (x_1^{(1)}, x_2^{(1)}, \cdots, x_k^{(1)}, 0, \cdots, 0)^{\mathrm{T}}$$

若 $x_j^{(1)}(j = 1, 2, \cdots, k)$ 所对应的系数矩阵中的列向量线性无关,则根据引理知 $X^{(1)}$ 为基本可行解.

若 $x_j^{(1)}(j = 1, 2, \cdots, k)$ 所对应的系数列向量线性相关,则存在一组不全为零的解
$$Y = (y_1, y_2, \cdots, y_k, 0, \cdots, 0)^{\mathrm{T}}$$

使得
$$\cdot \sum_{j=1}^{n} P_j y_j = 0$$

用 $\lambda(\lambda > 0)$ 乘上式,得
$$\sum_{j=1}^{n} \lambda P_j y_j = 0$$

因为 $X^{(1)}$ 为最优解,故 $X^{(1)}$ 满足

$$\sum_{j=1}^{n} \boldsymbol{P}_j x_j^{(1)} = \boldsymbol{b}$$

上两式相减

$$\sum_{j=1}^{n} (x_j^{(1)} - \lambda y_j) \boldsymbol{P}_j = \boldsymbol{b}$$

令

$$\boldsymbol{X}^{(2)} = (x_1^{(1)} - \lambda y_1, x_2^{(1)} - \lambda y_2, \cdots, x_k^{(1)} - \lambda y_k, 0, \cdots, 0)^{\mathrm{T}}$$

取

$$\lambda = \min \left\{ \frac{x_j^{(1)}}{y_j} \,\middle|\, y_j > 0 \right\}$$

则 $x_j^{(2)} = x_j^{(1)} - \lambda y_j (j = 1, 2, \cdots, k)$ 中至少有一个等于零,其余均大于零.因此,$\boldsymbol{X}^{(2)}$ 亦是可行解,且非零分量至少减少一个.如此时非零分量所对应的约束条件的系数列向量线性无关,则 $X^{(2)}$ 就是基本可行解.否则,可再继续上述过程,减少非零分量个数,直到得到一个基本可行解为止.

下面证明 $\boldsymbol{X}^{(2)}$ 也是最优解.

事实上,可选择 α 使

$$0 < \alpha \leqslant \frac{\min\{x_j^{(1)}\}}{\max\{|y_j|\}}$$

则有

$$\boldsymbol{X}^{(3)} = \boldsymbol{X}^{(1)} + \alpha \boldsymbol{Y}$$
$$\boldsymbol{X}^{(4)} = \boldsymbol{X}^{(1)} - \alpha \boldsymbol{Y}$$

均为线性规划的可行解.将其代入目标函数,得

$$\boldsymbol{CX}^{(3)} = \boldsymbol{CX}^{(1)} + \alpha \boldsymbol{CY}$$
$$\boldsymbol{CX}^{(4)} = \boldsymbol{CX}^{(1)} - \alpha \boldsymbol{CY}$$

由于假设 $\boldsymbol{X}^{(1)}$ 为最优解,故从上两式分别得 $\boldsymbol{CY} \leqslant 0, \boldsymbol{CY} \geqslant 0$.于是有

$$\boldsymbol{CY} = 0$$

再将 $\boldsymbol{X}^{(2)} = \boldsymbol{X}^{(1)} - \lambda \boldsymbol{Y}$ 代入目标函数得

$$\boldsymbol{CX}^{(2)} = \boldsymbol{CX}^{(1)} - \lambda \boldsymbol{CY} = \boldsymbol{CX}^{(1)}$$

从而 $\boldsymbol{X}^{(2)}$ 也是最优解.

习　　题

1. 某吊装公司拥有甲、乙、丙三种型号的吊车,可以用来吊装 A、B、C 三类设备,每次可以吊装的设备台数如下表.现有 12 台 A 类设备,10 台 B 类设备和 16 台 C 类设备需要吊装,问应派哪些型号的吊车各几辆次来完成该项任务,并使总费用最低.试列出线性规划模型.

设　　备	吊　　车		
	甲	乙	丙
A	1	1	1
B	0	1	2
C	2	1	1
每次吊装费用	40	60	90

2. 某工厂生产 A、B、C 三种产品,每种产品的原料消耗量、机械台时消耗量、资源限量及单位产品利润如下表所示.根据用户订货,三种产品的最低月需求量分别为 200、250 和 100 件;又据销售预测,三种产品的最大生产量应分别为 250、280 和 120 件.如何安排这三种产品的产量可使该厂的利润最大.列出该问题的线性规划模型.

	A	B	C	资源量
材料	1.0	1.5	4.1	2000
机械	2.0	1.2	1.0	1000
利润(元)	10	14	12	

3. 某公司现有薄铜板每卷宽度为 100 cm,要在宽度上进行切割以完成长度相同的下列订货任务:24 cm 宽的 75 卷,40 cm 宽的 50 卷和 32 cm 宽的 110 卷.试将这个要解决的切割方案问题列成线性规划问题,使切余的边料最少.

4. 将下列线性规划问题变换为标准形式.

(1) $\min z = x_1 - x_2 + x_3$

s.t. $\begin{cases} 2x_1 + x_2 - 3x_3 \leqslant 20 \\ -x_1 + 8x_2 + 6x_3 \geqslant 60 \\ 4x_1 + 6x_2 = 30 \\ x_1, x_2 \geqslant 0 \\ x_3 \text{ 为无非负约束变量} \end{cases}$

(2) $\max z = 3x_1 + 4x_2$

s.t. $\begin{cases} 2x_1 + x_2 \leqslant -2 \\ x_1 - 3x_2 \geqslant 1 \end{cases}$

(3) $\max z = \sum_{j=1}^{n} c_j x_j$

$$\text{s. t.} \begin{cases} \sum_{j=1}^{n} a_{ij}x_j \leqslant b_i & (i = 1,2,\cdots,m) \\ x_j \geqslant 0 & (j = 2,3,\cdots,m) \\ x_1 \text{ 为无非负约束变量} \\ b_i \geqslant 0 \end{cases}$$

(4) $\min z = -4x_1 - 14x_2$

$$\text{s. t.} \begin{cases} 2x_1 + 7x_2 \leqslant 21 \\ 7x_1 + 2x_2 \leqslant 21 \\ |x_1 - x_2| \leqslant 2 \\ x_1, x_2 \geqslant 0 \end{cases}$$

5. 图解下列线性规则问题

(1) $\min z = x_1 + x_2$

$$\text{s. t.} \begin{cases} x_1 - x_2 \leqslant 2 \\ x_1 \geqslant 2 \\ x_2 \leqslant 5 \end{cases}$$

(2) $\max z = 6x_1 - 2x_2$

$$\text{s. t.} \begin{cases} 2x_1 - x_2 \leqslant 2 \\ x_1 \leqslant 2 \\ x_1, x_2 \geqslant 0 \end{cases}$$

6. 考虑下面的线性规则问题

(1) $\min z = 4x_1 + 4x_2$

$$\text{s. t.} \begin{cases} 2x_1 + 7x_2 \leqslant 21 \\ 7x_1 + 2x_2 \leqslant 49 \\ x_1, x_2 \geqslant 0 \end{cases}$$

确定:(a) 基本解;(b) 基本可行解;(c) 最优解

(2) $\max z = 2x_1 - 4x_2 + 5x_3 - 6x_4$

$$\text{s. t.} \begin{cases} x_1 + 4x_2 - 2x_3 + 8x_4 \leqslant 2 \\ -x_1 + 2x_2 + 3x_3 + 4x_4 \leqslant 1 \\ x_1, x_2, x_3, x_4 \geqslant 0 \end{cases}$$

确定:(a) 基本解的最大个数;(b) 基本可行解与可行极点;(c) 最优解.

7. 试确定下列线性规则问题的一个初始基本可行解,并进一步求得一个新的基本可行解.

$\max z = 5x_1 + 3x_2$

$$\text{s. t.} \begin{cases} 9x_1 + 3x_2 \leqslant 27 \\ 2x_1 + x_2 \leqslant 7 \\ 2x_1 + 2x_2 \leqslant 12 \\ x_1, x_2 \geqslant 0 \end{cases}$$

8. 对于上题所示线性规划模型,若 $\boldsymbol{X} = (3,0,0,1,6)^{\mathrm{T}}$ 是一个基本可行解,试求出此基本可行解所对应的检验数,并由此判断该解是否为最优解?

9. 用单纯形法求解下列线性规划问题

(1) max $z = 3x_1 + 5x_2$

$$\text{s.t.} \begin{cases} x_1 \leqslant 4 \\ 2x_2 \leqslant 12 \\ 3x_1 + 2x_2 \leqslant 18 \\ x_1, x_2 \geqslant 0 \end{cases}$$

(2) max $z = 3x_1 + 2x_2$

$$\text{s.t.} \begin{cases} 3x_1 + 2x_2 \leqslant 24 \\ 4x_1 + 2x_2 \leqslant 40 \\ x_1, x_2 \geqslant 0 \end{cases}$$

(3) min $z = x_1 - 3x_2 - 2x_3$

$$\text{s.t.} \begin{cases} 3x_1 - x_2 + 2x_3 \leqslant 7 \\ 2x_1 - 4x_2 \geqslant -12 \\ 4x_1 + 3x_2 + 8x_3 \leqslant 10 \\ x_1, x_2, x_3 \geqslant 0 \end{cases}$$

10. 用大 M 法或两阶段法解下列线性规划问题

(1) min $z = 6x_1 + 3x_2 + 4x_3$

$$\text{s.t.} \begin{cases} x_1 + x_2 + x_3 = 120 \\ x_1 \geqslant 30 \\ x_2 \leqslant 50 \\ x_1, x_2, x_3 \geqslant 0 \end{cases}$$

(2) min $z = 4x_1 + x_2$

$$\text{s.t.} \begin{cases} 3x_1 + x_2 = 3 \\ 4x_1 + 3x_2 \geqslant 6 \\ x_1 + 2x_2 \leqslant 3 \\ x_1, x_2 \geqslant 0 \end{cases}$$

(3) max $z = x_1 + x_2$

$$\text{s.t.} \begin{cases} x_1 - x_2 \geqslant 0 \\ -3x_1 + x_2 \geqslant 3 \\ x_1, x_2 \geqslant 0 \end{cases}$$

11. 求解下列线性规则问题

max $z = 3x_1 + x_2 + 2x_3$

$$\text{s.t.} \begin{cases} 12x_1 + 3x_2 + 6x_3 + 3x_4 = 9 \\ 8x_1 + x_2 - 4x_3 + 2x_5 = 10 \\ 3x_1 - x_6 = 0 \\ x_1, x_2, \cdots, x_6 \geqslant 0 \end{cases}$$

提示:可用 x_4, x_5, x_6 作为初始基本可行解的基变量.

12. 某煤机厂生产甲、乙两种产品,需要煤、电、劳动力等三种资源.计划期消耗定额、资源限额如下表.问甲、乙两种产品的产量计划如何安排,才能使该厂获得最大利润?

消耗定额 产品名称 资源名称	甲	乙	资源限额
煤	9	4	360 吨
电	4	5	200 千瓦
劳动力	3	10	300 工(日)
单位产品利润(万元)	7	12	

13. 试对第 12 题求解过程的初始单纯形表和最终单纯形表进行下列问题的经济解释.

(1) 进基变量的选择;

(2) 最终单纯形表停止迭代的决定;

(3) 在检验数行的各决策变量的系数;

(4) 在检验数行的各松弛变量的系数.

14. 线性规划问题 $\max z = CX, AX = b, X \geqslant 0$,设 $X°$ 为问题的最优解.若目标函数中用 C^* 代替 C 后,问题的最优解变为 X^*,求证:

$$(C^* - C)(X^* - X°) \geqslant 0$$

15. 考虑线性规划问题

$$\max z = ax_1 + 2x_2 + x_3 - 4x_4$$

$$\begin{cases} x_1 + x_2 \quad - x_4 = 4 + 2\beta \quad (1) \\ 2x_1 - x_2 + 3x_3 - 2x_4 = 5 + 7\beta \quad (2) \\ x_1, x_2, x_3, x_4 \geqslant 0 \end{cases}$$

模型中 α、β 为参数,要求:

(a) 组成两个新的约束 $(1)' = (1) + (2), (2)' = (2)' - 2(1)$,根据 $(1)'$、$(2)'$ 以 x_1、x_2 为基变量列出初始单纯形表;

(b) 假定 $\beta = 0$,则 α 为何值时,x_1、x_2 为问题的最优基;

(c) 假定 $\alpha = 3$,则 β 为何值时,x_1、x_2 为问题的最优基.

16. 线性规划问题 $\max z = CX, AX = b, X \geqslant 0$,如 X^* 是该问题的最优解,又 $\lambda > 0$ 为某一常数,分别讨论下列情况时最优解的变化.

(a) 目标函数变为 $\max z = \lambda CX$;

(b) 目标函数为 $\max z = (C + \lambda)X$;

(c) 目标函数变为 $\max z = \dfrac{C}{\lambda}X$,约束条件变为 $AX = \lambda b$

17. 对于只有一个约束方程的线性规划问题:

$$\max z = c_1 x_1 + \cdots + c_n x_n$$

$$\text{s.t.} \begin{cases} a_1 x_1 + \cdots + a_n x_n \leqslant b \quad (a_i > 0, i = 1, \cdots n, b > 0) \\ x_i > 0 \quad\quad\quad\quad (i = 1, 2, \cdots, n) \end{cases}$$

请为其设计一种简单的解法.

18. 一线性规划问题经迭代后得到最优单纯形表如下,已知该问题的所有约束为小于等于约束,x_3, x_4, x_5 为松弛变量,试求出该表对应的 $\boldsymbol{B}$ 和 $\boldsymbol{B}^{-1}$,并写出原问题.

C_B	X_B	$B^{-1}b$	x_1	x_2	x_3	x_4	x_5
C_1	x_1	1	1	$-1/2$	0	$1/2$	0
0	x_5	2	0	1	0	0	1
0	x_3	2	0	$3/2$	1	$-1/2$	0
			0	1	0	1	0

3 对偶理论与灵敏度分析

在第 2 章中,我们介绍了线性规划以及它的数学模型和求解的基本方法 . 本章将进一步讨论线性规划的理论与方法问题 —— 线性规划问题的对偶性及灵敏度分析,从而可以加深对线性规划理论的理解,扩大它的应用范围 .

3.1 线性规划的对偶问题

每一个线性规划问题都有一个与之相伴随的另一个问题 . 这两个问题除了在数学模型上有着对应关系外,还有一些密切相关的性质,以致从一个问题的最优解完全可以得出有关另一个问题的最优解的全部信息 .

3.1.1 问题的提出

【例 1】 资源价格问题

这里再重复引用第 2 章 2.1 的例 1 . 该问题给出的三种资源及限制条件见表 2.1 . 问题是要求一个生产计划方案,使获得利润最大 . 该问题的数学模型为

$$\max z = 4x_1 + 5x_2$$

$$\text{s.t.} \begin{cases} x_1 + x_2 \leqslant 45 \\ 2x_1 + x_2 \leqslant 80 \\ x_1 + 3x_2 \leqslant 90 \\ x_1, x_2 \geqslant 0 \end{cases} \tag{3.1}$$

运用单纯形法,求得其最优解为:$x_1 = \dfrac{45}{2}, x_2 = \dfrac{45}{2}$;而目标函数的最大值为 $z(\boldsymbol{X}^*) = \dfrac{405}{2}$

现在从另一个角度来讨论这个问题 . 假设该厂经过市场预测,打算进行转产,且准备把现有的三种资源进行转让,恰好有一个制造厂正好需要这批资源 . 于是买卖双方开始对资源的出让价格问题进行磋商,希望寻求一个双方都比较满意的合理价格 .

若设 A、B、C 三种资源的单价分别为 y_1, y_2, y_3,对于卖方来说,生产一个单位甲产品获益为 4 万元,为保证其总收益不少于 405/2 万元,则将生产单位甲产品所

56

需资源转让出去,该厂的收入应不少于 4 万元. 故 y_1, y_2, y_3 必须满足约束条件

$$y_1 + 2y_2 + y_3 \geqslant 4$$

同样,将生产单位乙产品所需的资源转让出去,其收入不应少于生产单位乙产品的收益 5 万元. 所以 y_1, y_2, y_3 还必须满足

$$y_1 + y_2 + 3y_3 \geqslant 5$$

而对于买方来说,他希望在满足约束条件下使总的支出

$$w = 45y_1 + 80y_2 + 90y_3$$

达到最小.

综上所述,此问题的数学模型可描述为

$$\min w = 45y_1 + 80y_2 + 90y_3$$
$$\text{s.t.} \begin{cases} y_1 + 2y_2 + y_3 \geqslant 4 \\ y_1 + y_2 + 3y_3 \geqslant 5 \\ y_1, y_2, y_3 \geqslant 0 \end{cases} \tag{3.2}$$

上述两个模型(3.1)和(3.2)是对同一个问题从两个不同角度考虑的极值问题,其间有着一定的内在联系,我们将逐一剖析.

首先分析这两个问题的数学模型之间的对应关系,通过对比寻求规律,为由一个问题得出另一个问题提供依据.

两个模型的对应关系有:

(1)两个问题的系数矩阵互为转置;

(2)一个问题的变量个数等于另一个问题的约束条件的个数;

(3)一个问题的右端常数是另一个问题的目标函数的系数;

(4)一个问题的目标函数为极大化,约束条件为"$\leqslant$"类型,另一个问题的目标为极小化,约束条件为"$\geqslant$"类型.

我们把这种对应关系称为对称型对偶关系,如果把式(3.1)称为原始问题,则式(3.2)称为对偶问题. 以下进一步给出这种关系的一般形式.

3.1.2 对称型对偶关系的一般形式

每一个线性规划问题都必然有与之相伴随的对偶问题存在. 为了讨论方便,先讨论对称型对偶关系. 对于以非对称型出现的线性规划问题,可以先转换为对称型,然后再进行分析,也可以直接从非对称型进行分析,这将在后面讨论.

现在我们给出问题(3.1)的一般形式为

$$\max z = c_1 x_1 + c_1 x_2 + \cdots + c_n x_n$$

$$\text{s.t.} \begin{cases} a_{11}x_1 + a_{12}x_2 + \cdots + a_{1n}x_n \leqslant b_1 \\ a_{21}x_1 + a_{22}x_2 + \cdots + a_{2n}x_n \leqslant b_2 \\ \vdots \\ a_{m1}x_1 + a_{m2}x_2 + \cdots + a_{mn}x_n \leqslant b_m \\ x_1, x_2, \cdots, x_n \geqslant 0 \end{cases} \tag{3.3}$$

这种模型的特点是:

(1) 所有决策变量都是非负的;

(2) 所有约束条件都是"$\leqslant$"型;

(3) 目标函数是最大化类型.

如果把式(3.3) 做为原始问题,根据上述原始和对偶问题的四条对应关系可得出式(3.3) 的对偶问题为

$$\min w = b_1 y_1 + b_2 y_2 + \cdots + b_m y_m$$

$$\text{s.t.} \begin{cases} a_{11}y_1 + a_{21}y_2 + \cdots + a_{m1}y_m \geqslant c_1 \\ a_{12}y_1 + a_{22}y_2 + \cdots + a_{m2}y_m \geqslant c_2 \\ \vdots \\ a_{1n}y_1 + a_{2n}y_2 + \cdots + a_{mn}y_m \geqslant c_n \\ y_1, y_2, \cdots, y_m \geqslant 0 \end{cases} \tag{3.4}$$

原始问题(3.3) 和对偶问题(3.4) 之间的对应关系可以用表 3.1 表示.

这个表从横向看是原始问题,从纵向看就是对偶问题. 用矩阵符号表示原始问题(3.3) 和对偶问题(3.4) 为

$$\max z = \mathbf{CX} \qquad \min w = \mathbf{Yb}$$

$$\begin{cases} \mathbf{AX} \leqslant \mathbf{b} \\ \mathbf{X} \geqslant 0 \end{cases} \qquad \begin{cases} \mathbf{YA} \geqslant \mathbf{C} \\ \mathbf{Y} \geqslant 0 \end{cases}$$

其中 $\mathbf{Y} = (y_1, y_2, \cdots, y_m)$,其他同前.

表 3.1

x_j / y_i	x_1	x_2	$\cdots$	x_n	原始约束	$\min w$
y_1	a_{11}	a_{12}	$\cdots$	a_{1n}	$\leqslant$	b_1
y_2	a_{21}	a_{22}	$\cdots$	a_{2n}	$\leqslant$	b_2
$\vdots$	$\vdots$	$\vdots$		$\vdots$	$\vdots$	$\vdots$
y_m	a_{m1}	a_{m2}	$\cdots$	a_{mn}	$\leqslant$	b_m
对偶约束	$\geqslant$	$\geqslant$	$\cdots$	$\geqslant$		
$\max z$	c_1	c_2	$\cdots$	c_n		

3.1.3 非对称型对偶关系

线性规划有时以非对称型出现,那么如何从原始问题写出它的对偶问题,将是下面要讨论的问题.现以具体例子说明非对称型问题的对偶关系.

【例 2】 写出下列线性规划的对偶问题

$$\max z = x_1 + 2x_2 - 5x_3$$

$$\text{s.t.} \begin{cases} x_1 + x_3 \geqslant 2 \\ 2x_1 + x_2 + 6x_3 \leqslant 6 \\ x_1 - x_2 + 3x_3 = 1 \\ x_1, x_2, x_3 \geqslant 0 \end{cases}$$

【解】 首先把上述非对称型问题化为对称型问题.

(1) 在第一个约束条件的两边同乘以 -1.

(2) 第三个约束方程分解成

$$x_1 - x_2 + 3x_3 \leqslant 1$$

和

$$x_1 - x_2 + 3x_3 \geqslant 1$$

再将后一个约束两边同乘以 -1 改写成

$$-x_1 + x_2 - 3x_3 \leqslant -1$$

于是上述问题就转换成如下的对称型

$$\max z = x_1 + 2x_2 - 5x_3$$

$$\text{s.t.} \begin{cases} -x_1 - x_3 \leqslant -2 \\ 2x_1 + x_2 + 6x_3 \leqslant 6 \\ x_1 - x_2 + 3x_3 \leqslant 1 \\ -x_1 + x_2 - 3x_3 \leqslant -1 \\ x_1, x_2, x_3 \geqslant 0 \end{cases}$$

现共 4 个约束,分别对应 4 个对偶变量 y_1、y_2、y'_3、y''_3. 按表 3.1 的对应关系,可有如下对偶问题

$$\min w = -2y_1 + 6y_2 + y'_3 - y''_3$$

$$\text{s.t.} \begin{cases} -y_1 + 2y_2 + y'_3 - y''_3 \geqslant 1 \\ y_2 - y'_3 + y''_3 \geqslant 2 \\ -y_1 + 6y_2 + 3y'_3 - 3y''_3 \geqslant -5 \\ y_1, y_2, y'_3, y''_3 \geqslant 0 \end{cases}$$

再设 $y'_3 - y''_3 = y_3$,代入上述模型得

$$\min w = -2y_1 + 6y_2 + y_3$$

$$\begin{cases} -y_1 + 2y_2 + y_3 \geqslant 1 \\ y_2 - y_3 \geqslant 2 \\ -y_1 + 6y_2 + 3y_3 \geqslant -5 \\ y_1, y_2 \geqslant 0; y_3 \text{ 为无非负约束} \end{cases}$$

【例3】 若将例2模型中的 x_2 改为无非负约束变量,即模型为

$$\max z = x_1 + 2x_2 - 5x_3$$

$$\begin{cases} x_1 + x_3 \geqslant 2 \\ 2x_1 + x_2 + 6x_3 \leqslant 6 \\ x_1 - x_2 + 3x_3 = 1 \\ x_1, x_3 \geqslant 0; x_2 \text{ 为非负约束} \end{cases}$$

写出其对偶问题.

【解】 重复例2的(1)和(2),并且令 $x_2 = x'_2 - x''_2$,其中 x'_2、x''_2 均大于或等于零.将上述问题转换成如下的对称型:

$$\max z = x_1 + 2x'_2 - 2x''_2 - 5x_3$$

$$\begin{cases} -x_1 - x_3 \leqslant -2 \\ 2x_1 + x'_2 - x''_2 + 6x_3 \leqslant 6 \\ x_1 - x'_2 + x''_2 + 3x_3 \leqslant 1 \\ -x_1 + x'_2 - x''_2 - 3x_3 \leqslant -1 \\ x_1, x'_2, x''_2, x_3 \geqslant 0 \end{cases}$$

其对偶问题为

$$\min w = -2y_1 + 6y_2 + y'_3 - y''_3$$

$$\begin{cases} -y_1 + 2y_2 + y'_3 - y''_3 \geqslant 1 \\ y_2 - y'_3 + y''_3 \geqslant 2 \\ -y_2 + y'_3 - y''_3 \geqslant -2 \\ -y_1 + 6y_2 + 3y'_3 - 3y''_3 \geqslant -5 \\ y_1, y_2, y'_3, y''_3 \geqslant 0 \end{cases}$$

再设 $y'_3 - y''_3 = y_3$,并将第二和第三个条件合并为方程,得

$$\min w = -2y_1 + 6y_2 + y_3$$

$$\begin{cases} -y_1 + 2y_2 + y_3 \geqslant 1 \\ y_2 - y_3 = 2 \\ -y_1 + 6y_2 + 3y_3 \geqslant -5 \\ y_1, y_2 \geqslant 0; y_3 \text{ 为非负约束} \end{cases}$$

将上面两个例子的非对称型原始问题与其对偶问题相对照,不难看出前述模

60

型(3.1)与(3.2)对应关系的前三条仍满足,而其对应关系的第(4)条应改为:

一个问题的目标函数为极大化,约束条件为"$\leqslant$"或"$=$"类型;对应的另一个问题的目标函数为极小化,约束条件为"$\geqslant$"或"$=$"类型.

除此之外,还有一条重要的对应关系:

若一个问题的第 i 个约束为"$=$",则另一个问题的第 i 个变量为无非负约束变量;反之若一个问题的第 i 个变量为无非负约束变量,则另一个问题的第 i 个约束为"$=$".

关于线性规划的原始问题和对偶问题之间的上述两条对应关系可归纳成表3.2.

表 3.2

原始(对偶)问题		对偶(原始)问题	
目标函数	max	目标函数	min
约束条件	$\leqslant$	变量符号	$\geqslant$
	$=$		无非负约束
变量符号	$\geqslant$	约束条件	$\geqslant$
	无非负约束		$=$

这样一来,对于任意给定的一个线性规划问题,均可根据表3.1和3.2的对应关系直接写出其对偶规划问题模型,而无须先化成对称型.

【例4】 写出下列线性规划的对偶问题.

$$\max z = x_1 + 2x_2 + x_3$$
$$\begin{cases} x_1 + x_2 + x_3 \leqslant 2 \\ x_1 - x_2 + x_3 = 1 \\ 2x_1 + x_2 + x_3 \geqslant 2 \\ x_1 \geqslant 0; x_2, x_3 \text{ 为无非负约束} \end{cases}$$

【解】 因目标函数为"max"类型,则约束条件应为"$\leqslant$"和"$=$"类型,故只需改变第三个约束条件的不等号方向,即有

$$-2x_1 - x_2 - x_3 \leqslant -2$$

这时所有约束条件均为"$\leqslant$"或"$=$"类型.按表(3.1)和表(3.2)的对应关系,得其对偶问题为

$$\min w = 2y_1 + y_2 - 2y_3$$
$$\begin{cases} y_1 + y_2 - 2y_3 \geqslant 1 \\ y_1 - y_2 - y_3 = 2 \\ y_1 + y_2 - y_3 = 1 \\ y_1, y_3 \geqslant 0; y_2 \text{ 为无非负约束} \end{cases}$$

3.1.4　对偶关系的基本性质

原始问题和对偶问题除了数学模型上有着明显严格的对应关系外,还有一些很重要的基本性质.

1) 对称性

对偶问题的对偶是原始问题.

证明　设原始问题为:

$$\max z = CX, AX \leqslant b, X \geqslant 0 \tag{3.5}$$

其对偶问题为:

$$\min w = Yb, YA \geqslant C, Y \geqslant 0 \tag{3.6}$$

将对偶问题(3.6)化为极大化问题

$$\max(-w) = -Yb, -YA \leqslant -C, Y \geqslant 0 \tag{3.7}$$

再用转置矩阵将(3.7)化为

$$\max(-w) = (-b^T)Y^T, (-A^T)Y^T \leqslant -C^T, Y^T \geqslant 0$$

上述问题的对偶为

$$\min(-z) = X^T(-C^T), \quad X^T(-A^T) \leqslant -b^T, X^T \geqslant 0$$

这个问题就是原始问题

$$\max z = CX, AX \geqslant b, X \geqslant 0$$

从这个性质可以看出问题(3.5)和(3.6)是互为对偶问题,这个性质通常称为原始和对偶的对称性.

2) 弱对偶性

若 $\overline{X}$ 是问题(3.5)的一个可行解, $\overline{Y}$ 是问题(3.6)的一个可行解,则有: $C\overline{X} \leqslant \overline{Y}b$

证明　因为 $\overline{X}$ 为问题(3.5)的可行解,故 $\overline{X}$ 满足

$$\begin{cases} A\overline{X} \leqslant b \\ \overline{X} \geqslant 0 \end{cases}$$

又因为 $\overline{Y}$ 为问题(3.6)的可行解,故 $\overline{Y}$ 满足

$$\begin{cases} \overline{Y}A \geqslant C \\ \overline{Y} \geqslant 0 \end{cases}$$

现用 $\overline{Y}$ 左乘 $A\overline{X} \leqslant b$ 的两边, $\overline{X}$ 右乘 $\overline{Y}A \geqslant C$ 的两边得

$$\overline{Y}A\overline{X} \leqslant \overline{Y}b; \qquad \overline{Y}A\overline{X} \geqslant C\overline{X}$$

显然有

$$C\overline{X} \leqslant \overline{Y}A\overline{X} \leqslant \overline{Y}b$$

即　$C\overline{X} \leqslant \overline{Y}b$

3) 最优性

若 X^* 是问题(3.5)的可行解, Y^* 是问题(3.6)的可行解,且 $CX^* = Y^*b$,

则 X^* 和 Y^* 分别为问题(3.5)和问题(3.6)的最优解.

证明 令 $\overline{X}, \overline{Y}$ 分别为问题(3.5)和问题(3.6)的可行解,根据性质2)弱对偶性有:

$$C\overline{X} \leqslant Y^*b ; \qquad \overline{Y}b \geqslant CX^*$$

因为 $CX^* = Y^*b$,所以有

$$C\overline{X} \leqslant Y^*b = CX^* ; \qquad \overline{Y}b \geqslant CX^* = Y^*b$$

即

$$CX^* \geqslant C\overline{X} ; \qquad Y^*b \leqslant \overline{Y}b$$

可见,X^*、Y^* 分别是问题(3.5)和问题(3.6)的最优解.

4) 无界性

若线性规划问题(3.5)的目标函数无上界,则问题(3.6)无可行解;若问题(3.6)的目标函数无下界,则问题(3.5)无可行解.

证明 根据性质2知,$CX \leqslant Yb$,若无上界,即趋向无穷大,则不存在一个 Y,使得 Yb 大于 CX,因此问题(3.6)无可行解.反之亦然.

5) 对偶定理

若问题(3.5)和(3.6)之一有最优解,则另一个问题也一定有最优解,并且目标函数值相等.

证明 设 X^* 是问题的最优解,它所对应的基矩阵是 B,则必定所有检验数:

$$c_j - C_B B^{-1} P_j \leqslant 0 \qquad (j = 1, 2, \cdots, n, n+1, \cdots, n+m)$$

其中前 n 个变量分别是决策变量 $x_1, x_2, \cdots, x_n$ 的检验数,也可写成行向量

$$C - C_B B^{-1} A \leqslant 0 \tag{3.8}$$

而后 m 个分别是松弛变量 $x_{n+1}, x_{n+2}, \cdots, x_{n+n}$ 的检验数,也可写成行向量

$$O - C_B B^{-1} I \leqslant 0$$

即

$$- C_B B^{-1} \leqslant 0 \tag{3.9}$$

设 $Y^* = C_B B^{-1}$,并代入式(3.8)和(3.9)得

$$\begin{cases} Y^* A \geqslant C \\ Y^* \geqslant 0 \end{cases}$$

可见 Y^* 满足式(3.6)的约束条件,故 Y^* 是式(3.6)的可行解.它给出的目标函数值为

$$w = Y^* b = C_B B^{-1} b$$

因问题(3.5)的最优解为 X^*,它的目标函数取值为

$$z = CX^* = C_B B^{-1} b$$

因此得

$$Y^* b = C_B B^{-1} b = CX^*$$

由性质 3) 最优性知, Y^* 是问题(3.5)的最优解.

3.1.5 对偶问题的最优解

由对偶定理的证明过程可知,原始问题单纯形表中松弛变量的检验数恰好对应着对偶问题的一个解. 在对偶理论中这是一个很重要的结论.

事实上,原始问题(3.5)可化为

$$\max z = CX + OX_s$$
$$\begin{cases} AX + X_s = b \\ X, X_s \geqslant 0 \end{cases} \tag{3.10}$$

其中 $X_s = (x_{n+1}, x_{n+2}, \cdots, x_{n+m})^T$

其对偶问题(3.6)可化为

$$\min w = Yb + Y_s O$$
$$\begin{cases} YA - Y_s = C \\ Y, Y_s \geqslant 0 \end{cases} \tag{3.11}$$

其中 $Y_s = (y_{m+1}, y_{m+2}, \cdots, y_{m+n})^T$

设 $(\hat{X}^T, \hat{X}_S^T)$ 为原始问题(3.10)的一个基本可行解(不一定为最优解),它所对应的基矩阵为 B,决策变量 $\hat{X}^T$ 和松弛变量 $\hat{X}_S^T$ 所对应的检验数分别为: $C - C_B B^{-1} A$, $-C_B B^{-1}$(不一定满足"$\leqslant 0$"的条件)

令 $Y = C_B B^{-1}$,这时两组检验数分别为:

$C - YA$; $-Y$

根据问题(3.11),这两组检验数可分别记为: $-Y_s$, $-Y$,上述对应关系如表 3.3 所示.

表 3.3

	X	X_B	b'
X_B	$B^{-1}A$	B^{-1}	$B^{-1}b$
检验数	$C - C_B B^{-1} A$	$-C_B B^{-1}$	
	$-Y_s$	$-Y$	

由此可以得出如下结论:原始问题的单纯形表中,原始问题的松弛变量的检验数对应于对偶问题的决策变量,而原始问题的决策变量的检验数对应于对偶问题的松弛变量,只是符号相反.

在获得最优解之前,$C - C_B B^{-1} A$, 及 $-C_B B^{-1}$ 的各分量中至少有一个大于零,即 Y_s 和 Y 中至少有一个变量小于零.这时按原始问题的检验数,读出的对偶问题的解是非可行解. 当原始问题获得最优解时,表明 $C - C_B B^{-1} b \leqslant 0$, $-C_B B^{-1} \leqslant 0$, 即 $Y_s \geqslant 0$, $Y \geqslant 0$, 此时对偶问题也同时获得最优解.

【例 5】 求解下列线性规划问题

$$\min w = 45y_1 + 80y_2 + 90y_3$$

$$\begin{cases} y_1 + 2y_2 + y_3 - y_4 = 4 \\ y_1 + y_2 + 3y_3 - y_5 = 5 \\ y_1, y_2, \cdots, y_5 \geqslant 0 \end{cases}$$

此问题是第 2 章 2.1 例 1 的对偶问题, 因此它的最优解可以直接从最终单纯形表 2.11 的检验数读出. 即最优解为

$$\begin{aligned} Y^* &= (y_1, y_2, y_3, y_4, y_5) \\ &= (-\lambda_3, -\lambda_4, -\lambda_5, -\lambda_1, -\lambda_2) \\ &= \left(\frac{7}{2}, 0, \frac{1}{2}, 0, 0 \right) \end{aligned}$$

代入目标函数得

$$w = 45 \times \frac{7}{2} + 90 \times \frac{1}{2} = \frac{405}{2}$$

如果把上述的资源价格问题作为原始问题求解, 其最终表如下:

表 3.4

			-45	-80	-90	0	0
			y_1	y_2	y_3	y_4	y_5
-45	y_1	$7/2$	1	$5/2$	0	$-3/2$	$1/2$
-90	y_3	$1/2$	0	$-1/2$	1	$1/2$	$-1/2$
λ_j			0	$-25/2$	0	$-45/2$	$-45/2$

由表 3.4 可知

$$Y^* = \left(\frac{7}{2}, 0, \frac{1}{2}, 0, 0 \right)$$

在检验数一行中同样可以读出其对偶问题, 即第 2 章 2.1 例 1 生产计划问题的最优解。

$$\begin{aligned} X^* &= (x_1, x_2, x_3, x_4, x_5)^{\mathrm{T}} \\ &= (-\lambda_4, -\lambda_5, -\lambda_1, -\lambda_2, -\lambda_3)^{\mathrm{T}} \\ &= \left(\frac{45}{2}, \frac{45}{2}, 0, \frac{25}{2}, 0 \right)^{\mathrm{T}} \end{aligned}$$

在两个互为对偶的线性规划问题中, 可任选一个进行求解, 通常是选择约束条件少的, 因为求解的工作量主要受到约束条件个数的影响.

【例 6】 求解下列线性规划问题

$$\max\ z = 4x_1 + 3x_2$$

$$\text{s.t.} \begin{cases} x_1 \leqslant 6 \\ x_2 \leqslant 8 \\ x_1 + x_2 \leqslant 7 \\ 3x_1 + x_2 \leqslant 15 \\ -x_2 \leqslant 1 \\ x_1, x_2 \geqslant 0 \end{cases}$$

【解】 该问题仅有两个变量,其对偶问题为

$$\min\ w = 6y_1 + 8y_2 + 7y_3 + 15y_4 + y_5$$

$$\text{s.t.} \begin{cases} y_1 + y_3 + 3y_4 \geqslant 4 \\ y_2 + y_3 + y_4 - y_5 \geqslant 3 \\ y_1, y_2, \cdots, y_5 \geqslant 0 \end{cases}$$

把上述问题作为原始问题求解,其最终单纯形表见表 3.5.

由表 3.5 得其最优解为

$$\boldsymbol{Y}^* = \left(0, 0, \frac{5}{2}, \frac{1}{2}, 0\right)^{\mathrm{T}}$$

$$w = 7 \times \frac{5}{2} + 15 \times \frac{1}{2} = 25$$

表 3.5

			-6	-8	-7	-15	-1	0	0
			y_1	y_2	y_3	y_4	y_5	y_6	y_7
-15	y_4	$1/2$	$1/2$	$-1/2$	0	1	$1/2$	$-1/2$	$1/2$
-7	y_3	$5/2$	$-1/2$	$3/2$	1	0	$-3/2$	$1/2$	$-3/2$
	λ_j		-2	-5	0	0	-4	-4	-3

例 6 的最优解可直接从表 3.5 的松弛变量的检验数中读出,即有

$$\boldsymbol{X}^* = (4, 3)^{\mathrm{T}}$$

$$z = 4 \times 4 + 3 \times 3 = 25$$

3.2 对偶单纯形法

第 2 章 2.3 介绍的单纯形法,是从线性规划标准型的一个基本可行解出发,逐步迭代,使目标函数值不断改进,直到取得最优解为止. 在整个运算过程中,必须保证原问题解的可行性,即在单纯形表 3.3 中,始终有常数项 $\boldsymbol{b}' = \boldsymbol{B}^{-1}\boldsymbol{b} \geqslant 0$. 当最

优性条件 $C - C_B B^{-1} A \leqslant 0$ 和 $- C_B B^{-1} \leqslant 0$ 得到满足时,迭代终止,这时原始问题和对偶同时达到最优.

考虑到原始和对偶问题的对称性,可以把单纯形方法进一步扩展,在求解方法上从另一个角度进行,即在运算过程中,始终保持其对偶问题解的最优性. 也就是在单纯形表 3.3 中,始终有最优性条件 $C - C_B B^{-1} A \leqslant 0$ 和 $- C_B B^{-1} \leqslant 0$,而原始问题的基本解不可行,即常数项 $b' = B^{-1} b$ 不完全大于或等于零. 通过逐步迭代,当 $b' = B^{-1} b \geqslant 0$ 时,迭代终止,这时原始问题和对偶同时达到最优. 这种方法称为对偶单纯形法.

3.2.1 对偶单纯形法的运算步骤

对偶单纯形法的步骤和单纯形法稍有不同. 单纯形法是先从非基变量中确定进基变量,再从基变量中选择出基变量;而对偶单纯形法则是先从基变量中确定出基变量;再从非基变量中选择进基变量.

具体计算步骤如下:

(1)根据线性规划模型. 列出初始单纯形表,但需保证所有检验数 $\lambda_j \leqslant 0$.

(2)检验. 若常数项 $B^{-1} b \geqslant 0$,则得到最优解,停止运算;否则,转入下一步.

(3)基变换

① 确定出基变量

按 $\min \left\{ (B^{-1} b)_i \mid (B^{-1} b)_i < 0 \right\}$ 对应的基变量 x_s 为出基变量. 即在 b' 列中,将所有负值进行比较,其中最小的一个分量所对应的变量为出基变量.

② 确定进基变量

根据 $\theta = \min \left\{ \dfrac{\lambda_j}{a'_{sj}} \mid a'_{sj} < 0 \right\} = \dfrac{\lambda_j}{a'_{sk}}$ 对应列的非基变量 x_k 为进基变量.

③ 以 a'_{sk} 为主元素,按单纯形法进行迭代计算,得到新的单纯形表,再返回到(2).

注意:对偶单纯形法迭代中的主元素小于零;对偶单纯形法的最小比值,是为了保证其对偶问题解的可行性.

下面通过例题说明对偶单纯形法.

【例 7】 用对偶单纯形法求解

$$\max z = - x_2 - 2x_3$$

$$\text{s.t.} \begin{cases} x_1 + x_2 + x_3 = 5 \\ 2x_2 + x_3 + x_4 = 5 \\ - 4x_2 - 6x_3 + x_5 = - 9 \\ x_1, x_2, x_3, x_4, x_5 \geqslant 0 \end{cases}$$

【解】 该线性规划的系数矩阵

$$A = \begin{bmatrix} 1 & 1 & 1 & 0 & 0 \\ 0 & 2 & 1 & 1 & 0 \\ 0 & -4 & -6 & 0 & 1 \end{bmatrix}$$

系数矩阵中的 P_1, P_4, P_5 恰好构成一个单位矩阵,但常数项 $b = (5,5,-9)^T \not\geqslant$ 0,因此,有一个明显的基本解

$$X^{(0)} = (5,0,0,5,9)^T$$

但不可行,故不能直接用单纯形法进行迭代.

先将上述模型的有关数据填入单纯形表(表3.6).

表 3.6

C_B	X_B	b'	x_1	x_2	x_3	x_4	x_5
	$c_j \rightarrow$		0	-1	-2	0	0
0	x_1	5	1	1	1	0	0
0	x_4	5	0	2	1	1	0
0	x_5	-9	0	$[-4]$	-6	0	1
	λ_j		0	-1	-2	0	0

在表 3.6 中,所有的检验数 λ_j 都小于或等于零,满足最优性条件. 因此,可按对偶单纯形法进行迭代.

由于只有 $x_5 = -9 < 0$,所以确定 x_5 为出基变量,而所在行的系数中,存在负系数,计算

$$\theta = \min\left\{\frac{-1}{-4}, \frac{-2}{-6}\right\} = \frac{1}{4}$$

因此,最小比值所在列的 x_2 为进基变量. 以 -4 为主元素,进行迭代计算得表 3.7.

从表 3.7 可以看出常数项 $B^{-1}b = \left(\frac{11}{4}, \frac{1}{2}, \frac{9}{4}\right)^T \geqslant 0$,故问题已获得最优解:

$$X^* = \left[\frac{11}{4}, \frac{9}{4}, 0, \frac{1}{2}, 0\right]^T$$

$$z(X^*) = -\frac{9}{4}$$

表 3.7

C_B	X_B	b'	x_1	x_2	x_3	x_4	x_5
	c_j		0	-1	-2	0	0
0	x_1	11/4	1	0	$-1/2$	0	1/4
0	x_4	1/2	0	0	-2	1	1/2
-1	x_2	9/4	0	1	3/2	0	$-1/4$
	λ_j		0	0	$-1/2$	0	$-1/4$

【例8】 用对偶单纯形法求线性规划问题(3.2)

问题(3.2)的数学模型如下：

$$\min\ w = 45y_1 + 80y_2 + 90y_3$$

$$\text{s.t.} \begin{cases} y_1 + 2y_2 + y_3 \geqslant 4 \\ y_1 + y_2 + 3y_3 \geqslant 5 \\ y_1, y_2, y_3 \geqslant 0 \end{cases}$$

【解】 首先将问题化成标准型，得

$$\max\ (-w) = -45y_1 - 80y_2 - 90y_3.$$

$$\text{s.t.} \begin{cases} y_1 + 2y_2 + y_3 - y_4 = 4 \\ y_1 + y_2 + 3y_3 - y_5 = 5 \\ y_1, y_2, \cdots, y_5 \geqslant 0 \end{cases}$$

将约束条件两端乘 -1，得

$$\begin{cases} -y_1 - 2y_2 - y_3 + y_4 = -4 \\ -y_1 - y_2 - 3y_3 + y_5 = -5 \end{cases}$$

若令 $y_1 = y_2 = y_3 = 0$，得到初始基本解

$$\boldsymbol{Y}^{(0)} = (0,0,0,-4,-5)^{\mathrm{T}}$$

显然 $\boldsymbol{Y}^{(0)}$ 是一个非可行解．再将上述模型的有关数字填入单纯形表，得表3.8.

表 3.8

			-45	-80	-90	0	0
			y_1	y_2	y_3	y_4	y_5
0	y_4	-4	-1	-2	-1	1	0
0	y_5	-5	-1	-1	$[-3]$	0	1
	λ_j		-45	-80	-90	0	0

可见所有检验数均小于或等于零，因此可用对偶单纯形法求解，整个求解过程见表3.8和表3.9.

表 3.9

			-45	-80	-90	0	0
			y_1	y_2	y_3	y_4	y_5
0	y_4	$-7/3$	$[-2/3]$	$-5/3$	0	1	$-1/3$
-90	y_3	$5/3$	$1/3$	$1/3$	1	0	$-1/3$
	λ_j		-15	-50	0	0	-30
-45	y_1	$7/2$	1	$5/2$	0	$-3/2$	$1/2$
-90	y_3	$1/2$	0	$-1/2$	1	$1/2$	$-1/2$
	λ_j		0	$-25/2$	0	$-45/2$	$-45/2$

最优解：$y_1 = \dfrac{7}{2}$；$y_2 = 0$；$y_3 = \dfrac{1}{2}$

目标值：$w = \dfrac{405}{2}$

此答案与从生产计划问题的最终单纯形表 2.11 的检验数中读出的结果完全一样.

3.2.2 影子价格的讨论

在本章 3.1 讨论模型 (3.2) 时，曾提出决策变量 y_1，y_2，y_3 分别为 A、B、C 三种资源的出让价格. 由表 3.9 所示最优解可以知道，资源 A、C 的出让价格分别为 7/2 和 1/2，而资源 B 的出让价格为 0. 我们把上述这种价格称之为影子价格. 下面就以模型 (3.2) 为例，介绍影子价格的含义及应用.

从单纯形表 2.11 中得到的最优解

$$X^* = \left(\frac{45}{2}, \frac{45}{2}, 0, \frac{25}{2}, 0 \right)^{\mathrm{T}}$$

中可知，A、B、C 三种资源的剩余分量分别为

$$0, \frac{25}{2}, 0$$

而 A、B、C 三种资源的出让价格分别为

$$7/2, 0, 1/2$$

它反映了资源与总收益之间的关系，确切地说是各种资源对总收益的贡献. 就本问题而言，总收益为

$$w = \frac{7}{2} \times 45 + 0 \times 80 + \frac{1}{2} \times 90 = \frac{405}{2}$$

其中 45、80、90 分别表示 A、B、C 的供应量. 如果固定其中的两种，只变动一种，则总收益也会随之变动. 如增加一个单位数量的资源 A，可增加收益 7/2；若增加一个单位数量的资源 C，可增加收益 1/2；而增加一个单位数量的资源 B，则不会使总的收益增加. 因为资源 A、C 的剩余量均为零，而资源 B 的剩余量大于零. 若材料 A、C 的数量不变，只增加资源 B，其结果只会使剩余量增多，对产量及收益没有影响.

由对偶问题的性质

$$\max z = \min w$$

$$\sum_{j=1}^{n} c_j x_j^* = \sum_{i=1}^{m} b_i y_i^*$$

可知变量 y_i^* 的值实际上是对资源在实现最大效益时的一种价格估计. 这种价格估计不是资源市场价格，而是根据资源对生产的贡献所做出的估计，是针对具体企业而言的一种特殊价格，我们把它称为影子价格. 可以说，影子价格是以线性规划为基础，反映资源得到最优配置时对偶变量的最优解. 其经济含义是某种资

源增加一个单位,使总收益增加的数量.利用影子价格可以说明生产过程中资源的价值,即定量地反映资源的短缺程度及供求矛盾.如当资源没有充分利用时,则该项资源的影子价格为零.也就是说再增加这种资源对总收益不会有新的贡献.显然,当某种资源的影子价格高于市场价格时,企业可以考虑购进适量的此种资源,以图增加收益.但是,必须注意影子价格所表明的资源价格,只是在资源少量增加时的经济效益.同时还需明确影子价格是与问题的约束条件相联系,而不是与变量相联系的.

各种资源的影子价格是由当前的资源限量所决定的,资源限量改变,影子价格也会随之改变.在前例中,如果把资源 A 的数量增加 15 个数量单位而其他条件不变,这时数学模型为

$$\min w = 60y_1 + 80y_2 + 90y_3$$

$$\text{s.t.} \begin{cases} y_1 + 2y_2 + y_3 \geqslant 4 \\ y_1 + y_2 + 3y_3 \geqslant 5 \\ y_1, y_2, y_3 \geqslant 0 \end{cases}$$

对偶单纯形法的计算过程如表 3.10.

由最终表得:$y_1 = 0, y_2 = \dfrac{7}{5}, y_3 = \dfrac{6}{5}$

这表明资源 A 的影子价格为 0,资源 B 和 C 的影子价格分别为 7/5 和 6/5.从最终表的检验数可知 A、B、C 三种资源的剩余量分别为 10、0、0.最优生产方案为:甲产品为 30 数量单位,乙产品为 20 数量单位.

由此可得,随着生产条件变化,资源的影子价格也发生变化.影子价格是针对约束条件而言,并不是所有的约束都代表资源的约束.例如在规划中还可以列入产品的数量不超过市场需求量的条件,这样的约束也有影子价格.如果这个影子价格比资源的影子价格高,则意味着扩大销售量能比增加资源带来更大的经济效益.下面举例说明影子价格在物资生产及销售中的应用.

表 3.10

			-60	-80			
			y_1	y_2	y_3	y_4	y_5
0	y_4	-4	-1	-2	-1	1	0
0	y_5	-5	-1	-1	-3^*	0	1
	λ_j		-60	-80	-90	0	0
0	y_4	$-7/3$	$-2/3$	$-5/3^*$	0	1	$-1/3$
-90	y_3	$5/3$	$1/3$	$1/3$	1	0	$-1/3$
	λ_j		-30	-50	0	0	-30
-80	y_2	$7/5$	$2/5$	1	0	$-3/5$	$1/5$
-90	y_3	$6/5$	$1/5$	0	1	$1/5$	$-2/5$
	λ_j		-10	0	0	-30	-20

【例9】 某工厂生产 A、B 两种新产品.其产品运到南、北两个地区销售.有关最大的市场销售量、售价、销售费用、运输费用,以及工厂各车间的生产成本、工时定额和可利用工时限额的资料见表 3.11.

表 3.11

有关资料		销售到南方		销售到北方	
		A	B	A	B
最大销售量(件)		9 000	10 000	7 500	6 000
每件售价(元)		12	17	13	18
销售费用(元/件)		4	5	3	4
运输费用(元/件)		1	1	2	2
单位生产成本(元/件)		5	6	5	6
工作定额(小时)	加工车间	1.5	2		
	装配车间	3	2		
可利用工时(小时)	加工车间	20 000	36 000		
	装配车间	共 59 900			

工厂希望采取一些措施来提高经济效益.为此需弄清首先要关注的是哪一方面的问题:是扩大销售,还是提高工厂的生产能力(即增加工厂的有效工时).如果扩大销售,那么首先是考虑扩大南方市场还是北方市场?是先扩大产品 A 的销售量,还是 B 的销售量?如果要增加工厂中的有效工时,那么是哪一个车间?要弄清这些问题,就需要从各约束条件的影子价格中来找答案.

【解】 设:x_1 为产品 A 销售到南方的件数;x_2 为产品 A 销售到北方的件数;x_3 为产品 B 销售到南方的件数;x_4 为产品 B 销售到北方的件数.

据题意,知工厂的收益为

$$收益 = 售价 - 成本 - 运费 - 销售费用$$

建立上述问题的数学模型为

$$
\begin{aligned}
\max z &= (12 - 5 - 1 - 4)x_1 + (13 - 5 - 2 - 3)x_2 \\
&\quad + (17 - 6 - 1 - 5)x_3 + (18 - 6 - 2 - 4)x_4 \\
&= 2x_1 + 3x_2 + 5x_3 + 6x_4
\end{aligned}
$$

$$
\text{s.t.}
\begin{cases}
x_1 \leqslant 9000 \\
x_2 \leqslant 7500 \\
x_3 \leqslant 10000 \\
x_4 \leqslant 6000 \\
1.5(x_1 + x_2) \leqslant 20000 \\
2(x_3 + x_4) \leqslant 36000 \\
3(x_1 + x_2) + 2(x_3 + x_4) \leqslant 59900 \\
x_1, x_2, x_3, x_4 \geqslant 0
\end{cases}
$$

解上述线性规划模型,可得最优决策:
$$x_1 = 1800, \qquad x_2 = 7500, \qquad x_3 = 10000, \qquad x_4 = 6000$$
与七个约束条件相对应的影子价格为
$$y_1 = 0, \quad y_2 = 1, \quad y_3 = \frac{11}{3}, \quad y_4 = \frac{14}{3}, \quad y_5 = 0, \quad y_6 = 0, \quad y_7 = \frac{2}{3}$$
上述结果表明,应首先扩大 B 产品在北方的销售量,其次是 B 产品在南方的销售量,再次是 A 产品在北方的销售量,最后考虑增加装配车间的可利工时.

3.3 灵敏度分析

线性规划数学模型的确定是以 a_{ij}, b_i, c_j 为已知常数作为基础的,但在实际问题中,这些数据本身不仅很难准确地得到,而且往往还受到诸如市场价格波动,资源供应量变化,企业的技术改造等因素的影响. 因此,很自然地要提出这样的问题,当这些数据中有一个或多个发生变化时,对已找到的最优解会产生怎样的影响;或者说,当这些数据在什么范围内变化,已找到的最优基不变?以及在原最优解不再是最优解时,如何用最简单的方法调整出新的最优解?这就是灵敏度分析所要研究和回答的问题.

当然,线性规划模型中的参数发生变化时,可以利用单纯形法对变动后的模型重新计算,求出新解,但这样做很麻烦,而且也没有必要. 为叙述方便,先举一例.

【例10】 某工厂用甲、乙、丙三种原料可生产五种产品,其有关数据如表 3.12.

表 3.12

原料	供应量(千克)	每万件产品所需原料数(千克)				
		A	B	C	D	E
甲	10	1	2	1	0	1
乙	24	1	0	1	3	2
丙	21	1	2	2	2	2
每万件产品利润(万元)		8	20	10	20	21

问怎样组织生产可以使工厂获得最多利润?

设 x_1, x_2, x_3, x_4, x_5 分别为 A、B、C、D、E 五种产品的生产件数,则可建立线性规划模型为

$$\max z = 8x_1 + 20x_2 + 10x_3 + 20x_4 + 21x_5$$

$$\text{s.t.} \begin{cases} x_1 + 2x_2 + x_3 + x_5 \leqslant 10 \\ x_1 + x_3 + 3x_4 + 2x_5 \leqslant 24 \\ x_1 + 2x_2 + 2x_3 + 2x_4 + 2x_5 \leqslant 21 \\ x_1, x_2, \cdots, x_5 \geqslant 0 \end{cases}$$

在上述各约束条件中依次加入松弛变量 x_6, x_7, x_8 并化为标准型

$$\max z = 8x_1 + 20x_2 + 10x_3 + 20x_4 + 21x_5$$

$$\text{s.t.} \begin{cases} x_1 + 2x_2 + x_3 + x_5 + x_6 = 10 \\ x_1 + x_3 + 3x_4 + 2x_5 + x_7 = 24 \\ x_1 + 2x_2 + 2x_3 + 2x_4 + 2x_5 + x_8 = 21 \\ x_1, x_2, \cdots, x_8 \geqslant 0 \end{cases} \tag{3.12}$$

运用单纯形法求解上述模型,其运算过程如表 3.13 所示.

因此,最优解: $x_5 = 10, x_7 = \dfrac{5}{2}, x_4 = \dfrac{1}{2}$,即最优生产方案是生产 E 产品 10 万件,D 产品 0.5 万件,可得最多利润 220 万元.

表 3.13

	$c_j \rightarrow$		8	20	10	20	21	0	0	0
C_B	X_B	b'	x_1	x_2	x_3	x_4	x_5	x_6	x_7	x_8
0	x_6	10	1	2	1	0	[1]	1	0	0
0	x_7	24	1	0	1	3	2	0	1	0
0	x_8	21	1	2	2	2	2	0	0	1
	λ_j		8	20	10	20	21	0	0	0
21	x_5	10	1	2	1	0	1	1	0	0
0	x_7	4	-1	-4	-1	3	0	-2	1	0
0	x_8	1	-1	-2	0	[2]	0	-2	0	1
	λ_j		-13	-22	-11	20	0	-21	0	0
21	x_5	10	1	2	1	0	1	1	0	0
0	x_7	5/2	1/2	-1	-1	0	0	1	1	-3/2
20	x_4	1/2	-1/2	-1	0	1	0	-1	0	1/2
	λ_j		-3	-2	-11	0	0	-1	0	-10

3.3.1 目标函数系数的灵敏度分析

在线性规划问题的求解过程中,目标函数系数的变动将会影响到检验数的取值.然而,当目标函数的系数变动不破坏最优判别准则时,原最优解不变.否则将取得新的最优解.

下面分两种情况讨论.

1) c_j 是非基变量 x_j 的系数

在最终单纯形表中,x_j 所对应的检验数为

$$\lambda_j = c_j - C_B B^{-1} P_j$$

由于 c_j 是非基变量的系数,因此,它的改变对 $C_B B^{-1} P_j$ 的取值不产生影响,而只影响 c_j 本身.若 c_j 有一个增量 Δc_j,则变化后的检验数为

$$\lambda'_j = \lambda_j + \Delta c_j - \boldsymbol{C}_B \boldsymbol{B}^{-1} \boldsymbol{P}_j = \lambda_j + \Delta c_j$$

为保证原所求的解仍为最优解,则要求新检验数 λ'_j 仍满足最优判别准则,故有

$$\lambda'_j = \lambda_j + \Delta c_j \leqslant 0$$

即

$$\Delta c_j \leqslant -\lambda_j \tag{3.13}$$

【例11】 在本节示例中,若 C 产品的利润系数 c_j 变化,(1)由 10 改为 20;(2)由 10 改为 22,是否对最优解产生影响?

【解】 根据公式(3.13),可找到不改变原最优解的变化范围.

只要 $\Delta c_3 \leqslant -\lambda_3 = 11$,即 $c_3 = 10 + \Delta c_3 \leqslant 21$ 时,原所求出的最优解仍为最优解.

(1)当 c_3 从 10 变到 20,仍小于 21,因此 c_3 的变化,对最优解不产生影响.

(2)当 c_3 从 10 变到 22 时,已超出 c_3 的变化范围,原最优解不再是最优解了,见表 3.14.

表 3.14

C_B	X_B	b'	c_j 8	20	22	20	21	0	0	0
			x_1	x_2	x_3	x_4	x_5	x_6	x_7	x_8
21	x_5	10	1	2	[1]	0	1	1	1	0
0	x_7	5/2	1/2	−1	−1	0	0	1	1	−3/2
20	x_4	1/2	−1/2	−1	0	1	0	−1	−1	1/2
λ_j			−3	−2	1	0	0	−1	−1	−10

以 1 为主元素继续迭代,得到最终表 3.15.

表 3.15

C_B	X_B	b'	c_j 8	20	22	20	21	0	0	0
			x_1	x_2	x_3	x_4	x_5	x_6	x_7	x_8
22	x_3	10	1	2	1	0	1	1	0	0
0	x_7	25/2	3/2	1	0	0	1	2	1	−3/2
20	x_4	1/2	−1/2	−1	0	1	0	−1	0	1/2
λ_j			−4	4	0	0	−1	−2	0	−10

最优解:$\boldsymbol{X}^* = \left(0,0,10,\dfrac{1}{2},0,0,\dfrac{25}{2},0\right)^\mathrm{T}$

目标值:$z(\boldsymbol{X}^*) = 10 \times 22 + \dfrac{1}{2} \times 20 = 230$

2)c_k 是基变量 x_k 的系数

由于 c_k 是基变量 x_k 的系数,则 c_k 是向量 $\boldsymbol{C}_B$ 的一个分量,当 c_k 改变 Δc_k,就引起

了 C_B 改变 ΔC_B，从而引起原始问题最终表中全体非基本量（基变量的检验数总是为零）的检验数和目标函数值的改变，发生变化后的非基变量的检验数为

$$\lambda'_j = c_j - (C_B + \Delta C_B) B^{-1} P_j$$
$$= c_j - C_B B^{-1} P_j - \Delta C_B B^{-1} P_j$$
$$= \lambda_j - \Delta c_k a'_{ij}$$

其中：$\Delta C_B = (0, \cdots, 0, \underset{\text{第}i\text{个分量}}{\Delta c_k}, 0, \cdots, 0)$

$$B^{-1} P_j = (a'_{1j}, a'_{2j}, \cdots, a'_{ij}, \cdots, a'_{mj})^{\mathrm{T}}$$

$B^{-1} P_j$ 为 x_j 的系数列向量，是 $B^{-1} P_j$ 的第个分量．

为保证原所求的解仍为最优解，则要求所有新的非基变量的检验数 λ'_j 仍满足最优性判别准则，即有

$$\lambda'_j = \lambda_j - \Delta c_k a'_{ij} \leqslant 0$$

若 $a'_{ij} < 0$，则 $\Delta c_k \leqslant \dfrac{\lambda_j}{a'_{ij}}$

若 $a'_{ij} > 0$，则 $\Delta c_k \geqslant \dfrac{\lambda_j}{a'_{ij}}$

于是可得：

$$\max\left\{\frac{\lambda_j}{a'_{ij}} \,\Big|\, a'_{ij} > 0\right\} \leqslant \Delta c_k \leqslant \min\left\{\frac{\lambda_j}{a'_{ij}} \,\Big|\, a'_{ij} < 0\right\} \tag{3.14}$$

【例 12】 在本节示例中，求产品 D 的利润系数不改变最优解的变化范围．

【解】 根据公式（3.14），对应 c_4 有

$$\max\left\{\frac{-10}{\frac{1}{2}}\right\} \leqslant \Delta c_4 \leqslant \min\left\{\frac{-3}{-\frac{1}{2}}, \frac{-2}{-1}, \frac{-1}{-1}\right\} \qquad (-20 \leqslant \Delta c_4 \leqslant 1)$$

即

$$0 \leqslant c_4 \leqslant 21$$

由于 $c_4 = 0$ 已无实际意义，所以取消左边的等式，改为 $0 < c_4 \leqslant 21$.

3.3.2 约束条件中常数项的灵敏度分析

尽管某个常数 b_r 的变化与最优性判别准则 $\lambda_j = c_j - C_B B^{-1} P_j \leqslant 0$ 无关，但它的变化将影响最终单纯形表中 $X_B = B^{-1} b$ 的可行性．若变化后的 $\bar{b}$ 仍能保证 $B^{-1} \bar{b} \geqslant 0$，这时 B 仍为最优基，$B^{-1} \bar{b}$ 为新的最优解．否则最优基要发生变化．下面研究 b_r 的变化范围．

设 b_r 有一个改变量 Δb_r，这时新的基本解为

$$\overline{\boldsymbol{X}}_B = \boldsymbol{B}^{-1} \begin{bmatrix} \boldsymbol{b}_1 \\ \boldsymbol{b}_2 \\ \vdots \\ \boldsymbol{b}_r + \Delta \boldsymbol{b}_r \\ \vdots \\ \boldsymbol{b}_m \end{bmatrix} = \boldsymbol{B}^{-1}\boldsymbol{b} + \boldsymbol{B}^{-1} \begin{bmatrix} 0 \\ 0 \\ \vdots \\ \Delta \boldsymbol{b}_r \\ \vdots \\ 0 \end{bmatrix}$$

设 $\boldsymbol{\beta}_r$ 为 $\boldsymbol{B}^{-1}$ 中的第 r 列，且 $\boldsymbol{B}^{-1}\boldsymbol{b}$ 就是原来的基本可行解 $\boldsymbol{X}_B$，所以就有

$$\overline{\boldsymbol{X}}_B = \begin{bmatrix} \boldsymbol{b}'_1 \\ \boldsymbol{b}'_2 \\ \vdots \\ \boldsymbol{b}'_m \end{bmatrix} + \begin{bmatrix} \beta_{1r} \\ \beta_{2r} \\ \vdots \\ \beta_{mr} \end{bmatrix} \Delta \boldsymbol{b}_r$$

为了保持解的可行性，应有 $\overline{\boldsymbol{X}}_B \geqslant 0$，即有

$$\boldsymbol{b}'_i + \beta_{ir}\Delta \boldsymbol{b}_r \geqslant 0 \qquad (i = 1, 2, \cdots, m)$$

若 $\beta_r < 0$，则 $\Delta \boldsymbol{b}_r \leqslant \dfrac{-\boldsymbol{b}'_i}{\beta_{ir}}$

若 $\beta_{ir} > 0$，则 $\Delta \boldsymbol{b}_r \geqslant \dfrac{-\boldsymbol{b}'_i}{\beta_{ir}}$

于是得到

$$\max\left\{ \frac{-\boldsymbol{b}'_i}{\beta_{ij}} \middle| \beta_{ij} > 0 \right\} \leqslant \Delta \boldsymbol{b}_r \leqslant \min\left\{ \frac{-\boldsymbol{b}'_{ij}}{\beta_{ij}} \middle| \beta_{ij} < 0 \right\} \tag{3.15}$$

【例 13】 对本节示例求 $\boldsymbol{b}_1$ 的变化范围

【解】 从最终单纯形表 3.13 知

$$\boldsymbol{b}' = \left(10, \frac{5}{2}, \frac{1}{2}\right)^{\mathrm{T}}$$

而其对应的 $\boldsymbol{B}^{-1}$ 也可从表 3.13 中查出，即它所在的位置与初始单纯形表中单位矩阵所在的位置相对应. 于是：

$$\boldsymbol{B}^{-1} = \begin{bmatrix} 1 & 0 & 0 \\ 1 & 1 & -\dfrac{3}{2} \\ -1 & 0 & \dfrac{1}{2} \end{bmatrix}$$

如果 $\boldsymbol{b}_1$ 变化了 $\Delta \boldsymbol{b}_1$，则据式(3.15)有

$$\max\left\{ \frac{-10}{1}, \frac{-\dfrac{5}{2}}{1} \right\} \leqslant \Delta \boldsymbol{b}_1 \leqslant \min\left\{ \frac{-\dfrac{1}{2}}{-1} \right\}$$

即

$$-\frac{5}{2} \leqslant \Delta b_1 \leqslant \frac{1}{2}$$

由此可知 b_1 的变化范围为

$$\frac{15}{2} \leqslant b_1 \leqslant \frac{21}{2}$$

【例 14】 对本节示例,求 $b_1 = 11$ 的最优解.

【解】 当 $b_1 = 11$ 时,相当于 $\Delta b_1 = 1$,由例 11 知 b_1 已超出不改变最优基的范围.所以

$$\overline{\boldsymbol{X}}_B = \begin{bmatrix} 10 \\ \frac{5}{2} \\ \frac{1}{2} \end{bmatrix} + \begin{bmatrix} 1 \\ 1 \\ -1 \end{bmatrix} = \begin{bmatrix} 11 \\ \frac{7}{2} \\ -\frac{1}{2} \end{bmatrix}$$

已不再是可行解,如表 3.16 所示.

表 3.16

C_B	$\boldsymbol{X}_B$	b'	x_1	x_2	x_3	x_4	x_5	x_6	x_7	x_8
21	x_5	11	1	2	1	0	1	1	0	0
0	x_7	7/2	1/2	-1	-1	0	0	1	1	$-3/2$
20	x_4	$-1/2$	$-1/2$	-1	0	1	0	[-1]	0	1/2
	λ_j		-3	-2	-11	0	0	-1	0	-10

所有检验数并没有改变,仍满足最优性条件.因此,用对偶单纯形法可求出新的最优解,见表 3.17.

表 3.17

C_B	$\boldsymbol{X}_B$	b'	x_1	x_2	x_3	x_4	x_5	x_6	x_7	x_8
21	x_5	21/2	1/2	1	1	1	1	0	0	1/2
0	x_7	3	0	-2	-1	1	0	0	1	-1
0	x_6	1/2	1/2	1	0	-1	0	1	0	$-1/2$
	λ_j		$-5/2$	-1	-11	-1	0	0	0	$-21/2$

最优解为:$x_5 = 21/2$,$x_6 = \frac{1}{2}$,$x_7 = 3$,其他变量为 0;最大利润为 $420/2$.

3.3.3　增加新变量的灵敏度分析

在求得最优解后,工厂若在原有的资源条件下再试制一种新产品,就可能打乱原来的生产计划.试制一种新产品,需要在当前模型的目标函数及各项约束中引进一个有适当系数的新变量.利用灵敏度分析可判断计划中安排生产新产品是否有利的问题.

【例15】 在本节示例中,若该厂除生产 A、B、C、D、E 五种产品外,还有第六种产品 F 可供选择.已知生产 F 每万件要用原料甲、乙、丙分别为 1、2、1 千克,而每万件产品 F 可得利润 12 万元.问该厂是否应该考虑安排这种产品的生产,若要安排,应当生产多少?

【解】 在示例的模型(3.12)中增加一个新的变量,为了不影响原有变量顺序,设新产品的生产量为 x_9,新的数学模型为

$$\max z = 8x_1 + 20x_2 + 10x_3 + 20x_4 + 21x_5 + 12x_9$$

$$\text{s.t.} \begin{cases} x_1 + 2x_2 + x_3 + x_5 + x_6 + x_9 = 10 \\ x_1 + x_3 + 3x_4 + 2x_5 + x_7 + 2x_9 = 24 \\ x_1 + 2x_2 + 2x_3 + 2x_4 + 2x_5 + x_8 + x_9 = 21 \\ x_1, x_2, \cdots, x_9 \geqslant 0 \end{cases} \tag{3.16}$$

由表 3.13 知:$\boldsymbol{X}^* = \left(0,0,0,\dfrac{1}{2},10,0,\dfrac{5}{2},0\right)^{\mathrm{T}}$ 是问题(3.12)的最优解.显然 $(\boldsymbol{X}^{*\mathrm{T}},0)$ 为问题(3.16)的一组基本可行解.

检验数 $\lambda_j = c_j - \boldsymbol{C}_B\boldsymbol{B}^{-1}\boldsymbol{P}_j \leqslant 0 (j = 1,2,\cdots,8)$,见表 3.13.而检验数

$$\lambda_9 = c_9 - \boldsymbol{C}_B\boldsymbol{B}^{-1}\boldsymbol{P}_9 = 12 - (1,0,10)\begin{bmatrix}1\\2\\1\end{bmatrix} = 1 > 0$$

可见 $(\boldsymbol{X}^{*\mathrm{T}},0)$ 不再是问题(3.16)的最优解,应重新调整原生产计划,这表明增加新产品 F 是有利的,可以获得更大利润.

计算出 x_9 对应表 3.13 中的系数列向量为

$$\boldsymbol{B}^{-1}\boldsymbol{P}_9 = \begin{bmatrix} 1 & 0 & 0 \\ 1 & 1 & \dfrac{3}{2} \\ -1 & 0 & -\dfrac{1}{2} \end{bmatrix}\begin{bmatrix}1\\2\\1\end{bmatrix} = \begin{bmatrix} 1 \\ 3/2 \\ -1/2 \end{bmatrix}$$

将计算结果填入表 3.13 的最终表中,得到修正表 3.18.

表 3.18

C_B	X_B	b'	x_1	x_2	x_3	x_4	x_5	x_6	x_7	x_8	x_9
21	x_5	10	1	2	1	0	1	1	0	0	1
0	x_7	5/2	1/2	-1	-1	0	0	1	1	-3/2	[3/2]
20	x_4	1/2	-1/2	-1	0	1	0	-1	0	1/2	-1/2
	λ_j		-3	-2	-11	0	0	-1	0	-10	1
21	x_5	25/3	2/3	8/3	5/3	0	1	1/3	-2/3	1	0
12	x_9	5/3	1/3	-2/3	-2/3	0	0	2/3	2/3	-1	1
20	x_4	4/3	-1/3	-4/3	-1/3	1	0	-2/3	1/3	0	0
	λ_j		-10/3	-4/3	31/3	0	0	-5/3	-2/3	-9	0

最优解：$x_4 = \dfrac{4}{3}$，$x_5 = \dfrac{25}{3}$，$x_9 = \dfrac{5}{3}$，其他变量为零．即：最优生产方案为产品 D 生产 4/3 万件，产品 E 生产 25/3 万件，F 生产 5/3 万件．

最大利润 $z(\boldsymbol{X}^*) = 221\dfrac{2}{3}$（万元）

3.3.4　添加一个新约束条件的灵敏度分析

【例 16】　在前面的示例中，假设工厂又增加煤耗不许超过 10 吨的限制，而生产每单位的 A，B，C，D，E 产品分别需要煤 3，2，1，2，1 吨，问新的限制对原生产计划有何影响？

【解】　添加一个煤耗的约束条件可描述为

$$3x_1 + 2x_2 + x_3 + 2x_4 + x_5 \leqslant 10$$

加上松弛变量 x_9，使上式变成

$$3x_1 + 2x_2 + x_3 + 2x_4 + x_5 + x_9 = 10$$

以松弛变量 x_9 为基变量，把这个约束条件插入表 3.13，得表 3.19．

表 3.19

C_B	$\boldsymbol{X}_B$	b'	x_1	x_2	x_3	x_4	x_5	x_6	x_7	x_8	x_9
21	x_5	10	1	2	1	0	1	1	0	0	0
0	x_7	5/2	1/2	-1	-1	0	0	1	1*	-3/2	0
20	x_4	1/2	-1/2	-1	0	1	0	-1	0	1/2	0
0	x_9	10	3	2	1	2	1	0	0	0	1
λ_j			-3	-2	-11	0	0	-1	0	-10	0

由于加入新的约束，基变量 x_4，x_5 的系数列向量不再是单位列向量，所以应首先将它们变换为单位列向量，从而得表 3.20．

表 3.20

C_B	$\boldsymbol{X}_B$	b'	x_1	x_2	x_3	x_4	x_5	x_6	x_7	x_8	x_9
21	x_5	10	1	2	1	0	1	1	0	0	0
0	x_7	5/2	1/2	-1	-1	0	0	1	1	-3/2	0
20	x_4	1/2	-1/2	-1	0	1	0	-1	0	1/2	0
0	x_9	-1	3	2	3	0	0	1	0	-1	1
λ_j			-3	-2	-11	0	0	-1	0	-10	0

从表 3.20 可知，原问题的解是非可行解，这表明增加新的约束条件后，原生产方案不再可行，但最后一行的检验数 $\lambda_j \leqslant 0$，因此需用对偶单纯形法计算，结果见表 3.21．

表 3.21

C_B	X_B	b'	x_1	x_2	x_3	x_4	x_5	x_6	x_7	x_8	x_9
21	x_5	10	1	2	1	0	1	1	0	0	0
0	x_7	4	-4	-4	-1	0	0	$-1/2$	1	0	$-3/2$
20	x_4	0	1	0	0	1	0	$-1/2$	0	0	$1/2$
0	x_9	1	-3	-2	0	0	0	-1	0	1	-1
	λ_j		-33	-22	-11	0	0	-11	0	0	-10

最优解: $x_5 = 10, x_7 = 4, x_9 = 1$,其他变量均为零(基变量 $x_4 = 0$ 表示一种退化情况). 于是最优生产方案为只生产 E 产品 10 万件,可获利润 210 万元,比原计划方案的利润减少 10 万元.

【例 17】 某企业生产 A,B 两种产品. A 产品需消耗 2 个单位的原料和 1 小时人工; B 产品需消耗 3 个单位的原料和 2 个小时人工. A 产品售价 23 元, B 产品售价 40 元. 该企业每天可用于生产的原料为 25 个单位和 15 小时人工. 每单位原料的采购成本为 5 元,每小时人工的工资为 10 元. 问该企业如何组织生产才能使销售利润最大.

【解】 可用线性规划求解该问题,但是有两种建模方法.

模型一: 目标函数系数直接使用计算好的销售利润,成本数据不直接反映在模型中.

$$\max z = 3x_1 + 5x_2$$

$$\text{s.t.} \begin{cases} 2x_1 + 3x_2 \leqslant 25 \\ x_1 + 2x_2 \leqslant 15 \\ x_1 \geqslant 0, x_2 \geqslant 0 \end{cases}$$

该问题的最优解为 $X = (5,5)^T, z = 40$,对偶解 $y = (1,1)$.

模型二: 目标函数使用未经处理的数据,成本数据直接反映在模型中.

$$\max z = 23x_1 + 40x_2 - 5x_3 - 10x_4$$

$$\text{s.t.} \begin{cases} 2x_1 + 3x_2 - x_3 = 0 \\ x_1 + 3x_2 - x_4 = 0 \\ x_3 \leqslant 25 \\ x_4 \leqslant 15 \\ x_1, x_2, x_3, x_4 \geqslant 0 \end{cases}$$

该问题的最优解为 $X = (5,5,0,0)^T, z = 40$,对偶解 $y = (6,11,1,1)$.

习　题

1. 写出下列线性规划问题的对偶问题

(1) $\max z = 6x_1 + 8x_2$

$$\text{s.t.} \begin{cases} 5x_1 + 10x_2 \leqslant 60 \\ 4x_1 + 4x_2 \leqslant 40 \\ x_1, 4x_2 \geqslant 0 \end{cases}$$

(2) $\min z = 6x_1 + 3x_2$

$$\text{s.t.} \begin{cases} 6x_1 - 3x_2 + x_3 \geqslant 2 \\ 3x_1 + 4x_2 + x_3 \geqslant 5 \\ x_1, x_2, x_3 \geqslant 0 \end{cases}$$

(3) $\max z = -3x_1 + 5x_2$

$$\text{s.t.} \begin{cases} x_1 - 2x_2 \geqslant 5 \\ x_1 + 3x_2 \leqslant 2 \\ x_1, x_2 \geqslant 0 \end{cases}$$

(4) $\max z = x_1 + 2x_2 + x_3$

$$\text{s.t.} \begin{cases} 2x_1 + x_2 = 8 \\ -x_1 + 2x_2 + 3x_3 = 6 \\ x_3 \geqslant 0, x_1, x_2 \text{ 无非负约束} \end{cases}$$

(5) $\max z = -5x_1 - 8x_2 + 20x_3$

$$\text{s.t.} \begin{cases} x_1 + 6x_2 - 12x_3 \leqslant -1 \\ x_1 - 7x_2 - 9x_3 \geqslant 2 \\ -3x_1 + 5x_2 + 9x_3 = 5 \\ x_2, x_3 \geqslant 0 \end{cases}$$

2. 求解上题(1)、(2)、(3)的线性规划问题. 再从它们的最终单纯形表中求出各自所对应的对偶问题的最优解.

3. 用对偶单纯形求解下列线性规划问题.

(1) $\max z = -4x_1 - 2x_2$

$$\text{s.t.} \begin{cases} x_1 + x_2 \geqslant 10 \\ 2x_1 + 3x_2 \leqslant 46 \\ x_1, x_2 \geqslant 0 \end{cases}$$

(2) $\min z = 2x_1 + 2x_2$

$$\text{s.t.} \begin{cases} -x_1 + x_2 \geqslant 1 \\ x_1 + x_2 \leqslant 11 \\ x_1, x_2 \geqslant 0 \end{cases}$$

(3) $\min z = 3x_1 + 2x_2$

$$\text{s.t.} \begin{cases} 3x_1 + 2x_2 \leqslant 30 \\ 2x_1 - x_2 \geqslant 10 \\ x_1 - x_2 \geqslant 0 \\ x_2 \geqslant 1 \\ x_1, x_2 \geqslant 0 \end{cases}$$

4. 一个有三个"$\leqslant$"型约束条件和两个决策变量 x_1、x_2 的最大值线性规划问题,其最终单纯形表如下,试根据原始问题与对偶问题的关系,求其最优目标函数值.

C_B	X_B	b'	x_1	x_2	x_3	x_4	x_5
0	x_3	2	0	0	1	1	-1
c_2	x_2	6	0	1	0	1	0
c_1	x_1	2	1	0	0	-1	1
	λ_j		0	0	0	-3	-2

5．根据最终单纯形表，写出第 4 题的数学模型．

6．求解下列线性规划问题：

$$\max z = 9x_1 + 8x_2 + 50x_3 + 19x_4$$

$$\text{s.t.} \begin{cases} 3x_1 + 2x_2 + 10x_3 + 4x_4 \leqslant 18 \\ 2x_1 + \dfrac{1}{2}x_4 \leqslant 3 \\ x_1, x_2, x_3, x_4 \geqslant 0 \end{cases}$$

分析在下述情况下，最优解有什么变化？

(1) $\dfrac{1}{3}$ 目标函数中 x_1 的系数由 9 变为 12；

(2) 第二个约束条件右端的常数项增加 $\dfrac{1}{3}$；

(3) 若增加一个新变量，其系数列向量为 $(3,1)^T$，目标函数中的变量系数为 10；

(4) 增加一个约束条件

$$4x_1 + 3x_2 + 5x_3 + 2x_4 \leqslant 8$$

7．对线性规划问题

$$\max z = 3x_1 + 6x_2 + 2x_3$$

$$\text{s.t.} \begin{cases} 3x_1 + 4x_2 + x_3 \leqslant 2 (资源 A) \\ x_1 + 3x_2 + 3x_3 \leqslant 1 (资源 B) \\ x_1, x_2, x_3 \geqslant 0 \end{cases}$$

如果依次加上松弛变量 x_4 和 x_5 用单纯形法求解，由最终单纯形表可得：

$$z = \frac{12}{5} - \frac{11}{5}x_3 - \frac{3}{5}x_4 - \frac{6}{5}x_5$$

$$x_1 - \frac{9}{5}x_3 + \frac{3}{5}x_4 - \frac{4}{5}x_5 = \frac{2}{5}$$

$$x_2 + \frac{8}{5}x_3 - \frac{1}{5}x_4 + \frac{3}{5}x_5 = \frac{1}{5}$$

据此讨论如下问题：

(1) 假设资源 A 的数量增至 3 个单位，最优解和目标函数值各是多少？

(2) 如果保证目标函数中 x_3 的系数在 1.5 至 2.5 之间，最优解是否改变？

(3) 现以 0.75 的单位价格购买资源 A，这种投资对吗？

8．已知线性规划问题

$$\min z = 6x_1 + 3x_2 + 6x_3 + 8x_4$$

$$\begin{cases} x_1 + x_2 + x_3 + 3x_4 \geqslant 6 & (1) \\ x_1 + 2x_3 + x_4 \geqslant 3 & (2) \\ x_1 + x_2 \geqslant 2 & (3) \\ x_2 + x_4 \geqslant 2 & (4) \\ x_j \geqslant 0, j = 1,2,3,4 \end{cases}$$

的最优解为 $\boldsymbol{X}^* = (0,2,1,1)^T$，试根据对偶理论直接求出对偶问题的最优解．

9．已知线性规划问题

$$\max z = x_1 - x_2 + x_3$$

$$\begin{cases} x_1 - x_3 \geqslant 4 \\ x_1 - x_2 + 2x_3 \geqslant 3 \\ x_1, x_2, x_3 \geqslant 0 \end{cases}$$

应用对偶理论证明上述线性规划问题无最优解.

10. 已知线性规划问题和它的最优单纯形表如下:

$$\max z = 4x_1 + x_2 + 2x_3$$

$$\text{s.t.} \begin{cases} 8x_1 + 3x_2 + x_3 \leqslant 2 \\ 6x_1 + x_2 + x_3 \leqslant 8 \\ x_1, x_2, x_3 \geqslant 0 \end{cases}$$

(1) 求原问题和对偶问题的最优解.

(2) 确定最优基不改变的前提下变量 x_1 和 x_3 的目标函数系数的变化范围.

(3) 确定最优基不改变的前提下两个右边项系数的变化范围.

最终单纯形表

C_B	X_B	$B^{-1}b$	x_1	x_2	x_3	x_4	x_5
2	x_3	2	8	3	1	1	0
0	x_5	6	-2	-2	0	1	1
		4	-12	-5	0	-2	0

11. 某厂生产甲、乙两种产品,需要 A、B 两种原料,生产消耗等参数如下(表中的消耗系数为千克/件):

原料 \ 产品	甲	乙	可用量(千克)	原料成本(元／千克)
A	2	4	160	1.0
B	3	2	180	2.0
销售价(元)	13	16		

(1) 请构造一数学模型使该厂利润最大;并求解该问题.

(2) 原料 A、B 的影子价格各为多少.

(3) 现有新产品丙,每件需消耗 3 千克原料 A 和 4 千克原料 B,问该产品的销售价格至少为什么时才值得生产.

(4) 工厂可在市场上买到原料 A. 工厂是否应该购买该原料以扩大生产?在保持原问题最优基不变的前提下,最多应购入多少?可增加多少利润?

12. 某煤机厂生产甲、乙两种产品时,受到 A、B、C 三种资源的约束. 产品对三种资源的消耗定额及资源限额如下表.

84

消耗定额\产品名称\资源名称	甲	乙	资源限额
A	1	0	4
B	0	2	12
C	3	2	18
单位产品利润(千元)	3	5	

（1）问甲、乙两种产品的产量计划如何安排，才能使该厂获得最大利润？

（2）求 A、B、C 等三种资源的影子价格？

（3）以 1 个单位价格购买 A 这种投资是否合理，为什么？

13．上题中该厂在生产甲、乙两种产品时，又增加了第 4 种资源，该资源的存量为 20 个单位，而每个单位的甲、乙产品分别消耗该资源 2、3；试分析新约束对原计划有何影响．若不改变原计划，该种资源的存量至少应该为多少个单位？

4 特殊的线性规划问题

运输问题是一类特殊的线性规划问题,它完全可以用第 2 章介绍的单纯形法求解,但由于它的特殊性和广泛性,从而发展出一种特殊的求解方法 —— 表上作业法.本章将要讨论运输问题及其表上作业法.

4.1 运输问题的数学模型

首先我们研究第 2 章的例 2 所提出的问题,这是运输问题的一个具体实例,为了便于分析,现将表 3.2 和表 3.3 列于同一表中,通常称为运输表,见表 4.1.

表 4.1 运输表

销地 产地	B_1	B_2	B_3	B_4	产量
A_1	4 x_{11}	8 x_{12}	8 x_{13}	4 x_{14}	6
A_2	9 x_{21}	5 x_{22}	6 x_{23}	3 x_{24}	4
A_3	3 x_{31}	11 x_{32}	4 x_{33}	2 x_{34}	12
销量	6	2	7	7	

作为一般的运输问题,可描述如下:

假设某种物资有 m 个产地 $A_1, A_2, \cdots, A_m$,其产量分别为 $a_1, a_2, \cdots, a_m$;另有 n 个销地 $B_1, B_2, \cdots, B_n$,其销量分别为 $b_1, b_2, \cdots, b_n$.已知从第 i 个产地到第 j 个销地单位产品的费用(单位运价)为 $C_{ij}(i = 1, 2, \cdots, m; j = 1, 2, \cdots, n)$,试问应如何组织调运物资才能使总运输费用最少?

设从产地 A_i 到销地 B_j 的运输量为 x_{ij},为了清楚起见,列出类似表 4.1 的运输表,见表 4.2 所示:

表 4.2

产地＼销地	B_1	B_2	…	B_n	产量
A_1	C_{11} x_{11}	C_{12} x_{12}	… …	C_{1n} x_{1n}	a_1
A_2	C_{21} x_{21}	C_{22} x_{22}	… …	C_{2n} x_{2n}	a_2
…	… …	… …	… …	… …	…
A_m	C_{m1} x_{m1}	C_{m2} x_{m2}	… …	C_{mn} x_{mn}	a_m
销量	b_1	b_2	…	b_n	$\sum\limits_{i=1}^{m} a_i = \sum\limits_{j=1}^{n} b_j$

这种有 m 个产地和 n 个销地的运输问题,简称为"$n \times m$ 运输问题".在运输问题中,总产量 $\sum\limits_{i=1}^{m} a_i$ 和总销量 $\sum\limits_{j=1}^{n} b_j$,是两个重要的特征数字,以下分三种情况来进行讨论.

4.1.1 产销平衡$\left(\sum\limits_{i=1}^{m} a_i = \sum\limits_{j=1}^{n} b_j \right)$

当总产量和总销量相等,即 $\sum\limits_{i=1}^{m} a_i = \sum\limits_{j=1}^{n} b_j$ 时,上述问题称为产销平衡的运输问题,$\sum\limits_{i=1}^{m} a_i = \sum\limits_{j=1}^{n} b_j$ 称为平衡条件,该问题的数学模型为

$$\min z = \sum_{i=1}^{m} \sum_{j=1}^{n} c_{ij} x_{ij}$$

$$\text{s.t.} \begin{cases} \sum\limits_{j=1}^{n} x_{ij} = a_i & (i = 1,2,\cdots,m) \\ \sum\limits_{i=1}^{m} x_{ij} = b_j & (j = 1,2,\cdots,n) \\ x_{ij} \geqslant 0 \end{cases} \tag{4.1}$$

其特点是:

(1)由平衡条件易知,$m + n$ 个等式约束不是相互独立的,可以证明任何 $m + n - 1$ 个约束都是相互独立的.

(2) 基本可行解中,基变量个数为 $m + n - 1$(同独立方程个数相同). 非基变量个数为 $m \times n - (m + n - 1) = (m - 1)(n - 1) > 0$,当 $m > 1, n > 1$ 时,运输问题有无穷多个解.

(3) 系数矩阵

$$A = \begin{bmatrix} x_{11} & x_{12} & \cdots & x_{1n} & x_{21} & x_{22} & \cdots & x_{2n} & \cdots & x_{m1} & x_{m2} & \cdots & x_{mn} \\ 1 & 1 & \cdots & 1 & & & & & & & & & \\ & & & & 1 & 1 & \cdots & 1 & & & & & \\ & & & & & & & & \ddots & & & & \\ & & & & & & & & & 1 & 1 & \cdots & 1 \\ 1 & & & & 1 & & & & & 1 & & & \\ & 1 & & & & 1 & & & & & 1 & & \\ & & \ddots & & & & \ddots & & & & & \ddots & \\ & & & 1 & & & & 1 & & & & & 1 \end{bmatrix}$$

其中每列只有两个元素为 1,其余均为 0,系数列向量

$$p_{ij} = (0, \cdots, \underset{\text{第} i \text{个}}{1}, \cdots, 0, \cdots, \underset{\text{第} m+j \text{个}}{1}, \cdots, 0)^{\mathrm{T}} = e_i + e_{m+j}$$

4.1.2 总产量大于总销量 $\left(\sum\limits_{i=1}^{m} a_i > \sum\limits_{j=1}^{n} b_j \right)$

当总产量大于总销量,即供大于求过时,称为产销不平衡的运输问题,其数学模型为:

$$\min z = \sum_{i=1}^{m} \sum_{j=1}^{n} c_{ij} x_{ij}$$

$$\text{s.t.} \begin{cases} \sum\limits_{j=1}^{n} x_{ij} \leqslant a_i & (i = 1, 2, \cdots, m) \\ \sum\limits_{i=1}^{m} x_{ij} = b_j & (j = 1, 2, \cdots, n) \\ x_{ij} \geqslant 0 \end{cases} \tag{4.2}$$

4.1.3 总产量小于总销量 $\left(\sum\limits_{i=1}^{m} a_i < \sum\limits_{j=1}^{n} b_j \right)$

当总产量小于总销量,即供不应求时,运输问题数学模型为

$$\min z = \sum_{i=1}^{m} \sum_{j=1}^{n} c_{ij} x_{ij}$$

$$\text{s.t.} \begin{cases} \sum_{j=1}^{n} x_{ij} = a_i & (i = 1,2,\cdots,m) \\ \sum_{i=1}^{m} x_{ij} \leqslant b_j & (j = 1,2,\cdots,n) \\ x_{ij} \geqslant 0 \end{cases} \tag{4.3}$$

同解一般线性规划问题一样,对于不平衡的运输问题(4.2)和(4.3)完全可以转化为平衡的运输问题(相当于标准型)来求解.对于问题(4.2),可以通过虚设一个"销地",其销售过剩的产量: $\sum_{i=1}^{m} a_i - \sum_{j=1}^{n} b_j$

对于问题(4.3)可以通过虚设一个"产地"使其提供虚的产量: $\sum_{j=1}^{n} b_j - \sum_{i=1}^{m} a_i$.

于是,就可把不平衡问题转化为平衡问题,下面以平衡问题为主介绍其解法,最后再给出一个不平衡运输问题的例子.

4.2 表上作业法

表上作业法是一种特殊的单纯形法,但由于具体计算步骤是在一张张表上进行,所以叫"表上作业法",也叫"运输单纯形".现仍以表4.1所示的运输问题为例,介绍表上作业法的具体步骤.

4.2.1 确定初始方案(基本可行解)

确定初始基本可行解的方法很多.一般希望的方法是既简单,又尽可能接近最优解,下面介绍两种方法.

1)最小元素法

这种方法的基本思想是就近供应,即从单位运价表中最小的运价开始确定供销关系,然后次小,一直到给出初始方案(基本可行解)为止.

(1)从表4.1可知单位运价最小者为 $C_{34} = 2$,于是先让产地 A_3 满足销地 B_4 的需要,即给运量 x_{34} 以尽可能大的数值,故取

$$x_{34} = \min\{12,7\} = 7$$

将数字7填在表4.3(A_3,B_4)位置上.根据约束条件 $x_{14} + x_{24} + x_{34} = 7$ 可知, x_{14}, x_{24} 必为零,于是划去第四列(见表4.3),调整第三行,将其产量改为5,这表示产地 A_3 满足销地 B_4 的需要后,还剩下5吨.

表 4.3

销地 产地	B_1	B_2	B_3	B_4	产量
A_1	4	8	8	4	6
A_2	9	5	6	3	4
A_3	3	11	4	2 7	12
销量	6	2	7	7	

(2) 从未被划去的元素表中找出最小者,这里是 $C_{31} = 3$,取:

$$x_{31} = \min\{5,6\} = 5$$

把数字填在表 4.4(A_3,B_1) 位置上,根据约束条件 $x_{31} + x_{32} + x_{33} + x_{34} = 12$ 可知 x_{32},x_{33} 必为零,划去第三行(见表 4.4),调整第一列,将其销量改为 1,这表示将 A_3 多余的 5 吨供应给 B_1 后,B_1 还需 1 吨.

表 4.4

销地 产地	B_1	B_2	B_3	B_4	产量
A_1	4	8	8	4	6
A_2	9	5	6	3	4
A_3	3 5	11	4	2 7	12
销量	6	2	7	7	

(3) 继续上述步骤,取:

$$x_{11} = \min\{6,1\} = 1$$

划去第一列(见表 4.5),调整第一行,将其产量改为 5,

表 4.5

销地 产地	B_1	B_2	B_3	B_4	产量
A_1	4 　　1	8	8	4	6
A_2	9	5	6	3	4
A_3	3 　　5	11	4	2 　　7	12
销量	6	2	7	7	

取:

$$x_{22} = \min\{4,2\} = 2$$

划去第二列(见表 4.6),调整第二行,将其产量改为 2,

表 4.6

销地 产地	B_1	B_2	B_3	B_4	产量
A_1	4 　　1	8	8	4	6
A_2	9	5 　　2	6	3	4
A_3	3 　　5	11	4	2 　　7	12
销量	6	2	7	7	

取:

$$x_{23} = \min\{2,7\} = 2$$

划去第二列(见表 4.7),调整第三行,将其销量改为 5,

表 4.7

产地＼销地	B_1	B_2	B_3	B_4	产量
A_1	4　　1	8	8	4	6
A_2	9	5　　2	6　　2	3	4
A_3	3　　5	11	4	2　　7	12
销量	6	2	7	7	

取：

$$x_{13} = \min\{5,5\} = 5$$

划去第三列(见表 4.8)，再划去第一行，得到初始方案．

表 4.8

产地＼销地	B_1	B_2	B_3	B_4	产量
A_1	4　　1	8	8　　5	4	6
A_2	9	5　　2	6　　2	3	4
A_3	3　　5	11	4	2　　7	12
销量	6	2	7	7	

初始方案为：

$$x_{11} = 1, \qquad x_{13} = 5, \qquad x_{22} = 2$$
$$x_{23} = 2, \qquad x_{31} = 5, \qquad x_{34} = 7$$

其余为 $x_{ij} = 0$

相应的运输费用为：$z = 95$(万元)

容易说明，用最小元素给出的初始方案是运输问题的基本可行解，事实上：

用该方法确定供应关系时，在运输表上每填上一个数字，就在表中划去一行或

92

一列;而运输表上共有 m 行 n 列,总共可划 $n + m$ 条线,但,当填上最后一个数字时,同时划去一行和一列,所以表中有数字格的个数为 $m + n - 1$,代表着 $m + n - 1$ 个基变量,现只需说明,这 $m + n - 1$ 个变量对应的系数列向量线性无关.

设 $x_{i_s j_s}$ 为一数字格($s = 1, 2, \cdots, m + n - 1$),它所对应的系数列向量为

$$P_{i_s j_s} = e_{i_s} + e_{m+j_s}$$

当给定 $x_{i_s j_s}$ 的值后,将划去第 i_s 行或 j_s 列.即其后的系数列向量中不再出现 e_{i_s} 或 e_{m+j_s},因而 $P_{i_s j_s}$ 不可能用其他 $m + n - 2$ 个向量线性组合表示.故这 $m + n - 1$ 个向量是线性独立的.

综上所述,最小元素法的具体步骤是:

① 列出运输表,表中 x_{ij} 的位置都暂先空着.

② 在运输表中,找出单位运价最小者 c_{kt},取 $x_{kt} = \min\{a_k, b_t\}$,把 x_{kt} 的值填在相应的方格内.如果有几个单位运价同时达到最小,就任取其中之一.

③ 如果 $a_k < b_t$,就将第 t 列的销量调整为 $b_t - a_k$,划去第 k 行;如果 $a_k > b_t$,就将第 k 行的产量调整为 $a_k - b_t$,划去第 t 列;如果 $a_k = b_t$,可以将第 k 行的产量调整为零,划去第 t 列,也可以将第 t 列的销售量调整为零,划去第 k 行,但两者不能同时划去(最后一次除外).

④ 在未被划去的元素表中,重复 ② 、③ 两步直到把所有的行和列都划完为止.为方便起见,以后称基变量所在的位置格为数字格,非基变量所在的位置格为空格.

2) 元素差额法

元素差额法是在最小元素法的基础上改进的一种求初始方案的方法.该方法在确定产销关系时,不从最小元素开始,而是根据运输表中各行和各列的最小元素和次小元素之差额来确定产销关系,故称为元素差额法.现仍以前例为例(见表4.9).

(1)在运输表上写出每行和每列运价中最小元素和次小元素的差额.

从表4.9的第一行可以看出,最小元和次小元分别为4与4,它们的差额是0,所以在 A_1 行的右边写上差额0,又从表的第一列看出,最小元和次小元分别为3与4,它们的差额是1.用同样的方法可以求出其他各行和各列的差额,见表4.9所示的第一列差额和第一行差额.

(2)从所有的差额行和差额列中选取差额最大的一行或一列进行分配,并对该行或列的最小元素所在格确定供销关系.如果出现有几个相同的最大差额行或差额列,则可取任一行或一列进行.

表 4.9

销地＼产地	B_1	B_2	B_3	B_4					
A_1	4 6	8	8	4	6	0	0	0	0
A_2	9	5 2	6	3 2	4	2	3^*		
A_3	3 0	11	4 7	2 5	12	1	1	1	1
	7	6	2	7					
	1	1	3^*	2					
	1	1		2					
	2	1		4^*					
	2^*	1							

本例的 7 个差额最大者为 3,它出现在第二列,在这一列中最小元为 $C_{22} = 5$,和前面一样,故取

$$x_{22} = \min\{4,2\} = 2$$

划去第二列,调整第二行,将其产量改为 2.

(3)重复计算差额,重复(1)和(2)

在新的六个差额中最大者仍为 3,它出现在第二行,在这一行中最小元为 $C_{24} = 3$,故取

$$x_{24} = \min\{2,7\} = 2$$

划去第二行,调整第四列,将其销量改为 5.

(4)再计算新的差额,重复(1)和(2)

表 4.9 中第三次差额有五个,最大者为 4,出现在第三列,在这列中最小元为 C_{33},故取

$$x_{33} = \min\{12,7\} = 7$$

划去第三列,调整第三行,将其产量改为 5.

(5)再计算差额,重复以上步骤

表 4.9 中第四次差额有四个,最大者为 2,出现在第四列,这列中最小元为 C_{34}(已划去的不再考虑),故取

$$x_{34} = \min\{5,5\} = 5$$

划去第四列,将第三行的产量改为 0(或划去第三行,将第四列的产量改为 0).

(6) 剩下最后一行或一列按余额分配,取

$$x_{31} = \min\{0,6\} = 0$$

划去第三行,第一列的销量仍为 6

$$x_{11} = \min\{6,6\} = 6$$

同时划去第一行和第一列,这样便得到初始方案,见表 4.9.

初始方案或初始基本可行解为:

$$x_{11} = 6, \qquad x_{22} = 2, \qquad x_{24} = 2$$

$$x_{31} = 0, \qquad x_{33} = 7, \qquad x_{34} = 5$$

其余的 $x_{ij} = 0$

相应的运输费用为:$z = 78$(万元)

注意:基变量 $x_{31} = 0$ 与空格所对应的非基变量的数值 0 是有区别的.

4.2.2 最优性检验

求出初始基本可行解以后,下一步就是检验这一组基本可行解是否最优. 与前面介绍的普通单纯形法一样,也是利用计算检验数判别已获得的解是否为最优解. 下面仍以最小元素法求出的初始方案为例,见表 4.8 所示,介绍一种求检验数的方法 —— 位势法.

(1) 首先将前面用最小元素法求得的初始方案表 4.8 的销量一行和产量一列去掉,然后在表的右面和下面各增加一新列和一新行,并在新增加的一列和一行中分别填上一些数字 $u_i(i = 1,2,3)$ 与 $v_j(j = 1,2,3,4)$,分别称它们为第 i 行与第 j 列的位势,见表 4.10 所示.

表 4.10

销地\\产地	B₁	B₂	B₃	B₄	行
A₁	4 　　1	8	8 　　5	4	$u_1 = 0$
A₂	9	5 　　2	6 　　2	3	$u_2 = -2$
Λ₃	3 　　5	11	4	2 　　7	$u_3 = -1$
列	$v_1 = 4$	$v_2 = 7$	$v_3 = 8$	$v_4 = 3$	

（2）将数字格的单位运价分解为该格所在行和所在列的位势之和．即

$$C_{ij} = u_i + v_j（数字格）$$

因此有下面 $m + n - 1$ 个方程：

$$\begin{cases} u_1 + v_1 = 4 \\ u_1 + v_3 = 8 \\ u_2 + v_2 = 5 \\ u_2 + v_3 = 6 \\ u_3 + v_1 = 3 \\ u_3 + v_4 = 2 \end{cases} \tag{4.4}$$

通常把方程组（4.4）称为位势方程组．

（3）求位势方程组的解．根据位势方程组的解可计算非基变量的检验数，由于这些位势 u_i 与 v_j 的值是相互关联的，故可先任意确定其中的一个，然后再由方程组（4.4）推导出其他位势．如令

$u_1 = 0$ 可解出：

$$u_2 = -2, \quad u_3 = -1, \quad v_1 = 4, \quad v_2 = 7, \quad v_3 = 8, \quad v_4 = 3$$

当然也可以求出这组方程的其他解．

（4）求空格的检验数．利用第3章的对偶理论不难证明任一非基变量（空格）的检验数就是：

$$\lambda_{ij} = c_{ij} - (u_i + v_j) \tag{4.5}$$

根据式（4.5）计算出表（4.10）中所有空格的检验数，并把它们填到相应格左下角的位置上，为区别于运量，用括号括起来，见表 4.11.

表 4.11

产地＼销地	B_1	B_2	B_3	B_4	行
A_1	4 1	8 (1)	8 5	4 (1)	$u_1 = 0$
A_2	9 (7)	5 2	6 2	3 (2)	$u_2 = -2$
A_3	3 5	11 (5)	4 (-3)	2 7	$u_3 = -1$
列	$v_1 = 4$	$v_2 = 7$	$v_3 = 8$	$v_4 = 3$	

表 4.11 中检验数 $\lambda_{33} = -3$，这表明用最小元素法所得的初始方案不是最优方案，尚需进一步调整．

4.2.3　方案的改进

这一步工作相当于普通单纯形法中基的变换，下面介绍用闭回路法确定出基变量及转换过程．

1）确定进基格（变量）

若两个或两个以上的检验数均为负数时，选其中最小的负检验数，即：

$$\lambda_{sk} = \min\{\lambda_{ij} \mid \lambda_{ij} < 0\}$$

所对应的非基变量 x_{sk} 为进基变量，这里为 x_{33}．

2）确定退出格（变量）

（1）在以 x_{33} 所在格为出发点，作一闭回路：沿水平或竖直方向前进，遇到一个适当的数字格，转 $90°$ 后继续前进，在前进过程中，可以穿过数字格，亦可穿过空格，经过若干次转向后，最后又回到原来的出发点．这样走过的路线称为从 x_{sk} 格出发的闭回路．如表 4.12 中从 x_{33} 出发的闭回路为：

$$x_{33} - x_{31} - x_{11} - x_{13}$$

表 4. 12

销地＼产地	B_1	B_2	B_3	B_4	行
A_1	4	8	8	4	$u_1 = 0$
	1　＋	(1)	5　－	(1)	
A_2	9	5	6	3	$u_2 = -2$
	(7)	2	2	(2)	
A_3	3	11	4	2	$u_3 = -1$
	5	(5)	(-3)　＋	7	
列	$v_1 = 4$	$v_2 = 7$	$v_3 = 8$	$v_4 = 3$	

可以证明，从任何一个空格出发一定可以作出一条唯一的闭回路，其形状可能是矩形，也可能是曲折的多边形．

（2）从闭回路的出发点 x_{33} 开始，对该回路每个角点赋予"＋"，"－"相间的符号．调整量

$$\theta = \min\{标有"-"角点的运量\}$$

如表 4.12 中 $\theta = \min\{5,5\} = 5$．然后在标"＋"号的格增加运输量 θ；在标"－"号的

格减少运输量 θ,以使供应量和需求量同时得到满足. 在运输量减少 θ 的格中,运输量最小的一个基变量就转化成非基变量,于是就得到改进后的基本可行解(表 4.13). 若有两个以上的最小运输量,则只能任取其一转化为非基变量,其余的仍为基变量,取值为 0.

表 4.13

销地 产地	B_1	B_2	B_3	B_4	产量
A_1	4 6	8	8	4	6
A_2	9	5 2	6 2	3	4
A_3	3 0	11	4 5	2 7	12
销量	6	2	7	7	

3) 列出新方案

这个新方案的基变量为:

$$x_{11} = 6, \quad x_{22} = 2, \quad x_{23} = 2, \quad x_{31} = 0, \quad x_{33} = 5, \quad x_{34} = 7$$

其余的变量 x_{ij}(非基变量)均为 0.

相应的运输费用 $z = 80$(万元)

注意:这里 $x_{31} = 0$ 和非基变量 $x_{ij} = 0$ 是有区别的.

表 4.14

销地 产地	B_1	B_2	B_3	B_4	行
A_1	4 6	8 (4)	8 (3)	4 (1)	$u_1 = 0$
A_2	9 (4)	5 2	6 2	3 (-1)	$u_2 = 1$
A_3	3 0	11 (8)	4 5	2 7	$u_3 = -1$
列	$v_1 = 4$	$v_2 = 7$	$v_3 = 8$	$v_4 = 3$	

98

继续上述的步骤,进行新的一轮检验,用位势法重新对新方案进行检验,见表 4.14,非基变量的检验数 $\lambda_{24} = -1$,

这表明该方案仍不是最优方案,用闭回路法对上述方案进行调整,又得到一个新的方案,见表 4.15,表 4.16.

表 4.15

销地 产地	B_1	B_2	B_3	B_4	行
A_1	4 6	8 (4)	8 (3)	4 (1)	$u_1 = 0$
A_2	9 (4)	5 2	6 $-$ 2	3 $+$ (-1)	$u_2 = 1$
A_3	3 0	11 (8)	4 $+$ 5	2 $-$ 7	$u_3 = -1$
列	$v_1 = 4$	$v_2 = 7$	$v_3 = 8$	$v_4 = 3$	

表 4.16

销地 产地	B_1	B_2	B_3	B_4	产量
A_1	4 6	8	8	4	6
A_2	9	5 2	6	3 2	4
A_3	3 0	11	4 7	2 5	12
销量	6	2	7	7	

经检验所有空格的检验数 $\lambda_{ij} \geqslant 0$(见表 4.17),故此方案为最优方案.

将各基变量的取值列于表 4.18.

表 4.17

销地 产地	B_1	B_2	B_3	B_4	行
A_1	4 6	8 (3)	8 (3)	4 (1)	$u_1 = 0$
A_2	9 (5)	5 2	6 (1)	3 2	$u_2 = 0$
A_3	3 0	11 (7)	4 7	2 5	$u_3 = -1$
列	$v_1 = 4$	$v_2 = 5$	$v_3 = 5$	$v_4 = 3$	

表 4.18

销地 产地	B_1	B_2	B_3	B_4	产量
A_1	4 6	8	8	4	6
A_2	9	5 2	6	3 2	4
A_3	3 0	11	4 7	2 5	12
销量	6	2	7	7	

$$x_{11} = 6, \quad x_{22} = 2, \quad x_{24} = 2, \quad x_{31} = 0, \quad x_{33} = 7, \quad x_{34} = 5$$

其余的 $x_{ij} = 0$,就是最优解

最小运输费用 $z = 78$(万元)

由此可知前面用元素差额法得到的初始方案(见表 4.9),就是问题的最优方案.

4.2.4 表上作业法的基本步骤

综上所述,用表上作业法求解产销平衡问题的步骤:

(1)编制调运表,用最小元素法或元素差额法确定初始方案(即初始基本可行解).

(2)用位势法算出上述方案中所有空格(即非基变量)的检验数 λ_{ij}. 若所有的 $\lambda_{ij} \geqslant 0$,则上述调运方案就是最优方案(即最优解);否则转入下一步.

（3）用闭回路法进行方案调整，从而得到新的调运方案．

（4）重复（2）、（3）直到求得最优解为止．

当在最终表中，若某个非基变量的检验数 $\lambda_{ij} = 0$，表明该问题有无数多个最优解．

在确定初始方案或在方案的调整过程中若缺少数字（出现退化现象），要添 0 补救（表示基变量为 0），保证基变量（数字格）的个数为 $m + n - 1$．

4.3　产销不平衡问题

【例1】　设有 A_1，A_2 两个产地生产某种物资，有 B_1、B_2、B_3、B_4 四个销售地需要这种物资．产地的产量、销地的销量以及产地到销地的运价如表 4.19 所示．试确定总运费最小的调运方案．

表 4.19

单位运价 ＼ 销地 产地	B_1	B_2	B_3	B_4	产量
A_1	10	4	6	10	12
A_2	10	3	4	11	8
销量	5	4	8	5	20 ＼ 22

【解】　本问题是一个总销量 ＞ 总产量的产销不平衡问题，见问题（4.3）．应设法将其化为产销平衡问题，为此可通过虚设一个"产地"A_3，使其提供的产量 $22 - 20 = 2$．于是将不平衡问题转化为平衡问题，见表 4.20 所示的运输表．

表 4.20

销地 ＼ 产地	B_1		B_2		B_3		B_4		产量
A_1	10		4		6		10		12
		5				4		3	
A_2	10		3		4		11		8
				4		4			
A_3	0		0		0		0		2
								2	
销量	5		4		8		5		

101

(1) 首先,用最小元素法确定初始方案. 由于 $x_{3j}(j=1,2,3,4)$ 表示虚的运量,$c_{3j}=0$,所以从这些格子进行调运是无实际意义的,故先不考虑 A_3 这一行的零运价,所得初始方案见表4.20所示.

(2) 其次,用位势法求检验数(见表4.21),由于 $\lambda_{12}=-1$,所以上述方案不是最优方案.

表 4.21

销地 产地	B_1	B_2	B_3	B_4	行
A_1	10 5	4 (−1)	6 4	10 3	$u_1=0$
A_2	10 (2)	3 4	4 4	11 (3)	$u_2=-2$
A_3	0 (0)	0 (5)	0 (4)	0 2	$u_3=-10$
列	$v_1=10$	$v_2=5$	$v_3=6$	$v_4=10$	

(3) 用闭回路进行方案调整(见表4.22),并由此得到新方案(见表4.23).

表 4.22

销地 产地	B_1	B_2	B_3	B_4	行
A_1	10 5	4 (−1)	6 4	10 3	$u_1=0$
A_2	10 (2)	3 4	4 4	11 (3)	$u_2=-2$
A_3	0 (0)	0 (5)	0 (4)	0 2	$u_3=-10$
列	$v_1=10$	$v_2=5$	$v_3=6$	$v_4=10$	

表 4.23

产地＼销地	B₁	B₂	B₃	B₄	产量
A₁	10 5	4 4	6	10 3	12
A₂	10	3 0	4 8	11	8
A₃	0	0 1	0	0 2	2
销量	5	4	8	5	

继续用位势法求检验数,其结果见表4.24所示.由于该表中所有检验数 $\lambda_{ij} \geqslant 0$,故上述方案就是最优方案.

表 4.24

产地＼销地	B₁	B₂	B₃	B₄	行
A₁	10 5	4 4	6 (1)	10 3	$u_1 = 0$
A₂	10 (1)	3 0	4 8	11 (2)	$u_2 = -1$
A₃	0 (0)	0 (6)	0 (5)	0 2	$u_3 = -10$
列	$v_1 = 10$	$v_2 = 4$	$v_3 = 5$	$v_4 = 10$	

去掉假想的产地 A_3,就得到原问题的最优调运方案:

$$x_{11} = 5, \qquad x_{12} = 4, \qquad x_{14} = 3$$
$$x_{22} = 0, \qquad x_{23} = 8, \qquad \text{其余 } x_{ij} = 0$$

最小运费 $z = 10 \times 5 + 4 \times 4 + 10 \times 3 + 4 \times 8 = 128$

但是,表4.24中 $\lambda_{34} = 0$,这表明该问题还有一个最优的基本可行解,再以 x_{34} 所在格做闭回路(见表4.25),进行调整得出另一个最优解(见表4.26).

表 4.25

销地 产地	B₁	B₂	B₃	B₄	产量
A₁	10 − 5	4 4	6	10 + 3	12
A₂	10	3 0	4 8	11	8
A₃	0 +	0	0	0 − 2	2
销量	5	4	8	5	

表 4.26

销地 产地	B₁	B₂	B₃	B₄	产量
A₁	10 3	4 4	6	10 5	12
A₂	10	3 0	4 8	11	8
A₃	0 2	0	0	0	2
销量	5	4	8	5	

这时：

$x_{11} = 3, x_{12} = 4, x_{14} = 5$

$x_{22} = 0, x_{23} = 8,$ 其余 $x_{ij} = 0$

最小运费 $z = 10 \times 3 + 4 \times 4 + 10 \times 5 + 4 \times 8 = 128$

4.4 转运问题

对表 4.1 所示的运输问题，如果假设：

（1）每个产地的物资不一定直接发运到销地，可以将其中几个产地的物资集

104

中一起运；

（2）运往各销地的物资可以先运往其中几个销地，然后再运给其他销地；

（3）除现有产地、销地外，还可以设有几个中间转运站，在产地之间，销地之间或产地与销地之间转运．

表 4.27

		产 地			中间运转站				销 地			
		A_1	A_2	A_3	T_1	T_2	T_3	T_4	B_1	B_2	B_3	B_4
产地	A_1		2	4	3	2	2	4	4	8	8	4
	A_2	2		–	5	3	–	3	9	5	6	3
	A_3	4	–		1	–	3	2	3	11	4	2
中间运转站	T_1	3	5	1		3	2	1	2	8	4	6
	T_2	2	3	–	3		1	2	4	5	2	7
	T_3	2	–	3	2	1		4	1	8	2	4
	T_4	4	3	2	1	2	4		1		2	6
销地	B_1	4	9	3	2	4	1	1		3	4	1
	B_2	8	5	11	8	5	8	–	3		1	2
	B_3	8	6	4	4	2	2	2	4	1		3
	B_4	4	3	2	6	7	4	6	1	2	3	

这样一来，在此类运输中，产地可以输入，销地也可以输出，这就是所谓的转运．在一些运输中，由某一产地直接运到某一销地的运价（或路程）要比经过其他产地、销地或中间转运站到这个销地的运价（或路程）多．因此，转运可以提高运输效率．

现已知各产地、销地、中间转运站及相互之间的运价（元／吨），如表 4.27 所示，问如何组织运输才能使总运费最少？

从表 4.27 可以看出，从每个产地到每个销地的运输方案很多，而且运费各不相同．如从 A_2 到 B_1，每吨物资的直接运费为 9 元；但若从 A_2 经过 A_1 再运往 B_1，则为 $2 + 4 = 6$ 元；而若从 A_2 到 T_4 再运往 B_1，则只需 $3 + 1 = 4$ 元．那么，如何在考虑到产销地之间直接运输和非直接运输的各种可能方案的情况下，将产地的全部产品运往销地，既满足需求又使总运费最少？

为此，做如下分析：

（1）由于产地、中间转运站、销地都可以看作产地，又可以看作销地，因此可把整个问题当做有 11 个产地和 11 个销地的扩大的运输问题．

（2）由于运费最少时不可能出现一批物资来回倒运的现象，故每个中间转运站的转运数量不会超过总产量（或总销量）22 吨．因此，可规定每个中间转运的产量和销量均为 22 吨,但实际的转运量可能小于 22 吨,这相当于有一个虚设的转运量 x_{ii},意义是自己运给自己. 对应的运价则为 $c_{ii} = 0$,而实际转运量就是 $22 - x_{ii}$.

(3) 由于原有的产地和销地也具有转运站的作用,所以,同样在原有产量和销量上都增加 22 吨.

(4) 由表4.27建立扩大运输问题的运价表,其中 $c_{ii} = 0$,而不可能的运输方案运价用相当大的正数 M 表示.

扩大运输问题的运输表见表4.28所示.

表 4.28

产地＼销地	产 地			中间运转站				销 地				产量
	A_1	A_2	A_3	T_1	T_2	T_3	T_4	B_1	B_2	B_3	B_4	
A_1	0	2	4	3	2	2	4	4	8	8	4	28
A_2	2	0	M	5	3	M	3	9	5	6	3	26
A_3	4	M	0	1	M	3	2	3	11	4	2	34
T_1	3	5	1	0	3	2	1	2	8	4	6	22
T_2	2	3	M	3	0	1	2	4	5	2	7	22
T_3	2	M	3	2	1	0	4	1	8	2	4	22
T_4	4	3	2	1	2	4	0	1	M	2	6	22
B_1	4	9	3	2	4	1	1	0	3	4	1	22
B_2	8	5	11	8	5	8	M	3	0	1	2	22
B_3	8	6	4	4	2	2	4	1	0	3	22	
B_4	4	3	2	6	7	4	6	1	2	3	0	22
销量	22	22	22	22	22	22	22	28	24	29	29	264 / 264

这是一个产销平衡问题,所以可用表上作业法求解(计算略).

习　题

1. 用表上作业法求解下列运输问题

(1)

C_{ij} ＼ B_j ＼ A_i	B_1	B_2	B_3	B_4	a_i
A_1	3	11	3	10	7
A_2	1	9	2	8	4
A_3	7	4	10	5	9
b_j	3	6	5	6	

(2)

C_{ij} B_j / A_i	B_1	B_2	B_3	B_4	a_i
A_1	3	11	6	10	7
A_2	1	9	9	7	8
A_3	7	5	8	8	9
b_j	7	8	6	7	

2．某一物资调运问题如下表所示,试用最小元素法求它们的初始方案,并调整到最优

单价 销地 / 产地	B_1	B_2	B_3	B_4	产量
A_1	5	7	8	3	4
A_2	9	2	M	7	5
A_3	6	4	8	2	6
最高需求量	7	3	4	5	
最低需求量	5	3	0	2	

3．在用表上作业法求解运输问题中,证明:

(1) 如果在调整方案前,进基格的检验数为 $\lambda(\lambda < 0)$,那么,出基格在方案调整后的检验数就等于 $-\lambda$.

(2) 如果各个产量和销量都是整数,那么,最优解必为整数解.

4．试用差额法给出 4.4 题(1),(2)的初始方案,并调整到最优.

5．三个化肥厂供应四个地区的农用化肥.假定等量的化肥在这些地区使用效果相同,已知各化肥厂年产量,各地区的年需求量及各化肥厂到各地区单位化肥的运价如下表所示,试给出一个初始调运方案,并由此方案出发再给出一个优化后的方案.

运价:万元／万吨

地区 / 化肥厂	甲	乙	丙	丁	产量
A	3	11	3	10	50
B	1	9	2	8	60
C	7	4	10	5	50
需求量	30	70	30	10	

5 目标规划

  线性规划所讨论的问题只涉及一个目标,即求一组变量在满足约束条件下,使目标函数达到极大值或极小值.但在现实社会中所遇到的情况往往会很复杂,难以用一个目标来衡量一个目标的优劣.换句话说,需要用两个或两个以上的目标来确定一个方案.如在制定国民经济发展规划时,国民生产总值、就业人数、人口增长率、资源与环境指标等,都是必需要考虑的目标,如果仅考虑国民生产总值将无法满足社会经济、资源环境的可持续发展.即使是一个小企业在制定生产计划时,单目标也是远远不够的,如不仅要考虑企业利润最大,同时要考虑减小可能造成的外部成本等.

  多目标之间的重要程度各不相同,可能有轻重缓急之分,而又可能彼此相互矛盾,相互制约.如何统筹兼顾多种目标,选择一个合理的方案,已超出了线性规划所能解决的范围.20世纪60年代初,美国学者查恩斯(A. Charnes)和库帕(W. W. Cooper)在线性规划的基础上,提出了目标规划,从而解决了线性规划所不能解决的多目标决策问题.目标规划是一种数学方法.它是在给定的资源条件下,按所规定的若干目标值及实现这些目标的先后顺序,求总的偏差为最小的方案,即尽可能的接近预期目标.目前目标规划已经在经济规划、生产管理、财务分析等方面得到应用,它是对线性规划的重大发展,是对线性规划的有益补充.

5.1 目标规划的数学模型

  目标规划可用于单目标和多目标或多个目标之间的重要程度不同决策分析中.因此,它的数学模型,一般也可分为以下三种,以下我们分别讨论.

5.1.1 单目标规划

  单目标规划与线性规划模型相似,都是单一目标.所不同的是,线性规划是在满足约束条件的前提下,使一个目标函数达到极大值或极小值,而(单)目标规划是找一个尽可能接近预期目标的解.以下通过例子说明单目标规划与线性规划在处理问题方法上的区别.

  【例1】 某工厂生产A、B两种产品,已知有关数据见表5.1.

表 5.1

	A	B	拥有量
设备(h)	4	2	60
原材料(kg)	2	4	48
利润(千元)	8	6	

试求获得最大利润的生产方案.

这是一个单目标规划问题,若设 x_1,x_2 分别表示 A,B 两种产品的产量,则线性规划模型为

$$\max z = 8x_1 + 6x_2$$

$$\text{s.t.} \begin{cases} 4x_1 + 2x_2 \leqslant 60 \\ 2x_1 + 4x_2 \leqslant 48 \\ x_1, x_2 \geqslant 0 \end{cases}$$

其最优解 $x_1^* = 12$,$x_2^* = 6$;最大值 $z = 132$(千元).

在实际计划工作中,利润指标往往是由上级部门或企业计划部门预先规定并要求实现的数值.如在本例中规定要求实现的利润目标为 140(千元).这个目标带有一定的主观性和模糊性,因此最终实现的利润值,与预先规定的目标之间将出现某一偏差.这差距称为偏差量,并用 d^+,d^- 表示,d^+ 为超过利润目标值的部分,称为正偏差变量;d^- 为未完成利润目标值的部分,称为负偏差变量.这时问题的目标可等价地表示为

$$8x_1 + 6x_2 - d^+ + d^- = 140$$

d^+,d^- 中至少有一个为 0,即 $d^+ \times d^- = 0$

从决策者的要求来分析,他希望超过利润目标值,若达不到目标,他也希望最终结果尽可能的接近预定目标值,于是这个问题的数学模型为

$$\max z = d^-$$

$$\text{s.t.} \begin{cases} 8x_1 + 6x_2 - d^+ + d^- = 140 & ① \\ 4x_1 + 2x_2 \leqslant 60 & ② \\ 2x_1 + 4x_2 \leqslant 48 & ③ \\ x_1, x_2 \geqslant 0; d^+, d^- \geqslant 0 \end{cases}$$

约束 ① 称为目标约束,约束 ②、③ 称为系统(或绝对)约束.

该目标规划模型与线性规划模型没有本质区别,可用单纯形法求解,求得的解称为满意解.见表 5.2.

表 5.2

C_B	X_B	b	x_1	x_2	x_3	x_4	d^-	d^+
			0	0	0	0	1	0
1	d^-	140	8	6	0	0	1	-1
0	x_3	60	[4]	2	1	0	0	0
0	x_4	48	2	4	0	1	0	0
	λ_j		-8	-6	0	0	0	1
1	d^-	20	0	2	-2	0	1	-1
0	x_1	15	1	1/2	1/4	0	0	0
0	x_4	18	0	[3]	$-1/2$	1	0	0
	λ_j		0	-2	2	0	0	1
1	d^-	8	0	0	$-5/3$	$-2/3$	1	-1
0	x_1	12	1	0	1/3	$-1/6$	0	0
0	x_2	6	0	1	$-1/6$	1/3	0	0
	λ_j		0	0	5/3	2/3	0	1

由最终表可知，$x_1 = 12, x_2 = 6, d^- = 8, d^+ = 0$，即生产 A 产品 12 个单位，B 产品 6 个单位，可获利 $8 \times 12 + 6 \times 6 = 132$(千元). 比预定目标少 8(千元). 与线性规划求得的解完全一致.

5.1.2 级别相等的多目标规划

【例2】 仍以例1为例. 假设工厂决策者根据市场调查，产品 A 的销售量有下降的趋势，故考虑实现下列两个目标

(1) 实现利润目标 122(千元)；

(2) 产品 A 的产量不多于 10.

这两个目标级别相等，即两个目标的重要程度一样.

设 $d_i^+, d_i^-(i = 1,2)$ 分别为超过目标值的部分及未完成目标值的部分，于是两个目标可等价地表示为:

$$8x_1 + 6x_2 - d_1^+ + d_1^- = 122$$
$$x_1 - d_2^+ + d_2^- = 10$$

从决策者的要求来分析，他希望超过目标(1)，而不希望超过目标(2)，因此这个问题的数学模型为

$$\max z = d_1^- + d_2^+$$

$$\text{s. t.} \begin{cases} 8x_1 + 6x_2 - d_1^+ + d_1^- = 122 & ① \\ x_1 - d_2^+ + d_2^- = 10 & ② \\ 4x_1 + 2x_2 \leqslant 60 & ③ \\ 2x_1 + 4x_2 \leqslant 48 & ④ \\ x_1, x_2 \geqslant 0; d_i^+, d_i^- \geqslant 0 \quad (i = 1, 2) \end{cases}$$

约束①，②为目标约束，约束③，④为系统（或绝对）约束. 化为标准型后，用单纯形法求得的满意解见表 5.3.

表 5.3

			0	0	0	0	1	0	0	1
C_B	X_B	b	x_1	x_2	x_3	x_4	d_1^-	d_1^+	d_2^-	d_2^+
1	d_1^-	122	8	6	0	0	1	0	0	0
0	d_2^-	10	[1]	0	0	0	0	1	1	-1
0	x_3	60	4	2	1	0	0	0	0	0
0	x_4	48	2	4	0	1	0	0	0	0
	λ_j		-8	-6	0	0	0	0	0	1
1	d_1^-	42	0	[6]	0	0	1	-8	-8	8
0	x_1	10	1	0	0	0	0	1	1	-1
0	x_3	20	0	2	1	0	0	-4	-4	4
0		28	0	4	0	1	0	-2	-2	2
	λ_j		0	-6	0	0	0	8	8	-7
0	x_2	7	0	1	0	0	1/6	-4/3	-4/3	4/3
0	x_1	10	1	0	0	0	0	1	1	-1
0	x_3	6	0	0	1	0	-1/3	-4/3	-4/3	4/3
0	x_4	0	0	0	0	1	-2/3	10/3	10/3	-10/3
0	λ_j		0	0	0	0	1	0	0	1

由最终表可知：$x_1 = 10, x_2 = 7, x_3 = 6, x_4 = 0, d_i^+ = d_i^- = 0 (i = 1, 2)$，利润值为 $8 \times 10 + 6 \times 7 = 122$（千元），两个目标均已实现，设备尚余 6 个工时未被利用.

5.1.3 具有优先级别的多目标规划

如果决策者根据目标在经营管理上的重要程度，给目标规定一个优先顺序. 第一位重要的目标赋予优先因子 P_1，次位的目标赋予优先因子 P_2，并规定 $P_1 \gg P_2$. 即首先保证 P_1 级目标的实现，这时不考虑次级目标；而 P_2 级目标是在实现 P_1 级目标基础上考虑的. 依此类推，若有 k 个不同优先顺序的目标，应有

$$P_1 \gg P_2 \gg \cdots \gg P_k$$

这里"＞＞"表示远大于的意思,且含有无法变更次序的含义.

对具有相同优先因子的各目标,还可以根据目标的相对重要程度,分别赋于它们不同的权值,以强调不同的偏差变量在同一优先级内的相对重要程度.

【例3】 假设例1中,决策者拟订下列经营目标,并确定了目标之间的优先顺序.

P_1 级目标:充分利用设备有效台时,不加班;

P_2 级目标:产品 B 的产量不多于4;

P_3 级目标:实现利润值130(千元).

设 d_i^+, d_i^- ($i = 1,2,3$) 分别为超过目标值的部分及未完成目标值的部分,根据决策者的要求这个具有优先顺序的多目标规划的数学模型为

$$\max z = P_1(d_1^- + d_1^+) + P_2 d_2^+ + P_3 d_3^-$$

$$\text{s. t.} \begin{cases} 4x_1 + 2x_2 + d_1^- - d_1^+ = 60 & ① \\ x_2 + d_2^- - d_2^+ = 4 & ② \\ 8x_1 + 6x_2 + d_3^- - d_3^+ = 130 & ③ \\ 2x_1 + 4x_2 \leqslant 48 & ④ \\ x_1, x_2 \geqslant 0; d_i^+, d_i^- \geqslant 0 (i = 1,2,3) \end{cases}$$

由以上3个例子可以看出,目标规划的目标函数可根据决策者的要求,构造一个使总偏差变量为最小的目标函数. 一般来说,可分为以下几种:

(1)要求恰好实现规定的第 i 个目标,这时构造的目标是

$$\min z = d_i^+ + d_i^-$$

(2)要求超过完成规定的第 i 个目标,超过多少可以不计较. 则构造的目标是

$$\min z = d_i^-$$

(3)要求不得超过规定的第个目标,这时构造的目标是

$$\min z = d_i^+$$

目标规划数学模型一般为

$$\min z = \sum_{k=1}^{K} P_k (w_k^+ d_k^+ + w_k^- d_k^-)$$

$$\text{s. t.} \begin{cases} \sum_{j=1}^{n} c_{kj} x_j - d_k^+ + d_k^- = g_k & (k = 1, \cdots, K) & (5.1) \\ \sum_{j=1}^{n} a_{ij} x_j \leqslant (=, \geqslant) b_i & (i = 1, \cdots, m) & (5.2) \\ x_j \geqslant 0 & (j = 1, 2, \cdots, n) \\ d_k^+ \geqslant 0, d_k^- \geqslant 0 & (k = 1, 2, \cdots, K) \end{cases}$$

式中 P_k 为第 k 级优先因子,g_k 为第 k 个目标的预期目标值,分别为赋予第 k 个目标

112

约束的正负偏差变量 w_k^+, w_k^- 的加权值, $k = 1, 2, \cdots, K$. 若某一个 w_k^+ 或 w_k^- 等于零, 则表示对应的 d_k^+ 或 d_k^- 不予考虑. 式(5.1)为目标约束, 式(5.2)为系统约束或绝对约束.

5.2 目标规划的图解法

通过图解法表示两个决策变量的线性规划问题的求解过程, 有助于理解单纯形法的基本概念. 同样, 图解法也有助于理解目标规划问题的求解过程. 下面以例3来说明.

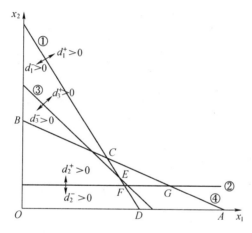

图 5.1

（1）先在平面直角坐标系的第一象限内, 作出系统约束 ④, 如图 5.1 所示, OAB 为可行域. 令各目标约束中的偏差变量 $d_i^+ = d_i^- = 0 (i = 1, 2, 3)$, 在平面上绘出目标约束相应的直线.

$$L_1 : 4x_1 + 2x_2 = 60$$
$$L_2 : x_2 = 4$$
$$L_3 : 8x_1 + 6x_2 = 130$$

（2）在直线上标出 d_i^+, d_i^- 的方向. 其中 d_i^+ 的方向就是 d_i^+ 增大 $(d_i^- = 0)$, 直线平移的方向; d_i^- 的方向与 d_i^+ 的方向相反.

（3）按目标优先顺序确定可能成为满意解的点: 首先考虑第一优先级目标的偏差 $(d_1^+ + d_1^-)$ 实现最小化, 从图中可以看出, 线段 CD 上的点满足 $d_1^- = d_1^+ = 0$, 因此线段 CD 上的任何一点所代表的方案均能实现第一优先级目标. 其次, 考虑第二优先级目标的偏差 d_2^+ 实现最小化, 从图中可看出, 满足 $d_2^+ = 0$ 的点落在线段

FD 上，这就是说，线段 FD 上的任何点所代表的方案能同时保证第一目标和第二目标的实现．最后考虑第三优先级目标的偏差 d_3^- 实现最小化．从图中可看出，E 点满足 $d_3^- = 0$，且满足 $d_1^+ = d_1^- = 0$，但却违反了 $d_2^+ = 0$ 的要求，由于 d_2^+ 的因子 P_2 优先于 d_3^- 的因子 P_3，故应该无条件地满足 $d_2^+ = 0$，这时 d_3^- 只能取大于零的值，但可选择其中最小的，因线段 FD 上的 F 点使得 d_3^- 取最小值，故 F 为满意点．

（4）计算 F 点的坐标，该点为第一目标线与第二目标线的交点，解方程得(13,4)．

即：A 产品生产 13 个单位，B 产品生产 4 个单位，利润 $z = 13 \times 8 + 4 \times 6 = 128$（千元）．

5.3　目标规划的单纯形法

单目标规划与级别相同的多目标规划的数学模型与线性规划的数学模型有相同的结构，故可按线性规划问题来处理，如例 1，例 2．对于具有优先顺序的多目标规划数学模型，其目标函数带有优先因子 P_k，因此应结合优先级目标规划模型结构特点对单纯形法略加改变．

下面通过例子说明目标规划的单纯形法的计算方法和步骤．

【例 4】　仍以例 3 为例，其数学模型标准型为：

$$\min z = P_1(d_1^- + d_1^+) + P_2 d_2^+ + P_3 d_3^-$$

$$\text{s.t.} \begin{cases} 4x_1 + 2x_2 + d_1^- - d_1^+ = 60 \\ x_2 + d_2^- - d_2^+ = 4 \\ 8x_1 + 6x_2 + d_3^- - d_3^+ = 130 \\ 2x_1 + 4x_2 + x_3 = 48 \\ x_1, x_2, x_3 \geqslant 0 \\ d_i^+, d_i^- \geqslant 0 \quad (i = 1, 2, 3) \end{cases}$$

（1）取 x_3, d_1^-, d_2^-, d_3^- 为初始基变量，列初始单纯形表，见表 5.4.

（2）计算检验数 λ_j，根据优先因子的个数将该问题分为三个层次进行计算，首先要使第一优先级目标 P_1 行的检验数满足最优性条件．在进行第一层次计算时令 $P_1 = 1, P_2 = P_3 = 0$．计算结果见表 5.4 所示 P_1 行的检验数，$\lambda_1 = -4, \lambda_2 = -2$ 不满足最优性条件：$\lambda_j \geqslant 0$，故转入(3)．

（3）取 $\max(|-4|, |-2|) = 4$ 所对应的变量 x_1 为进基入变量，

$$\theta = \min\left\{\frac{60}{4}, \frac{4}{0}, \frac{130}{8}, \frac{48}{2}\right\} = 15$$ 所对应的变量 d_1^- 为退出变量．

表 5.4

C_B	X_B	b	x_1	x_2	x_3	P_1 d_1^-	P_1 d_1^+	d_2^-	P_2 d_2^+	P_3 d_3^-	d_3^+
P_1	d_1^-	60	[4]	2	0	1	-1	0	0	0	0
0	d_2^-	4	0	1	0	0	0	1	-1	0	0
P_3	d_3^-	130	8	6	0	0	0	0	0	1	-1
0	x_3	48	2	4	1	0	0	0	0	0	0
λ_j	P_1		-4	-2	0	0	2	0	0	0	0
	P_2		0	0	0	0	0	0	1	0	0
	P_3		-8	-6	0	0	0	0	0	0	1

(4) 以 4 为主元进行迭代,得表 5.5,返回(2).

表 5.5

C_B	X_B	b	x_1	x_2	x_3	P_1 d_1^-	P_1 d_1^+	d_2^-	P_2 d_2^+	P_3 d_3^-	d_3^+
0	x_1	15	1	1/2	0	1/4	-1/4	0	0	0	0
0	d_2^-	4	0	[1]	0	0	0	1	-1	0	0
P_3	d_3^-	10	0	2	0	-2	2	0	0	1	-1
0	x_3	18	0	3	1	-1/2	1/2	0	0	0	0
λ_j	P_1		0	0	0	1	1	0	0	0	0
	P_2		0	0	0	0	0	0	1	0	0
	P_3		0	-2	0	2	-2	0	0	0	1

(2) 计算检验数 λ_j,现 P_1 行的检验数均已满足最优性条件 $\lambda_j \geqslant 0$,然后考虑第二优先级 P_2 行的最优性条件. 在进行第二层次计算时令 $P_2 = 1,P_1 = P_3 = 0$. 可见 P_2 行检验数亦已满足 $\lambda_j \geqslant 0$,最后考虑第三优先级 P_3 行的最优性条件. 在进行第三层次计算时令 $P_3 = 1,P_1 = P_2 = 0$. 结果 x_2,d_1^+ 的检验数均为 -2(见表 5.5),转入(3).

(3) 若以 d_1^+ 为进基变量,与第一级目标 $d_1^+ = 0$ 矛盾,故选 x_2 为进基变量,

$$\theta = \min\left\{\frac{15}{1/2},\frac{4}{1},\frac{10}{2},\frac{18}{3}\right\} = 4$$ 所对应的变量 d_2^- 为退出变量,转(4).

(4) 以 1 为主元进行迭代,得表 5.6,返回(2).

表 5.6

C_B	X_B	b	x_1	x_2	x_3	P_1 d_1^-	P_1 d_1^+	d_2^-	P_2 d_2^+	P_3 d_3^-	d_3^+
0	x_1	13	1	0	0	1/4	$-1/4$	$-1/2$	1/2	0	0
0	x_2	4	0	1	0	0	0	1	-1	0	0
P_3	d_3^-	2	0	0	0	-2	2	-2	2	1	-1
0	x_3	6	0	0	1	$-1/2$	1/2	-3	3	0	0
	P_1		0	0	0	1	1	0	0	0	0
λ_j	P_2		0	0	0	0	0	0	1	0	0
	P_3		0	0	0	2	-2	2	-2	0	1

（2）计算检验数，这时第三层次 P_3 行对应 d_1^+, d_2^+ 的检验数仍不满足最优化条件 $\lambda_j \geqslant 0$，但如果继续迭代将与第一级目标 $d_1^+ = 0$ 或第二级目标 $d_2^+ = 0$ 相矛盾，放弃第三级目标．

（5）迭代结束，分析结果．满意解：

$$x_1^* = 13, x_2^* = 4, x_3^* = 6, d_1^- = d_1^+ = 0, d_2^- = d_2^+ = 0, d_3^+ = 0, d_3^- = -2,$$ 这表明第一目标与第二目标均已实现，第三目标实际完成量与预定目标相差 2 个单位，利润指标完成：$8 \times 13 + 6 \times 4 = 128$（千元）与图解法结果完全一样．

目标规划问题的单纯形法计算步骤：

（1）建立初始单纯形表；

（2）计算检验数：按优先因子个数分 K 个层次计算，置 $k = 1$，若已满足最优性条件，转入（5），否则转入（3）；

（3）确定进基变量，退出变量；

（4）进行基变换，建立新的单纯形表，返回（2）；

（5）当 $k = K$ 时，计算结束，表中的解即为满意解，否则置 $k = k + 1$，返回（2）．

5.4 目标规划的应用

5.4.1 纺织厂生产规划

【例 5】 利民纺织厂生产哗叽和华达呢两种产品，其主要设备生产能力及产品的利润、销售价等数据如表 5.7 所示

表 5.7

	哔叽	华达呢	每班可用台时	可超台时
织布机(台时/百米)	23	25	7 500	7 500(8.1%)
细纱机(锭时/百米)	462	425	138 800	138 800(10%)
班产限制(百米)	200	260	全年按 750 班计算	
百米利润(元)	32	31	—	—
销售价格	110	105	—	—

厂部的目标按优先顺序为:

(1)第一优先级;织布机和细纱机的超时运转不要超过允许范围(即 8.1% 和 10%)以保护设备.

(2)第二优先级:按上级规定哔叽年产量达到 1 500 万米以上,华达呢产量达到 1 950 万米以上.

(3)第三优先级:年总利润不低于 750 万元.

(4)第四优先级:充分利用设备能力,但不要过分超额.

(5)第五优先级:产值不低于 2 752.5 万元.

应如何安排生产才能最接近上述目标?

【解】 设每班生产哔叽 x_1 百米,华达呢 x_2 百米.为统一起见,把年要求都化为每班要求:

按第一优先级规定:织布机每班最多可用的台时为 7 500 × (1 + 8.1%) = 8 108

细纱机每班最多可用的台时为 138 800 × (1 + 10%) = 152 680

按第二优先级规定:哔叽班产应为(每年按 750 班计算),150 000 ÷ 750 = 200(百米)

华达呢应达到:195 000 ÷ 750 = 260(百米)

按第三优先级规定:班利润应不低于 750 万元 ÷ 750 = 1 万元

按第五优先级规定:班产值应不低于 2 752.5 万元 ÷ 750 = 3.67 万元

现在设:d_1^+, d_1^- 为每班织布机运转台时数超过和不足 8 108 的偏差变量

d_2^+, d_2^- 为每班细纱机运转台时数超过和不足 152 680 的偏差变量

d_3^- 为哔叽班产量不足 200 百米的偏差变量,

d_4^- 为华达呢班产量不足 260 百米的偏差变量,

d_5^+, d_5^- 为班产利润高于和低于 10 000 元的偏差变量,

d_6^+, d_6^- 为每班织布机运转台时数超过和不足 7 500 的偏差变量.

d_7^+, d_7^- 为每班细纱机运转台时数超过和不足 138 800 的偏差变量.

d_8^+, d_8^- 为班产值高于和低于 36 700 元的偏差变量.

则得目标规划如下:

$$\min z = p_1(d_1^+ + d_2^+) + p_2(d_3^- + d_4^-) + p_3 d_5^- + p_4(d_6^- + d_7^-) + p_5 d_8^-$$

$$\text{s. t.} \begin{cases} 23x_1 + 25x_2 - d_1^+ + d_1^- = 8\ 108 \\ 462x_1 + 425x_2 - d_2^+ + d_2^- = 152\ 680 \\ x_1 - d_3^+ + d_3^- = 200 \qquad x_2 - d_4^+ + d_4^- = 260 \\ 32x_1 + 31x_2 - d_5^+ + d_5^- = 10\ 000 \\ 23x_1 + 25x_2 - d_6^+ + d_6^- = 7\ 500 \\ 462x_1 + 425x_2 - d_7^+ + d_7^- = 138\ 800 \\ 110x_1 + 105x_2 - d_8^+ + d_8^- = 36\ 700 \\ x_1, x_2, d_j^-, d_j^+ \geqslant 0 \quad (j = 1, \cdots, 8) \end{cases}$$

把这个问题推广可得一般模型如下:

某厂生产 n 种产品 $G_1, G_2, G_3, \cdots, G_n$,每种产品都要经过 m 个过程 $Q_1, Q_2, \cdots,$ Q_m,其中 G_j 产品在 Q_i 过程中所需的时间为 a_{ij}. Q_i 过程的时限为 b_i,但允许有 $r_i\%$ 的加班时间,G_j 产品的单位利润为 C_j,产值为 $d_j (j = 1, \cdots, n)$. 经营者的目标依次为

第 α 优先:各过程 Q_i 的设备运转时间不要超过允许范围 $(i = 1, \cdots, m)$;

第 β 优先:各产品 G_j 的产量不要低于 $g_j (j = 1, \cdots, n)$;

第 γ 优先:总利润不要低于 M;

第 δ 优先:充分利用各过程的设备能力但不要过分超额;

第 ε 优先:总产值不低于 N.

其中 $\alpha, \beta, \cdots, \varepsilon$ 是数字 $1, \cdots, 5$ 之一,例如 $\alpha = 3, \beta = 2, \gamma = 1, \delta = 4, \varepsilon = 5$ 就形成一组优先序. 优先序的取法按实际情况而定. 在同一级优先中各项分目标的权数可按模型设计者的要求给出. 例如第 β 优先中,各产品符合目标的重要性与 g_i 成正比.

设 x_j 为产品 G_j 的产量;

$d_{\alpha i}^+, d_{\alpha i}^-$ 为各过程设备运转时间超过和不足 $b_i(1 + \gamma_i)$ 的偏差变量 $(i = 1, 2, \cdots, m)$;

$d_{\beta j}^+, d_{\beta j}^-$ 为各产品 G_j 的产量超过和不足的偏差变量 $(j = 1, 2, \cdots, n)$;

d_γ^+, d_γ^- 为总利润高于和低于 M 的偏差变量;

$d_{\delta i}^+, d_{\delta i}^-$ 为各过程设备运转时间超过和不足 b_i 的偏差变量,$(i = 1, \cdots, m)$;

$d_\varepsilon^+, d_\varepsilon^-$ 为总产值高于和低于 N 的偏差变量.

则得目标规划如下:

$$\min z = P_\alpha \sum_{i=1}^m d_{\alpha i}^+ + P_\beta \sum_{j=1}^m g_j d_{\beta j}^- + P_\gamma d_r^- + P_\delta \sum_{i=1}^m d_{\delta i}^- + P_\varepsilon d_\varepsilon^-$$

118

满足于：

$$\begin{cases} \sum_{j=1}^{n} a_{ij}x_j + d_{\alpha i}^{-} = b_i(1 + r_i/100) & (i = 1,\cdots,m), \\ x_j + d_{\beta j}^{-} - d_{\beta j}^{+} = g_j & (j = 1,\cdots,n) \\ \sum_{j=1}^{n} c_j x_j + d_r^{-} - d_r^{+} = M \\ \sum_{j=1}^{n} a_{ij}x_j + d_{\delta i}^{-} - d_{\delta i}^{+} = b_i & (i = 1,\cdots,m) \\ x_j,d_{\alpha i}^{-},d_{\alpha i}^{+},d_{\beta j}^{-},d_{\beta j}^{+},d_{\gamma}^{-},d_r^{+},d_{\delta i}^{-},d_{\delta i}^{+},d_{\varepsilon}^{+},d_{\varepsilon}^{-} \geqslant 0 & (i = 1,\cdots,m;j = 1,\cdots,n) \end{cases}$$

5.4.2 电子厂生产规划

【例6】 某电子厂生产录音机和电视机两种产品,分别经由甲、乙两个车间生产. 已知除外购件外,生产一台录音机需甲车间加工2 h,乙车间装配1 h;生产一台电视机需甲车间加工1 h,乙车间装配3 h. 这两种产品生产出来后均需经检验、销售等环节. 已知每台录音机检验、销售费用需 50 元,每台电视机检验销售费用需30 元. 又甲车间每月可用的生产工时为 120 h,车间管理费用为 80 元/h;乙车间每月可用的生产工时为 150 h,车间管理费用为 20 元/h. 估计每台录音机利润为 100元,每台电视机利润为 75 元,又估计下一年度内平均每月可销售录音机 50 台,电视机 80 台.

工厂确定制订月度计划的目标如下:

第一优先级:检验和销售费用每月不超过 4 600 元;

第二优先级:每月售出录音机不少于 50 台;

第三优先级:甲、乙两车间的生产工时得到充分利用(重要性权系数按两个车间每小时费用的比例确定);

第四优先级:甲车间加班不超过 20 小时;

第五优先级:每月销售电视机不少于 80 台;

第六优先级:两个车间加班总时间要有控制(权系数分配与第三优先级相同).

试确定该厂为达到以上目标的最优月度计划生产数字.

【解】 设 x_1 为每月生产录音机的台数,x_2 为每月生产电视机的台数. 根据题中给出条件,约束情况如下:

(1) 甲、乙车间可用工时的约束

$2x_1 + x_2 + d_1^{-} - d_1^{+} = 120$(甲车间)

$x_1 + 3x_2 + d_2^{-} - d_2^{+} = 150$(乙车间)

(2) 检验和销售费用的限制

$$50x_1 + 30x_2 + d_3{}^- - d_3{}^+ = 4\,600$$

（3）每月销售量要求

$$x_1 + d_4{}^- - d_4{}^+ = 50（录音机）$$

$$x_2 + d_5{}^- - d_5{}^+ = 80（电视机）$$

（4）对甲车间加班的限制

$$d_1{}^+ + d_6{}^- - d_6{}^+ = 20$$

因甲、乙车间管理费用分别为 80 元/h 和 20 元/h，其权重比为 4:1. 故得目标规划模型为：

$$\min\ z = P_1 d_3{}^+ + P_2 d_4{}^- + P_3(4d_1{}^- + d_2{}^-) + P_4 d_6{}^+ + P_5 d_5{}^- + P_6(4d_1{}^+ + d_2{}^+)$$

$$\begin{cases} 2x_1 + x_2 + d_1{}^- - d_1{}^+ = 120 \\ x_1 + 3x_2 + d_2{}^- - d_2{}^+ = 150 \\ 50x_1 + 30x_2 + d_3{}^- - d_3{}^+ = 4\,600 \\ x_1 + d_4{}^- - d_4{}^+ = 50 \\ x_2 + d_5{}^- - d_5{}^+ = 80 \\ d_1{}^+ + d_6{}^- - d_6{}^+ = 20 \\ x_1, x_2, d_i{}^-, d_i{}^+ \geqslant 0 \quad (i = 1, \cdots, 6) \end{cases}$$

经计算得最优解如下：

$$x_1 = 50, \qquad x_2 = 40, \qquad d_1{}^+ = 20, \qquad d_2{}^+ = 20, \qquad d_3{}^- = 900,$$

$$d_5{}^- = 40, \qquad d_1{}^- = d_2{}^- = d_3{}^+ = d_4{}^- = d_5{}^+ = d_6{}^- = d_6{}^+ = 0$$

即该厂应每月生产录音机 50 台，电视机 40 台，利润额可达 8 000 元.

5.4.3 商店管理问题

【例 7】 某商店有五名工作人员：经理 1 人，主任 1 人，售货员 3 人. 有关情况如表 5.8 所示.

表 5.8

	每小时的贡献（元）	每月总工时	工资（元）	加班限量（时）
经理	120	200		24
主任	80	200	850	24
售货员 A	45	172	435	52
售货员 B	25	160	260	32
售货员 C	7.5	100		32

其中，每小时贡献指各人每工作日对销售额的贡献；"加班限量"指每月最多加班时数. 设广告费对销售额贡献系数为 12；主任和售货员 A、B 的工资相当于各

人完成销售额的 5.5% ,经理的目标是:

第一优先:保证全体员工正常就业.

第二优先:至少完成销售额 60 000 元

第三优先:主任收入至少为 850 元

第四优先:全体职工加班时间不超过规定.

第五优先:广告费不超过 2 250 元.

第六优先:力争增加销售额 11% ,即 6 600 元.

第七优先:售货员 A、B 的收入至少分别为 435 元和 260 元.

应如何安排工作?

【解】 设 x_1,x_2,x_3,x_4,x_5 分别为经理、主任、售货员 A 售货员 B、售货员 C 的每月工作时间(小时);x_6 为广告费数额(元).

$d_j^+,d_j^-,d_{i1}^+,d_{i1}^-$ 分别为偏差变量(其意义可从约束方程中看出),($j = 1,\cdots,10;i = 1,\cdots,6$)

依次考虑各目标,可得如下 6 组约束方程:

商店管理模型

(1) 销售额:

$$120x_1 + 80x_2 + 45x_3 + 25x_4 + 7.5x_5 + 12x_6 + d_1^- - d_1^+ = 60\,000\,(总额)$$

$$d_1^+ + d_{11}^+ - d_{11}^- = 6\,600\,(增加额)$$

(2) 正常就业:

$$x_1 + d_2^- - d_2^+ = 200 \qquad\qquad (经理)$$

$$x_2 + d_3^- - d_3^+ = 200 \qquad\qquad (主任)$$

$$x_3 + d_4^- - d_4^+ = 172 \qquad\qquad (售货员 A)$$

$$x_4 + d_5^- - d_5^+ = 160 \qquad\qquad (售货员 B)$$

$$x_5 + d_6^- - d_6^+ = 100 \qquad\qquad (售货员 C)$$

(3) 广告费:

$$x_6 + d_7^- - d_7^+ = 2\,250$$

(4) 收入保证:

$$0.055(80x_2) + d_8^- - d_8^+ = 850 \qquad\qquad (主任)$$

$$0.055(45x_3) + d_9^- - d_9^+ = 435 \qquad\qquad (售货员 A)$$

$$0.055(25x_2) + d_{10}^- - d_{10}^+ = 260 \qquad\qquad (售货员 B)$$

(5) 加班时数限制:

$$d_2^+ + d_{21}^- - d_{21}^+ = 24 \qquad\qquad (经理)$$

$$d_3^+ + d_{31}^- - d_{31}^+ = 24 \qquad\qquad (主任)$$

$$d_4^+ + d_{41}^- - d_{41}^+ = 52 \qquad\qquad\qquad\text{（售货员 A）}$$
$$d_5^+ + d_{51}^- - d_{51}^+ = 32 \qquad\qquad\qquad\text{（售货员 B）}$$
$$d_6^+ + d_{61}^- - d_{61}^+ = 32 \qquad\qquad\qquad\text{（售货员 C）}$$

（6）非负限制：

$$x_i \geq 0; d_j^-, d_j^+ \geq 0; d_{i1}^-, d_{i1}^+ \geq 0 \qquad (i = 1, \cdots, 6; j = 1, \cdots, 10)$$

$$\min z = p_1 \sum_{i=2}^{6} d_i^- + p_2 d_1^- + p_3 d_8^- + p_4 \sum_{i=2}^{6} d_{i1}^+ + p_5 d_7^+ + p_6 d_{11}^- + p_7 (d_9^- + d_{10}^-)$$

习　题

1. 分别说明用下列方式表达目标规划中的目标函数,在逻辑上是否合理?

（1）$\max z = d^- + d^+$ （3）$\max z = d^- - d^+$

（3）$\min z = d^- + d^+$ （4）$\min z = d^- - d^+$

2. 某工厂用机器生产两种产品,各产品每千件的制造时间及机器每天最多运转时间如表 5.9 所示

表 5.9

产品	A 机器	B 机器	利润
甲产品	2 小时	1 小时	300 元
乙产品	1 小时	2 小时	200 元
最多运转时间	6 小时	8 小时	

如果该厂要求每日达到 1 200 元利润,是否可能?如果要求达到这个目标哪一部机器应加班.

3. 用图解法找出以下目标规划问题的满意解.

（1）$\min z = p_1 (d_1^- + d_1^+) + p_2 (2d_2^- + d_3^+)$

$$\text{s. t.} \begin{cases} x_1 - 10x_2 + d_2^- - d_1^+ = 50 \\ 3x_1 + 5x_2 + d_2^- - d_2^+ = 20 \\ 8x_1 + 6x_2 + d_3^- - d_3^+ = 100 \\ x_1, x_2, \geq 0, d_i^-, d_i^+ \geq 0 \quad (i = 1, 2, 3) \end{cases}$$

（2）$\min z = p_1 (d_1^- + d_1^+) + p_2 d_2^- + p_3 d_3^+$

$$\text{s. t.} \begin{cases} x_1 - x_2 + d_1^- - d_1^+ = 10 \\ 3x_1 + 4x_2 + d_2^- - d_2^+ = 50 \\ 8x_1 + 10x_2 + d_3^- - d_3^+ = 300 \\ x_1, x_2, d_i^-, d_i^+ \geq 0 \quad (i = 1, 2, 3) \end{cases}$$

4. 用单纯形法求解以下目标规划的满意解.

（1）$\min z = p_1 d_1^- + p_2 d_2^+ + p_3 (5d_3^- + 3d_4^+) + p_4 d_1^+$

$$\text{s.t.} \begin{cases} x_1 - x_2 + d_1^- - d_1^+ = 80 \\ x_1 + x_2 + d_2^- - d_2^+ = 90 \\ x_1 + d_3^- - d_3^+ = 70 \\ x_2 + d_4^- - d_4^+ = 45 \\ x_1, x_2 \geqslant 0, d_i^-, d_i^+ \geqslant 0 \quad (i = 1,2,3,4) \end{cases}$$

(2) $\min\ z = P_1(d_1^+ + d_2^+) + p_2 d_3^-$

5. 某车间有 A、B 两条设备生产线,生产同一种产品. A 生产线每小时可以生产制造 2 件产品;B 生产线每小时可以生产制造 3/2 件产品. 如果每周工作时数为 45 小时,要求制订完成下列目标的生产计划:

(1) P_1:生产量达到 210 件/周;

(2) P_2:A 生产线加班时间在 15 小时以内;

(3) P_3:充分利用工时指标,并依据 A、B 产量的比例确定权数.

试确定数学模型,并用图解法求解.

6 整数规划

整数规划是数学规划的一个重要分支. 在前面所讨论的线性规划问题中, 如果它的某些变量(或全部变量)要求取整数时, 这个规划问题就称为整数规划问题(Integer Programming, 简称 IP). 整数规划问题可以看作是线性规划问题中对变量的整数约束的一种特殊形式. 因此可以认为, 一个整数规划问题一般都要比相应的线性规划问题约束得更紧.

整数规划中如果所有的变量都要求取为整数, 则称此规划为纯整数规划(Pure Integer Programming); 如果仅有一部分变量要求取整数, 则称此规划为混合整数规划(Mixed Integer Programming); 如果变量的取值被限定为 0 或 1, 那么这种规划就称为 0—1 规划.

求解整数规划问题是相当困难的. 到目前为止, 整数规划问题还没有一个很有效的解决方法. 但是, 由于在应用及理论方面提出的许多实际问题都可以归结为整数规划问题. 所以, 对整数规划问题的研究在理论上和实践上都有着重大意义. 例如计划调度、生产组织、投资决策和经济分析等方面都可以应用整数规划, 因此在这一章, 主要讨论整数规划问题的解法.

6.1 整数规划问题的提出

线性规划问题的一个约束条件是决策变量可取一个正的连续值(不一定为整数), 然而这一要求在实际工作中经常是不满足的. 例如, 如果决策变量是在分配的人数、购买的设备台数等情况下, 小数的解就是不合理的, 这些决策变量都必须取得一个整数的解才能满足实际需要, 这也就形成了一个离散型问题. 在一些特别的情况下, 决策问题不仅要求是离散的, 而且还指定决策变量的值只能取 0 或者 1.

于是, 一个线性规划问题也就转变为了一个整数规划问题.

【例 1】 (材料截取问题) 在某建筑工地上, 用某种型号的钢筋来截取特定长度的材料 $A_1, A_2, \cdots, A_m$, 在一根钢筋上, 截取的方式有 $B_1, B_2, \cdots, B_m$ 种, 每种截取方式可以得到各种材料数以及每种长度材料的需要数量如表 6.1 所示. 问应当怎样安排截取方式, 使得既满足需要, 又使所用钢筋数为最少?

124

表 6.1　材料截取方式及需要数量表

各方式下的材料根数 \ 下料方式 \ 零件名称	B_1	B_2	$\cdots$	B_n	各零件的需要量
A_1	C_{11}	C_{12}	$\cdots$	C_{1n}	a_1
A_2	C_{21}	C_{22}	$\cdots$	C_{2n}	a_2
$\vdots$	$\vdots$	$\vdots$		$\vdots$	$\vdots$
A_m	C_{m1}	C_{m2}	$\cdots$	C_{mn}	a_m

设用 B_j 方式截取的钢筋有 x_j 根,则这一问题的数学模型为:

求一组变量 $x_j(j = 1,2,\cdots,n)$ 的值,使它满足约束条件:

$$\begin{cases} \sum_{j=1}^{n} c_{ij}x_j \geqslant a_i \quad (i = 1,2,\cdots,m) \\ (\text{所得第 } A_i \text{ 种材料个数不少于 } a_i)\, x_j \geqslant 0, \text{且为整数} \end{cases}$$

并使目标函数 $s = \sum_{j=1}^{n} x_j$ 的值最小.

例 1 中,所有变量均要求是整数,为纯整数规划问题.

【例 2】 (集装箱运输问题)　某公司计划用集装箱托运甲、乙两种货物,每箱的体积、净载重、可获取的利润以及托运所受限制如表 6.2 所示:

表 6.2　集装箱体积和载重情况表

货　　物	体积(米³/箱)	净载重(吨/箱)	利润(元/箱)
甲	5	2	2 000
乙	4	5	1 000
托运限制	24(米³)	13(吨)	

问:该公司应当如何充分利用集装箱的空间和承重来获得最大的利润.

设:x_1,x_2 分别为甲、乙两种货物的托运箱数,容易得到其数学模型如下:

$$\max z = 2\,000x_1 + 1\,000x_2$$

$$\text{s.t.} \begin{cases} 5x_1 + 4x_2 \leqslant 24 \\ 2x_1 + 5x_2 \leqslant 13 \\ x_1, x_2 \geqslant 0, \text{且为整数} \end{cases}$$

虽然此问题看似线性规划,但它的变量 x_1,x_2 由于为箱数,因此得到的解必须为整数才可行.

从上面两例可以看出,整数规划问题的数学模型的建立与线性规划问题基本相似,两者间的不同点主要在于:整数规划问题的约束条件通常要多一个 —— 部分或全部变量均为整数的约束.

6.2 整数规划的求解方法

如果把整数规划模型作为一个普通的线性规划问题来求解,所得到的最优解中决策变量的取值刚好为整数,则这一最优解当然也是该整数规划问题的最优解. 但是这种情况并不常见,大多数情况下,按线性规划问题来求解所得到的最优解中,变量往往不符合整数要求.

在这种情况下,人们通常的想法就是把变量的小数解,用四舍五入等方法来取整得到一个近似的最优整数解. 但这样得到的所谓"最优整数解"却常常不满足原整数规划问题的约束条件. 另外,有些问题的整数解必须满足一些特殊的约束条件. 所以,如果用解线性规划问题的方法来解决整数规划问题一般是不可取的.

如例2,如果不考虑整数约束条件,求解这一问题相应的线性规划问题,容易

求得最优解为:$\begin{cases} x_1 = 4.8 \\ x_2 = 0 \\ z_{\max} = 9\ 600 \end{cases}$ (图6.1上 B 点)即只托运甲货物4.8箱,可获得最大

利润9 600元. 由于货物以箱为计算单位,不可能拆分,因此人们考虑将所得的线性规划最优解再"优化"—— 即凑成整数解,期望这样可以得到整数最优解.

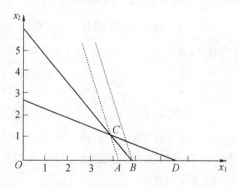

图 6.1

如果按"四舍五入"的方法取整,即取 $x_1 = 5, x_2 = 0$. 这样虽然得到了整数解,但这一解并不满足原问题的第一个约束条件;如果直接舍去 x_1 的小数部分来取整,即取 $x_1 = 4, x_2 = 0$(图6.1上 A 点),$Z = 80$,这样也能得到一个整数解,而且也满足所有的约束条件,但它是不是原整数规划的最优解呢?分析表明,$x_1 = 4$,$x_2 = 1$(图6.1上 C 点)也是原问题的可行解之一,而且其目标函数值 $Z = 90$,明显要大于前面所得到的"最优解"(图6.1).

显然,对于一个整数规划问题,如果将对应原问题的线性规划问题的最优解

"取整"来求解,常常得不到原整数规划问题的最优解,甚至根本得不到可行解.因而要寻求整数规划问题的"专门"解法.

到目前为止,整数规划问题还没有一种很满意且有效的解法.但是由于实际应用中广泛而迫切的需要,人们研究了许多能用来求解整数线性规划问题的方法,这些方法概括起来可分为两个分支:第一个分支是搜索法,包括隐枚举法和分枝定界法;另一分支是割平面法.

搜索法就是把整数解平面视为一个确定的点阵(在原整数规划问题相应的线性规划问题解的可行连续域中,整数解是其中一个个离散的点,这些点在可行域空间的集合即是点阵),如果全部搜索这些点,就是所谓穷举法.假若只列举点阵的一部分而抛弃那些无希望的点,就是隐枚举法.分枝定界法则是通过有限次运算将原问题恰当地划分为若干个子问题(即分枝),系统地搜索原问题的可行域,并通过适当定界,使需要搜索的可行域显著缩小,从而获得最优解的一种方法.

割平面法实质上是基于连续的可行域内的线性规划问题解法,只是每次需要附加上新的约束,割去那些现行的非整数解可行域(但不割去整数解部分),这样依次从连续解平面割去那些不含整数最优解的部分,最后得到整数最优解.

综上所述,分枝定界法由于仅在一部分可行整数解中寻求最优解,因此比穷举法要优越得多,如果分枝路线和所确定的"界"选择适当,就可以大大节省计算时间.由于在运算过程中,割平面法不能每次都得到可行的整数解,因此,不到最后的求解过程(停机),不会得到关于整数解的有用信息.且此法大都收敛很慢,倘若割平面法所附加的新约束条件适当,就可以相当大地割去无希望的可行域而大大减少寻求范围.这两种方法各有所长,如果把它们结合起来使用,在实际应用中会得到意想不到的效果.

6.2.1 分枝定界法

分枝定界法(Branch and Bound Method)是 20 世纪 60 年代初由数学家 R.J.Dakin 等人提出的.它是用搜索的方法来寻求最优整数解,可以直接适用于纯整数规划或混合整数规划问题.

分枝定界法的基本思想是根据某种策略将原问题的可行域分解为越来越小的子域——即所谓"分枝",并检查某个子域内整数解的情况,直到找到最优的整数解或证明整数解不存在.所谓"定界",是指如果某个子域内的非整数最优解目标函数值比已得到的最好的整数解的目标函数值还差,就不去继续寻求该子域的最优整数解,即称这一子域已经"查清".由于这一方法便于计算机编程实现,因此它已成为求解整数规划问题的重要方法.

下面先通过一个简单例子说明如何应用分枝定界法求解整数规划问题.

【例3】 试求解

$$\max z = 5x_1 + 8x_2$$

$$\text{s.t.} \begin{cases} x_1 + x_2 \leqslant 6 \\ 5x_1 + 9x_2 \leqslant 45 \\ x_1, x_2 \geqslant 0, \text{且为整数} \end{cases} \quad (IP_0)$$

【解】 首先不考虑对变量 x_1, x_2 的取整数要求,解相应的线性规划问题:

$$\max z = 5x_1 + 8x_2$$

$$\text{s.t.} \begin{cases} x_1 + x_2 \leqslant 6 \\ 5x_1 + 9x_2 \leqslant 45 \\ x_1, x_2 \geqslant 0 \end{cases} \quad (LP_0)$$

此问题称为(IP_0)的松弛问题. 用图解法或单纯型法可以求出(LP_0)的最优

解为:$x_1 = \dfrac{9}{4}, x_2 = \dfrac{15}{4}, Z = 41\dfrac{1}{4}$. 即为图 6.2 中的 C 点.

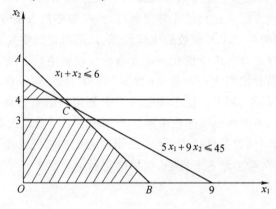

图 6.2

因为原问题要求 x_1, x_2 均取整数,而求出的两个解都不是整数,所以要对(IP_0)

问题进行分枝. 在(LP_0)最优解的非整数变量中任选一个,不妨选 $x_2 = \dfrac{15}{4} = 3.75$,

由于在下列区间

$$3 < x_2 < 4$$

不可能包括任何 x_2 的可行整数解. 因此 x_2 的可行整数解必须满足下列两个条件

之一,即

$$x_2 \leqslant 3 \text{ 或 } x_2 \geqslant 4$$

把这两个约束条件加到(IP_0)问题中就得到两个子问题:

$$\max z = 5x_1 + 8x_2$$

$$\text{s.t.} \begin{cases} x_1 + x_2 \leqslant 6 \\ 5x_1 + 9x_2 \leqslant 45 \\ x_2 \geqslant 4 \\ x_1, x_2 \geqslant 0, \text{且为整数} \end{cases} \quad (IP_1)$$

$$\max z = 5x_1 + 8x_2$$

$$\text{s.t.} \begin{cases} x_1 + x_2 \leqslant 6 \\ 5x_1 + 9x_2 \leqslant 45 \\ x_2 \leqslant 3 \\ x_1, x_2 \geqslant 0, \text{且为整数} \end{cases} \quad (IP_2)$$

这样就完成了第一次分枝工作.

接着求两个子问题相应的松弛问题(LP_1)、(LP_2)的最优解. 分别得到:

(LP_1)的最优解: $x_1 = \dfrac{9}{5}, x_2 = 4, Z = 41$

(LP_2)的最优解: $x_1 = 3, x_2 = 3, z = 39$

由于(LP_2)的解中x_1, x_2均取得整数,可以认为该子问题已经查清,并且可将其最优值 39 作为(IP_0)问题最优值的一个下界. 而(LP_1)的一个解 x_1 仍为非整数,且其目标函数值 $z = 41$ 要大于下界 39,故应对子问题(IP_1)再进行分枝,由于 $\left[\dfrac{9}{5}\right] = 1$,因此可以增加 $x_1 \leqslant 1$ 或 $x_1 \geqslant 2$ 两个约束条件. (IP_1) 即被分枝为以下两个子问题:

$$\max z = 5x_1 + 8x_2$$

$$\text{s.t.} \begin{cases} x_1 + x_2 \leqslant 6 \\ 5x_1 + 9x_2 \leqslant 45 \\ x_1 \geqslant 2 \\ x_2 \geqslant 4 \\ x_1, x_2 \geqslant 0, \text{且为整数} \end{cases} \quad (IP_3)$$

$$\max z = 5x_1 + 8x_2$$

$$\text{s.t.} \begin{cases} x_1 + x_2 \leqslant 6 \\ 5x_1 + 9x_2 \leqslant 45 \\ x_1 \leqslant 1 \\ x_2 \geqslant 4 \\ x_1, x_2 \geqslant 0, \text{且为整数} \end{cases} \quad (IP_4)$$

分别解(IP_3)、(IP_4)相应的松弛问题.

因为(IP_3)的松弛问题(LP_3)没有可行解,也称该子问题已经查清,不再分枝.

而(IP_4)的松弛问题(LP_4)的最优解是：$x_1 = 1, x_2 = 4\frac{4}{9}, Z = 40\frac{5}{9}$. 因为$x_2$仍取得非整数解,而且目标函数值$40\frac{5}{9} > 39$,所以必须再对$(IP_4)$进行分枝,其两个子问题分别是：

$$\max z = 5x_1 + 8x_2$$

$$\text{s.t.} \begin{cases} x_1 + x_2 \leqslant 6 \\ 5x_1 + 9x_2 \leqslant 45 \\ x_1 \leqslant 1 \\ x_2 \geqslant 4 \\ x_2 \leqslant 4 \\ x_1, x_2 \geqslant 0, \text{且为整数} \end{cases} \qquad (IP_5)$$

$$\max z = 5x_1 + 8x_2$$

$$\text{s.t.} \begin{cases} x_1 + x_2 \leqslant 6 \\ 5x_1 + 9x_2 \leqslant 45 \\ x_1 \leqslant 1 \\ x_2 \geqslant 4 \\ x_2 \geqslant 5 \\ x_1, x_2 \geqslant 0, \text{且为整数} \end{cases} \qquad (IP_6)$$

分别求解(IP_5)和(IP_6)相应的松弛问题(LP_5)和(LP_6),得：

(LP_5)的最优解：$x_1 = 1, x_2 = 4, Z = 37$.

(LP_6)的最优解：$x_1 = 0, x_2 = 5, Z = 40$.

因为以上两个子问题的最优解均取整数,已查清,故都不再分枝.

比较已经得到的(IP_2)、(IP_5)和(IP_6)三组整数解相应的目标函数值,可知(IP_0)的最优解是：

$$x_1 = 0, x_2 = 5, z = 40.$$

将上述解题过程用分枝图(图 6.3)表示显得更加清楚.

总结以上计算过程,可以得出分枝定界法的主要步骤为：

(1) 求解(IP)相应松弛问题(即对变量去掉取整数要求)(LP).

① 若(LP)无可行解,则(IP)也无可行解,计算到此为止.

② 若(LP)有最优解,且满足对变量的取整数要求,则(LP)的最优解就是原问题(IP)的最优解,计算也到此为止.

③ 若(LP)有最优解,但不满足取整数要求,应转入下一步.

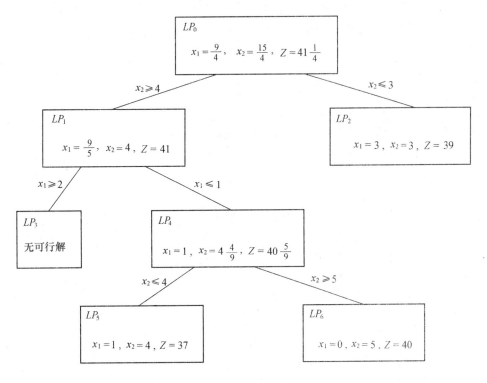

图 6.3 分枝图

（2）分枝．从（LP）的最优解中，任选一个非整数解的变量，如 x_k 有取整数要求，但最优解中 x_k 为非整数值 x_k^*，将（LP）分成两个子问题，即在（LP）中分别增加约束条件 $x_k \leqslant [x_k^*], x_k \geqslant [x_k^*]+1$，再分别解两个子问题相应的松弛问题．

① 若子问题的松弛问题无可行解，则子问题也无可行解，称子问题已查清，不再分枝．

② 若子问题的松弛问题的最优解是子问题的可行解（即符合对变量的取整要求），则它也是该子问题的最优解，称子问题已查清，也不再分枝，并将其最优值定为（IP）问题最优值的下界．

③ 若子问题的松弛问题的最优解不是子问题的可行解，分两种情况分别处理：

（a）当子问题的松弛问题的最优值小于等于现有最大下界时，则子问题已查清，不再分枝．

（b）当子问题的松弛问题的最优值大于现有下界时，应继续对该子问题分枝．

（3）重复以上步骤，直到查清各个分枝，最后在已求得的所有整数解中选取，可以得到原（LP）问题的最优解．

用分枝定界法来求解整数规划问题时，由于它只在一部分可行的整数解中寻求最优解,计算量相对较小,因此它比穷举法要优越.但如果变量的数量很多时,其计算量也是相当大的.

6.2.2 割平面法

最早解决整数规划问题所用的方法就是割平面法,它是由 R.E.Gomory 提出来的,因此又称为 Gomory 的割平面法.它的基本思路是先不考虑整数规划对某些决策变量取整数值的要求,而用一般的单纯形法去求出相应的松弛问题最优解,然后增加线性约束条件(几何上称为割平面),切割掉可行域中不含有可行整数点的部分可行域,再求出最优解.反复运用这种方法,直至在剩下的可行域中找到整数最优解为止.

割平面法是另一重要的求解整数规划的方法.该方法也是受整数规划几何解释的启发而形成的.由前面的讨论可知,整数规划的最优解一定在线性规划松弛问题的最优解附近.这一事实启发人们寻找一种方法,通过增加一些附加的约束,将松弛问题最优解附近不含整数解的可行域的多余部分割除来搜寻整数最优解.下面举例说明割平面法.

【例 4】 用割平面法求解下列整数规划:

$$\max z = 8x_1 + 5x_2$$

$$\text{s.t.} \begin{cases} 2x_1 + 3x_2 \leqslant 12 \\ 2x_1 - x_2 \leqslant 6 \\ x_1, x_2 \geqslant 0, \text{且为整数} \end{cases} \quad \text{①}$$

【解】 先不考虑整数约束,用单纯形法求相应的 LP 问题,解得的最优单纯形表如下(其中 x_3, x_4 为松弛变量,$x_3, x_4 \geqslant 0$,且为整数):

表 6.3 问题 ① 的 LP 问题最终表

c_j	8	5	0	0	
$\boldsymbol{X}_B$	x_1	x_2	x_3	x_4	$\boldsymbol{B}^{-1}\boldsymbol{b}$
x_2	0	1	0.25	-0.25	1.5
x_1	1	0	0.125	0.375	3.75
$-z$	0	0	-2.25	-1.75	37.5

从表 6.3 中可知,原问题相应的 LP 问题最优解为 $x_1 = 3.75$,$x_2 = 1.5$,$z = 37.5$,两个变量都不满足整数要求.为了加入一个新约束条件,必须从最终表 6.3 中选出非整数变量的一个约束式,不妨选 x_1 的对应约束式:

$$x_1 + 0.125x_3 + 0.375x_4 = 3.75 \quad \text{②}$$

如果将式 ② 中所有不是整数的系数和常数均分解成一个整数和一个正的纯小数之和,则该约束条件可改写为:

$$x_1 + (0 + 0.125)x_3 + (0 + 0.375)x_4 = 3 + 0.75 \qquad ③$$

将所有整数项移到等式的左边,小数项移到等式的右边,可得:

$$x_1 - 3 = 0.75 - (0.125x_3 + 0.375x_4) \qquad ④$$

因为 x_1 为整数,所以式④左边就应是整数;而在式④右边,括号内为正数,所以等式右边必然为负值,即:

$$0.75 - (0.125x_3 + 0.375x_4) \leqslant 0 \qquad ⑤$$

该约束也被称为割平面方程,将其加到表6.3中,用对偶单纯形法继续求解(表6.4):

表6.4　加入式⑤后的单纯形表

c_j	8	5	0	0	0	
X_B	x_1	x_2	x_3	x_4	x_5	$B^{-1}b$
x_2	0	1	0.25	-0.25	0	1.5
x_1	1	0	0.125	0.375	0	3.75
x_5	0	0	-0.125	-0.375	1	-0.75
$-Z$	0	0	-2.25	-1.75	0	-37.5
x_2	0	1	0.333	0	-0.667	2
x_1	1	0	0	0	1	3
x_4	0	0	0.333	1	-2.667	2
$-z$	0	0	-1.667	0	-4.667	-34

经过一次迭代后得到原问题的最优整数解($x_1 = 3, x_2 = 2, z = 34$).

新约束是非基变量的表达式. 在这个问题中,所有的非基变量都是松弛变量,所以新约束要经过适当的变换才能在图6.4中直观地表示出来. 由式①的标准形式,将松弛变量 $x_3 = 12 - 2x_1 - 3x_2$ 和 $x_4 = 6 - 2x_1 + x_2$ 代入式⑤可得到等价的切割方程:$x_1 \leqslant 3$

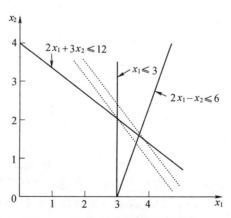

图6.4　加入切割方程后的可行域

例 4 是一个很简单的问题,只需要一个割平面方程就得到了整数最优解. 对较复杂的问题则需要较多的割平面才能求得最优整数解.

用割平面法求解整数规划问题的关键是找割平面方程,求割平面方程的一般步骤可以归纳为:

(1) 令 x_i 是相应线性规划最优解中为分数值的一个基变量,由单纯形表的最终表得到

$$x_i + \sum_k a_{ik} x_k = b_i \qquad \text{①}$$

其中 $i \in J_B$(J_B 为基变量的下标集合),$k \in J_N$(J_N 为非基变量下标集合).

(2) 将 b_i 和 a_{ik} 都分解成整数部分 N 与非负小数(真分数)f 之和,即

$$b_i = N_i + f_i,\text{其中 } 0 < f_i < 1$$

$$a_{ik} = N_{ik} + f_{ik},\text{其中 } 0 \leqslant f_{ik} < 1$$

代入式 ① 得

$$x_i + \sum_k N_{ik} x_k - N_i = f_i - \sum_k f_{ik} x_k \qquad \text{②}$$

(3) 由变量为整数的条件可以发现,式 ② 左边必然为整数;因为 $0 < f_i < 1$,所以等式右边不能为正,即得到

$$f_i - \sum_k f_{ik} x_k \leqslant 0 \qquad \text{③}$$

这就是一个割平面方程.

割平面方程 ③ 对原可行域进行了切割,至少可以把非整数最优解割掉,但它不会割去任何整数解. 这样不断迭代下去,总可以在有限的迭代次数中找到最优整数解.

割平面法有很重要的理论意义,但在实际计算中经常收敛得很慢,不如分枝定界法效率高.

6.3　整数规划应用举例

6.3.1　投资决策问题与 0—1 规划

1) 投资决策问题

应用最广泛的整数规划问题是各种类型的决策问题,决策者往往要面对这样的问题:是否要执行某些问题(或某些活动);在什么时间或什么地点执行决策. 回答这类"是—否"或"有—无"问题可借助整数规划中特例 0—1 规划问题. 0—1 规划的整数变量只有两个选择,即 1 或 0. 其一般表示方式为:

$$x_j = \begin{cases} 1 & \text{如果决策 } j \text{ 为是} \\ 0 & \text{如果决策 } j \text{ 为否} \end{cases}$$

在许多决策问题中,往往存在从多种决策方案中选一个方案的情况. 这时,可以在问题中加入以下约束:

$$\sum_{j=1}^{n} x_j = 1 \qquad\qquad ①$$

或

$$\sum_{j=1}^{n} x_j \leqslant 1 \qquad\qquad ②$$

式 ① 表示从 n 个决策中必须选中一个. 例如建厂选址问题,从多个备选方案中选择一个最好的方案;式 ② 则表示从 n 个决策中可以选一个,也可以不选. 如果需要从 n 个决策中选择 K 个,则可将式 ① 和式 ② 的右边值改为 K. 式 ② 中的值 n 如果为 2,则表示两个互斥的决策只能选一个的情况.

【例 5】 某公司有 5 个项目被列入投资计划,各项目的投资额和期望的投资收益表 6.5:

表 6.5 投资及期望收益

项目	投资额(万元)	投资收益(万元)
1	210	160
2	300	210
3	150	60
4	130	80
5	260	180

该公司只有 600 万元资金可用于投资,由于技术上的原因,投资受到以下约束:

(1) 在项目 1、2 和 3 中必须只有 1 项被选中;

(2) 项目 3 和 4 最多只能选中一项;

(3) 项目 5 被选中的前提是项目 1 必须被选中.

如何在上述条件下选择一个最好的投资方案,使投资收益最大?

【解】 设 $x_i = \begin{cases} 1 & \text{项目 } i \text{ 被选中} \\ 0 & \text{项目 } i \text{ 未被选中} \end{cases} \qquad (i = 1,2,3,4,5)$

则有:

$$\max z = 160x_1 + 210x_2 + 60x_3 + 80x_4 + 180x_5$$

$$\text{s.t.} \begin{cases} 210x_1 + 300x_2 + 150x_3 + 130x_4 + 260x_5 \leqslant 600 \\ x_1 + x_2 + x_3 = 1 \\ x_3 + x_4 \leqslant 1 \\ x_5 \leqslant x_1 \\ x_i = 0 \text{ 或 } 1 \quad (i = 1,2,3,4,5) \end{cases}$$

2) 0—1 规划的求解方法 —— 隐枚举法

因为每个变量只有取 0 或 1 两种可能,因此解 0—1 型整数规划最容易想到的方法就是穷举法,即检查变量取值为 0 或 1 的每一种组合,比较目标函数的值以求得最优解,这就需要检查变量取值的 2^n 个组合. 如果变量个数 n 较大(例如 $n >$ 10),这样求解几乎是不可能的. 因此,必须设计一些方法,只检查变量取值组合的一部分,就能求得问题的最优解. 这样的方法称为隐枚举法(Implicit Enumeration),分枝定界法也是一种隐枚举法.

下面举例说明求解 0—1 型整数规划的隐枚举法.

【例 6】
$$\max z = 3x_1 - 2x_2 + 5x_3$$
$$\text{s.t.} \begin{cases} x_1 + 2x_2 - x_3 \leqslant 2 & ① \\ x_1 + 4x_2 + x_3 \leqslant 4 & ② \\ x_1 + x_2 \leqslant 3 & ③ \\ 4x_2 + x_3 \leqslant 6 & ④ \\ x_i = 0 \text{ 或 } 1 \quad (i = 1, 2, 3) \end{cases}$$

解题时,先通过试探的方法找一个可行解,容易看出 $(x_1, x_2, x_3) = (1,0,0)$ 就适合于条件 ① ~ ④,算出相应的目标函数值 $z = 3$.

由于原问题是求最大值的问题,因此可以认为最优解 $\max z \geqslant 3$,于是增加一个约束条件:
$$3x_1 - 2x_2 + 5x_3 \geqslant 3 \qquad ⓪$$

后加的条件称为过滤条件,这样,原问题的线性约束条件就变成了 5 个. 用全部枚举的方法,3 个变量共有 $2^3 = 8$ 个解,原来 4 个约束条件,共需 32 次运算. 现在增加过滤条件 ⓪,就可以减少运算的次数. 将 5 个约束条件按 ⓪ ~ ④ 的顺序排好,将每个解依次代入约束条件的左侧,看其是否符合不等式条件,如果某一条件不适合,其后的各条件就不必再检查,因而减少了运算次数,本例的计算过程如表 6.6 所示,实际只作了 16 次运算.

在计算过程中,若遇到 Z 值已超过了条件 ⓪ 右边的值,还可以改变条件 ⓪,使右边的值是迄今为止的最大者,然后继续做. 例如,当检查点 $(0,0,1)$ 时因 $Z = 5 > 3$,所以应将条件 ⓪ 换成
$$3x_1 - 2x_2 + 5x_3 \geqslant 5 \qquad ⓪$$

这种对过滤条件的改进,更可以减少计算量.

表 6.6　隐枚举法的求解表

点 (x_1, x_2, x_3)	条　件					满足条件? 是(√) 否(×)	Z 值
	⓪	①	②	③	④		
(0,0,0)	0					×	
(0,0,1)	5	−1	1	0	1	√	5
(0,1,0)	−2					×	
(0,1,1)	3					×	
(1,0,0)	3					×	
(1,0,1)	8	0	2	1	1	√	8
(1,1,0)	1					×	
(1,1,1)	6					×	

　　在计算时,可以重新排列 x_i 的顺序,使目标函数中的系数是递减的,在例 6 中,可以将目标函数写成 $Z = 3x_1 - 2x_2 + 5x_3 = 5x_3 + 3x_1 - 2x_2$,因为该问题最大值的上限不超过点(1,0,1)的值 8,其次是点(0,0,1)的值 5……这样,最优解就较快地被发现.再结合过滤条件,可以使计算过程更加简化.

　　如例 6 可以这样求解:

$$\max z = 5x_3 + 3x_1 - 2x_2$$

$$\text{s.t.} \begin{cases} 5x_3 + 3x_1 - 2x_2 \geqslant 8 & \text{⓪} \\ -x_3 + x_1 + 2x_2 \leqslant 2 & \text{①} \\ x_3 + x_1 + 4x_2 \leqslant 4 & \text{②} \\ x_1 + x_2 \leqslant 3 & \text{③} \\ x_3 + 4x_2 \leqslant 6 & \text{④} \end{cases}$$

按 6.7 步骤进行.

表 6.7　增加了过滤条件后的简化计算表

点 (x_1, x_2, x_3)	条　件					是否满足条件		Z 值
	⓪	①	②	③	④	是(√)	否(×)	
(1,1,0)	8	√	√	√	√			8

　　至此,已经找到了目标函数 Z 的最大值,即得到了最优解,解答如前,但计算过程已简化.

　　0—1 规划的隐枚举法是一种特殊的分枝定界法,它利用变量只能取 0 或 1 两个值的特点,进行分枝定界,以达到隐枚举的目的.它适用于任何 0—1 规划问题的求解.

6.3.2　指派问题与匈牙利法

　　在管理活动中经常会遇到这样的问题,某单位需完成 n 项任务,恰好有 n 个人可以承担这些任务. 一个人只完成一项工作,而且一项工作也只能由一个人完成. 由于每个人的专长不同,各人完成任务的效率(或所费时间)也不同. 于是产生了应指派哪个人去完成哪项任务,使完成 n 项任务的总效率最高(或所需总时间最少)的问题. 这类问题称为指派问题(Assignment Problem).

类似的问题有: n 条航线,怎样指定 n 艘船去航行; n 项任务怎样分派到 n 台机床上去分别加工完成 …… 等等.

设有 n 个人去完成 n 项工作, $C_{ij} > 0 (i, j = 1, 2, \cdots, n)$ 表示第 i 人去完成第 j 项工作时的效率(或时间、成本等), $C = (C_{ij})_{n \times n}$ 称为效率矩阵. 解题时需引入 0—1 型决策变量 x_{ij}.

令 $x_{ij} = \begin{cases} 1 & \text{当指派第 } i \text{ 人去完成第 } j \text{ 项任务} \\ 0 & \text{当不指派第 } i \text{ 人去完成第 } j \text{ 项任务} \end{cases}$

当问题为求最小值时,其数学模型是:

$$\min z = \sum_{i=1}^{n} \sum_{j=1}^{n} C_{ij} x_{ij}$$

$$\text{s.t.} \begin{cases} \sum_{i=1}^{n} x_{ij} = 1 & (j = 1, 2, \cdots, n) \quad \textcircled{1} \\ \sum_{j=1}^{n} x_{ij} = 1 & (i = 1, 2, \cdots, n) \quad \textcircled{2} \\ x_{ij} = 0 \text{ 或 } 1 & (i, j = 1, 2, \cdots, n) \end{cases}$$

式 ① 表明一项工作只能由一个人去完成,式 ② 表明一个人只能完成一项工作. 满足约束条件的解 x_{ij} 可以形成一个矩阵 $[x_{ij}]$,称为解矩阵.

美国数学家库恩(W. W. Kuhn)提出了一种简便的解法,称为匈牙利法. 匈牙利法是针对目标要求极小化问题提出的. 其基本原理是:为了寻求目标函数的最小化,在系数矩阵元素 $C_{ij} \geq 0$ 条件下,如果能使矩阵具有一组处于不同行又不同列的零元素 $C'_{ij} = 0$,给这些 0 画上圈 ——"⓪",表示对应该元素的决策变量 $x_{ij} = 1$,未画圈元素对应的决策变量 $x_{ij} = 0$,那么目标函数值 $z = \sum_{i=1}^{n} \sum_{j=1}^{n} C_{ij} x_{ij} = 0$ 为最小,这样的解矩阵 $[x_{ij}]$ 就是原问题的最优解.

匈牙利法的关键是如何让系数矩阵具有一组处于不同行又不同列的 0 元素,并保证所画的圈的个数等于矩阵的阶数.

在效率矩阵元素 $C_{ij} \geq 0$ 的条件下,为使总费用最小,显然需对每行(或列)的元素进行比较,选较小的元素决定分派. 应该注意的是:在这里元素本身数值的大小不是决定因素,起决定性作用的是各元素相互间的差值. 由此说明对每行(或列)各元素都减去一个本行(或列)内的最小元素值,不会影响分派的结果. 减去最小元素值后的元素记为 C'_{ij},用 C'_{ij} 来取代 C_{ij} 不会影响目标的优化,库恩论证了

138

这个定理.

定理 从原效率矩阵$[C_{ij}]$的第i行(或列)减去或加上一个常数a,得到新的效率矩阵$[C'_{ij}]$,则对应$[C'_{ij}]$的指派问题最优解$[x_{ij}]$与原问题的最优解相同.

【证明】 以$[C'_{ij}]$为效率矩阵的指派问题的目标函数为:

$$z' = \sum_{i=1}^{n}\sum_{j=1}^{n} C'_{ij}x_{ij} = \sum_{i=1}^{n}\sum_{j=1}^{n} C_{ij}x_{ij} \pm a\sum_{j=1}^{n} x_{ij}$$
$$= \sum_{i=1}^{n}\sum_{j=1}^{n} C_{ij}x_{ij} \pm a = z \pm a$$

因为z'与原目标函数值只差一个常数a

所以两者最优解的决策变量值相同,即$[x_{ij}]$也为矩阵$[C_{ij}]$的最优解.

库恩就利用这条定理确定了求解指派问题的前几个步骤.下面通过一个例题来说明匈牙利解法的步骤.

【例7】 有 A、B、C、D 四项任务需分派给甲、乙、丙、丁四个人去做,这四个人都能承担上述四项任务,但完成任务所需要的时间如表 6.8 所示,问应如何分派任务,可使完成四项任务的总工时最少?

表 6.8 各人完成各项任务所需时间表

人	任 务			
	A	B	C	D
甲	9	17	16	7
乙	12	7	14	16
丙	8	17	14	17
丁	7	9	11	9

第一步:变换效率系数矩阵,使其每行每列都出现 0 元素.首先每行各元素都减去该行的最小元素;再让每列各元素均减去该列的最小元素.

$$[C_{ij}] = \begin{bmatrix} 9 & 17 & 16 & 7 \\ 12 & 7 & 14 & 16 \\ 8 & 17 & 14 & 17 \\ 7 & 9 & 11 & 9 \end{bmatrix} \begin{matrix}(-7)\\(-7)\\(-8)\\(-7)\end{matrix} \Rightarrow \begin{bmatrix} 2 & 10 & 9 & 0 \\ 5 & 0 & 7 & 9 \\ 0 & 9 & 6 & 9 \\ 0 & 2 & 4 & 2 \end{bmatrix} \Rightarrow \begin{bmatrix} 2 & 10 & 5 & 0 \\ 5 & 0 & 3 & 9 \\ 0 & 9 & 2 & 9 \\ 0 & 2 & 0 & 2 \end{bmatrix}$$
$$(-4)$$

第二步:进行试指派,寻求最优解(即圈 0).

现在需要找出 n 个独立的 0 元素,给他们圈 0(◎).即让各行各列都只有一个◎.如果能够找到,就以这些独立 0 元素对应解矩阵$[x_{ij}]$中的元素为 1,其余为 0,即可得到最优解.

可以用以下方法来进行圈 0.

由 0 元素最少的行或列开始,将 0 画成◎,同时划去◎所在行和列的其他 0 元素,记作∅.则有:

$$\begin{bmatrix} 2 & 10 & 5 & ⓪ \\ 5 & ⓪ & 3 & 9 \\ ⓪ & 9 & 2 & 9 \\ 0 & 2 & ⓪ & 2 \end{bmatrix}$$

如果同行或同列的 0 元素至少有两个(表示对可能从两项任务中指派其一),则可以进行试指派,然后划掉同行同列的其他元素. 当每行每列都有一个圈 ⓪ 时(即 ⓪ 元素的数目 m 等于矩阵的阶数 n 时),就可以构造最优解矩阵 $[x_{ij}]$(对应 ⓪ 位置的 $x_{ij} = 1$,其余位置 $x_{ij} = 0$). 得最优解为:

$$x_{ij} = \begin{bmatrix} 0 & 0 & 0 & 1 \\ 0 & 1 & 0 & 0 \\ 1 & 0 & 0 & 0 \\ 0 & 0 & 1 & 0 \end{bmatrix}$$

这表示:给甲分派 D 任务,给乙分派 B 任务,给丙分派 A 任务,给丁分派 C 任务. 完成四项任务的最少总工时为:

$$\min z = \sum_{i=1}^{n} \sum_{j=1}^{n} C_{ij} x_{ij} = 7 \times 1 + 7 \times 1 + 8 \times 1 + 11 \times 1 = 33$$

若 ⓪ 元素的数目 m 小于矩阵的阶数 n,那么如何来求得最优解呢?对此,库恩引用了匈牙利数学家考尼格(Konig)的关于矩阵中 0 元素的定理:系数矩阵中独立 0 元素的最多个数等于能覆盖所有 0 元素的最少直线数. 因此,库恩的这一解法虽然在以后不断有改进,但仍然沿用了"匈牙利法"这一名称. 匈牙利解法后面的步骤可通过例 8 说明.

【例 8】 有四台机器都可做 A、B、C、D 四种工作,但所需费用不同,其费用系数矩阵见表 6.9 所示,为使总费用最少,求最优的分派方案.

表 6.9

费用＼工作＼机器	A	B	C	D
I	4	10	7	5
II	2	7	6	3
III	3	3	4	4
IV	4	6	6	3

【解】 第一步:变换系数矩阵,使各行和列均有 0 元素.

$$[C_{ij}] = \begin{bmatrix} 4 & 10 & 7 & 5 \\ 2 & 7 & 6 & 3 \\ 3 & 3 & 4 & 4 \\ 4 & 6 & 6 & 3 \end{bmatrix} \begin{matrix} (-4) \\ (-2) \\ (-3) \\ (-3) \end{matrix} \Rightarrow \begin{bmatrix} 0 & 6 & 3 & 1 \\ 0 & 5 & 4 & 1 \\ 0 & 0 & 1 & 1 \\ 1 & 3 & 3 & 0 \end{bmatrix} \Rightarrow$$
$$(-1)$$

140

第二步:进行试指派 —— 圈 0

$$\begin{bmatrix} ⓪ & 6 & 2 & 1 \\ Ⓞ & 5 & 3 & 1 \\ Ⓞ & ⓪ & 1 & 1 \\ 1 & 3 & 2 & ⓪ \end{bmatrix}$$ ①

这里 ⓪ 元素的个数 $m = 3$,而费用系数矩阵的阶数 $n = 4$,得到 $m < n$,我们继续研究其求解方法.

从以上画圈的矩阵看,由于某行或某列 0 元素集中较多,选择一个 0 元素画圈后造成其他列或行无 0 元素,从而造成 ⓪ 较少. 例如第三行有三个 0 元素,表明机器 Ⅲ 用作 A、B、C 三种工作之一,对总费用最小这个目标都等效,分派了任一项工作,就不能再分派其他两项,故划去其他两列的 0 元素,造成第二行(或第三列)无 0,于是 C 工作应由哪台机器去承担无法回答.

因此,对这些缺 0 的列,在不考虑被划去 0 元素行的基础上,应继续变换该矩阵,产生新的 0 元素. 为了保证继续产生新的 0 元素,则对有 ⓪ 的矩阵行或列用直线覆盖. 覆盖用的直线的现实意义是:横(行)线表示该机器肯定有适合的工作可做;竖(列)线表示该工作肯定有机器来承担.

余下的未覆盖区需要重新产生 0 元素,以便二次圈 0,具体做法是:从未覆盖的整个区内选一个最小的数,所有未覆盖的元素都减去这个数.

横线与竖线的交叉元素不能成为圈 0,因为与交叉元素对应的机器不应去做与交叉点对应的工作,即不应与其他机器争做该工作. 为了保证不被圈 0,规定交叉元素还要加上未覆盖区元素中的最小元素.

下面继续以例 8 来说明匈牙利解法的后几个步骤.

第三步:作最少的直线覆盖所有的 0 元素,以确定该系数矩阵中能找到最多的独立 0 元素. 按以下步骤进行:

① 对没有 ⓪ 的行打上"√"号;

② 对已打"√"号的行中所有含 0 元素的列打上"√"号;

③ 再对打有"√"号的列中含 ⓪ 元素的行打上"√"号;

④ 重复②③ 两步,直到得不出新的打"√"号的行或列为止;

⑤ 对没有打"√"号的行画一横线,再对打"√"号的列画一纵线,于是得到覆盖所有 0 元素的最少直线.

假设直线数为 l,若 $l < n$,说明必须再变换当前的系数矩阵,才能找到 n 个独立的 0 元素,为此,要转入第四步;若 $l = n$,而 $m < n$,应回到第二步,另行试探.

在例 8 中,对试指派后得到的矩阵 ① 继续进行计算:

先在第 2 行旁打"√"号;接着可判断应在第 1 列下打"√"号;然后再在第 1 行旁打"√"号. 这时已不能再继续打"√"号了,于是进行画线. 先对没有打"√"号的第 3 行和第 4 行画一条直线以覆盖其中的 0 元素,接着给打"√"号的第 1 列画一直线覆盖该列上的 0 元素,得到式 ②:

$$\begin{bmatrix} ⓪ & 6 & 2 & 1 \\ ◯\!\!\!0 & 5 & 3 & 1 \\ ◯\!\!\!0 & ⓪ & ◯\!\!\!0 & 1 \\ 1 & 3 & 2 & ⓪ \end{bmatrix} \Longrightarrow \begin{bmatrix} ⓪ & 6 & 2 & 1 \\ ◯\!\!\!0 & 5 & 3 & 1 \\ ◯\!\!\!0 & ⓪ & ◯\!\!\!0 & 1 \\ 1 & 3 & 2 & ⓪ \end{bmatrix} \begin{matrix} √ \\ √ \\ \, \\ \, \end{matrix}$$

第四步:对矩阵 ② 进行变换,以增加 0 元素.为此,在没有被直线覆盖的部分中找出最小元素,然后在打"√"号的行各元素中都减去这个最小元素,而在打"√"号的列各元素中加上这个最小元素,以保证原来 0 元素的个数不变.这样得到新的系数矩阵(它的最优解和原问题相同),若正好得到 n 个 0 元素,则已得最优解,否则回到第三步重复进行.

例 8 已得到的矩阵 ② 中,在没有被覆盖的部分(第 1 行、第 2 行)中找出最小的元素为 1,然后第 1、2 行中各元素分别减去 1,第 1 列各元素分别加上 1,然后按第二步找出所有独立的元素,得到新矩阵 ③.

$$\begin{bmatrix} ⓪ & 6 & 2 & 1 \\ ◯\!\!\!0 & 5 & 3 & 1 \\ ◯\!\!\!0 & ⓪ & ◯\!\!\!0 & 1 \\ 1 & 3 & 2 & ⓪ \end{bmatrix} \begin{matrix} √(-1) \\ √(-1) \\ \, \\ \, \end{matrix} \Longrightarrow \begin{bmatrix} ⓪ & 5 & 1 & ◯\!\!\!0 \\ ◯\!\!\!0 & 4 & 2 & ◯\!\!\!0 \\ 1 & ⓪ & ◯\!\!\!0 & 1 \\ 2 & 3 & 2 & ⓪ \end{bmatrix} \quad ③$$

矩阵 ③ 仍不能得到指派结果,再重复第三、第四步的计算,直到得到指派结果.计算过程及结果如下:

$$\begin{bmatrix} ⓪ & 5 & 1 & ◯\!\!\!0 \\ ◯\!\!\!0 & 4 & 2 & ◯\!\!\!0 \\ 1 & ⓪ & ◯\!\!\!0 & 1 \\ 2 & 3 & 2 & ⓪ \end{bmatrix} \Longrightarrow \begin{bmatrix} ◯\!\!\!0 & 4 & ⓪ & ◯\!\!\!0 \\ ⓪ & 3 & 1 & ◯\!\!\!0 \\ 2 & ⓪ & ◯\!\!\!0 & 2 \\ 2 & 2 & 1 & ⓪ \end{bmatrix} \quad ④$$

矩阵 ④ 具有 4 个独立的 0 元素,这就得到了最优解,相应的解矩阵为:

$$[x_{ij}] = \begin{bmatrix} 0 & 0 & 1 & 0 \\ 1 & 0 & 0 & 0 \\ 0 & 1 & 0 & 0 \\ 0 & 0 & 0 & 1 \end{bmatrix}$$

指派方案为 Ⅰ → C,Ⅱ → A,Ⅲ → B,Ⅳ → D,

最小总费用 = 7 + 2 + 3 + 3 = 15.

当指派问题的系数矩阵经过变换得到了同行和同列中都有两个或两个以上 0

142

元素时,这时可以任选一行(或列)中某一个 0 元素,再划去同行(或列)上的其他 0 元素,但特别需要注意的是,这时可能会出现多重解的情况.

前面介绍的匈牙利法是在效率矩阵 C 为 n 阶方阵的情况下进行求解的.当效率矩阵 C 是一个 $m \times n$ 阶矩阵(即工作数与被指派的人数不等)时,可采用虚拟的办法,使其变成一个 n 阶方阵,然后再用匈牙利法求解.

6.4　整数规划案例分析

6.4.1　问题的提出

城市是经济、政治、科学技术和文化教育的中心,在我国经济建设中起着主导作用.实践证明,搞好城市的规划建设,对有效地发挥城市的各项功能,促进我国的社会主义建设事业有着极其重要的作用.

过去,我国城市中大多数的基础设施欠帐严重,交通和环境条件不断恶化,各项服务设施紧张.一方面当前能用于城市建设的资金十分有限,需要合理利用,使有限的资金发挥出尽可能大的效益.另一方面,城市建设是一个十分复杂的大系统,它包含很多互相联系互相制约的子系统,不能用"头痛医头,脚痛医脚"的方法来孤立地考虑和安排每个项目的投资,而需要借助系统工程和运筹学等的科学理论和方法.

下面将根据某城市城建系统的现状和规划,来建立整数规划的模型,探讨如何使有限的投资发挥尽可能大的社会、经济和环境的综合效益.

6.4.2　总体模型设计

某市城建系统下分园林、通讯、照明、环卫、环保、热网、煤气、公交、江堤、道桥、排水、给水、住宅等十三个子系统.根据该市发展战略的初步设想,各子系统都分别提出了自己的规划设想和"九五"期末及 2010 年的发展目标.例如园林系统提出全市绿化覆盖率要由 1995 年的 15% 提高到 2010 年的 35%.人均绿地面积由 4 m^2 增加到 8 m^2 等;通讯系统提出到 2010 年全市电话普及率提高到 50 台／百人;照明系统提出要达到全部街道安上路灯;环保部门提出市区内分别达到二、三级环境质量标准,风景区达到一级质量标准;住宅部门提出近期内拆除危房及做好旧房维修,2000 年达到人均住房面积 15 m^2,2010 年达到人均 20 m^2 等等.

据初步测算,要全部达到各子系统提出的规划目标,所需投资将超出城建系统预期可用投资数的好几倍.为此,只能把各部门规划的目标作为理想目标,然后按程序或等级再确立一些较低的目标.由此对各类建设项目由于投资的限制,设想多个不同程度的目标,相应地对应多种投资方案.问题归结为在总的资金条件限制下,究竟对各个项目采用哪一个投资方案,使总的效益为最高.由于对一个项目有多个方案设想,最终抉择只能选取其中的一个方案,故需用 0—1 变量表明方案的选取与否.整体模型设计为 0—1 变量的整数规划模型.

6.4.3 0—1 变量的整数规划模型

1) 变量设置

用 x_{ijk} 代表 k 个投资时期内,对城建的第 i 系统第 j 个项目(或方案)的投资决策.

$$x_{ijk} = \begin{cases} 1 & \text{在 } k \text{ 时期对 } i \text{ 系统的第 } j \text{ 项目投资} \\ 0 & \text{在 } k \text{ 时期不对 } i \text{ 系统的第 } j \text{ 项目投资} \end{cases}$$

$i = 1, \cdots, 13$,分别代表城建的 13 个系统.例如 $i = 1$ 代表园林,$i = 2$ 代表通讯等.

j 代表各系统要投建的项目或项目的某一方案.

k 代表各个投资时期,例如"九五"期间 $k = 1$,"十五"期间 $k = 2$ 等.

用 a_{ijk} 代表相应的投资数.为简化起见,先设计 $k = 1$ 的情况,因此只考虑 x_{ij} 和 a_{ij}.

现将这个模型中各变量的定义及对应的投资额列表如下(表 6.10).

表 6.10

系统	变量	定　义	需投资额
园林	x_{11}	调节林带完成规划指标数	a_{11}
	x_{12}	调节林带完成规划指标数的一半	a_{12}
	x_{13}	市区街道、公园增加规划的林木指标数	a_{13}
	x_{14}	市区街道、公园增加规划的林木指标数的一半	a_{14}
	x_{15}	市区绿化(种草)完成指标规划数	a_{15}
	x_{16}	市区绿化(种草)完成指标规划数的一半	a_{16}
通讯	x_{21}	2000 年电话机数达 20 台／百人	a_{21}
	x_{22}	2000 年电话机数达 16 台／百人	a_{22}
	x_{23}	2000 年电话机数达 10 台／百人	a_{23}
照明	x_{31}	全部街道安装路灯	a_{31}
	x_{32}	二级以上、部分三级马路安装路灯	a_{32}
	x_{33}	二级以上马路安装路灯	a_{33}

续表:

系统	变量	定　　义	需投资额
环卫	x_{41}	垃圾装卸机械化,建水冲厕所 200 座,配备扫道机 85 ~ 90 台	a_{41}
	x_{42}	垃圾装卸机械化,建水冲厕所 95 ~ 120 座,配备扫道机 40 ~ 50 台	a_{42}
	x_{43}	垃圾站设备齐全,建水冲厕所 65 ~ 70 座,配备扫道机 20 ~ 30 台	a_{43}
环保	x_{51}	全面达到"九五"规划中对水质、空气、噪音指标的要求	a_{51}
	x_{52}	在主要指标上接近或达到"九五"规划的要求	a_{52}
	x_{53}	对比较严重危害人民身心健康的主要指标接近或达到国家要求	a_{53}
热网	x_{61}	全面达到热网"九五"规划的指标要求	a_{61}
	x_{62}	部分达到热网"九五"规划的指标要求	a_{62}
煤气	x_{71}	全面达到"九五"规划中对煤气普及率的指标要求	a_{71}
	x_{72}	部分达到"九五"规划中对煤气普及率的指标要求	a_{72}
公交	x_{81}	将全部有轨电车改为无轨	a_{81}
	x_{82}	公交车辆发展到 3 000 台及增加相应配套设施	a_{82}
	x_{83}	公交车辆发展到 2 000 台及增加相应配套设施	a_{83}
	x_{84}	公交车辆发展到 1 500 台及增加相应配套设施	a_{84}
江堤	x_{91}	达到"九五"规划中对江堤要求的各项指标	a_{91}
	x_{92}	确保防洪能力不降低情况下的各项指标要求	a_{92}
道桥	$x_{10,1}$	打通所有断头路及相应配套工程	$a_{10,1}$
	$x_{10,2}$	打通 20 条断头路及相应配套工程	$a_{10,2}$
	$x_{10,3}$	打通 13 条断头路及相应配套工程	$a_{10,3}$
排水	$x_{11,1}$	增加雨水井 10 000 个,过街涵通 10 公里,改造泵房 12 座	$a_{11,1}$
	$x_{11,2}$	增加雨水井 6 000 个,过街涵通 7 公里,改造泵房 8 座	$a_{11,2}$
	$x_{11,3}$	增加雨水井 4 000 个,过街涵通 5 公里,改造泵房 5 座	$a_{11,3}$
给水	$x_{12,1}$	确保全面达到"九五"规划中的给水指标	$a_{12,1}$
	$x_{12,2}$	基本达到"九五"规划中的给水指标	$a_{12,2}$
	$x_{12,3}$	解决给水工程中的关键及必要的配套项目	$a_{12,3}$
住宅	$x_{13,1}$	2000 年达到人均住房 15 m^2	$a_{13,1}$
	$x_{13,2}$	2000 年达到人均住房 10 m^2	$a_{13,2}$
	$x_{13,3}$	拆除危房及维修最必需的旧房	$a_{13,3}$

2) 约束条件

(1) 某些必建项目,例如直接严重阻碍生产发展、危及人民安全和健康的项目,以及积欠过多的项目,可令 $x_{ij} = 1$. 本模型中有:

$$x_{53} = x_{92} = x_{12,3} = x_{13,3} = 1$$

(2) 对同一系统的不同级别或不同程度要求的项目,只能取其中之一,即有:

$$\sum_j x_{ij} = 1$$

本模型中包括有：

$$x_{11} + x_{12} = 1, \quad x_{13} + x_{14} = 1, \quad x_{15} + x_{16} = 1$$

$$x_{21} + x_{22} + x_{23} = 1$$

$$x_{31} + x_{32} + x_{33} = 1$$

$$x_{41} + x_{42} + x_{43} = 1$$

$$x_{51} + x_{52} = 1, \quad x_{61} + x_{62} = 1$$

$$x_{71} + x_{72} = 1, \quad x_{82} + x_{83} + x_{84} = 1$$

$$x_{10,1} + x_{10,2} + x_{10,3} = 1$$

$$x_{11,1} + x_{11,2} + x_{11,3} = 1$$

$$x_{12,1} + x_{12,2} = 1, \quad x_{13,1} + x_{13,2} = 1$$

（3）项目的配套协调关系

一是属于必须同期建设的配套项目,如建 A 项目必须同时建 B 项目,否则将影响该项目投产或毅然效益的发挥. 例如住宅与给水排水,公交与道路,环保与园林,环保与环卫等. 二是虽不一定必须同期安排建设,但两者之间关系密切,建设 A 项目时,B 项目也应合理安排,统筹规划,投资规模不低于某一水平. 例如给水与排水,道路与照明,住宅与公交,住宅与通讯等. 前者属硬配套关系,后者为软配套关系.

对硬配套关系,约束为：$x_{ij} = x_{i'j'}$

对软配套关系,约束为：$\gamma_1 a_{ij} x_{ij} \leqslant a_{ij} x_{i'j'} \leqslant \gamma_2 a_{ij} x_{ij}$

式中 ij 和 $i'j'$ 分别为上述 A、B 项目,γ_1、γ_2 为某一常数,且有 $0 < \gamma_1, \gamma_2 < 1$.

（4）总的投资额约束

$$\sum_i \sum_j a_{ij} x_{ij} \leqslant K$$

（5）其他约束

例如占地指标,基建施工能力,各种材料供应的限额等,统用 L_s 表示. 则有

$$\sum_i \sum_j b_{ijs} x_{ij} \leqslant L_s \qquad (s = 1, 2, \cdots, m)$$

式中 b_{ijs} 为建设 ij 项目时,对 s 种资源的消耗定额指标.

3）目标函数

目标函数可表示为：$\max z = \sum_i \sum_j c_{ij} x_{ij}$

其中 c_{ij} 为各个项目的预期社会、经济和环境的效益,可以采用聘请专家打分的办法来确定. 所聘请的专家可以包括：城建系统有关专业的专家教授,政府部门长期从事城建规划管理的领导,城建系统的工程技术人员.

请专家打分时,应向专家们提供制定规划、确定投资效果等方面的背景材料,让其了解城建系统规划全貌.

146

下面设计了打分的指标体系及有关评分标准.

(1) 历史状况及发展趋势

① 与国外相当人口的城市及国内兄弟城市比,该项目在历史上所占投资比例是否恰当;(A. 明显偏低;B. 基本合适;C. 明显偏高)

② 是否属影响城市主要功能正常发挥的关键项目或国家政策规定需优先发展的项目(如节煤、节电、通讯等);(A. 优先发展或关键项目;B. 比较重要;C. 一般)

③ 是属于长远的战略性建设项目,还是临时性的应急工程.(A. 长远战略性项目;B. 中期考虑;C. 临时应急工程)

(2) 项目的社会、经济和环境效益

① 在促进该市工农业生产和经济发展中的作用;(A. 有明显作用;B. 较大作用;C. 一般作用)

② 促使居民的舒适、方便、卫生等条件的改善程度;(A. 明显改善;B. 有较大改善,C. 一般改善)

③ 对消除危害健康和安全因素的估价;(A. 作用显著;B. 作用较大;C. 作用一般)

④ 有关配套项目能否提前开工,或能做到同期开工.(A. 配套好;B. 配套较好;C. 配套一般甚至较差)

(3) 投资情况

① 投资可否在市政建设中安排或筹集可能性大小;(A. 安排或筹集到可能性很大;B. 安排有一定困难或筹集可能性较大;C. 安排上困难很大或筹集可能性也不大)

② 该项工程的投资能否回收,以便收回后用于安排其他项目或进行自身扩建;(A. 能回收;B. 可以部分回收;C. 不能回收)

③ 是否能做到或有利于引进外资及申请国家的专项投资;(A. 可能性很大;B. 有一定可能;C. 可能性不大或无可能)

可以设定 A 为 5 分,B 为 3 分,C 为 1 分,并可对不同的指标分别按其重要程度确定权重系数,汇总后即为各项目的 c_{ij} 值.对权系数的给定也可由有经验的专家一起研究商定.

6.4.4 对模型的动态分析

动态分析可针对以下情况进行:

(1) 当可能的投资额改变时(例如可以集资,或可争取到更多贷款等),重新确定投建项目;

(2) 研究 c_{ij} 值的变化对已确定投资方案的影响;

(3) 研究新技术、政策变化等对投资方案进行灵敏度分析.

习 题

1. 在高校篮球联赛中,我校男子篮球队要从 8 名队员中选择平均身高最高的出场阵容,队员的号码、身高及所擅长的位置如表 6.11.

表 6.11 队员个人情况表

队员号码	身高(m)	位 置
4	1.92	中锋
5	1.90	中锋
6	1.88	前锋
7	1.86	前锋
8	1.85	前锋
9	1.83	后卫
10	1.80	后卫
11	1.78	后卫

同时,要求出场阵容满足以下条件:

(1) 中锋只能有一个上场.

(2) 至少有一名后卫.

(3) 如果 4 号队员和 7 号队员都上场,则 9 号队员不能出场.

(4) 5 号队员和 9 号队员必须保留一个不出场.

试写出上述问题的数学模型.

2. 考虑装载货船问题,假定装到船上的货物有五种,各种货物的单位重量 w_i 和单位体积 v_i 以及它们相应的价值 r_i 如表 6.12.

表 6.12 货物情况及价值表

货物编号	w_i(吨)	v_i(m³)	r_i(万元)
1	5	1	4
2	8	8	7
3	3	6	6
4	2	5	5
5	7	4	4

船的最大载重量和体积分别是 $W = 112$ 吨和 $V = 109 \ \text{m}^3$,现在要确定怎样装运各种货物才能使装运的价值最大,试建立此问题的数学模型.

3. 要用一批长度为 7.4 米的圆钢做 100 套钢架,每套由长 2.9 米、2.1 米、1.5 米的圆钢各一根组成,应如何下料,才能使所用的原料最省.试建立此问题的数学模型.

4．试用分枝定界法解下列整数规划：

(1) $\max z = 11x_1 + 4x_2$

$$\text{s.t.} \begin{cases} -x_1 + 2x_2 \leqslant 4 \\ 5x_1 + 2x_2 \leqslant 16 \\ 2x_1 - x_2 \leqslant 4 \\ x_1, x_2 \geqslant 0, \text{且为整数} \end{cases}$$

(2) $\max z = x_1 + x_2$

$$\text{s.t.} \begin{cases} 14x_1 + 9x_2 \leqslant 51 \\ -6x_1 + 3x_2 \leqslant 1 \\ x_1, x_2 \geqslant 0, \text{且为整数} \end{cases}$$

(3) $\max z = 11x_1 + 4x_2$

$$\text{s.t.} \begin{cases} -x_1 + 2x_2 \leqslant 4 \\ 5x_1 + 2x_2 \leqslant 16 \\ 2x_1 - x_2 \geqslant 4 \\ x_1, x_2 \geqslant 0, \text{且为整数} \end{cases}$$

(4) $\max z = 9x_1 + 6x_2 + 5x_3$

$$\text{s.t.} \begin{cases} 2x_1 + 3x_2 + 7x_3 \leqslant \dfrac{35}{2} \\ 4x_1 + 9x_3 \leqslant 15 \\ x_1, x_2, x_3 \geqslant 0 \\ x_1, x_2 \text{ 为整数} \end{cases}$$

5．利用割平面方法，求下列问题的解：

(1) $\max z = 2x_1 + x_2$

$$\text{s.t.} \begin{cases} x_1 + x_2 \leqslant 6 \\ x_1 - 4x_2 \leqslant 2 \\ x_1 \geqslant 0, x_2 \geqslant 0 \\ x_1, x_2 \text{ 为整数} \end{cases}$$

(2) $\max z = 4x_1 + 5x_2$

$$\text{s.t.} \begin{cases} 3x_1 + 2x_2 \leqslant 10 \\ x_1 + 4x_2 \leqslant 11 \\ x_1 \geqslant 0, x_2 \geqslant 0 \\ x_1, x_2 \text{ 为整数} \end{cases}$$

6．试用隐枚举法解下列 0—1 规划问题：

(1) $\min z = 4x_1 + 3x_2 + 2x_3$

$$\text{s.t.} \begin{cases} 2x_1 - 5x_2 + 3x_3 \leqslant 4 \\ 4x_1 + x_2 + 3x_3 \geqslant 3 \\ x_2 + x_3 \geqslant 1 \\ x_1, x_2, x_3 = 0 \text{ 或 } 1 \end{cases}$$

(2) $\min z = 2x_1 + 5x_2 + 3x_3 + 4x_4$

$$\text{s.t.} \begin{cases} -4x_1 + x_2 + x_3 + x_4 \geqslant 0 \\ -2x_1 + 4x_2 + 2x_3 + 4x_4 \geqslant 4 \\ x_1 + x_2 - x_3 + x_4 \geqslant 1 \\ x_1, x_2, x_3, x_4 = 0 \text{ 或 } 1 \end{cases}$$

7．有六项工作需要六个人去完成，每项工作只允许一个人去完成，每个人只完成其中一项工作．每个人完成各项工作所需时间如表 6.13．

表 6.13　各人完成各项工件所需时间表

人员编号	工 作					
	A	B	C	D	E	F
1	46	62	39	51	28	47
2	24	31	49	65	74	53
3	29	38	56	49	38	42
4	43	51	32	36	43	49
5	25	43	34	60	38	36
6	76	50	42	58	51	32

问：应如何指派，使总的消耗时间为最少？

8. 有五项工作需指派五个人去完成,每人创造的产值如表 6.14 所示,应如何指派,才能使总的产值达到最大?

表 6.14 各人完成各项工件所创造产值表

人号	工 作				
编号	A	B	C	D	E
1	9	4	6	8	5
2	8	5	9	10	6
3	9	7	3	5	8
4	4	8	6	9	5
5	10	5	3	6	8

7 动态规划

动态规划(Dynamic Programming)是运筹学的另一个分支,它是解决多阶段决策过程最优化的一种数学方法. 一个动态或静态的决策问题,经常可以按时间或空间的某些标识分解成若干相互联系的阶段,每一阶段有多种方案可供选择,决策的任务在于从各阶段中选出一个方案,使全过程取得最优. 1951 年美国数学家贝尔曼(Richard Bellman)等人根据多阶段决策问题的特点,把多阶段决策问题变换为一系列互相联系的单阶段问题,即把一个 n 维最优化问题转换为 n 个一维最优化问题来逐个加以解决. 与此同时,他提出了解决这类问题的"最优性原理",研究了许多实际问题,从而创建了解决最优化问题的一种新的方法——动态规划. 1957 年,贝尔曼写出了动态规划的第一本著作"动态规划". 从而令动态规划问题逐步成为了运筹学的一个重要组成部分. 而电子计算机的迅速发展,更为动态规划的实际应用创造了有利条件.

动态规划的方法在工程技术、管理科学、经济学、工业生产及军事部门中都有广泛的应用,并且获得了显著的效果. 在管理科学方面,动态规划可以用来解决最优路径问题、资源分配问题、生产调度问题、库存问题、装载问题、排序问题、设备更新问题、生产过程最优控制问题等等,所以它是现代企业管理中的一种重要的决策方法. 许多问题用动态规划的方法处理,常常比线性规划或非线性规划更为有效. 特别是对于离散性的问题,由于解析数学无法施展,因此动态规划的方法就成为非常有用的工具.

事实上,动态规划只是求解某一类问题的一种方法,是考察问题的一种途径,而不是一种特殊的算法. 因而,它不像线性规划那样有一个标准的数学表达式和明确的一组规则,而必须对具体的问题进行具体的分析和处理. 因此,在学习动态规划时,不仅要对动态规划的基本概念和方法正确理解,还应该以丰富的想象力去建立模型,用创造性的技巧去求解.

动态规划模型的分类,根据多阶段决策过程的时间参量是离散的,还是连续的变量,将过程分为离散决策过程和连续决策过程. 根据决策过程的演变是确定性的,还随机性的,过程又可分为确定性决策过程和随机性决策过程. 组合起来就有离散确定性、离散随机性、连续确定性、连续随机性四种决策过程模型.

7.1 动态规划的基本概念

7.1.1 多阶段决策问题

一个决策问题常与时间相联系,将时间作为变量的决策问题称为动态决策问题.在动态决策问题中,研究对象 —— 系统所处的状态和时点都是进行决策的重要因素.决策者要在系统发展的不同时点,根据系统当前状态,不断地作出决策.因此,多次决策是动态决策的一个基本特点.

多阶段决策问题是一类特殊形式的动态决策问题.在多阶段决策过程中,系统的动态过程可以按照时间的进程分为若干个相互联系的阶段,而在每一个阶段中,具有一个或多个状态,在每一个阶段中都要针对每一个状态作出决策.这样,在各阶段的决策确定以后,就顺序构成一个决策序列,称为一个策略.由于每个阶段有多种决策,因此,形成多种策略可供选择,策略不同则经济效果也不一定相同.多阶段决策问题,就是在允许选择的策略内选择一个最优策略,使在预定的标准下,达到最好的经济效果.

静态决策问题,是不包含时间因素的决策问题,但也可根据空间的某些标识人为地引入阶段的概念,化为多阶段问题来处理.

7.1.2 动态规划的方法

动态规划是解决多阶段决策问题的一种方法,为了说明动态规划的计算方法与特点,作为引例,先介绍一个经典的多阶段决策问题 —— 最短路线问题的求解.

【例1】 如图7.1所示,要从A地出发到B地,如何走,可以使总路程最短.各点间距离均标在图中.

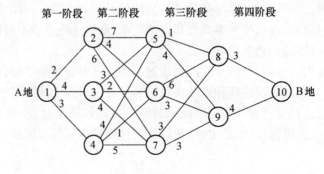

图 7.1

首先,将这一问题看成四个阶段的问题.由①到(②、③、④)中的一点是第一阶段;由(②、③、④)中的一点到(⑤、⑥、⑦)中的一点是第二阶段;由(⑤、⑥、⑦)中的一点到(⑧、⑨)中的一点是第三阶段;由(⑧、⑨)中的一点到终点⑩是第四阶段.

具体计算前,先引进几个符号:

k—— 阶段变量;

s_k—— 状态变量,表示第 k 阶段所处的位置;

x_k—— 决策变量,表示当处于状态 s_k 时,可选择的下一状态(这里有 $x_k = s_{k+1}$);

$r_k(s_k, x_k)$—— 从 s_k 到 $s_{k+1} = x_k$ 的距离;

$f_k(s_k)$—— 由 s_k 到终点的最短距离.

求解此问题的过程,是从最后一个阶段开始计算,逐步倒退直到第一阶段为止,称为"逆序法".因此例 1 就是要求 $f_1(1)$ 最小.

(1)在第四阶段

此时只要再走一步即到终点⑩(B 地).目前状态 s_4 可以是⑧或⑨,可选择的下一状态 x_4 是⑩

所以,$f_4(8) = r_4(8,10) = 3$;$f_4(9) = r_4(9,10) = 4$

(2)在第三阶段

此时还需两步才能到达终点,因此 $f_3(s_3) = \min\{r_3(s_3, x_3) + f_4(s_4)\}$

目前状态 s_3 可以是⑤、⑥、⑦,可选择的下一状态 x_3 有两个点,⑧或⑨.

于是:

$$f_3(5) = \min\begin{Bmatrix} r_3(5,8) + f_4(8) \\ r_3(5,9) + f_4(9) \end{Bmatrix} = \min\begin{Bmatrix} 1+3 \\ 4+4 \end{Bmatrix} = 4$$

$$f_3(6) = \min\begin{Bmatrix} r_3(6,8) + f_4(8) \\ r_3(6,9) + f_4(9) \end{Bmatrix} = \min\begin{Bmatrix} 6+3 \\ 3+4 \end{Bmatrix} = 7$$

$$f_3(7) = \min\begin{Bmatrix} r_3(7,8) + f_4(8) \\ r_3(7,9) + f_4(9) \end{Bmatrix} = \min\begin{Bmatrix} 3+3 \\ 3+4 \end{Bmatrix} = 6$$

(3)在第二阶段

此时,还有三步才能到达终点.

同理 $f_2(s_2) = \min\{r_2(s_2, x_2) + f_3(s_3)\}$

可以得到:

$$f_2(2) = \min\begin{Bmatrix} r_2(2,5) + f_3(5) \\ r_2(2,6) + f_3(6) \\ r_2(2,7) + f_3(7) \end{Bmatrix} = \min\begin{Bmatrix} 7+4 \\ 4+7 \\ 6+6 \end{Bmatrix} = 11$$

$$f_2(3) = \min \begin{Bmatrix} r_2(3,5) + f_3(5) \\ r_2(3,6) + f_3(6) \\ r_2(3,7) + f_3(7) \end{Bmatrix} = \min \begin{Bmatrix} 3+4 \\ 2+7 \\ 4+6 \end{Bmatrix} = 7$$

$$f_2(4) = \min \begin{Bmatrix} r_2(4,5) + f_3(5) \\ r_2(4,6) + f_3(6) \\ r_2(4,7) + f_3(7) \end{Bmatrix} = \min \begin{Bmatrix} 4+4 \\ 1+7 \\ 5+6 \end{Bmatrix} = 8$$

（4）在第一阶段

$$f_1(s_1) = \min\{r_1(s_1, x_1) + f_2(s_2)\}$$

目前状态 s_1 是 ① 即为出发点 A，可选择的下一状态 x_1 有三个点，②、③、④. 因此有：

$$f_1(1) = \min \begin{Bmatrix} r_1(1,2) + f_2(2) \\ r_1(1,3) + f_2(3) \\ r_1(1,4) + f_2(4) \end{Bmatrix} = \min \begin{Bmatrix} 2+11 \\ 4+7 \\ 3+8 \end{Bmatrix} = 11$$

通过计算，可知从 A 地到 B 地，总路程最小值为 11.

所走的最优路线采用"顺序追踪法"来确定.

因为 $f_1(1) = r_1(1,3) + f_2(3)$

$\quad\quad f_2(3) = r_2(3,5) + f_3(5)$

$\quad\quad f_3(5) = r_3(5,8) + f_4(8)$

$\quad\quad f_4(8) = r_4(8,10)$

所以得第一条最优路线为：

$$① \rightarrow ③ \rightarrow ⑤ \rightarrow ⑧ \rightarrow ⑩$$

同理有另两条最优路线：

$$① \rightarrow ④ \rightarrow ⑤ \rightarrow ⑧ \rightarrow ⑩$$
$$⑥ \longrightarrow ⑨$$

例 1 中的距离若换成费用，则求出来的即为从 A 到 B 的最小费用.

7.1.3 动态规划的基本概念

1）阶段（Stage）和阶段变量

用动态规划求解多阶段决策问题，首先应将所求问题恰当地分成若干个相互联系的阶段，以便能按一定的次序来求解. 通常阶段是按照总决策进行的时间或空间的先后顺序来划分，习惯上用 k 表示阶段变量. 如例 1 中的最短路线问题，就可以分四个阶段来求解，$k = 1,2,3,4$.

2）状态（State）和状态变量

在多阶段决策过程中，用什么来描述阶段的特征，这就是状态，状态描述系统所处的自然位置或客观条件. 在例1中,状态就是某阶段的出发位置.

每一阶段的状态分为初始状态和终止状态. 第 k 阶段的初始状态记作 s_k,终止状态记作 s_{k+1},显然前一阶段的终止状态是后一阶段的初始状态. 因此,状态是连结阶段的纽带. 为清楚起见,通常定义阶段的初始状态为阶段的状态,变量 s_k 称为状态变量,s_k 的取值范围称为状态可能集,用 S_k 表示,$s_k \in S_k$.

如例1中,在第二阶段时的状态 S_2 可取 ②、③、④ 三种状态,此时的状态集合:
$$S_2 = \{②,③,④\}$$

采用动态规划求解多阶段决策问题,要求阶段状态应具有"无后效性". 所谓无后效性,是指过程的历史只能通过当前的状态去影响它的未来. 即状态一定具有:如果某阶段状态给定后,则这一阶段以后过程的发展不受这一阶段以前各阶段状态的影响. 例如,例1中,若第三阶段的状态 ⑤ 已知,则以后的问题只考虑如何从 ⑤ 到 ⑩ 最短,至于从 ① 如何到 ⑤(第一、第二阶段),对以后各阶段的选择无直接影响.

3) 决策(Decision) 与策略(Policy)

在每一阶段,当状态给定后,往往可以作出不同的决定,从而过渡到下一阶段的状态,这种决定称为决策. 描述决策的变量称为决策变量,习惯上用 x_k 表示第 k 阶段的决策. 与状态变量一样,决策变量也可以用一个数、一组数或一个向量来描述.

由于阶段状态具有无后效性,因此,第 k 阶段的决策只与当前状态 s_k 有关,即决策变量 x_k 是状态 s_k 的函数. $x_k = x_k(s_k)$. 在最优控制中,决策变量又被称为控制变量,决策录取数等. 和状态变量一样,决策变量的取值也有一定的容许范围,称为决策集合,用 $X_k(s_k)$ 表示第 k 阶段状态 s_k 的决策集合.

如例1中,在第三阶段时:
$$X_3(5) = \{⑧,⑨\}; \qquad X_3(6) = \{⑧,⑨\}; \qquad X_3(7) = \{⑧,⑨\}$$

按一定顺序所排列而成的决策序列,称为策略. n 阶段决策过程中,依次进行 n 个阶段决策构成的决策序列,称为全过程策略,

记作:$(x_1, x_2, \cdots, x_n)$.

从过程的第 k 阶段开始到终止状态为止的过程形成一个决策集合 $(x_k, x_{k+1}, \cdots, x_n)$,称为一个子策略,对应的决策过程称为 k 后部子过程.

例1中,(①,③,⑤,⑧,⑩) 是一个策略(此时为最优策略),而 (⑤,⑧,⑩) 则是它的一个子策略.

在实际问题中,可供选择的策略有一定的范围,此范围称为允许策略集合,用 P 表示. 从允许策略集合中找出的达到最优效果的策略,就称为最优策略.

4) 状态转移方程

把过程由一个状态变到另一个状态的变化叫做状态转移,设第 k 阶段的状态

为 s_k，选择决策 $x_k(s_k)$ 所产生的结果，便是将过程由状态 s_k 转移到状态 s_{k+1}，一般来说，若第 k 阶段的决策变量 $x_k(s_k)$ 一经确定，则第 $k+1$ 阶段的状态变量 s_{k+1} 也就确定. 记为：

$$s_{k+1} = T_k(s_k, x_k)$$ ①

称式 ① 为变换算子或状态转移方程.

在例 1 中，易知状态转移方程为：$s_{k+1} = x_k$

常见的状态转移方程可以分成两种类型：确定型和随机型. 由此形成确定型动态规划和随机型动态规划. 这里主要研究确定型动态规划.

5）阶段效益函数

多阶段决策过程中，第 k 阶段的状态为 s_k，执行决策 x_k 时，不仅带来系统状态的转移，而且也必然要影响决策目标. 对应这个决策的效果值，叫做阶段效益，记作 $r_k(s_k, x_k)$.

阶段效益表示在状态 s_k 下，取定决策 x_k 时第 k 阶段的收益，它是状态变量和决策变量的函数，也称指标函数.

6）最优效益函数

多阶段决策过程关于目标的总效益，在"无后效性"的条件下，它是由各阶段效益累积而成的.

k 子过程（由第 k 阶段的初始状态 s_k 到终点）的效益记作 R_k

$R_k = r_k(s_k, x_k) \otimes r_{k+1}(s_{k+1}, x_{k+1}) \otimes \cdots \otimes r_n(s_n, x_n)(k = 1, 2, \cdots, n)$ 称为最优效益函数. 其中 $\otimes$ 表示某种运算（可以是加、减、乘等）.

初始状态 s_1 的总目标效益函数的最优值，$R^* = r_1(s_1, x_1^*) \otimes r_2(s_2, x_2^*) \otimes \cdots \otimes r_n(s_n, x_n^*)$ 所对应的策略 $(x_1^*, x_2^*, \cdots, x_n^*)$ 称为最优策略.

为便于问题的解决，定义一个辅助函数如下：

$$f_k(s_k) = \mathop{\text{opt}}_{X_k \sim X_n} \{r_k(s_k, x_k) \otimes r_{k+1}(s_{k+1}, x_{k+1}) \otimes \cdots \otimes r_n(s_n, x_n)\}$$ ②

式 ② 中符号 opt 是最优化（optimization）的缩写，实际应用中常根据题意取 min 或 max，它表示由第 k 阶段的状态 s_k 到终点的最优效益函数值. 显然：

$$R^* = \text{opt}\{f_1(s_1)\} \qquad s_1 \in S_1$$

特殊地，当 s_1 惟一时，$R^* = f_1(s_1)$. 其中 $x_k \sim x_n$ 表示子策略 $(x_k, x_{k+1}, \cdots, x_n)$.

在经济管理的多阶段决策问题中，最常见的最优效益函数是取各阶段效益之和的形式.

$$f_k(s_k) = \text{opt}\{\sum_{i=k}^{n} r_i(s_i, x_i)\} \qquad (k = 1, 2, \cdots, n)$$ ③

式 ③ 也称为贝尔曼函数.

156

7.2 最优化原理

多阶段决策过程的特点是每个阶段都要进行决策,n 阶段决策过程的策略是 n 个相继进行的阶段决策构成的决策序列.由于前一阶段的终止状态又是后一阶段的初始状态,因此,阶段 k 的决策直接影响到后继阶段的决策.

于是,确定第 k 阶段的最优决策时,不仅仅是考虑本阶段效益最优,更重要的是要考虑本阶段及其所有后续阶段的总体效益达到最优.换句话说,第 k 阶段的最优决策应使 k 子过程总体效益最优.k 子过程总体效益最优的子策略(x_k^*,x_{k+1}^*,$\cdots$,x_n^*) 称为 k 后部子过程的最优子策略.

美国数学家贝尔曼深入研究了多阶段决策过程,根据其特点提出了著名的解决多阶段决策问题的最优化原理:

如果(x_1^*,x_2^*,$\cdots$,x_n^*) 是初始状态 $s_1 \in S_k$ 的最优策略,那么它的一部分 (x_k^*,x_{k+1}^*,$\cdots$,x_n^*)$1 \leqslant k \leqslant n$,对于它的初始状态 $s_k \in S_k$ 也构成一个最优策略.即最优策略的任何一部分子策略也是相应初始状态的最优策略.

例如:$ABCDE$ 是 A 到 E 的一条最短路径,它的一部分 CDE 一定是 C 到 E 的最短路径.

用反证法可以证明上述事实成立:

设有另一条从 C 到 E 的最短路径 CFE,

(a) 当 CFE 的长度等于 CDE 的长度时,显然结论成立.

(b) 当 CFE 的长度比 CDE 的长度小时,则有 $ABCFE$ 比 $ABCDE$ 短,这与 $ABCDE$ 是最短路径矛盾,所以 CDE 一定是 C 到 E 的最短路径.

综合(a)、(b)可证明最优化原理的结论成立.

最优化原理揭示出:每一个最优策略只能由最优子策略构成.这个原理导致了分阶段决策的方法,分阶段决策的方法应建立在整体优化的基础上,在寻求某一阶段的决策时,不仅要考虑局部效益,而且要考虑总体最优.

对具有"无后效性"的多阶段决策过程而言,如果按照 k 后部子过程最优的原则来求各阶段状态的最优决策,那么这样构成的决策序列或策略一定是最优策略.

7.3 动态规划的求解

7.3.1 动态规划的基本方程

下面我们研究利用阶段效益求和的形式来求得最优目标效益函数.

上一节我们得到了贝尔曼函数：

$$f_k(s_k) = \mathop{\text{opt}}_{x_k \sim x_n} \left\{ \sum_{i=k}^{n} r_i(s_i, x_i) \right\} \qquad (k = 1, 2, \cdots, n)$$

根据最优化原理,可建立其递推关系：

$$f_k(s_k) = \mathop{\text{opt}}_{x_k \sim x_n} \left\{ \sum_{i=k}^{n} r_i(s_i, x_i) \right\}$$

$$= \mathop{\text{opt}}_{x_k} \left\{ r_k(s_k, x_k) + \mathop{\text{opt}}_{x_{k+1} \sim x_n} \sum_{i=k+1}^{n} r_i(s_i, x_i) \right\}$$

$$= \mathop{\text{opt}}_{x_k} \left\{ r_k(s_k, x_k) + f_{k+1}(s_{k+1}) \right\}$$

其中：$s_{k+1} = T_k(s_k, x_k)$

$$f_{k+1}(s_{k+1}) = \mathop{\text{opt}}_{x_{k+1} \sim x_n} \sum_{i=k+1}^{n} r_i(s_i, x_i)$$

当 $k = n$ 时,由于 s_{n+1} 是阶段 n 的终止状态,也是整个 n 阶段决策的终止状态,在阶段 n 之后不再作出决策,因此 $r_{n+1}(s_{n+1}, x_{n+1}) = 0$

即

$$f_{n+1}(s_{n+1}) = 0$$

于是,当 $k = n$ 时：

$$f_n(s_n) = \mathop{\text{opt}}_{x_n} \left\{ r_n(s_n, x_n) \right\}$$

称：

$$\begin{cases} f_{n+1}(s_{n+1}) = 0 \\ f_k(s_k) = \mathop{\text{opt}}_{x_k} \left\{ r_k(s_k, x_k) + f_{k+1}(s_{k+1}) \right\} \end{cases} \qquad (k = n, n-1, \cdots, 1)$$

为递归方程. 此递归方程及状态转移方程 $s_{k+1} = T_k(s_k, x_k)$ 称为动态规划的基本方程.

在动态规划的基本方程中, $r_k(s_k, x_k)$ 和 $s_{k+1} = T_k(s_k, x_k)$ 都是已知的函数, $f_k(s_k)$ 和 $f_{k+1}(s_{k+1})$ 之间是递推关系,要求出最优解 x_k^* 和 $f_k(s_k)$,首先需要求出关于 s_k 的所有 $k+1$ 阶段状态 s_{k+1} 的 $f_{k+1}(s_{k+1})$. 这就决定了应用动态规划基本方程求最优决策和最优目标效益函数总是逆着决策顺序进行.

动态规划的基本作法是：

(1) 逆序地求出各阶段贝尔曼函数集合和最优决策集合.

在第 k 阶段($k = n, n-1, \cdots, 1$)至少包含一个状态,每一状态由基本方程可逆序求得一个 $f_k(s_k)$ 及其对应的最优决策 $x_k^*(s_k)$.

称 $\left\{ f_k(s_k) \middle| , s_k \in S_k \right\}$ 为贝尔曼函数集合, $\left\{ x_k^*(s_k) \middle| , s_k \in S_k \right\}$ 为最优决策集合,为方便,统一记作：

$$\left\{ f_k(s_k), x_k^*(s_k) \middle| , s_k \in S_k \right\}$$

使用时,常列成表格表示,如表 7.1 所示.

表 7.1

s_k	$f_k(s_k)$	$x_k^*(s_k)$
.	...	...
.	...	...

(2) 顺序求出最优决策序列

求最优策略是在已求出最优目标效益的条件下,顺着决策进行的次序进行查找,从第一阶段开始依次进行,称此法为顺序追踪法.

在第一阶段:

当 s_1 惟一时,因 $R^* = f_1(s_1)$,故 $s_1^* = x_1^*(s_1)$

当 s_1 不惟一时,因 $R^* = \underset{s_1 \in S_1}{\mathrm{opt}} \{f_1(s_1)\} = f_1(s_1^*)$

则 $x_1^* = x_1^*(s_1^*)$

在第二阶段:

由于 $s_2 = T_1(s_1, x_1)$

从而 $s_2^* = T_1(s_1^*, x_1^*)$

则可以从第二阶段的最优决策集合中求出最优决策 $x_2^* = x_2^*(s_2^*)$.

依次类推,直至第 n 阶段:

由 $s_n = T_{n-1}(s_{n-1}, x_{n-1})$

有 $s_n^* = T_{n-1}(s_{n-1}^*, x_{n-1}^*)$

得 $x_n^* = x_n^*(s_n^*)$

$\quad s_{n+1}^* = T_n(s_n^*, x_n^*)$

至此,所求 n 阶段决策过程的最优目标效益函数值是:$R^* = f_1(s_1^*)$

最优策略是 $(x_1^*, x_2^*, \cdots, x_n^*)$

最优状态序列是 $(s_1^*, s_2^*, \cdots, s_{n+1}^*)$

7.3.2 动态规划的步骤

在实际问题中,用动态规划求解多阶段决策问题时,先要利用最优化原理建立动态规划的基本方程,然后再由递归方程求出最优决策.其步骤一般包括:

(1) 将问题的过程划分成恰当的阶段;

(2) 正确选择状态变量 s_k,使它既能描述过程的演变,又要满足无后效性;

(3) 确定决策变量 x_k 及每阶段的允许决策集合 $x_k(s_k)$;

（4）正确写出状态转移方程；建立递归方程．

（5）由递归方程求出最优目标效益函数值及最优决策．

以上五点是构造动态规划模型的基本过程，是正确写出动态规划基本方程的基本要素．而一个问题的动态规划模型是否正确给出，它集中地反映在恰当地定义最优值函数和正确地写出递推关系式及边界条件上．

现在把动态规划的基本思想归纳如下：

（1）动态规划方法的关键在于正确地写出基本的递推关系式和恰当的边界条件．要做到这一点，必须先将问题的过程分成几个相互联系的阶段，恰当地选取状态变量和决策变量及定义的最优值函数，从而把一个大问题化成一族同类型的子问题，然后逐个求解．

（2）在多阶段决策过程中，动态规划是既把当前一段和未来各段分开，又把当前效益和未来效益结合起来考虑的一种最优方法，每段决策的选取是从全局来考虑的，与该段的最优选择答案一般是不同的．

（3）在求整个问题的最优策略时，由于初始状态是已知的，而每段的决策都是该段状态的函数，故最优策略所经过的各段状态便可逐次变换得到，从而确定最优路线．

7.4 动态规划应用举例

7.4.1 资源分配问题

所谓分配问题就是将数量一定的一种或者若干种资源（例如原材料、资金、机器设备、劳力、食品等等），恰当地分配给若干个使用者，而使目标函数为最优．

【例 2】 某公司有资金 a 万元，拟投资于 n 个项目，已知对第 i 个项目投资 x_i 万元，收益为 $g_i(x_i)$，问应如何分配资金可使总收益最大？

这是一个与时间无明显关系的静态最优化问题，可列出其静态数学模型：

求 $x_1, x_2, \cdots, x_n$，使得 $V_{\max} = \sum\limits_{i=1}^{n} g_i(x_i)$

并满足 $\begin{cases} \sum\limits_{i=1}^{n} x_i = a \\ x_i \geqslant 0 \quad (i = 1, 2, \cdots, n) \end{cases}$

为了应用动态规划方法求解，可以人为地赋予它"时段"的概念，将投资项目进行排序，假想对各项目投资有先后顺序，首先考虑对项目 1 投资，然后考虑对项目 2 投资，…．即把问题划分为 n 个阶段，每个阶段只求一个项目应投资的金额．

这样问题转化为一个 n 阶段决策过程．下面的关键问题是如何正确选择状态变量，使后部子过程之间具有递推关系．

通常可以把决策变量 U_k 定为原静态问题中的变量 x_k，即设 $U_k = x_k (k = 1, 2, \cdots, n)$．状态变量与决策变量有密切的关系，状态变量一般为累计量或随递推过程变化的量．这里可以把每阶段可供使用的资金定为状态变量 S_k，初始状态 $S_1 = a$，U_1 为分配于第一种项目的资金数，则当第一阶段（$k = 1$）时，有 $\begin{cases} S_1 = a \\ U_1 = x_1 \end{cases}$

第二阶段（$k = 2$）时，状态变量 S_2 为余下可投资于 $n - 1$ 个项目的资金总数，即：

$$\begin{cases} S_2 = S_1 - U_1 \\ U_2 = x_2 \end{cases}$$

依此类推，第 $k = n$ 段时，

$$\begin{cases} S_n = S_{n-1} - U_{n-1} \\ U_n = x_n \end{cases}$$

于是有：

阶段 k：取 $1, 2, 3, \cdots, n$

状态变量 S_k：第 k 段可以投资于第 k 项到第 n 个项目的资金数．

决策变量 U_k：应给第 k 个项目投资的资金数．

允许决策的集合：$D_k(S_k) = \left\{ U_k \middle| 0 \leqslant U_k = x_k \leqslant S_k \right\}$

状态转移方程：$S_{k+1} = S_k - U_k = S_k - x_k$

指标函数 $V_{k,n} = \sum\limits_{i=k}^{n} g_i(U_i)$

最优值函数 $f_k(S_k)$：当可投资金数为 S_k 时，投资第 $k - n$ 项所得的最大收益数．

则此问题的基本方程为：

$$\begin{cases} f_k(S_k) = \max\limits_{0 \leqslant U_k \leqslant S_k} \left\{ g_k(U_k) + f_{k+1}(S_{k+1}) \right\} & (k = n, n-1, \cdots, 2, 1) \\ f_{n+1}(S_{n+1}) = 0 \end{cases}$$

当 $g_i(x_i)(i = 1, 2, \cdots, n)$ 已知时，便可用动态规划方法逐段求解，得到各项目最佳投资资金数．$f_1(a)$ 就是原问题所求的最大总收益．

【例3】 （一维资源分配问题） 某公司拟将刚引进的某种先进设备六台分配给所属的甲、乙、丙、丁四个子公司使用，各子公司若获得这种设备之后，可能增加的盈利如表7.2所示．问这六台设备应当如何分配给各子公司，才能使该公司总的利润增长额为最大．

161

表 7.2 （单位:万元）

盈利\公司 设备台数	甲	乙	丙	丁
0	0	0	0	0
1	20	25	18	28
2	42	45	39	47
3	60	57	61	65
4	75	65	78	74
5	85	70	90	80
6	90	73	95	85

【解】 将对四个公司的设备分配看成是四个阶段的决策过程,甲、乙、丙、丁四个工厂分别编号为 1,2,3,4.

S_k 为分配给第 k 子公司至第 n 子公司的设备台数.

x_k 为第 k 阶段可以分配给第 k 子公司的设备台数,即状态变量.

x_k^* 表示为了能使公司总利润增长额为最大值时,分配给第 k 子公司的设备台数.

$S_{k+1} = S_k - x_k$ 为状态转移方程,S_{k+1} 为分配给第 $k+1$ 子公司至第 n 子公司的设备台数.

$P_k(x_k)$ 为 x_k 台设备分到第 k 子公司所得的盈利值.

$f_k(S_k)$ 表示 S_k 台设备分配给第 k 子公司至第 n 子公司时所得到的最大盈利值.因而可以写出递推关系式为:

$$\begin{cases} f_k(S_k) = \max_{0 \leqslant x_k \leqslant S_k} \left[P_k(S_k) + f_{k+1}(S_k - x_k) \right] & (k = 4,3,2,1) \\ f_5(S_5) = 0 \end{cases}$$

下面从最后一个阶段开始向前逆推计算.

第四阶段:

设将 S_4 台设备($S_4 = 0,1,2,3,4,5,6$)全部分配给子公司丁时,则最大盈利值为 $f_4(S_4) = \max_{0 \leqslant x_4 \leqslant S_4} \left[P_4(x_4) \right]$

其中 $x_4 = S_4 = 0,1,2,3,4,5,6$

因为此时只有一个子公司,有多少台设备就全部分配给子公司丁,故它的盈利值就是该段的最大盈利值,其数值计算如表 7.3 所示.

表 7.3

S_4 \ x_4	$P_4(x_4)$							$f_4(S_4)$	x_4^*
	0	1	2	3	4	5	6		
0	0							0	0
1		28						28	1
2			47					47	2
3				65				65	3
4					74			74	4
5						80		80	5
6							85	85	6

其中 x_4^* 表示使 $f_4(S_4)$ 为最大值时的最优决策,即此时分配给丁子公司的设备台数.

第三阶段:

设将 S_3 台设备($S_3 = 0,1,2,3,4,5,6$)全部分配给子公司丙和子公司丁时,则最大盈利值为 $f_3(S_3) = \max\limits_{0 \leqslant x_3 \leqslant S_3} [P_3(x_3) + f_4(S_3 - x_3)]$

其中 $x_3 = 0,1,2,3,4,5,6$

此时如果分配给子公司丙 x_3 台设备,其盈利为 $P_3(x_3)$,剩余的 $S_3 - x_3$ 台设备就分配给子公司丁,而它的盈利最大增加值为 $f_4(S_3 - x_3)$. 现在要选择 x_3 的值,使 $P_3(x_3) + f_4(S_3 - x_3)$ 取最大值. 其数值计算如表 7.4 所示.

表 7.4

S_3 \ x_4	$P_3(x_3) + f_4(S_3 - x_3)$							$f_3(S_3)$	x_3^*
	0	1	2	3	4	5	6		
0	0							0	0
1	0 + 28	18						28	0
2	0 + 47	18 + 28	39					47	0
3	0 + 65	18 + 47	39 + 28	61				67	2
4	0 + 74	18 + 65	39 + 47	61 + 28	78			89	3
5	0 + 80	18 + 74	39 + 65	61 + 47	78 + 28	90		108	3
6	0 + 85	18 + 80	39 + 74	61 + 65	78 + 47	90 + 28	95	126	3

第二阶段:

把 S_2 台设备($S_2 = 0,1,2,3,4,5,6$)分配给子公司乙、丙和丁时,则对每个 S_2 值,有一种最优的分配方案,使最大盈利值为:

$$f_2(S_2) = \max\limits_{0 \leqslant x_2 \leqslant S_2} [P_2(x_2) + f_3(S_2 - x_2)]$$

163

其中 $x_2 = 0,1,2,3,4,5,6$

因为给子公司乙 x_2 台,其盈利为 $P_2(x_2)$,余下的 $S_2 - x_2$ 台就给子公司丙和丁,则它们的盈利最大值为 $f_3(S_2 - x_2)$.现在要选择 x_2 的值,使 $P_2(x_2) + f_3(S_2 - x_2)$ 取最大值.

其数值计算如表 7.5 所示.

表 7.5

S_2 \ x_2	$P_2(x_2) + f_3(S_2 - x_2)$							$f_2(S_2)$	x_2^*
	0	1	2	3	4	5	6		
0	0							0	0
1	0 + 28	25						28	0
2	0 + 45	25 + 28	45					53	1
3	0 + 57	25 + 47	45 + 28	57				73	2
4	0 + 65	25 + 67	45 + 47	57 + 28	65			92	1,2
5	0 + 70	25 + 89	45 + 67	57 + 47	65 + 28	70		114	1
6	0 + 73	25 + 108	45 + 89	57 + 67	65 + 47	70 + 28	73	134	2

第一阶段:

设把 S_1 台(注意:这里只有 $S_1 = 6$ 的情况)设备分配给甲、乙、丙、丁四个子公司时,则最大盈利值为

$$f_1(5) = \max_{0 \leqslant x_1 \leqslant S_1} [P_1(x_1) + f_2(6 - x_1)]$$

其中 $x_1 = 0,1,2,3,4,5,6$.

因为给子公司甲 x_1 台,其盈利为 $P_1(x_1)$,剩下的 $6 - x_1$ 台就分给乙、丙和丁三个子公司,则它们的盈利最大值为 $f_2(6 - x_1)$.现在要选择 x_1 值,使 $P_1(x_1) + f_2(6 - x_1)$ 取最大值,它就是所求的总盈利的最大增加值.其数值计算如表 7.6 所示.

表 7.6

S_1 \ x_1	$P_1(x_1) + f_2(6 - x_1)$							$f_1(5)$	x_1^*
	0	1	2	3	4	5	6		
6	0 + 134	20 + 114	42 + 92	60 + 73	75 + 53	85 + 28	90	134	0,1,2

然后按计算表格的顺序反推算,可知最优分配方案共有四个:

$(x_1^*, x_2^*, x_3^*, x_4^*) = (0,2,3,1)$ 或 $(1,1,3,1)$ 或 $(2,1,2,1)$ 或 $(2,2,0,2)$.

给四个子公司分别分配的设备台数参见表 7.7:

164

表 7.7

分配方案	子 公 司			
	甲	乙	丙	丁
1	0	2	3	1
2	1	1	3	1
3	2	1	2	1
4	2	2	0	2

以上四个分配方案所得到的总盈利最大增加值均为 134 万元.

在这个问题中,如果原设备的台数不是 6 台,而是 5 台或 4 台,用其他方法求解时,往往要从头再算,但用动态规划解时,这些列出的表仍旧有用. 只需要修改最后的表格,就可以得到.

这个例子是决策变量取离散值的一类分配问题,在实际中,如销售店分配问题、投资分配问题、货物分配问题等,均属于这类分配问题. 这种只将资源合理进行分配不考虑回收的问题,又称为资源平行分配问题.

在资源分配问题中,还有一种要考虑资源回收利用的问题,这里决策变量为连续值,故称为资源连续分配问题. 这类分配问题一般叙述如下:

设有数量为 S_1 的某种资源,可投入 A 和 B 两种生产. 第一年若以数量 u_1 投入生产 A,剩下的量 $S_1 - u_1$ 就投入生产 B,则可得收入为 $g(u_1) + h(S_1 - u_1)$,其中 $g(u_1)$ 和 $h(u_1)$ 为已知函数,且 $g(0) = h(0) = 0$. 这种资源在投入 A、B 生产后,年终还可回收再投入生产. 设年回收率分别为 $0 < a < 1$ 和 $0 < b < 1$,则在第一年生产后,回收的资源量合计为 $S_2 = au_1 + b(S_1 - u_1)$. 第二年再将资源数量 S_2 中的 $S_2 - u_2$ 分别再投入 A、B 两种生产,则第二年又可得到收入为 $g(u_2) + h(S_2 - u_2)$,如此继续进行 n 年,试问:应当如何决定每年投入 A 生产的资源量 $u_1, u_2, \cdots, u_n$,才能使总的收入最大?

此问题写成静态规划问题为:

$$\max z = \{g(u_1) + h(s_1 - u_1) + g(u_2) + h(s_2 - u_2) + \cdots + g(u_n) + h(s_n - u_n)\}$$

$$\begin{cases} s_2 = au_1 + b(s_1 - u_1) \\ s_3 = au_2 + b(s_2 - u_2) \\ \vdots \\ s_{n+1} = au_n + b(s_n - u_n) \\ 0 \leqslant u_i \leqslant s_i \quad (i = 1, 2, \cdots, n) \end{cases}$$

下面用动态规划的方法来处理.

设 S_k 为状态变量,它表示在第 k 阶段(第 k 年)可投入 A、B 两种生产的资源量.

u_k 为决策变量,它表示在第 k 阶段(第 k 年)用于 A 生产的资源量,则 $S_k - u_k$ 表示用于 B 生产的资源量.

状态转移方程为 $S_{k+1} = b(S_k - u_k)$

最优值函数 $f_k(S_k)$ 表示有资源量 S_k,从第 k 阶段至第 n 阶段采取最优分配方案进行生产后所得到的最大总收入.

因此可以写出动态规划的递推关系式为:

$$\begin{cases} f_n(s_n) = \max_{0 \leq u_n \leq s_n} \{g(u_n) + h(s_n - u_n)\} \\ f_k(s_k) = \max_{0 \leq u_k \leq s_k} \{g(u_k) + h(s_k - u_k) + f_{k+1}[au_k + b(s_k - u_k)]\} \\ \qquad\qquad (k = n-1, \cdots, 2, 1) \end{cases}$$

最后求出 $f_1(S_1)$ 即为所求问题的最大总收入.

7.4.2 生产与库存问题

1)生产 — 库存模型

生产和库存是工商企业在生产经营活动中共有的问题,生产成本和库存费是构成产品成本的两个重要因素. 在实际生产中,增加产量可降低生产成本,但是增加产量,将增大库存量,从而导致库存费用的增加. 另一方面,若减少库存量又将造成生产成本的增加. 如何合理地制订生产计划,利用库存量来调节产量,这就是生产 — 库存问题.

生产 — 库存问题研究一个生产(或销售)部门在已知生产成本、库存费用、市场需求的条件下,如何决定各阶段的产量,使计划期内的费用总和为最小.

设某生产部门,生产计划周期可分为 n 个阶段(例如,月份、季度等). 已知期初库存量为 s_1;在第 k 阶段市场上对其产品的需求量为 $q_k, (k = 1, 2, \cdots, n)$;阶段生产固定费用为 F(不生产时 $F = 0$);单位产品变动费用为 C;单位产品的阶段库存费用为 P;仓库容量为 M;阶段生产能力为 B_k. 问如何安排各个阶段的产量才能既保证满足市场需求,又能使计划期内的总费用最小.

这是一个 n 阶段决策问题,可用动态规划法求解. 为此令:

状态变量 $s_k(k = 1, 2, \cdots, n)$,表示第 k 阶段期初的库存量,则有:

$$0 \leq s_k \leq \min\{M, q_k + q_{k+1} + \cdots + q_n\}$$

即库存量不超过库存容量 M,也不超过后续的市场需求总量 $(q_k + q_{k+1} + \cdots + q_n)$.

由于计划期末的库存量通常是设定的,且它的库存费一般归属于下一生产周期,为方便计算,不妨设 $s_{n+1} = 0$.

决策变量 $x_k(k = 1, 2, \cdots, n)$,表示第 k 阶段的产量. x_k 既要能充分满足阶段需求量 q_k,也要满足计划期末库存量为零,同时不能超过生产能力 B_k.

所以,$q_k - s_k \leq x_k \leq \min\{B_k, q_k + q_{k+1} + \cdots + q_n - s_k\}$

因第 $k+1$ 阶段的期初库存量等于第 k 阶段的期初库存量加上第 k 阶段的产量,减去第 k 阶段的需求量. 于是状态转移方程为

$$s_{k+1} = s_k + x_k - q_k$$

阶段效益(或阶段费用) = 生产费用 + 库存费用

$$生产费用\begin{cases} 0 & x_k = 0 \\ F + Cx_k & x_k > 0 \end{cases}$$

库存费用为 Ps_k(这里取期初库存量计量库存费,当然也可以取期末库存量来计算,此处略),可得:

$$r_k(s_k, x_k) = \begin{cases} Ps_k & x_k = 0 \\ F + Cx_k + Ps_k & x_k > 0 \end{cases}$$

而目标效益函数为:

$$R = \sum_{k=1}^{n} r_k(s_k, x_k)$$

贝尔曼函数 $f_k(s_k)$ 表示在 k 阶段期初库存量为 s_k 时,执行最优生产—库存计划的最小费用.

由最优化原理得其动态规划基本方程如下:

$$\begin{cases} f_{n+1}(s_{n+1}) = 0 \\ f_k(s_k) = \min_{x_k} \{ r_k(s_k, x_k) + f_{k+1}(s_{k+1}) \} \\ s_{k+1} = s_k + x_k - q_k \quad (k = n, n-1, \cdots 1) \end{cases}$$

2)生产—库存模型的应用

【例4】 某厂在年初预计,今年四个季度中市场对该厂某种产品的需求量如表 7.8 所示

表 7.8　　　(单位:百台)

季度 n	需求量 q_k
1	2
2	3
3	4
4	2

该厂各季度的生产能力如表 7.9 所示

表 7.9　　　(单位:百台)

季度 n	生产能力 B_k
1	6
2	4
3	5
4	4

另外,该厂每季度固定费用为 3 万元;变动成本为 1 万元;每百台库存费用为 0.5 万元;仓库容量为 3 百台;计划期初及第四季度末的库存量均为零.试建立该厂四个季度的最优生产计划.

【解】 该问题是一个四阶段决策问题,一个阶段确定一个季度的产量.

令 k 表示阶段,$k = 1,2,3,4$

x_k 表示第 k 季度的产量;

s_k 表示第 k 季度期初库存量;

q_k 表示第 k 季度的需求量;

$s_{k+1} = s_k + x_k - q_k$

$$r_k(s_k,x_k) = \begin{cases} 3 + x_k + 0.5s_k & s_k > 0 \\ 0.5s_k & x_k = 0 \end{cases}$$

由生产 — 库存模型研究可得此问题的动态规划递归方程为:

$$\begin{cases} f_5(s_5) = 0 \\ f_k(s_k) = \min\limits_{x_k}\{r_k(s_k,x_k) + f_{k+1}(s_{k+1})\} \\ s_{k+1} = s_k + x_k - q_k \end{cases}$$

约束条件为:

$$q_k - s_k \leqslant x_k \leqslant \min\{B_k, q_k + q_{k+1} + \cdots + q_n - s_k\}$$

$$0 \leqslant s_k \leqslant \min\{3, q_k + q_{k+1} + \cdots + q_n\}$$

第四阶段:$k = 4$

$$f_4(s_4) = \min\limits_{x_k}\{r_4(s_4,x_4)\}$$

因为 $q_4 = 2$ 所以状态集 $S_k = \{0,1,2\}$

且 $B_4 = 4$

$$f_4(0) = \min\{r_4(0,2)\} = 3 + 2 = 5, \quad x_4^*(10) = 2$$

$$f_4(1) = \min\{r_4(1,1)\} = 3 + 1 + 0.5 = 4.5, \quad x_4^*(1) = 1$$

$$f_4(2) = \min\{r_4(2,0)\} = 0.5 \times 2 = 1, \quad x_4^*(2) = 0$$

结果形成表 7.10

表 7.10

S_4	0	1	2
$f_4(s_4)$	5	4.5	1
$x_4^*(s_4)$	2	1	0

第三阶段:$k = 3$

$$f_3(s_3) = \min\limits_{x_3}\{r_3(s_3,x_3) + f_4(s_4)\}$$

因为 $q_3 = 4$　所以状态集 $S_3 = \{0,1,2,3\}$,　$B_3 = 5$

$$f_3(0) = \min \begin{Bmatrix} r_3(0,4) + f_4(0) \\ r_3(0,5) + f_4(1) \end{Bmatrix} = \min \begin{Bmatrix} 3 + 4 + 5 \\ 3 + 5 + 4.5 \end{Bmatrix}$$

$$= \min \begin{Bmatrix} 12 \\ 12.5 \end{Bmatrix} = 12$$

$$x_3^*(0) = 4$$

$$f_3(1) = \min \begin{Bmatrix} r_3(1,3) + f_4(0) \\ r_3(1,4) + f_4(1) \\ r_3(1,5) + f_4(2) \end{Bmatrix}$$

$$= \min \begin{Bmatrix} 3 + 3 + 0.5 + 5 \\ 3 + 4 + 0.5 + 4.5 \\ 3 + 5 + 0.5 + 1 \end{Bmatrix} = 9.5$$

$$x_3^*(1) = 5$$

$$f_3(2) = \min \begin{Bmatrix} r_3(2,2) + f_4(0) \\ r_3(2,3) + f_4(1) \\ r_3(2,4) + f_4(2) \end{Bmatrix}$$

$$= \min \begin{Bmatrix} 3 + 2 + 0.5 \times 2 + 5 \\ 3 + 3 + 0.5 \times 2 + 4.5 \\ 3 + 4 + 0.5 \times 2 + 1 \end{Bmatrix} = 9$$

$$x_3^*(2) = 4$$

$$f_3(3) = \min \begin{Bmatrix} r_3(3,1) + f_4(0) \\ r_3(3,2) + f_4(1) \\ r_3(3,3) + f_4(2) \end{Bmatrix}$$

$$= \min \begin{Bmatrix} 3 + 1 + 0.5 \times 3 + 5 \\ 3 + 2 + 0.5 \times 3 + 4.5 \\ 3 + 3 + 0.5 \times 3 + 1 \end{Bmatrix} = 8.5$$

$$x_3^*(3) = 3$$

结果形成表 7.11

表 7.11

S_3	0	1	2	3
$f_3(s_3)$	12	9.5	9	8.5
$x_3^*(s_3)$	4	5	4	3

第二阶段: $k = 2$

$$f_2(s_2) = \min_{x_2} \{ r_2(s_2, x_2) + f_3(s_3) \}$$

因为 $q_2 = 3$　所以状态集 $S_2 = \{0,1,2,3\}$，　$B_2 = 4$

$$f_2(0) = \min \left\{ \begin{array}{l} r_2(0,3) + f_3(0) \\ r_2(0,4) + f_3(1) \end{array} \right\} = \min \left\{ \begin{array}{l} 3 + 3 + 12 \\ 3 + 4 + 9.5 \end{array} \right\} = 16.5$$

$$x_2^*(0) = 4$$

$$f_2(1) = \min \left\{ \begin{array}{l} r_2(1,2) + f_3(0) \\ r_2(1,3) + f_3(1) \\ r_2(1,4) + f_3(2) \end{array} \right\} = \min \left\{ \begin{array}{l} 3 + 2 + 0.5 + 12 \\ 3 + 3 + 0.5 + 9.5 \\ 3 + 4 + 0.5 + 9 \end{array} \right\} = 16$$

$$x_2^*(1) = 3$$

$$f_2(2) = \min \left\{ \begin{array}{l} r_2(2,1) + f_3(0) \\ r_3(2,2) + f_3(1) \\ r_3(2,3) + f_3(2) \\ r_2(2,4) + f_3(3) \end{array} \right\} = \min \left\{ \begin{array}{l} 3 + 1 + 0.5 \times 2 + 12 \\ 3 + 2 + 0.5 \times 2 + 9.5 \\ 3 + 3 + 0.5 \times 2 + 9 \\ 3 + 4 + 0.5 \times 2 + 8.5 \end{array} \right\} = 15.5$$

$$x_2^*(2) = 2$$

$$f_2(3) = \min \left\{ \begin{array}{l} r_2(3,0) + f_3(0) \\ r_3(3,1) + f_3(1) \\ r_3(3,2) + f_3(2) \\ r_2(3,3) + f_3(3) \end{array} \right\} = \min \left\{ \begin{array}{l} 0.5 \times 3 + 12 \\ 3 + 1 + 0.5 \times 3 + 9.5 \\ 3 + 2 + 0.5 \times 3 + 9 \\ 3 + 3 + 0.5 \times 3 + 8.5 \end{array} \right\} = 13.5$$

$$x_2^*(3) = 0$$

结果形成表 7.12.

表 7.12

S_2	0	1	2	3
$f_2(s_2)$	16.5	16	15.5	13.5
$x_2^*(s_2)$	4	3	2	0

第一阶段: $k = 1$

$$f_1(s_1) = \min_{x_1} \{ r_1(s_1, x_1) + f_2(s_2) \}$$

因为 $q_1 = 2$，　$S_1 = \{0\}$，　$B_1 = 6$，　所以 $x_1 \geqslant 2$

$$f_1(0) = \min \left\{ \begin{array}{l} r_1(0,2) + f_2(0) \\ r_1(0,3) + f_2(1) \\ r_1(0,4) + f_2(2) \\ r_1(0,5) + f_2(3) \end{array} \right\} = \min \left\{ \begin{array}{l} 3 + 2 + 16.5 \\ 3 + 3 + 16 \\ 3 + 4 + 15.5 \\ 3 + 5 + 13.5 \end{array} \right\} = 21.5$$

$$x_1^*(0) = 2.5$$

结果形成表 7.13.

170

表 7.13

S_1	0
$f_1(s_1)$	21.5
$x_1^*(s_1)$	2.5

由表 7.13、表 7.12、表 7.11、表 7.10 依次序求出最优生产计划：

因为 $R^* = f_1(0) = 21.5$ 所以 $s_1^* = 0$

由表 7.13 得 $x_1^* = 2$

又因为 $s_2^* = s_1^* + x_1^* - q_1 = 2 - 2 = 0$

由表 7.12 得 $x_2^* = 4$

又因为 $s_3^* = s_2^* + x_2^* - q_2 = 4 - 3 = 1$

由表 7.11 得 $x_3^* = 5$

又因为 $s_4^* = s_3^* + x_3^* - q_3 = 1 + 5 - 4 = 2$

由表 7.10 得 $x_4^* = 0$

所以 $(x_1^*, x_2^*, x_3^*, x_4^*) = (2,4,5,0)$

同理可求出另一最优生产计划：

$(x_1^*, x_2^*, x_3^*, x_4^*) = (5,0,4,2)$

两生产计划最小总费用均为：$R^* = 21.5$

即该厂在第一季度安排生产 2 百台产品,第二季度安排生产 4 百台产品,第三季度生产 5 百台产品,第四季度停产. 或在第一季度生产 5 百台产品,第二季度停产,第三季度生产 4 百台产品,第四季度生产 2 百台产品时,均可使生产费用、库存费用之和降到最低点 21.5(万元).

对于商业企业的进货 —— 库存研究来说,用上述模型求出来的结果即为最优进货策略.

7.4.3　背包问题

"背包"问题也是动态规划的典型问题之一. 假设有一个徒步旅行者,有 n 种物品供他选择后装入背包中. 这 n 种物品编号为 $1,2,\cdots,j,\cdots,n$. 已知一件第 j 种物品的重量为 a_j 千克,这一件物品对他的使用价值为 c_j(这里仅仅是指一件第 j 种物品对旅行者所带来好处的一种数量化指标). 又知这位旅行者本身所能承受的总重量不能超过 a 千克. 问该旅行者应当如何选择这 n 种物品的件数,使得对他来说背包中物品总的使用价值为最大.

"背包"问题是有它实际意义的,例如运输问题中的车、船、飞机、飞船、人造卫星等运输工具的最优装载问题,机床加工中的零件最优加工问题等都具有与"背包"问题相同的数学模型.

设旅行者选择第 j 种物品件数为 x_j 件, $j = 1, 2, \cdots, n$,则问题化为整数线性规划问题:

$$\max z = \sum_{j=1}^{n} c_j x_j$$

$$\begin{cases} \sum_{j=1}^{n} a_j x_j \leqslant a \\ x_j \geqslant 0, \text{且为整数} \quad (j = 1, 2, \cdots, n) \end{cases}$$

对于这样的整数线性规划问题,当然可以用分枝定界法、割平面法等方法去求解.然而,由于这一模型的特殊结构,我们可以把这个本来是"静态规划"的问题引进时间因素,分成若干阶段,用动态规划方法求解.

令 k 为阶段数, $k = 1, 2, \cdots, n$

y 为状态变量,它表示背包中可装进物品总重量为 y 千克的状态.

$g_k(y)$ 为当总重量不超过 y 千克,"背包"中只装前 k 种物品的最大使用价值.显然有

$$g_k(y) = \max \sum_{j=1}^{k} c_j x_j \quad (k = 1, 2, \cdots, n)$$

$$\begin{cases} \sum_{j=1}^{k} a_j x_j \leqslant y \\ x_j \geqslant 0, \text{且为整数} (j = 1, \cdots, k) \end{cases}$$

因而, $g_n(a)$ 即为所求.

下面用一个例子说明如何进行求解.

【例5】 设有一背包问题,其中 $n = 3, c_1 = 4, c_2 = 5, c_3 = 6, a = 10, a_1 = 3, a_2 = 4, a_3 = 5$.此问题数学模型即为:

$$\begin{cases} \max(4x_1 + 5x_2 + 6x_3) \\ 3x_1 + 4x_2 + 5x_3 \leqslant 10 \\ x_j \geqslant 0, \text{且为整数} (j = 1, 2, 3) \end{cases}$$

用动态规划方法此问题变为求 $g_3(10)$.

有:

$$g_3(10) = \max_{\substack{3x_1 + 4x_2 + 5x_3 \leqslant 10 \\ x_j \geqslant 0, \text{且为整数} (j=1,2,3)}} \{4x_1 + 5x_2 + 6x_3\}$$

$$= \max_{\substack{3x_1 + 4x_2 \leqslant 10 - 5x_3 \\ x_j \geqslant 0, \text{且为整数} (j=1,2,3)}} \{4x_1 + 5x_2 + (6x_3)\}$$

$$= \max_{\substack{10 - 5x_3 \geqslant 0 \\ x_3 \geqslant 0, \text{且为整数}}} \left\{ \max_{\substack{3x_1 + 4x_2 \leqslant 10 - 5x_3 \\ x_1, x_2 \geqslant 0, \text{且为整数}}} [4x_1 + 5x_2 + (6x_3)] \right\}$$

$$= \max_{\substack{10-5x_3\geqslant 0 \\ x_3\geqslant 0,\text{且为整数}}} \{6x_3 + \max_{\substack{3x_1+4x_2\leqslant 10-5x_3 \\ x_1\geqslant 0,x_2\geqslant 0,\text{且为整数}}} [4x_1 + 5x_2]\}$$

$$= \max_{\substack{10-5x_3\geqslant 0 \\ x_3\geqslant 0,\text{且为整数}}} \{6x_3 + g_2(10 - 5x_3)\}$$

$$= \max_{\substack{0\leqslant x_3\leqslant 2 \\ x_3\text{为整数}}} \{6x_3 + g_2(10 - 5x_3)\}$$

$$= \max \{g_2(10), 6 + g_2(5), 12 + g_2(0)\}$$

这里,当 $x_3 = 0$ 时,对应的是 $g_2(10)$;当 $x_3 = 1$ 时,对应的是 $6 + g_2(5)$;当 $x_3 = 2$ 时,对应于 $12 + g_2(0)$(也即:若 $g_2(10), 6 + g_2(5), 12 + g_2(0)$ 中最大者为 $g_2(10)$ 时,表明第一阶段装第三种货物的数量 $x_3 = 0$;其他情况类似). 不难看出,要计算出 $g_3(10)$,必须先计算出 $g_2(10), g_2(5)$ 及 $g_2(0)$.

$$g_2(10) = \max_{\substack{3x_1+4x_2\leqslant 10 \\ x_1,x_2\geqslant 0,\text{且为整数}}} \{4x_1 + 5x_2\}$$

$$= \max_{\substack{3x_1\leqslant 10-4x_2 \\ x_1,x_2\geqslant 0,\text{且为整数}}} \{4x_1 + (5x_2)\}$$

$$= \max_{\substack{10-4x_2\geqslant 0 \\ x_2\geqslant 0,\text{且为整数}}} \{\max_{\substack{3x_1\leqslant 10-4x_2 \\ x_1\geqslant 0,\text{且为整数}}} [4x_1 + (5x_2)]\}$$

$$= \max_{\substack{10-4x_2\geqslant 0 \\ x_2\geqslant 0,\text{且为整数}}} \{5x_2 + \max_{\substack{3x_1\leqslant 10-4x_2 \\ x_1\geqslant 0,\text{且为整数}}} (4x_1)\}$$

$$= \max_{\substack{10-4x_2\geqslant 0 \\ x_2\geqslant 0,\text{且为整数}}} \{5x_2 + g_1(10 - 4x_2)\}$$

$$= \max_{0\leqslant x_2\leqslant 2,\text{且为整数}} \{5x_2 + g_1(10 - 4x_2)\}$$

$$= \max \{g_1(10), 5 + g_1(6), 10 + g_1(2)\}$$

这里,当 $x_2 = 0$ 时,对应的是 $g_1(10)$;当 $x_2 = 1$ 时,对应的是 $5 + g_1(6)$;当 $x_2 = 2$ 时,对应的是 $10 + g_1(2)$.

类似地,有

$$g_2(5) = \max_{\substack{3x_1+4x_2\leqslant 5 \\ x_1,x_2\geqslant 0,\text{整数}}} \{4x_1 + 5x_2\}$$

$$= \max_{\substack{3x_1\leqslant 5-4x_2 \\ x_1\geqslant 0,x_2\geqslant 0,\text{整数}}} \{4x_1 + (5x_2)\}$$

$$= \max_{\substack{5-4x_2\geqslant 0 \\ x_1\geqslant 0,\text{且为整数}}} \{5x_2 + g_1(5 - 4x_2)\}$$

$$= \max_{0\leqslant x_2\leqslant 1,\text{且为整数}} \{5x_2 + g_1(5 - 4x_2)\}$$

$$= \max \{g_1(5), 5 + g_1(1)\}$$

这里,当 $x_2 = 0$ 时,对应的是 $g_1(5)$;当 $x_2 = 1$ 时,对应的是 $5 + g_1(1)$.

$$g_2(0) = \max_{\substack{3x_1+4x_2 \leqslant 0 \\ x_1 \geqslant 0, x_2 \geqslant 0, \text{且为整数}}} \{4x_1 + 5x_2\}$$

$$= \max_{\substack{3x_1 \leqslant 0-4x_2 \\ x_1 \geqslant 0, x_2 \geqslant 0, \text{且为整数}}} \{4x_1 + (5x_2)\}$$

$$= \max_{\substack{0-4x_2 \geqslant 0 \\ x_2 \geqslant 0, \text{且为整数}}} \{5x_2 + g_1(0 - 4x_2)\}$$

$$= \max_{x_2 = 0} \{5x_2 + g_1(-4x_2)\}$$

$$= g_1(0)$$

这里,当 $x_2 = 0$ 时,$g_2(0) = g_1(0)$. 实际上,根据现实意义,$g_2(0)$ 表示背包中能承受的重量为 0,这时背包当然不可能放入任何物品,也就没有任何使用价值了. 因此,显然有:$g_2(0) = g_1(0) = 0$

为了要计算出 $g_2(10)$,$g_2(5)$ 及 $g_2(0)$,需要先计算出:$g_1(10)$,$g_1(6)$,$g_1(5)$,$g_1(2)$,$g_1(1)$,$g_1(0)$. 一般地,有:

$$g_1(y) = \max_{\substack{3x_1 \leqslant y \\ x_1 \geqslant 0, \text{且为整数}}} (4x_1)$$

$$= \max_{\substack{0 \leqslant x_1 \leqslant \frac{y}{3} \\ x_1 \text{为整数}}} (4x_1)$$

$$= 4 \times (\text{不超过 } y/3 \text{ 的最大整数})$$

相应的有:x_1 为不超过 $y/3$ 的最大整数(即如果就有一种物品,则达到最大使用价值的物品数量 x_1 应该是在不超过总重量 y 的前提下尽量地装). 于是得到

$$g_1(10) = 4 \times 3 = 12 \quad (x_1 = 3)$$

$$g_1(6) = 4 \times 2 = 8 \quad (x_1 = 2)$$

$$g_1(5) = 4 \times 1 = 4 \quad (x_1 = 1)$$

$$g_1(2) = 4 \times 0 = 0 \quad (x_1 = 0)$$

$$g_1(1) = 4 \times 0 = 0 \quad (x_1 = 0)$$

$$g_1(0) = 4 \times 0 = 0 \quad (x_1 = 0)$$

从而

$$g_2(10) = \max \{g_1(10), 5 + g_1(6), 10 + g_1(2)\}$$

$$= \max \{12, 5 + 8, 10 + 0\}$$

$$= 13 \quad (x_1 = 2, x_2 = 1)$$

$$g_2(5) = \max \{g_1(5), 5 + g_1(1)\}$$

$$= \max \{4, 5 + 0\}$$

$$= 5 \quad (x_1 = 0, x_2 = 1)$$

$$g_2(0) = g_1(0) = 0 \quad (x_1 = 0, x_2 = 0)$$

最后得到:

$$g_3(10) = \max\{g_2(10), 6 + g_2(5), 12 + g_2(0)\}$$
$$= \max\{13, 6 + 5, 12 + 0\}$$
$$= 13 \quad (x_1 = 2, x_2 = 1, x_3 = 0)$$

最优方案为: $x_1{}^* = 2, x_2{}^* = 1, x_3{}^* = 0$, 即第一种物品装 2 件, 第二种物品装 1 件, 第三种物品装 0 件, 旅行者获得的最大使用价值为 13.

在使用计算机进行计算时, 可先算出下列的值并存贮在计算机中:

$$g_1(0), g_1(1), \cdots, g_1(10)$$

由此再计算并存贮下列值: $g_2(0), g_2(1), \cdots, g_2(10)$

最后算出 $g_3(10)$. 上述计算是重复性的, 故可以把所有可能的 $g_1(k), g_2(k), (k = 1, 2, \cdots, 10)$, 都计算出来备用, 而不必只算那些对我们最终计算 $f_3(10)$ 有用的 $g_1(k)$ 与 $g_2(k)$. 这样做不会使计算量增加很多, 反而便于处理.

到目前为止, 我们考虑的动态规划问题都是只含有一个状态变量的问题. 下面我们给出"二维背包问题"的一个例子, 用以说明含两个状态变量的动态规划的一种解法.

所谓二维背包问题是指: 除了对背包的重量不能超过 a 千克这一限制外, 还加上对背包的体积的限制. 再假设一件第 j 种物品的体积为 b_j 立方米, 而要求背包的总体积不能超过 b 立方米. 问题的模型为:

$$\max z = \sum_{j=1}^{n} c_j x_j$$

$$\begin{cases} \sum_{j=1}^{n} a_j x_j \leqslant a \\ \sum_{j=1}^{n} b_j x_j \leqslant b \\ x_j \geqslant 0, \text{且为整数}(j = 1, 2, \cdots, n) \end{cases}$$

令 $g_k(x, y)$ 为当总重量不超过 x 千克, 总体积不超过 y 立方米时, 背包中只装前 $k(k = 1, 2, \cdots, n)$ 种物品的最大使用价值.

显然有:

$$g_k(x, y) = \max_{\substack{\sum_{j=1}^{k} a_j x_j \leqslant x \\ \sum_{j=1}^{k} b_j x_j \leqslant y \\ x_j \geqslant 0, \text{且为整数}, (j=1, \cdots, k)}} \sum_{j=1}^{k} c_j x_j \quad (k = 1, 2, \cdots, n)$$

因而 $g_n(a, b)$ 即为所求. 下面举例说明求解二维背包问题的方法.

【例 6】 设有一二维背包问题, 其中 $n = 2, c_1 = 2, c_2 = 3; a = 12, a_1 = 3,$

$a_2 = 4; b = 10, b_1 = 1, b_2 = 5.$ 此问题的数学模型即为:

$$\begin{cases} \max(2x_1 + 3x_2) \\ 3x_1 + 4x_2 \leqslant 12 \\ x_1 + 5x_2 \leqslant 10 \\ x_1 \geqslant 0, x_2 \geqslant 0, \text{且为整数} \end{cases}$$

用动态规划方法,此问题变为求 $g_2(12,10)$.

下面试计算 $g_2(12,10)$ 的值:

$$g_2(12,10) = \max_{\substack{3x_1 + 4x_2 \leqslant 12 \\ x_1 + 5x_2 \leqslant 10 \\ x_1 \geqslant 0, x_2 \geqslant 0, \text{且为整数}}} (2x_1 + 3x_2)$$

$$= \max_{\substack{3x_1 \leqslant 12 - 4x_2 \\ x_1 \leqslant 10 - 5x_2 \\ x_1 \geqslant 0, x_2 \geqslant 0, \text{且为整数}}} [2x_1 + (3x_2)]$$

$$= \max_{\substack{12 - 4x_2 \geqslant 0 \\ 10 - 5x_2 \geqslant 0 \\ x_2 \geqslant 0, \text{且为整数}}} \left\{ \max_{\substack{3x_1 \leqslant 12 - 4x_2 \\ x_1 \leqslant 10 - 5x_2 \\ x_1 \geqslant 0, \text{且为整数}}} [2x_1 + (3x_2)] \right\}$$

$$= \max_{\substack{12 - 4x_2 \geqslant 0 \\ 10 - 5x_2 \geqslant 0 \\ x_2 \geqslant 0, \text{且为整数}}} \left\{ 3x_2 + \max_{\substack{3x_1 \leqslant 12 - 4x_2 \\ x_1 \leqslant 10 - 5x_2}} (2x_1) \right\}$$

$$= \max_{\substack{12 - 4x_2 \geqslant 0 \\ 10 - 5x_2 \geqslant 0 \\ x_2 \geqslant 0, \text{且为整数}}} \left\{ 3x_2 + g_1(12 - 4x_2, 10 - 5x_2) \right\}$$

$$= \max_{\substack{0 \leqslant x_2 \leqslant 2 \\ x_2 \text{为整数}}} \left\{ 3x_2 + g_1(12 - 4x_2, 10 - 5x_2) \right\}$$

$$= \max \left\{ g_1(12,10), 3 + g_1(8,5), 6 + g_1(4,0) \right\}$$

这里 $x_2 = 0$ 时,对应的是 $g_1(12,10)$;$x_2 = 1$ 时,对应的是 $3 + g_1(8,5)$;$x_2 = 2$ 时,对应的是 $6 + g_1(4,0)$. 进而计算:

$$g_1(12,10) = \max_{\substack{3x_1 \leqslant 12 \\ x_1 \leqslant 10 \\ x_1 \geqslant 0, \text{且为整数}}} (2x_1)$$

$$= \max_{\substack{0 \leqslant x_1 \leqslant 4 \\ x_1 \text{为整数}}} (2x_1)$$

$$= 8 \qquad (x_1 = 4)$$

这里,$x_1 = 4$ 即指当只装第一种物品,使得总重量不超过 12,总体积不超过 10 时,最大收益为 8,相应的第一种物品的件数为 4.

$$g_1(8,5) = \max_{\substack{3x_1 \leqslant 8 \\ x_1 \leqslant 5 \\ x_1 \geqslant 0, \text{且为整数}}} (2x_1)$$

$$= \max_{\substack{0 \leqslant x_1 \leqslant 2 \\ x_1 \text{为整数}}} (2x_1)$$

176

$$g_1(4,0) = \max_{\substack{3x_1 \leqslant 4 \\ x_1 \leqslant 0 \\ x_1 \geqslant 0,\text{且为整数}}} (2x_1) \quad \begin{aligned} &= 4 \quad (x_1 = 2) \\ \\ &= 0 \quad (x_1 = 0) \end{aligned}$$

于是有

$$\begin{aligned} g_2(12,10) &= \max\{g_1(12,10), 3 + g_1(8,5), 6 + g_1(4,0)\} \\ &= \max\{8, 3+4, 6+0\} = 8 \quad (x_1 = 4, x_2 = 0) \end{aligned}$$

最优方案为：$x_1{}^* = 4, x_2{}^* = 0$，即第一种物品装 4 件,第二种物品装 0 件,旅行者背包提供的最大使用价值为 8.

与一维背包问题一样,在使用计算机进行计算时,也可以用列表法,即计算出下列各值并存贮在计算机中：

$$g_1(0,0), g_1(0,1), \cdots, g_1(0,10)$$
$$g_1(1,0), g_1(1,1), \cdots, g_1(1,10)$$
$$\cdots \qquad\qquad \cdots$$
$$g_1(12,0), g_1(12,1), \cdots, g_1(12,10) \text{ 最后再算出 } g_2(12,10).$$

7.4.4 设备更新问题

企业中经常会遇到因设备陈旧或损坏需要更新的问题．因此每隔一个时期,就要作出一项决策:是继续使用还是将设备更新．如果设备使用得太久,必然影响生产效率和产品质量,因而影响到利润;但如更新得太快,则又要增加投资额,从而增加成本,也影响到利润．所以在这两者之间要作出最佳的选择．从经济上分析,一台设备应该使用多少年更新最合算,这就是设备更新问题．

通常情况下,一台设备在比较新时,年运转量大,经济收入高,故障少,维修费用少,但随着使用年限的增加,年运转量减少因而收入减少,故障变多维修费用增加．如果更新可提高年净收入,但是当年要支出一笔数额较大的购买费,为了比较不同决策的优劣,常常要在一个较长的时间内考虑更新决策问题．

设备更新问题一般是:在已知一台设备的效益函数 $r(t)$、维修费用函数 $u(t)$ 及更新费用函数 $c(t)$ 条件下,在 n 年内,每年年初作出决策,是继续使用旧设备还是更换一台新的,使 n 年总效益最大.

如果在一个有限的时期内考虑这类设备更新问题,那么就可以用动态规划的方法来解．令：

$r_k(t)$ 表示在第 k 年设备已使用过 t 年(称机龄为 t 年),再使用 1 年时的效益;

$u_k(t)$ 表示在第 k 年设备役龄为 t 年,再使用 1 年的维修费用;

$c_k(t)$ 表示在第 k 年卖掉一台役龄为 t 年的设备,买进一台新设备的更新净费

用(买进新设备,卖出旧设备);

a:表示 1 年以后的单位收入价值相当于现在的 a 单位,又称为折扣因子($0 \leqslant a \leqslant 1$).

下面建立动态规划模型:

阶段 $k(k = 1,2,\cdots,n)$ 表示计划的年限数;

状态变量 s_k 表示第 k 年初,设备已使用过的年数,即役龄;

决策变量 x_k 表示第 k 年初是更新,还是继续使用旧设备,取值为 R 表示更新,取值为 K 表示保留.

状态转移方程为:

$$s_{k+1} = \begin{cases} s_k + 1 & \text{当 } x_k = K \\ 1 & \text{当 } x_k = R \end{cases}$$

阶段指标为:

$$d(s_k,x_k) = \begin{cases} r_k(s_k) - u_k(s_k) & \text{当 } x_k = K \\ r_k(0) - u_k(0) - c_k(s_k) & \text{当 } x_k = R \end{cases}$$

指标函数为:

$$V_{k,n} = \sum_{j=k}^{n} d(s_k,x_k) \qquad (k = 1,2,\cdots,n)$$

最优价值函数 $f_k(s_k)$ 表示第 k 年初,使用一台已用了 s_k 年的设备,到第 n 年末的最大收益,则可得如下的动态规划递推方程:

$$f_k(s_k) = \max_{x_k = K \text{或} R} \{ d(s_k,x_k) + af_{k+1}(s_{k+1}) \} \qquad (k = n,n-1,\cdots,1)$$

$$f_{n+1}(s_{n+1}) = 0$$

实际上,

$$f_k(s_k) = \max \begin{cases} r_k(s_k) - u_k(s_k) + af_{k+1}(s_{k+1}) & \text{当 } x_k = K \\ r_k(0) - u_k(0) - c_k(s_k) + af_{k+1}(1) & \text{当 } x_k = R \end{cases}$$

下面举例说明设备更新问题的求解过程.

【例 7】 设某台新设备的年效益及年均维修费、更新净费用如表 7.14 所示.试作出今后 5 年内的更新决策,使得总的效益为最大.(设 $a = 1$)

表 7.14 (单位:万元)

项 目	机 龄					
	0	1	2	3	4	5
效益 $r_k(t)$	5	4.5	4	3.75	3	2.5
维修费 $u_k(t)$	0.5	1	1.5	2	2.5	3
更新费 $c_k(t)$	0.5	1.5	2.2	2.5	3	3.5

【解】 建立动态规划模型,$n = 5$.

178

当 $k = 5$ 时:

$$f_5(s_5) = \max \begin{cases} r_5(s_5) - u_5(s_5) & \text{当 } x_5 = K \\ r_5(0) - u_5(0) - c_5(s_5) & \text{当 } x_5 = R \end{cases}$$

状态变量 s_5 可取 1,2,3,4.

$$f_5(1) = \max \begin{cases} r_5(1) - u_5(1) & \text{当 } x_5 = K \\ r_5(0) - u_5(0) - c_5(1) & \text{当 } x_5 = R \end{cases}$$

$$= \max \begin{Bmatrix} 4.5 - 1 \\ 5 - 0.5 - 1.5 \end{Bmatrix} = 3.5 \quad x_5(1) = K$$

$$f_5(2) = \max \begin{Bmatrix} 4 - 1.5 \\ 5 - 0.5 - 2.2 \end{Bmatrix} = 2.5 \quad x_5(2) = K$$

$$f_5(3) = \max \begin{Bmatrix} 3.75 - 2 \\ 5 - 0.5 - 2.5 \end{Bmatrix} = 2 \quad x_5(3) = R$$

$$f_5(4) = \max \begin{Bmatrix} 3 - 2.5 \\ 5 - 0.5 - 3 \end{Bmatrix} = 1.5 \quad x_5(4) = R$$

当 $k = 4$ 时:

$$f_4(s_4) = \max \begin{cases} r_4(s_4) - u_4(s_4) + f_5(s_4 + 1) & \text{当 } x_4 = K \\ r_4(0) - u_4(0) - c_4(s_4) + f_5(1) & \text{当 } x_4 = R \end{cases}$$

这时 s_4 可取 1,2,3.

$$f_4(1) = \max \begin{Bmatrix} 4.5 - 1 + 2.5 \\ 5 - 0.5 - 1.5 + 3.5 \end{Bmatrix} = 6.5 \quad x_4(1) = R$$

$$f_4(2) = \max \begin{Bmatrix} 4 - 1.5 + 2 \\ 5 - 0.5 - 2.2 + 3.5 \end{Bmatrix} = 5.8 \quad x_4(2) = R$$

$$f_4(3) = \max \begin{Bmatrix} 3.75 - 2 + 1.5 \\ 5 - 0.5 - 2.5 + 3.5 \end{Bmatrix} = 5.5 \quad x_4(3) = R$$

当 $k = 3$ 时:

$$f_3(s_3) = \max \begin{cases} r_3(s_3) - u_3(s_3) + f_4(s_3 + 1) & \text{当 } x_3 = K \\ r_3(0) - u_3(0) - c_3(s_3) + f_4(1) & \text{当 } x_3 = R \end{cases}$$

此时 s_3 可取 1 或 2.

$$f_3(1) = \max \begin{Bmatrix} 4.5 - 1 + 5.8 \\ 5 - 0.5 - 1.5 + 6.5 \end{Bmatrix} = 9.5 \quad x_3(1) = R$$

$$f_3(2) = \max \begin{Bmatrix} 4 - 1.5 + 5.5 \\ 5 - 0.5 - 2.2 + 6.5 \end{Bmatrix} = 8.8 \quad x_3(2) = R$$

当 $k = 2$ 时:

$$f_2(s_2) = \max \begin{cases} r_2(s_2) - u_2(s_2) + f_3(s_2 + 1) & \text{当 } x_2 = K \\ r_2(0) - u_2(0) - c_2(s_2) + f_3(1) & \text{当 } x_2 = R \end{cases}$$

由于 s_2 只能取 1.

所以 $f_2(1) = \max \begin{cases} 4.5 - 1 + 8.8 \\ 5 - 0.5 - 1.5 + 9.5 \end{cases} = 12.5 \qquad x_2(1) = R$

当 $k = 1$ 时：

$$f_1(s_1) = \max \begin{cases} r_1(s_1) - u_1(s_1) + f_2(s_1 + 1) & \text{当 } x_1 = K \\ r_1(0) - u_1(0) - c_1(s_1) + f_2(1) & \text{当 } x_1 = R \end{cases}$$

由于 s_1 只能取 0.

所以 $f_1(0) = \max \begin{cases} 5 - 0.5 + 12.5 \\ 5 - 0.5 - 0.5 + 12.5 \end{cases} = 17 \qquad x_1(0) = K$

由上述计算过程递推回去,当 $x_1^*(0) = K$ 时,由状态转移方程

$$s_2 = \begin{cases} s_1 + 1 & x_1 = K \\ 1 & x_1 = R \end{cases} \quad \text{知 } s_2 = 1, \text{由 } f_2(1) \text{ 知 } x_2^* = R$$

而 $s_3 = \begin{cases} s_2 + 1 & x_2 = K \\ 1 & x_2 = R \end{cases} \quad \text{推出 } s_3 = 1, \text{由 } f_3(1) \text{ 得：} x_3^* = R$

此后依次推出 $x_4^* = R, x_5^* = K$,可得最优策略为:$\{K, R, R, R, K\}$,即第 1 年初购买的设备到第 2、3、4 年初各更新一次,用到第 5 年末,其最佳效益为 17 万元.

7.5 动态规划案例分析

7.5.1 问题的提出

某大学的计算中心日夜都要为全校师生服务,白天供师生们作分时处理、实时处理,夜间作批处理. 因此机房中日夜都必须配备值班人员,并且在同一时间内至少要有 2 个值班员. 由于该计算中心里人员的素质不同,因此就产生如何合理安排人员的问题,既要维护机器使其运行时不出故障,又要使额外费用(包括各种补贴费)比较少. 在安排人员时,值班人员总希望人员配备愈多愈好,这样维护机器的工作比较容易,并且机器不出故障的概率就相对较高. 但对于计算中心领导而言,总希望能用较少人员去维护机器的正常工作,这样可以减少额外费用的开支,同时又可以抽出一部分技术力量去承接科研课题. 因而经常会发生一些不愉快的事情,使工作效率下降.

对于这一问题,其实可以用更为科学的配置方法来解决,使配置的值班人员方案令各方面都能接受. 动态规划方法就能对上述问题进行较好的解决.

7.5.2 现状资料分析与归类

要想利用动态规划来解决上述问题,首先要建立动态规划模型,然后求解模

型．而在建模之前先要分析该问题的现状．

1) 人员分类及状态

该计算中心担负值班工作的人员大致可分成两类：一类是技术人员(均有技术职称，如工程师、助理工程师、技术员等)，另一类是工人．

按领导的意图，每次值班人员只能是 2 人，因此可能配置的值班人员状态(方案)，只能是 3 种：即：

(1) 两个技术人员；

(2) 两个工人；

(3) 一个技术人员和一个工人．

2) 值班时间的分布

该计算中心根据学校中作息时间表，将日夜 24 小时分成 5 个班次，据此安排值班人员．班次时间分布如表 7.15 所示．另外，还有两点值得注意：即每个班次接班的人员按规定应提前 30 分钟到达计算中心，以便做好接班准备工作．另一点是早班和午班的值班人员按上正常班来对待，其他三个班次均按加班或夜班来对待．其主要差别在于补贴费用的问题上．

表 7.15　班次时间分布表

班次分布	早班(1)	中班(2)	午班(3)	晚班(4)	夜班(5)
时间分布	8 点 – 12 点	12 点 – 14 点	14 点 – 18 点	18 点 – 24 点	0 点 – 8 点

3) 完好率和补贴

通常情况下，机器的不出故障是随机的，但它存在着一个统计规律，这里称之为"完好率"，它与维护人员(即值班人员)的水平以及工作时间属于那个班次有关．一般而言，技术人员的维护水平比工人要高一些，因此当技术人员值班时，机器的完好率相应也高一些．另外，值班人员在白天班次的工作效率比晚间班次的工作效率要高，因此白天班次的完好率也相应的高一些，具体各班的机器完好率如表 7.16 所示．

表 7.16　机器完好率表

完好率＼班次 状态	早班(1)	中班(2)	午班(3)	晚班(4)	夜班(5)
(2,0)	0.9	0.85	0.9	0.87	0.8
(1,1)	0.85	0.8	0.85	0.86	0.75
(0,2)	0.8	0.75	0.8	0.7	0.5

表 7.16 中状态(2,0)表示两个技术人员值班，(1,1)表示一个技术人员和一

个工人值班,(0,2)表示两个工人值班.

加班与夜班补贴对于不同类型的人员和不同班次是有差别的,补贴费用如表7.17所示.由表7.17可知,由于早班和午班均为正常班次,故无补贴.

表 7.17　补贴费用表　　　　　　　　　　(单位:元)

补贴 ＼ 班次 ＼ 类型	早班(1)	中班(2)	午班(3)	晚班(4)	夜班(5)
技术人员	0	0.6		0.75	1
工人	0	0.4	0	0.6	0.8

7.5.3　建模和计算

1) 统一衡量指标

通过对现状的分析和归类,得出衡量计算机房值班人员的优化指标(数量方面)有两个,即机器完好率和补贴费.在此引入一个"权重"的观点,使两种不同的指标归并成一种可比较的指标.一般情况下,把机器完好率认为比补贴费的多少更为重要,即机器完好率的权重大一些,但有时,特别是夜间,上机的人不多,此时这两个指标的权重就可以认为是一致的.因此,经过调查和向专家咨询结果,得出各班次的权重如表7.18所示.

表 7.18　权重表

权重 ＼ 班次 ＼ 指标	早班(1)	中班(2)	午班(3)	晚班(4)	夜班(5)
机器完好率	0.75	0.6	0.75	0.67	0.5
补贴费用	0.25	0.4	0.25	0.33	0.5

当机器出故障时,就要花时间去维修,由此给出一个综合权重 P_{ij},其计算公式如下:

$$P_{ij} = W_{ij}(1 - L_{ij}) + \widetilde{W}_{ij} \cdot m_{ij}$$

式中: i —— 状态,即技术人员与工人的配置情况;

　　　j —— 班次情况;

　　　W_{ij} —— 人员状态为 i、班次为 j 时,机器完好率指标的权重;

　　　L_{ij} —— 人员状态为 i、班次为 j 时的机器完好率;

　　　$\widetilde{W}_{ij}$ —— 人员状态为 i、班次为 j 时,补贴费指标的权重;

182

m_{ij}——人员状态为 i、班次为 j 时的补贴费用.

利用上述公式计算出各状态下的综合权重 P_{ij} 如表7.19所示.至此,计算中心值班人员的优化配置问题就转换成使得综合权重 P_{ij} 为最小的最短路问题.

表 7.19　综合权重表

权重　　班次 状态	早班(1)	中班(2)	午班(3)	晚班(4)	夜班(5)
(2,0)	0.075	0.57	0.075	0.586 7	1.1
(1,1)	0.112 5	0.52	0.112 5	0.543	1.025
(0,2)	0.15	0.5	0.15	0.6	1.05

2）建模准备

在优化问题中,根据动态规划的步骤进行.

(1)决策和阶段:由于此优化问题将班次分成5个,因此把阶段也分成5个,以班次的安排为阶段,选择怎样的人员值班就是决策.

(2)状态和状态变量:每个班次(即阶段)的起始点(8点,12点,…)为阶段起点.人员的搭配共有3种状态,记为 $u_k,k = 1,2,3.u_k$ 就是状态变量.

(3)决策变量:记 x_k 为决策变量,它表示在阶段中选择哪一种人员的搭配.D_k 为决策变量的值域.

(4)策略和子策略:此问题中选取一条路线,即在这种值班人员的配置过程中,安排完成整个值班过程,最优策略就是在这种配置下使综合权重为最小.

(5)转移函数:在此问题中,前一阶段的终点即为后一阶段的起点,因此状态转移函数即为:$u_{k+1} = x_k(u_k)$

(6)回收函数与最优子策略效益:

将回收函数记为:

$$V_{k,n} = V_{k,n}(u_k,x_k,\cdots,x_n)$$

其中:$V_{k,n}$ 为从阶段 k 到阶段 n 的综合权重的和.

此问题最优配置为:

$$f_k(u_k) = \min V_{k,n}$$

3）建模

为了描述方便,绘制人员配置示意图(图7.2).

显然,此处涉及到状态的转换问题,另外值班人员按规定要提前30分钟到达计算中心做准备.而上一班的人员只要交好班就可以离开.因此,根据各班次的上班时间给出一个涉及状态转换的综合权重的分配权重表如表7.20所示.

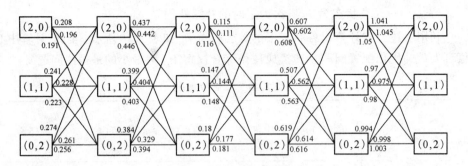

图 7.2   人员配置示意图

表 7.20   分配权重表

班次	早班		中班		午班		晚班		夜班	
时间分布	8 点 − 12 点		12 点 − 14 点		14 点 − 18 点		18 点 − 24 点		0 点 − 8 点	
分配权重	7/8	1/4	3/4	1/8	7/8	1/12	11/12	1/16	15/16	1/8

这样,各次(即阶段)中修正综合权重的计算如下:

$$\widetilde{P}_{ij}(K) = A(K)P_{ik} + A(\widetilde{K})P_{i,k+1}$$

式中:$\widetilde{P}_{ij}(K)$——班次为 K 时,当状态 i 转换成状态 j 时的综合权重值;

$A(K)$——班次为 K 的分配权重的前分量,$\widetilde{K}$ 为后分量.

例如,计算中班结束时,由一个技术人员和一个工人搭班去接上一班两位技术人员的班,即在中班结束时,状态(2,0)转换成状态(1,1),则此时的中班综合权重为:

$$\widetilde{P}_{(2,0),(1,1)}(\text{中班}) = A(\text{中班前})P_{(2,0)}(\text{中班}) + A(\text{中班后})P_{(1,1)}(\text{午班})$$

$$= \frac{3}{4} \times 0.57 + \frac{1}{8} \times 0.112\ 5 = 0.442$$

其余的均类似计算,其结果均标注在图 7.2 的相应边上.

4)计算

上述动态规划模型应用逆序解法逐步求解.得出的最优策略为:

$$(2,0) \rightarrow (0,2) \rightarrow (2,0) \rightarrow (1,1) \rightarrow (1,1) \rightarrow (2,0)$$

机房值班人员的最优配置如表 7.21 所示.

表 7.21   值班人员最优配置表

班次	早班(1)	中班(2)	午班(3)	晚班(4)	夜班(5)
状态	(2,0)	(0,2)	(2,0)	(1,1)	(1,1)

此案例通过将机器完好率和加班补贴统一成一种可比较的权重,归纳成一个动态规划方法可以求解的最短路线问题,并进行求解,得到一种能为大家所承认的科学依据,据此进行排班,以减少不少人为的争执.对该案例的简要分析如下:

（1）就最优解而言,由表 7.21 可知,正常班(包括早班和午班)都由两个技术人员值班,这样既可以保证有较高的机器完好率,又可以减少补贴费的支出(已规定正常班没有补贴),其余三个班次中,中班为两个工人,这就保证补贴费支出的减少,这一事实也是符合逻辑推理的.

（2）就权重而言,一般说来,权重的选择总带来一定的主观性,不过在解决本问题中由于结果比较完美,所以反过来又可说明权重的选择还是有一定的科学性.

（3）就解法而言,此问题最后归结成一个最短路线问题,除用动态规划法求解外,还可以用其他方法予以求解.

（4）就进一步研究而言,计算结果只给出了最优配置方案,尚可进一步深入研究,如按最优配置方案进行系统运行时,应有多少个技术人员和工人构成,等等.

习　题

1. 某公司准备在甲、乙、丙三个地区设置四个销售点.根据预测资料,在各地区设置个数不同的销售点后,每月所得到的利润(单位:百元)见表 7.22.

表 7.22

地区	销售点个数				
	0	1	2	3	4
甲	0	16	28	40	50
乙	0	13	24	34	42
丙	0	12	22	36	47

现在要确定在各地区应设置几个销售点,才能使每个月所获得的总利润为最大.

2. 已知图 7.3

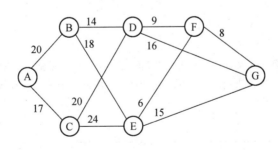

图 7.3

试求从 A 到 G 的最短路线.

3. 某公司有五套新设备,拟分配给所属的一、二、三厂.各厂将不同套数的新设备投入生产后,每年创造的产值(单位:万元)如表 7.23 所示.

表 7.23

厂名	新设备的套数					
	0	1	2	3	4	5
一厂	0	3	7	9	12	14
二厂	0	5	8	10	13	16
三厂	0	4	6	11	12	15

现在要确定应怎样分配这五套新设备,才能使整个公司所增加的总产值最多.

4. 根据订货合同,某工厂在上半年各月月末应交出货物的数量如表 7.24 所示.

表 7.24

月　份	1	2	3	4	5	6
交货数量(百件)	1	2	5	3	2	1

该厂每月最多能生产 400 件,仓库的储存容量最多为 300 件.已知每百件货物的生产成本为 10 000 元.如果某月生产该种货物,则应负担固定费用 4 000 元.仓库保管费是每百件每月 500 元.假定在年初无存货,而在六月底交货后应无剩余.现在要确定每个月应生产多少件货物,才能既满足订货合同又使总成本最少.如果用动态规划解这个问题,试确定阶段、各阶段的方案及其相应的数量指标和各阶段的状态.

5. 试用动态规划的方法求下面整数规划问题的最优解:

$$\begin{cases} \max(3x_1 + x_2 + 6x_3 + 2x_4) \\ 2x_1 + x_2 + 5x_3 + 7x_4 \leqslant 15 \\ x_i \geqslant 0,且为整数 \quad (i = 1,2,3,4) \end{cases}$$

6. 求"二维背包问题"的最优解,其数学模型为:

$$\begin{cases} \max(4x_1 + 5x_2 + 8x_3) \\ x_1 + x_2 + x_3 \leqslant 10 \\ x_1 + 3x_2 + 6x_3 \leqslant 13 \\ x_1 \geqslant 0, x_2 \geqslant 0, x_3 \geqslant 0 \\ x_1, x_2, x_3 \text{ 为整数} \end{cases}$$

7. 某企业要考虑一种设备在五年内的更新问题.在每年年初要作出决策,是继续使用还是更新.如果继续使用,则需支付维修费用.已知使用了不同年限后的设备每年所需的维修费用(单位:百元)如表 7.25 所示.

表 7.25

使用年数	0—1	1—2	2—3	3—4	4—5
每年维修费用	5	6	8	11	18

如果要更新设备,则已知在各年年初该种设备的价格如表 7.26 所示(残值忽略不计).

表 7.26

年份	1	2	3	4	5
价格(单位:百元)	11	11	12	12	13

如果开始时设备已使用一年,问每年年初应怎样作出决策,才能使五年内该项设备的购置和维修费用最少?

8. 某单位在 5 年内需使用一台机器,该种机器的年收入、年运行费用及每年年初一次性更新重置的费用随机器的机龄变化如表 7.27 所示. 该单位现有一台机龄为 1 年的旧机器,试制定最优更新计划,以使该单位 5 年内的总利润最大(不计 5 年期末机器的残值).

表 7.27

机龄	0	1	2	3	4	5
年收入	20	19	18	16	14	10
年运行费用	4	4	6	6	9	10
更新费用	25	27	30	32	35	36

8 图与网络分析

在工程实际工作中,许多工程系统的各组成要素之间存在着互相联系和制约,这种事物之间的关系可以用一种简单的网络来表示,这就是图.图是运筹学分支,它已广泛地应用在物理学、化学、控制论、信息论、科学管理、计算机技术等各个领域.在实际生活、生产和科学研究中,有很多问题可以用图的理论和方法来解决.例如,公路运行网络图,铁路交通及运输能力图,航空线路图,工程建设施工各工序之间的相互关系图,城市各类线路布置图,邮递员的行走线路图等.这类问题的解决应用图的理论和方法求解,都很简便.

图论研究的是一种高度抽象的图,是在严格定义的基础上,运用数学手段建立起的一系列严密的理论与方法而构成的一个学科.图论这门学科一出现,便引起了人们极大的关注.今天已在诸多学科领域得到广泛的应用,并且收到了良好的效果.

科学文献记录最早的有关图论的学术论著,要数 1736 年伟大的数学家欧拉(Euler)发表的关于哥尼斯堡(Konisberg)七桥问题的学术论文.

哥尼斯堡当时是东普鲁土的一座风景优美的城市(苏联时期更名为加里宁格勒;今属俄罗斯联邦,位于莫斯科东南方向约200公里),城中有一条河叫普雷格尔河(Pregel),河中有两个岛,河上有七座桥.如图 8.1(a)所示.当时那里的居民热衷于这样的问题:一个散步者能否走过七座桥,且每座桥只走过一次,最后回到出发点.人们经多次实践而失败,得不出有说服力的解答.1736 年欧拉将此七桥问题抽象为图 8.1(b)所示图形的一笔画问题:即能否从某一点开始一笔画出这个图形,最后回到原点,而不重复.欧拉证明了这是不可能的,因为图 8.1(b)中的每个点都只与奇数条线相关联,不可能将这个图不重复地一笔画成.这是古典图论中的一个著名问题.

随着科学技术的发展以及电子计算机的出现与广泛应用,20 世纪 50 年代,图论的理论得到进一步发展.将庞大复杂的工程系统和管理问题用图描述,可以解决很多工程设计和管理决策的最优化问题.例如,完成工程任务的时间最少,距离最短,费用最省等等.图论受到数学、工程技术及经营管理等各个方面越来越广泛的重视.

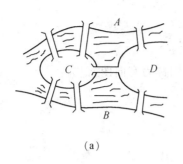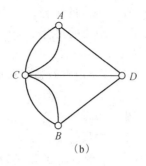

(a)   (b)

图 8.1

8.1   图的基本概念

在实际生活中,人们为了反映一些对象之间的关系,常常用点和线画出各种各样的示意图. 如图8.2是江苏省主要城市间的交通图. 这里用点代表城市,用点和点之间的联线代表两个城市之间的里程. 诸如此类的还有电话线分布图、煤气管道图、航空线图等等. 又如某矿井井下通风网络如图 8.3 所示,这里用点代表井下巷道的分岔或交汇处,点和点之间的联线代表巷道的距离,箭头表示风流的方向. 以及同此类似的某地区河流网络图、交通运输能力图等.

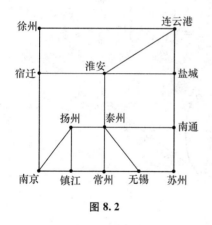

图 8.2

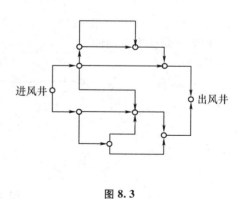

图 8.3

综上所述,图是由一些点及一些点之间的联线(不带箭头或带箭头)所组成的. 为了区别起见,把两点之间的不带箭头的联线称为边,带箭头的联线称为弧.

如果一个图 G 是由点及边所构成的,则称之为无向图(也简称为图),记为:

G = (V,E)

式中:V—— 图 G 中点的集合;

E—— 图 G 中边的集合.

一条联结点 $v_i, v_j \in V$ 的边记为 (v_i, v_j) 或 (v_j, v_i).

如果一个图 D 是由点及弧所构成的,则称为有向图,记为:

$$D = (V, A)$$

式中:V—— 图 G 中点的集合;

A—— 图 G 中弧的集合.

一条方向从 v_i 指向 v_j 的弧记为 (v_i, v_j).

图 8.4 是一个无向图.

$$V = \{v_1, v_2, v_3, v_4\}, \qquad E = \{e_1, e_2, e_3, e_4, e_5, e_6, e_7\}.$$

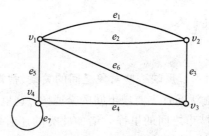

图 8.4

其中

$$e_1 = (v_1, v_2), \quad e_2 = (v_1, v_2), \quad e_3 = (v_2, v_3), \quad e_4 = (v_3, v_4),$$
$$e_5 = (v_1, v_4), \quad e_6 = (v_1, v_3), \quad e_7 = (v_4, v_4).$$

图 8.5 是一个有向图.

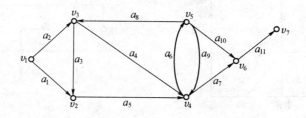

图 8.5

$$V = \{v_1, v_2, v_3, v_4, v_5, v_6, v_7\}, \quad A = \{a_1, a_2, a_3, \cdots, a_{11}\}.$$

其中

$$a_1 = (v_1, v_2), \quad a_2 = (v_1, v_3), \quad a_3 = (v_3, v_2), \quad a_4 = (v_3, v_4),$$
$$a_5 = (v_2, v_4), \quad a_6 = (v_4, v_5), \quad a_7 = (v_4, v_6), \quad a_8 = (v_5, v_3),$$
$$a_9 = (v_5, v_4), \quad a_{10} = (v_5, v_6), \quad a_{11} = (v_6, v_7).$$

图 G 或 D 中的点数记为 p(G) 或 p(D),边(弧)数记为 q(G) 或 q(D).

对图 G 或 D 中每一个边或弧(v_i, v_j),相应地有一个数 w_{ij},则称这样的图为赋权图,w_{ij} 称为边或弧(v_i, v_j)上的权.

对于无向图 G = (V,E),若边 $e = (u,v) \in E$,则称 u,v 是 e 的端点,也称 u,v 是相邻的.称 e 是点 u(及点 v)的关联边.若图 G 中,某个边的两个端点相同,则称 e 是环(如图 8.4 中的 e_7),若两个点之间有多于一条的边,称这些边为多重边(如图 8.4 中的 e_1, e_2).一个无环、无多重边的图称为简单图,一个无环、但允许有多重边的图称为多重图,任意两点之间均有边的图称为完全图.

以点 v 为端点的边的个数称为 v 的次,记为 $d(v)$.图 8.4 中,$d(v_1) = 4$,$d(v_2) = 3$,$d(v_4) = 4$(环 e_7 在计算 $d(v_4)$ 时算作两次).次为 1 的点称为悬挂点,悬挂点的关联边称为悬挂边,次为零的点称为孤立点.

给定两个图 G_1, G_2.$G_1 = (V_1, E_1), G_2 = (V_2, E_2)$.

若 $V_1 \subseteq V_2, E_1 \subseteq E_2$,称 G_1 为 G_2 的子图.如图 8.6 中,b,c,d 为 a 的子图.

若 $V_1 = V_2, E_1 \subset E_2$,称 G_1 为 G_2 的一个部分图.如图 8.6 中,b 为 a 的部分图.

若 $V_1 \subset V_2, E_1 \subset E_2$,称 G_1 为 G_2 的真子图.如图 8.6 中,c,d 为 a 的真子图.

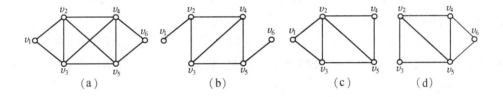

图 8.6

给定一个图 G = (V,E),若存在一个点与边的交错序列$(v_{i_1}, e_{i_1}, v_{i_2}, e_{i_2}, \cdots, v_{i_{k-1}}, e_{i_{k-1}}, v_{i_k})$,如果满足 $e_{i_t} = (v_{i_t}, v_{i_{t+1}})(t = 1,2,3,\cdots, k-1)$,则称这个点边序列为一条联结 v_{i_1} 和 v_{i_k} 的链,记为$(v_{i_1}, v_{i_2}, \cdots, v_{i_k})$,有时称点 $v_{i_2}, v_{i_3}, \cdots, v_{i_{k-1}}$ 为链的中间点.

链$(v_{i_1}, v_{i_2}, \cdots, v_{i_k})$中,若 $v_{i_1} = v_{i_k}$,即链的起点和终点重合,则称该链为圈,也称为闭链.若链$(v_{i_1}, v_{i_2}, \cdots, v_{i_k})$中,点 $v_{i_1}, v_{i_2}, \cdots, v_{i_k}$ 都是不同的,则称该链为初等链;若圈$(v_{i_1}, v_{i_2}, \cdots, v_{i_1})$ 中 $v_{i_1}, v_{i_2}, \cdots, v_{i_1}$ 都是不同的,则称之为初等圈;若链(圈)中含的边均不相同,则称之为简单圈.

图 8.7 中,$(v_1, v_2, v_3, v_4, v_5, v_3, v_6, v_7)$ 是一条简单链,但不是初等链,$(v_1, v_2, v_3, v_6, v_7)$ 是一条初等链.这个图中,不存在联结 v_1 和 v_9 的链.$(v_1, v_2, v_3, v_4, v_1)$ 是一个初等圈,$(v_4, v_1, v_2, v_3, v_5, v_7, v_6, v_3, v_4)$ 是简单圈,但不是初等圈.

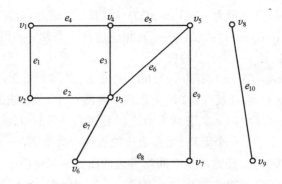

图 8.7

图 G 中，若任何两个点之间，至少有一条链，则称 G 是连通图，否则称为不连通图．若 G 是不连通图，它的每个连通的部分称为 G 的一个连通分图（也简称分图）．如图 8.7 是一个不连通图，它有两个连通分图．

设给定一个有向图 $D = (V, A)$，从 D 中去掉所有弧上的箭头，就得到一个无向图，称之为 D 的基础图．

对于有向图 $D = (V, A)$，若弧 $a = (u, v) \in A$，则称 u 是 a 的始点，v 是 a 的终点，称弧 a 是从 u 指向 v 的．

设 $(v_{i_1}, a_{i_1}, v_{i_2}, a_{i_2}, \cdots, v_{i_{k-1}}, a_{i_{k-1}}, v_{i_k})$ 是 D 中的一个点弧交错序列，如果这个序列在基础图中所对应的点边序列是一条链，则称这个点弧交错序列是 D 的一条链．

如果 $(v_{i_1}, a_{i_1}, v_{i_2}, a_{i_2}, \cdots, v_{i_{k-1}}, a_{i_{k-1}}, v_{i_k})$ 是 D 中的一条链，并且对 t——$1, 2, \cdots, k-1$，均有 $a_{i_t} = (v_{i_t}, v_{i_{t+1}})$，称之为从 v_{i_1} 到 v_{i_k} 的一条路．若路的第一个点和最后一点相同，则称之为回路．若路 $(v_{i_1}, v_{i_2}, \cdots, v_{i_k})$ 中，点 $v_{i_1}, v_{i_2}, \cdots, v_{i_k}$ 都是不同的，则称该路为初等路；若回路 $(v_{i_1}, v_{i_2}, \cdots, v_{i_1})$ 中 $v_{i_1}, v_{i_2}, \cdots, v_{i_1}$ 都是不同的，则称之为初等回路．

例如图 8.5 中，$(v_3, (v_3, v_2), v_2, (v_2, v_4), v_4, (v_4, v_5), v_5, (v_5, v_3), v_3)$ 是一个回路，$(v_1, (v_1, v_3), v_3, (v_3, v_4), v_4, (v_4, v_6), v_6)$ 是从 v_1 到 v_6 的路，$(v_1, (v_1, v_3), v_3, (v_5, v_3), v_5, (v_5, v_6), v_6)$ 是一条链，但不是路．

8.2 树和最小支撑树

在各式各样的图中，有一类图是极其简单然而却是十分有用的，这就是树．一个无圈的连通图称为树．记为 $T = (V, E)$；而赋权树记为 $T = (V, E, W)$．

某单位要在六个办公室之间敷设电话线,要求任何两个办公室都可以互相通话,如何敷设才能使电话线消耗最小呢?由于电话可以通过办公室转接,因此可用6个点 $v_1, v_2, v_3, v_4, v_5, v_6$ 代表6个办公室,如果在某两个办公室之间架设电话线,则在相应的两个点之间联一条边,这样一个电话线网就可以用一个图来表示. 为了使任何两个办公室都可以通话,这样的图必须是连通的. 其次,若图中有圈的话,从圈上任意去掉一条边,余下的图仍是连通的,这样可以省去一根电话线. 因而,满足要求的电话线同所对应的图必定是不含圈的连通图即树. 图8.8代表了满足要求的一个电话线网. 某工程施工单位的组织机构如图8.9(a)所示,如果用图表示,该组织结构就是一个树,见图8.9(b).

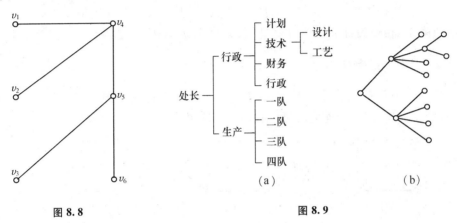

图8.8   图8.9

8.2.1 树的性质

定理1 设图 T = (V, E) 是一个树,且其边数 $q(\mathrm{T}) \geqslant 2$,则树 T 中至少有两个悬挂点.

事实上,若 $\mu = (v_1, v_2, \cdots, v_n)$ 是树 T 中边数最多的一条初等链. 因 $q(\mathrm{T}) \geqslant 2$,故 μ 中至少有一边,即点 v_1 与 v_n 不同. 可证明 v_1 即为悬挂点. 若不然,则有 $p(v_1) \geqslant 2$. 于是存在一边 $(v_1, v_k), v_k \neq v_2$,这又分两种情况:当 v_k 不在 μ 上,则边 (v_1, v_k) 与 μ 相连亦成一链,且比 μ 多一边,与原设 μ 为边数最多的初等链矛盾,故不可能;当 v_k 在 μ 上则成圈,又与树的定义矛盾,亦不可能,故必有 $p(v_1) = 1$,即 v_1 为悬挂点. 同理可证 v_n 为悬挂点,即 μ 中至少有2个悬挂点,从而可知树 T 至少有2个悬挂点.

定理2 图 T = (V, E) 是树的充分必要条件为:T 中任两点间有且仅有一条链.

必要性显然,因若 T 为树,则连通且无圈,连通即任两点间有链相连,无圈则任两点间无二链.

充分性．由任两点间有链相连则 T 为连通图，且仅有一链时则无圈，即 T 为树．

定理 3 树中任去一边，则成不连通图．

由定理 2 直接推出此定理．

定理 4 树中两不相邻顶点间添一边即得一圈．

事实上，任选树中不相邻两点设为 m 与 n，则有链 $\mu = (m, \cdots, n)$ 将其相连；若添边 (n, m)，则有圈 $\mu' = (m, \cdots, n, m)$，命题得证．

定理 5 设 T 为 n 个顶点的树，则其边数 $q(T) = n - 1$．

事实上，当 $n = 2$ 时命题显然成立．设 $n = k$ 时命题成立，可证 $n = k + 1$ 时亦真．由定理 1 知 T 中至少有一悬挂点，设为 u，去 u 及其关联边得一棵 $n = k$ 个顶点的树 T′，由所设 T′ 有 $k - 1$ 条边，故知 T 有 k 条边，命题得证．

8.2.2 图的支撑树

若树 T 为图 G 的支撑子图，则称 T 为 G 的一个支撑树．图 8.10(b) ~ (f) 均为(a) 的支撑树，即一个连通图可以有多个支撑树．

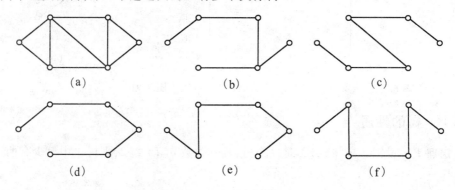

(a) (b) (c)

(d) (e) (f)

图 8.10

定理 6 图 G 有支撑树的充分必要条件是 G 连通．

必要性显然．

充分性可以考虑两种情形：

(1) G 中不含圈，此时 G 本身即为自己的一个支撑树；

(2) G 中含有圈，先任取一圈，任去圈中一边得 G_1 为 G 的一个支撑子图，若 G_1 为树，则 G_1 为所求，即 G 有支撑树．

若 G_1 仍含圈，仿上法得 G_2，如此继续直至 G_k 不含圈止，则 G_k 为 G 的一棵支撑树，即表明 G 有支撑树．

以上证明过程给出一个求连通图的支撑树的方法，称为破圈法．

用破圈法求图 8.11(a) 的一个支撑树．

取一个圈 (v_1,v_2,v_5,v_1)，从这个圈中去掉一边 (v_2,v_5)；在余下的图中再取一个圈 (v_2,v_3,v_4,v_2)，去掉边 (v_2,v_4)；再取一个圈 (v_3,v_4,v_6,v_3)，去掉边 (v_4,v_6)；最后取圈 (v_3,v_7,v_6,v_3)，去掉边 (v_3,v_7)，可得该图的一棵支撑树，见图 8.11(b).

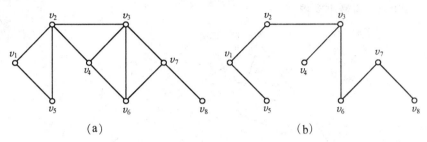

图 8.11

求连通图的支撑树的另一个方法是避圈法．其要点是每次取一边，使之与已取边不构成圈，直到不能进行为止，这时由所有取出的边所构成的图是一个支撑树．

用避圈法求图 8.12(a) 的一个支撑树．

从图中任取一边 (v_1,v_2) 为图 G_1，再取 G_1 中点 v_1 的关联边 (v_1,v_3) 得图 $G_2 = G_1 \bigcup (v_1,v_3)$，再取 G_2 中 v_2 点的关联边 (v_2,v_4)，得 $G_3 = G_2 \bigcup (v_2,v_4)$，最后从 G_3 中取 v_4 点的关联边 (v_4,v_5) 得图 G_4．即可得图 G 的一个支撑树，见图 8.12(b).

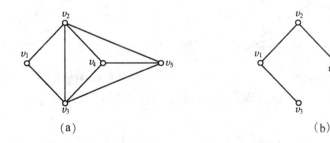

图 8.12

8.2.3 最小支撑树

设 $G = (V,E,W)$ 及 $T = (V,E_1,W_1)$ 为赋权连通图，且 T 为图 G 的所有支撑树中，各边权之和最小者，则谓 T 为 G 的最小支撑树，简称 T 为 G 的最小树．

定理 7(最小树定理)　树 $T^* = (V,E_1,W_1)$ 为图 $G = (V,E,W)$ 最小树的充分必要条件是：G 中任一圈中不为 T^* 之边的权不小于 T^* 中位此圈上各边之权．

事实上，由本定理可知，该边的权为圈中最大权之边．若将此边代圈中任一边

195

所得之树各边权之和,均不小于 T* 各边权数之和.

求最小树有两种方法:

(1) 破圈法.即每步任取一圈,去其权最大之边,直至最后.

(2) 避圈法.即每步在未选的边中,取一最小权的边,使之不成圈.

求图 8.13 的最小支撑树.

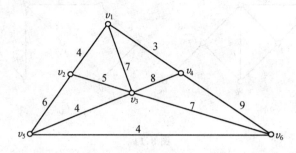

图 8.13

(1) 破圈法求最小树

① 在图 8.13 中任选一圈 (v_1,v_2,v_3,v_4,v_1),去权最大之边 (v_3,v_4),由图 8.14(a) 得图 8.14(b);

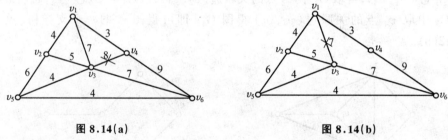

图 8.14(a)   图 8.14(b)

② 在图 8.14(b) 中,任选一圈 (v_1,v_2,v_3,v_1),去权最大边 (v_1,v_3),得图 8.14(c);

③ 在图 8.14(c) 中任选一圈 $(v_1,v_2,v_3,v_6,v_4,v_1)$,去权最大边 (v_4,v_6) 得图 8.14(d);

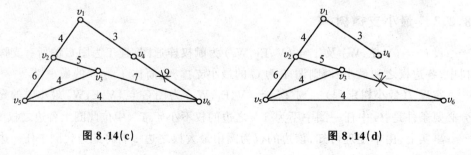

图 8.14(c)   图 8.14(d)

196

④ 在图 8.14(d) 中任选一圈 (v_3, v_5, v_6, v_3)，去权最大边 (v_3, v_6)，得图 8.14(e)；

⑤ 在图 8.14(e) 中，仅有一圈 (v_2, v_3, v_5, v_2)，从中去权最大之边 (v_2, v_5) 得图 8.14(f)．

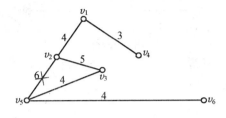

图 8.14(e)

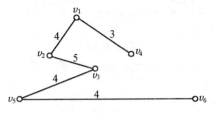

图 8.14(f)

至此，无圈，图 8.14(f) 即为所求之最小树，各边权之和为 20．

(2) 避圈法求最小树

① 从图 8.13 中，取权最小边 (v_1, v_4)，用双线给出，如图 8.15(a) 所示；

② 从图 8.15(a) 出发，在余下的单线边中，选取与边 (v_1, v_4) 相邻，且权最小的边 (v_1, v_2)，用双线给出，如图 8.15(b) 所示；

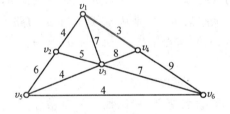

图 8.15(a)

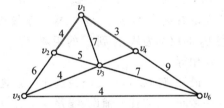

图 8.15(b)

③ 从图 8.15(b) 出发，在余下的单线边中，选取与边 (v_1, v_4)，(v_1, v_2) 相邻，且权最小的边 (v_2, v_3)，用双线给出，如图 8.15(c) 所示；

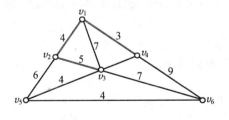

图 8.15(c)

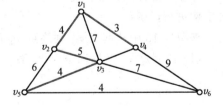

图 8.15(d)

④ 如此继续下去，直至找到图 8.13 的最小支撑树(如图 8.15(d) ～ (e) 所示)．最后，所得图 8.13 的最小树如图 8.15(f) 所示．

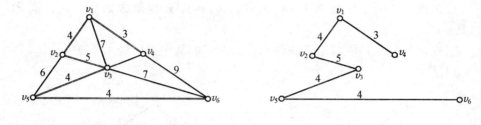

图 8.15(e)　　　　　　　　　　　　　　　**图 8.15(f)**

对于一个赋权图来讲,最小支撑树不一定是惟一的.

8.3　最短路问题

在实际工作中,经常会遇到从甲地到乙地,希望寻求一条最短的路程. 如矿井通风网络需要计算两点之间的最小通风阻力等问题,这就是图论中有关最短路问题.

给定一个赋权有向图,即给了一个有向图 $D = (V,A)$,对每一个弧 $a = (v_i, v_j)$,相应地有权 $w(a) = w_{ij}$,又给定 D 中的两个顶点 v_s, v_t. 设 P 是 D 中从 v_s 到 v_t 的一条路,定义路 P 的权是 P 中所有弧的权之和,记为 $w(P)$. 最短路问题就是要在所有从 v_s 到 v_t 的路中,求一条权最小的路 P_0. 称 P_0 是从 v_s 到 v_t 的最短路. 路 P_0 的权称为从 v_s 到 v_t 的距离,记为 $d(v_s, v_t)$. 显然,$d(v_s, v_t)$ 与 $d(v_t, v_s)$ 不一定相等.

最短路问题是重要的最优化问题之一,它不仅可以直接应用于解决生产实际的许多问题,如管道铺设、线路安排、厂区布局、设备更新等等,而且经常被作为一个基本工具,用于解决其他的优化问题.

8.3.1　逐步外探法求最短路

逐步外探法求最短路是从起点 v_s 出发,逐步向外探索、比较来寻求最短路. 结合实例进行说明.

求图 8.16 中从起点 v_1 到终点 v_9 的最短路.

(1) 由起点 v_1 开始向下一站,有 2 条路,取权最小的路.

$$\min \left\{ \begin{array}{l} w(v_1 \rightarrow v_2) = 2 \\ w(v_1 \rightarrow v_4) = 4 \end{array} \right\} = 2,确定出 \ v_1 \rightarrow v_2$$

(2) 由 v_1, v_2 向下一站,有 3 条路,取权最小的路.

$$\min \left\{ \begin{array}{l} w(v_1 \rightarrow v_4) = 4 \\ w(v_1 \rightarrow v_2 \rightarrow v_3) = 6 \\ w(v_1 \rightarrow v_2 \rightarrow v_5) = 6 \end{array} \right\} = 4,确定出 \ v_1 \rightarrow v_4$$

198

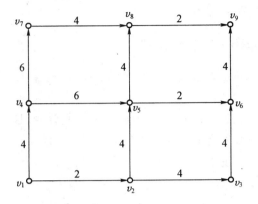

图 8.16

(3) 由 v_2, v_4 向下一站,有 4 条路,取权最小的路.

$$\min \left\{ \begin{array}{l} w(v_1 \to v_2 \to v_3) = 6 \\ w(v_1 \to v_2 \to v_5) = 6 \\ w(v_1 \to v_4 \to v_7) = 10 \\ w(v_1 \to v_4 \to v_5) = 10 \end{array} \right\} = 6, 确定出 \left\{ \begin{array}{l} v_1 \to v_2 \to v_3 \\ v_1 \to v_2 \to v_5 \end{array} \right.$$

(4) 由 v_3, v_4, v_5 向下一站,有 4 条路,取权最小的路.

$$\min \left\{ \begin{array}{l} w(v_1 \to v_2 \to v_3 \to v_6) = 10 \\ w(v_1 \to v_2 \to v_5 \to v_6) = 8 \\ w(v_1 \to v_4 \to v_5 \to v_8) = 14 \\ w(v_1 \to v_4 \to v_7) = 10 \end{array} \right\} = 8, 确定出 \ v_1 \to v_2 \to v_5 \to v_6$$

(5) 由 v_4, v_5, v_6 向下一站,有 3 条路,取权最小的路.

$$\min \left\{ \begin{array}{l} w(v_1 \to v_4 \to v_7) = 10 \\ w(v_1 \to v_2 \to v_5 \to v_8) = 10 \\ w(v_1 \to v_2 \to v_5 \to v_6 \to v_9) = 12 \end{array} \right\} = 10,$$

确定出 $\left\{ \begin{array}{l} v_1 \to v_4 \to v_7 \\ v_1 \to v_2 \to v_5 \to v_8 \end{array} \right.$

(6) 由 v_6, v_7, v_8 向下一站,有 3 条路,取权最小的路.

$$\min \left\{ \begin{array}{l} w(v_1 \to v_4 \to v_7 \to v_8) = 14 \\ w(v_1 \to v_2 \to v_5 \to v_8 \to v_9) = 12 \\ w(v_1 \to v_2 \to v_5 \to v_6 \to v_9) = 12 \end{array} \right\} = 12,$$

确定出 $\left\{ \begin{array}{l} v_1 \to v_2 \to v_5 \to v_8 \to v_9 \\ v_1 \to v_2 \to v_5 \to v_6 \to v_9 \end{array} \right.$

已经到达终点,得到两条最短路 ① $v_1 \to v_2 \to v_5 \to v_8 \to v_9$,② $v_1 \to v_2 \to$

$v_5 \rightarrow v_6 \rightarrow v_8$. 最短路程均为 12.

8.3.2　E.W.Dijkstra 法求最短路

使用E.W.Dijkstra法求最短路主要适用于权值 $w_{ij} \geqslant 0$ 的情况,该方法又称为标号法 . 其步骤为:

(1) 初始化 . 令起点 v_s 的 $w(v_s) = 0$,并标上 P 标号,且 $P(s) = 0$,其余各点 v_i 的 $w(v_i) = \infty$(表示距起点很远),并标上 T 标号,且 $T(i) = \infty$.

(2) 计算 T 标号 . 设刚得到 P 标号的点为 v_i,考虑所有 v_i 向下一站点的 T 标号点 v_j,修改 v_j 的 T 标号为: $T(j) = \min\big[T(j), P(i) + w_{ij} \big]$.

(3) 确定 P 标号 . 在所有的 T 标号点中,找出标号最小的点,并标上 P 标号 .

(4) 回到(2),如此进行,直到所有点都标上 P 标号 .

(5) 反向探索寻找最短路线 . 首先考虑终点 v_t,若 $P(t) = P(k) + w_{kt}$,则有 (v_k, v_t),再考虑 v_k,重复这一过程,直到起点结束 .

求图 8.17 中从起点 v_1 到终点 v_5 的最短路 .

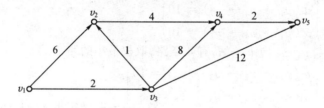

图 8.17

(1) 初始化 . 令起点 v_1 的 P 标号为零,其他点为 T 标号,其值为 ∞ . 即:
$$P(1) = 0$$
$$T(2) = T(3) = T(4) = T(5) = \infty$$

(2) 计算 T 标号 . v_1 刚得到 P 标号, v_1 向下一站的点为 v_2, v_3,修改 v_2, v_3 的 T 标号:
$$T(2) = \min\big[T(2), P(1) + w_{12} \big] = \min[\infty, 0 + 6] = 6$$
$$T(3) = \min\big[T(3), P(1) + w_{13} \big] = \min[\infty, 0 + 2] = 2$$

(3) 确定 P 标号 . 在所有的 T 标号点中,找出标号最小的点,并标上 P 标号 .
$$\min \begin{cases} T(2) = 6 \\ T(3) = 2 \\ T(4) = \infty \\ T(5) = \infty \end{cases} = T(3) = 2,将 v_3 点改为 P 标号,得 P(3) = 2.$$

(4) 回到(2),继续标号 .

v_3 刚得到 P 标号, v_3 向下一站的点为 v_2, v_4, v_5,修改 v_2, v_4, v_5 的 T 标号:

$$T(2) = \min\big[T(2), P(3) + w_{32}\big] = \min[6, 2+1] = 3$$
$$T(4) = \min\big[T(4), P(3) + w_{34}\big] = \min[\infty, 2+8] = 10$$
$$T(5) = \min\big[T(5), P(3) + w_{35}\big] = \min[\infty, 2+12] = 14$$

在所有的 T 标号点中,找出标号最小的点,并标上 P 标号.

$$\min \begin{cases} T(2) = 3 \\ T(4) = 10 \\ T(5) = 14 \end{cases} = T(2) = 3,将 v_2 点改为 P 标号,得 P(2) = 3.$$

v_2 刚得到 P 标号,v_2 向下一站的点为 v_4,修改 v_4 的 T 标号:

$$T(4) = \min\big[T(4), P(2) + w_{24}\big] = \min[10, 3+4] = 7$$

在所有的 T 标号点中,找出标号最小的点,并标上 P 标号.

$$\min \begin{cases} T(4) = 7 \\ T(5) = 14 \end{cases} = T(4) = 7,将 v_2 点改为 P 标号,得 P(4) = 7.$$

v_4 刚得到 P 标号,v_4 向下一站的点为 v_5,修改 v_5 的 T 标号:

$$T(5) = \min\big[T(5), P(4) + w_{45}\big] = \min[14, 7+2] = 9$$

在所有的 T 标号点中,只剩下一个点 v_5 为 T 标号,将其改为 P 标号,得 $P(5) = 9$. 标号结束,由此已得到从起点 v_1 至各点的权值之和最小值.

(5) 反向探索寻找最短路线.

首先考虑终点 v_5,$P(5) = P(4) + w_{45}$,则有 (v_4, v_5)

再考虑 v_4,$P(4) = P(2) + w_{24}$,则有 (v_2, v_4)

再考虑 v_2,$P(2) = P(3) + w_{32}$,则有 (v_3, v_2)

再考虑 v_3,$P(1) = P(1) + w_{13}$,则有 (v_1, v_3)

已到达起点 v_1,可找到最短路径为:$v_1 \rightarrow v_3 \rightarrow v_2 \rightarrow v_4 \rightarrow v_5$. 距离为 9.

本题在求解过程中,还可得出自起点 v_1 至各点的最短路径.

8.3.3 走步法求最短路

Dijkstra 算法只适用于所有权值 $w_{ij} \geqslant 0$ 的情形,当 $w_{ij} < 0$ 时算法失效,这时可采用走步法求最短路.

(1) 由起点走第 1 步,把可能到达的下一点的路程全部记入到达各点的 P 标号.

(2) 由得到 P 标号的各点开始,各走出第二步,并在走向同一点的路程中选最小值,作为最短路径,记入该点的 P 标号,当该点取稳定值时,从起点到该点的最短路被确定.

(3) 重复第(2)步,直至终点被标上 P 标号,且 P 标号稳定不变.

求图 8.18 中自起点至终点的最短路径.

为方便运算,可以利用表 8.1 进行.

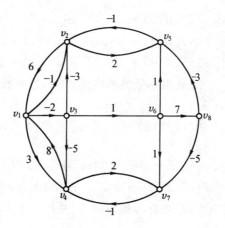

图 8.18

表 8.1　走步法运算表

	w_{ij}								P	l_j^k				
i \ j	1	2	3	4	5	6	7	8		$k=1$	$k=2$	$k=3$	$k=4$	
1	0	-1	-2	3					v_1	0	0	0	0	✓
2	6	0			2				v_2	-1	-5	-5	-5	
3		-3	0	-5		1			v_3	-2	-2	-2	-2	✓
4	8			0			2		v_4	3	-7	-7	-7	
5		-1			0				v_5		1	-3	-3	
6					1	0	1	7	v_6		-1	-1	-1	✓
7				-1			0		v_7		5	-5	-5	
8				-3			-5	0	v_8			6	6	✓

（1）由起点 v_1 走出第 1 步，其下一点为 v_2，v_3，v_4，记下：

$$P(1) = 0$$
$$P(2) = P(1) + w_{12} = 0 - 1 = -1$$
$$P(3) = P(1) + w_{13} = 0 - 2 = -2$$
$$P(4) = P(1) + w_{14} = 0 + 3 = 3$$

将 $P(1)$、$P(2)$、$P(3)$、$P(4)$ 记入表格右边第 1 列.

（2）考虑已得到 P 标号的点：v_1，v_2，v_3，v_4 走向同一点 v_1，计算出到达 v_1 的路程，并取最小值：

$$l_1^2 = \min \left\{ \begin{array}{l} l_1^1 + w_{11} = 5 + 5 \\ l_2^1 + w_{22} = -1 + 6 \\ l_3^1 + w_{31} = -2 + \infty \\ l_4^1 + w_{41} = 3 + 8 \end{array} \right\} = 0$$

202

v_1, v_2, v_3, v_4 走向同一点 v_2，计算出到达 v_2 的路程，并取最小值：

$$l_2^2 = \min \begin{cases} l_1^1 + w_{12} = 0 - 1 \\ l_2^1 + w_{22} = -1 + 0 \\ l_3^1 + w_{32} = -2 - 3 \\ l_4^1 + w_{42} = 3 + \infty \end{cases} = -5$$

v_1, v_2, v_3, v_4 走向同一点 $v_3, v_4, v_5, v_6, v_7, v_8$ 可同样计算出来，各自取最小值填入表格中．

从而可得表格右边第 2 列数据为：$0, -5, -2, -7, 1, -1, 5, \infty$．

（3）再考虑已得到 P 标号的点：$v_1, v_2, v_3, v_4, v_5, v_6, v_7$，它们分别走向同一点 $v_1 \sim v_8$，计算出到达各点的路程最小值，记入各点的 P 标号．

（可直接用表格右边第 2 列与左边第 1～8 列分别相加，在各组结果中取最小值填表）．

（4）进行下一步，仍是考虑已得到 P 标号的点 $v_1 \sim v_8$，它们分别走向 $v_1 \sim v_8$，计算出到达各点的路程最小值，记入各点的 P 标号．

（可直接用表格右边第 3 列与左边第 1～8 列分别相加，在各组结果中取最小值填表）．

（5）在第（3）步已得到的 $v_1 \sim v_8$ 点的 P 标号与第（4）步的相同，P 标号已稳定，这时已得到起点 v_1 到各点的最短路．

最短路径可以从表格中逆推而得．$v_1 \sim v_8$ 的最短路径为 $v_1 \to v_3 \to v_6 \to v_8$，权值为 6．

必须指出的是，由起点到终点，中间过渡点最多为 $n-2$ 个（n 为图中端点总数），因此最短路径只需小于和等于 $n-1$ 步便应走完，否则转入负回路，使最短路无下界或起点到终点无通路．当第 $n-1$ 步运算结果仍不能满足稳定值，即 $l_j^{n-1} = l_j^{n-2}$，此问题无解．

8.4　网络最大流

在许多系统中，经常会遇到"流量"问题，如公交系统中的车辆流、乘客流、物资流；金融系统中的资金流；控制系统中的信息流等等．如何使网络通过的流量最大，便是网络最大流问题．

8.4.1　基本概念

1) 网络与流

给定一个有向图 $D = (V, A)$,在 V 中指定了一点,称为发点(记为 v_s),和另一点,称为收点(记为 v_t),其余的点叫中间点.对于每一个弧 $(v_i, v_j) \in A$,对应有一个 $c_{ij} \geqslant 0$,称为弧的容量.通常就把这样的 D 叫作一个网络.记作:

$$D = (V, A, C)$$

所谓网络上的流,是指定义在弧集合 A 上的一个函数 $f = \{f_{ij}\}$,并称 f_{ij} 为弧 (v_i, v_j) 上的流量.

图 8.19 所示的运输网络中,每个弧上的数字表示该线路的最大通过能力,即为弧的容量,每个弧上括号内的数字表示该线路所通过的运输量,即为弧的流量.

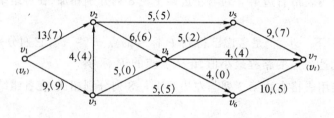

图 8.19

2) 可行流与最大流

满足下述条件的流 f 称为可行流.

(1) 容量限制条件:

对每一弧 $(v_i, v_j) \in A$,有 $0 \leqslant f_{ij} \leqslant c_{ij}$

(2) 平衡条件:

对于中间点,流出量 = 流入量,即对每个 $v_i (i \neq s, t)$ 有

$$\sum_{(v_i, v_j) \in A} f_{ij} - \sum_{(v_j, v_i) \in A} f_{ji} = 0$$

对于发点 v_s 有

$$\sum_{(v_s, v_j) \in A} f_{sj} - \sum_{(v_j, v_s) \in A} f_{js} = v(f)$$

对于收点 v_t 有

$$\sum_{(v_t, v_j) \in A} f_{tj} - \sum_{(v_j, v_t) \in A} f_{jt} = - v(f)$$

$v(f)$ 为可行流的流量.

可行流总是存在的,当所有弧的流量 $f_{ij} = 0$,可得到一个可行流(称为零流).

最大流问题就是求一个流 $\{f_{ij}\}$ 使其流量 $v(f)$ 达到最大,并且满足:

$$0 \leqslant f_{ij} \leqslant c_{ij} \qquad (v_i, v_j) \in A$$

204

$$\sum f_{ij} - \sum f_{ji} = \begin{cases} v(f) & (i = s) \\ 0 & (i \neq s, t) \\ -v(f) & (i = t) \end{cases}$$

最大流问题是一个特殊的线性规划问题,但可利用图的特点来解决这个问题.

3) 增广链

给定一个可行流 $f = \{f_{ij}\}$,网络中使 $f_{ij} = c_{ij}$ 的弧称为饱和弧,使 $f_{ij} < c_{ij}$ 的弧称为非饱和弧.使 $f_{ij} = 0$ 的弧称为零流弧,$f_{ij} > 0$ 的弧称为非零流弧.

图 8.19 中,(v_2, v_5) 是饱和弧,(v_1, v_2) 为非饱和弧,(v_3, v_4) 是零流弧.

若 μ 是网络中联结发点 v_s 和收点 v_t 的一条链,定义链的方向是从 v_s 到 v_t,则链上的弧被分为两类:一类是弧的方向与链的方向一致,叫作前向弧.前向弧的全体记为 μ^+;另一类弧与链的方向相反,称为后向弧.后向弧的全体记为 μ^-.

图 8.19 中,在链 $\mu = \{(v_1, v_2), (v_2, v_3), (v_3, v_4), (v_4, v_6), (v_6, v_7)\}$ 中

$\mu^+ = \{(v_1, v_2), (v_3, v_4), (v_4, v_6), (v_6, v_7)\}$

$\mu^- = \{(v_2, v_3)\}$

设 f 是一个可行流,μ 是从 v_s 到 v_t 的一条链,若 μ 满足下列条件,称之为(关于可行流 f 的)一条增广链.

若弧 $(v_i, v_j) \in \mu^+$,则 $0 \leqslant f_{ij} < c_{ij}$,即 μ^+ 中每一弧是非饱和弧.

若弧 $(v_i, v_j) \in \mu^-$,则 $0 < f_{ij} \leqslant c_{ij}$,即 μ^- 中每一弧是非零流弧.

图 8.19 中,链 $\mu = \{(v_1, v_2), (v_2, v_3), (v_3, v_4), (v_4, v_6), (v_6, v_7)\}$ 是一条增广链.因为 μ^+ 和 μ^- 中的弧满足增广链的条件.

4) 截集与截量

网络 D 的节点集为 V,把点集 V 分割成两个集合 S 和 T,S 包含发点 v_s,T 包含收点 v_t,则把所有起点在 S,终点在 T 的弧组成的弧集 A^* 称为截集.

图 8.19 中,S $= \{v_1, v_2, v_3\}$,T $= \{v_4, v_5, v_6, v_7\}$,$A^* = \{(v_2, v_4),$ $(v_2, v_5), (v_3, v_4), (v_3, v_6)\}$.

$S \subset V, T \subset V, S \cup T = V, S \cap T = \Phi, A^* \subset A$.

截集 A^* 中所有弧的容量之和称为这个截集的截量.

截集是 v_s 到 v_t 的必经之路,任何一个可行流 $v(f)$ 都不会超过任一截集的截量.

最小截集是割断 S 和 T 的容量最小的截集.

定理 8 可行流 f^* 是最大流,当且仅当不存在关于 f^* 的增广链.

证明:若 f^* 是最大流,设 D 中存在关于 f^* 的增广链 μ,令

$$\theta = \min \left\{ \min_{\mu^+} (c_{ij} - f_{ij}^*), \min_{\mu^-} f_{ij}^* \right\}$$

由增广链的定义,可知 $\theta > 0$,令

205

$$f_{ij}^{**} = \begin{cases} f_{ij}^* + \theta & (v_i, v_j) \in \mu^+ \\ f_{ij}^* - \theta & (v_i, v_j) \in \mu^- \\ f_{ij}^* & (v_i, v_j) \notin \mu \end{cases}$$

不难验证 $\{f_{ij}^{**}\}$ 是一个可行流,且 $v(f_{ij}^{**}) = v(f^*) + \theta > v(f^*)$. 这与 f^* 是最大流的假设矛盾.

现在设 D 中不存在关于 f^* 的增广链,证明 f^* 是最大流.

利用下面的方法来定义 S^*,令 $v_s \in S^*$.

若 $v_i \in S^*$,且 $f_{ij}^{**} < c_{ij}$,则令 $v_j \in S^*$;

若 $v_i \in S^*$,且 $f_{ij}^{**} > 0$,则令 $v_j \in S^*$.

因为不存在关于 f^* 的增广链,故 $v_t \notin S^*$.

记 $T^* = V - S^*$,于是得到一个截集 (S^*, T^*). 显然必有:

$$f_{ij}^* = \begin{cases} c_{ij} & (v_i, v_j) \in (S^*, T^*) \\ 0 & (v_i, v_j) \in (T^*, S^*) \end{cases}$$

所以 $v(f^*) = c(S^*, T^*)$. 于是 f^* 必是最大流. 定理得证.

由上述证明可见,若 f^* 是最大流,则网络中必存在一个截集 (S^*, T^*),使

$$v(f^*) = c(S^*, T^*)$$

于是有最大流量最小截量定理:任一个网络 D 中,从 v_s 到 v_t 的最大流的流量等于分离 v_s, v_t 的最小截集的容量.

定理 1 提供了寻求网络中最大流的一个方法. 若结了一个可行流 f,只要去判断 D 中有无关于 f 的增广链. 如果有增广链,则可以按定理 1 前半部证明中的办法,改进 f,得到一个流量增大的新的可行流. 如果没有增广链,则得到最大流. 而利用定理 1 后半部证明中定义 S^* 的办法,可以根据 v_t 是否属于 S^* 来判断 D 中有无关于 f 的增广链.

实际计算时,是用给顶点标号的方法来定义 S^* 的. 在标号过程中,有标号的顶点表示是 S^* 中的点,没有标号的点表示不是 S^* 中的点. 一旦 v_t 有了标号,就表明找到一条增广链;如果标号过程进行不下去,而 v_t 尚未标号,则说明不存在增广链,于是得到最大流. 而且同时也得到一个最小截集.

8.4.2 最大流问题求解

网络最大流问题的求解是从某个可行流开始的,用标号法求关于可行流 f 的增广链,若增广链存在,则可经过调整,得到一个新的可行流 f',其流量较原来的要大. 然后寻找 f' 的增广链,再调整,反复进行,直到增广链不存在为止,即得网络最大流.

寻找网络最大流的算法可分为两步,首先是寻找增广链的标号过程,其次是增

广链流量调整过程.

1) 标号过程

在这个过程中,对网络的一些点依次标号,直至到达收点,形成一条增广链. 每个标号点的标号包括两部分:第一部分表明它的标号是从哪一点得到的,以便记住增广链;第二部分是为了确定增广链的调整量 θ_μ 用的.

(1) 初始化. 给起点 v_s 标上 $(0, \infty)$,这时 v_s 是已标号未检查的点,其余都是未标号的点.

(2) 检查与标号. 一般地,取一个已标号的未检查点 v_i,对于一切未标号的点 v_i:

① 若在前向弧 (v_i, v_j) 上,$f_{ij} < c_{ij}$,则给 v_j 标号 $[v_i, l(v_j)]$,$l(v_j) = \min[l(v_i), c_{ij} - f_{ij}]$;

② 若在后向弧 (v_j, v_i) 上,$f_{ij} > 0$,则给 v_j 标号 $[-v_i, l(v_j)]$,$l(v_j) = \min[l(v_i), f_{ji}]$.

于是 v_i 成为检查过的标号点,v_j 成为标号而未检查过的点. 重复上述过程,一旦 v_t 被标上号,表明得到一条从 v_s 到 v_t 的增广链 μ,转入调整过程.

(3) 终止判别. 若所有标号都已检查过,而标号过程进行不下去时,则表明已不存在增广链,计算结束,这时的可行流就是最大流.

2) 调整过程

首先按 v_t 及其他点的第一部分标号,利用"反向追踪"的方法,找出增广链 μ,令调整量 $\theta = l(v_t)$,即 v_t 的第二部分标号. 令:

$$f'_{ij} = \begin{cases} f_{ij} + \theta & (v_i, v_j) \in \mu^+ \\ f_{ij} - \theta & (v_i, v_j) \in \mu^- \\ f_{ij} & (v_i, v_j) \notin \mu \end{cases}$$

则得到一个新的可行流 $f' = \{f'_{ij}\}$. 去掉所有标号,对新的可行流 f' 重新进行标号过程.

用标号法求图 8.19 所示网络的最大流.

首先对图 8.19 所示网络进行标号.

先给 $v_1(v_s)$ 标上 $(0, \infty)$,即 $l(v_1) = \infty$.

检查 v_1

在前向弧 (v_1, v_3) 上,$f_{13} = 9 = c_{13}$,不满足标号条件.

在前向弧 (v_1, v_2) 上,$f_{12} = 7 < c_{12} = 13$,满足标号条件. 则给 v_2 标号为 $[v_1, l(v_2)]$

其中,$l(v_2) = \min[l(v_1), c_{12} - f_{12}] = \min(\infty, 13 - 7) = 6$

即 v_2 标号为 $(v_1, 6)$

检查 v_2

在前向弧 (v_2,v_5) 上，$f_{25} = 5 = c_{25}$，不满足标号条件．

在前向弧 (v_2,v_4) 上，$f_{24} = 6 = c_{24}$，不满足标号条件．

在后向弧 (v_3,v_2) 上，$f_{32} = 4 > 0$，满足标号条件．则给 v_3 标号为 $[-v_2,l(v_3)]$

其中，$l(v_3) = \min[l(v_2),f_{32}] = \min(6,4) = 4$

即 v_3 标号为 $(-v_2,4)$

检查 v_3

在前向弧 (v_3,v_4) 上，$f_{34} = 0 < c_{34} = 5$，满足标号条件．则给 v_4 标号为 $[v_3,l(v_4)]$

其中，$l(v_4) = \min[l(v_3),c_{34} - f_{34}] = \min(4,5-0) = 4$

即 v_4 标号为 $(v_3,4)$

在前向弧 (v_3,v_6) 上，$f_{36} = 5 = c_{36}$，不满足标号条件．

检查 v_4

在前向弧 (v_4,v_5) 上，$f_{45} = 2 < c_{45} = 5$，满足标号条件．则给 v_5 标号为 $[v_4,l(v_5)]$

其中，$l(v_5) = \min[l(v_4),c_{45} - f_{45}] = \min(4,5-2) = 3$

即 v_5 标号为 $(v_4,3)$

在前向弧 (v_4,v_7) 上，$f_{47} = 4 = c_{47}$，不满足标号条件．

在前向弧 (v_4,v_6) 上，$f_{46} = 0 < c_{46} = 4$，满足标号条件．则给 v_6 标号为 $[v_4,l(v_6)]$

其中，$l(v_6) = \min[l(v_4),c_{46} - f_{46}] = \min(4,4-0) = 4$

即 v_6 标号为 $(v_4,4)$

检查 v_5，v_6 中任一点，取 v_6 点

在前向弧 (v_6,v_7) 上，$f_{67} = 5 < c_{67} = 10$，满足标号条件．则给 v_7 标号为 $[v_5,l(v_7)]$

其中，$l(v_7) = \min[l(v_6),c_{67} - f_{67}] = \min(4,10-5) = 4$

即 v_7 标号为 $(v_6,4)$，终点 v_t 已被标号．

然后转入调整过程

终点 v_t 即 v_7 已被标号，表明得到一条增广链，根据 v_7 及其他点的第一部分标号，得到增广链为：

$$\mu = \{(v_1,v_2),(v_2,v_3),(v_3,v_4),(v_4,v_6),(v_6,v_7)\}$$
$$\mu^+ = \{(v_1,v_2),(v_3,v_4),(v_4,v_6),(v_6,v_7)\}$$
$$\mu^- = \{(v_2,v_3)\}$$

调整量 $\theta = l(v_7) = 4$. 在 μ 上调整 f.

有:$f'_{12} = 7 + 4 = 11, f'_{32} = 4 - 4 = 0, f'_{34} = 0 + 4 = 4, f'_{46} = 0 + 4 = 4,$ $f'_{67} = 5 + 4 = 9$. 其余 f_{ij} 不变. 于是得到一个新的可行流 f', 见图 8.20.

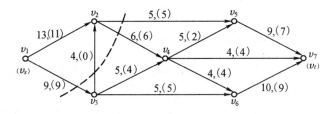

图 8.20

对新的可行流 f' 重新进行标号, 寻找增广链, 最终在 v_2 点标号无法进行下去, 已不存在增广链, 算法结束. 这时可行流 f' 已经是最大流. 最大流量 $v(f') = f'_{12} + f'_{13} = 11 + 9 = 20$.

与此同时可找到最小截集, 由于只有 v_1, v_2 能够标号, 其他点都不能标号, 因而最小截集如图 8.20 中虚线所示.

最小截集 $A^* = \{(v_2, v_5), (v_2, v_4), (v_3, v_2), (v_1, v_3)\}$

最小截量 $C(A^*) = 5 + 6 + 0 + 9 = 20$.

最小截集是影响网络的咽喉, 这里容量最小, 要提高网络的通过能力, 必须从改造这个咽喉部位入手.

8.4.3　最小费用最大流

在实际生活中, 涉及"流"的问题时, 人们考虑的还不只是流量, 而且还有"费用"的因素, 这就是最小费用最大流的问题.

给定网络 $D = (V, A, C)$, 每一弧 $(v_i, v_j) \in A$, 除已给容量 c_{ij}, 还给出了一个单位流量的费用 $b_{ij} \geqslant 0$. 对于一个可行流 f, 其相应的费用记为 $b(f)$, 即

$$b(f) = \sum_{(v_i, v_j) \in A} b_{ij} f_{ij}$$

最小费用最大流问题就是要求一个最大流 f^*, 使流的总输送费用 $b(f)$ 达到最小, 即:

$$b(f^*) = \min_{f \in \{f_{\max}\}} \{b(f)\}$$

其中 $\{f_{\max}\}$ 表示网络 D 中所有最大流的集合.

从上节可知, 寻求最大流的方法是从某个可行流出发, 找到关于这个流的一条增广链 μ. 沿着 μ 调整 f, 对新的可行流试图寻求关于它的增广链, 如此反复直至最大流. 现在要寻求最小费用的最大流, 首先考察一下, 当沿着一条关于可行流 f 的增广链 μ, 以 $\theta = 1$ 调整 f, 得到新的可行流 f' 时(显然 $v(f') = v(f) + 1$),

$b(f')$ 比 $b(f)$ 增加的量为:

$$b(f') - b(f) = \left[\sum_{\mu^+} b_{ij}(f'_{ij} - f_{ij}) - \sum_{\mu^-} b_{ij}(f'_{ij} - f_{ij}) \right]$$

$$= \sum_{\mu^+} b_{ij} - \sum_{\mu^-} b_{ij}$$

$\sum_{\mu^+} b_{ij} - \sum_{\mu^-} b_{ij}$ 称为这条增广链 μ 的"费用".

可以证明,若 f 是流量为 $v(f)$ 的所有可行流中费用最小者,而 μ 是关于 f 的所有增广链中费用最小的增广链,那么沿 μ 去调整 f,得到的可行流 f',就是流量为 $v(f')$ 的所有可行流中的最小费用流. 这样,当 f' 是最大流时,它也就是所要求的最小费用最大流.

由于 $b_{ij} \geqslant 0$,所以 $f = 0$ 必是流量为 0 的最小费用流. 这样,总可以从 $f = 0$ 开始. 一般地,设已知 f 是流量 $v(f)$ 的最小费用流,余下的问题就是如何去寻求关于 f 的最小费用增广链. 为此,构造一个赋权有向图 $W(f)$,它的顶点是原网络 D 的顶点,而把 D 中的每一条弧 (v_i, v_j) 变成两个相反方向的弧 (v_i, v_j) 和 (v_j, v_i). 定义 $W(f)$ 中弧的权 w_{ij} 为:

$$w_{ij} = \begin{cases} b_{ij} & f_{ij} < c_{ij} \\ +\infty & f_{ij} = c_{ij} \end{cases}$$

$$w_{ij} = \begin{cases} -b_{ij} & f_{ij} > c_{ij} \\ +\infty & f_{ij} = 0 \end{cases}$$

(长度为 $+\infty$ 的弧可以从 $W(f)$ 中略去.)

于是在网络 D 中寻求关于 f 的最小费用增广链就等价于在赋权有向图 $W(f)$ 中,寻求从 v_s 到 v_t 的最短路. 因此有如下算法:

(1) 取零流 $f^0 = 0$ 为初始可行流.

(2) 构造赋权有向图 $W(f^0)$.

(3) 在图 $W(f^0)$ 上求从 v_s 到 v_t 的最短路,这条最短路就是对应在原网络中关于 f^0 最小费用增广链.

(4) 在原网络图中找到对应最短路的增广链 μ,沿 μ 对 f^0 进行调整,于是得到费用最小的可行流 f^1.

调整方法:设在第 $k-1$ 步得到最小费用流为 f^{k-1},在原网络图中找到对应的增广链 μ,在 μ 上对 f^{k-1} 进行调整,调整量为:

$$\theta = \min \left\{ \min_{\mu^+} (c_{ij} - f_{ij}^{k-1}), \min_{\mu^-} f_{ij}^{k-1} \right\}$$

则:

$$f_{ij}^k = \begin{cases} f_{ij}^{k-1} + \theta & (v_i, v_j) \in \mu^+ \\ f_{ij}^{k-1} - \theta & (v_i, v_j) \in \mu^- \\ f_{ij}^{k-1} & (v_i, v_j) \notin \mu \end{cases}$$

210

从而得到新的可行流 f^k.

（5）返回第（2）步，直到新的赋权有向图中不存在最短路为止．这时的可行流就是最小费用最大流．

试探索图 8.21 的最小费用最大流．弧上数据为容量和单位费用．

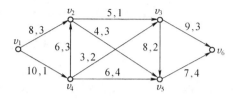

图 8.21

（1）取零流为初始可行流，$f^0 = 0$. 见图 8.22（a）.

（2）构造赋权有向图 $W(f^0)$. 见图 8.22（b）.

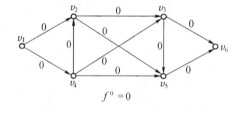

图 8.22（a）

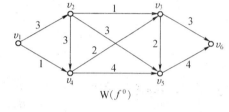

图 8.22（b）

（3）求图 $W(f^0)$ 中从 v_1 到 v_6 的最短路．可利用走步法，求得最短路为：$v_1 \rightarrow v_4 \rightarrow v_3 \rightarrow v_6$.

（4）在原网络图中找到对应最短路的增广链 $\mu = \{(v_1, v_4), (v_4, v_3), (v_3, v_6)\}$，沿 μ 对 f^0 进行调整，调整量：

$$\theta = \min\{\min_{\mu^+}(c_{ij} - f_{ij}^{k-1}), \min_{\mu^-} f_{ij}^{k-1}\} = \min\{\min_{\mu^+}(10 - 3, 3 - 0, 9 - 0)\} = 3$$

则：$f_{14}^1 = 0 + 3 = 3, f_{43}^1 = 0 + 3 = 3, f_{36}^1 = 0 + 3 = 3$，其他不变．得到新的可行流 $f^1 = 3$. 见图 8.22（c）.

（5）回到第（2）步，构造赋权有向图 $W(f^1)$. 见图 8.22（d）.

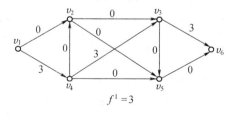

图 8.22（c）

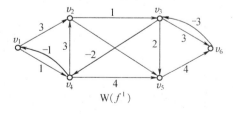

图 8.22（d）

(6) 求图 $W(f^1)$ 中从 v_1 到 v_6 的最短路. 可利用走步法, 求得最短路为: $v_1 \rightarrow v_2 \rightarrow v_3 \rightarrow v_6$.

(7) 在原网络图中找到对应最短路的增广链 $\mu = \{(v_1, v_2), (v_2, v_3), (v_3, v_6)\}$, 沿 μ 对 f^1 进行调整, 调整量:

$$\theta = \min\{\min_{\mu^+}(c_{ij} - f_{ij}^{k-1}), \min_{\mu^-}f_{ij}^{k-1}\} = \min\{\min_{\mu^+}(10 - 0, 5 - 0, 9 - 3)\} = 5$$

则: $f_{12}^2 = 0 + 5 = 5, f_{23}^2 = 0 + 5 = 5, f_{36}^2 = 3 + 5 = 8$, 其他不变. 得到新的可行流 $f^2 = 8$. 见图 8.22(e).

(8) 再构造赋权有向图 $W(f^2)$. 见图 8.22(f).

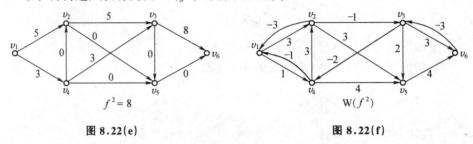

图 8.22(e)　　　　　　　　　图 8.22(f)

(9) 求图 $W(f^2)$ 中从 v_1 到 v_6 的最短路. 求得最短路为: $v_1 \rightarrow v_4 \rightarrow v_5 \rightarrow v_6$.

(10) 在原网络图中找到对应最短路的增广链 $\mu = \{(v_1, v_4), (v_4, v_5), (v_5, v_6)\}$, 沿 μ 对 f^2 进行调整, 调整量:

$$\theta = \min\{\min_{\mu^+}(c_{ij} - f_{ij}^{k-1}), \min_{\mu^-}f_{ij}^{k-1}\} = \min\{\min_{\mu^+}(10 - 3, 6 - 0, 7 - 0)\} = 6$$

则: $f_{14}^3 = 3 + 6 = 9, f_{45}^3 = 0 + 6 = 6, f_{56}^3 = 0 + 6 = 6$, 其他不变. 得到新的可行流 $f^3 = 14$. 见图 8.22(g).

(11) 再构造赋权有向图 $W(f^3)$. 见图 8.22(h).

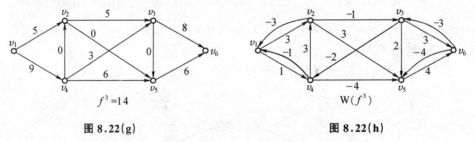

图 8.22(g)　　　　　　　　　图 8.22(h)

(12) 求图 $W(f^3)$ 中从 v_1 到 v_6 的最短路. 求得最短路为: $v_1 \rightarrow v_2 \rightarrow v_5 \rightarrow v_6$.

(13) 在原网络图中找到对应最短路的增广链 $\mu = \{(v_1, v_2), (v_2, v_5), (v_5, v_6)\}$, 沿 μ 对 f^3 进行调整, 调整量:

$$\theta = \min\{\min_{\mu^+}(c_{ij} - f_{ij}^{k-1}), \min_{\mu^-}f_{ij}^{k-1}\} = \min\{\min_{\mu^+}(8 - 5, 4 - 0, 7 - 6)\} = 1$$

则 $f_{12}^4 = 5 + 1 = 6, f_{25}^4 = 0 + 1 = 1, f_{56}^4 = 6 + 1 = 7,$ 其他不变. 得到新的可行流 $f^4 = 15.$ 见图 8.22(i).

(14) 再构造赋权有向图 $W(f^4).$ 见图 8.22(j).

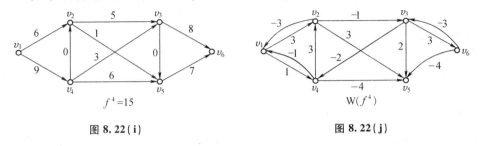

图 8.22(i)   图 8.22(j)

在图 $W(f^4)$ 中已找不到从 v_1 到 v_6 的最短路, 则 f^4 即为最小费用最大流, 最大流量为 15, 最小费用为:

$$b(f^4) = 3 \times 6 + 1 \times 9 + 1 \times 5 + 3 \times 1 + 2 \times 3 + 4 \times 6 + 3 \times 8 + 4 \times 7 = 117.$$

8.5 中国邮递员问题

中国邮递员问题是 1962 年由中国学者管梅谷先生首先提出的, 因此国际上通称为中国邮递员问题或中国邮路问题.

所谓邮路问题, 是指邮递员从邮局出发, 遍历其所承担邮递区的各条街道, 进行邮件投递, 然后返回邮局, 使之所行总路程最短.

邮路问题可以抽象为一个赋(正)权连通图来求解: 从某点出发, 寻求一个圈, 此圈过各边再回出发点, 使圈中重复边的总长最短. 邮路问题亦可这样表述: 对于一个给出的赋(正)权连通图, 将其中某些边补成二重边使得可以找到一个圈, 该圈过每边一次且仅一次, 且使补边总长最短.

本章开始提到的哥尼斯堡七桥问题, 若散步者不要求回到出发点, 则该问题是一笔画问题, 若最后必须回到出发点, 则该问题就是邮路问题.

8.5.1 一笔画问题

给定一个连通多重图 G, 若存在一条链, 过每边一次, 且仅一次, 则称这条链为欧拉链. 若存在一个简单圈, 过每边一次, 称这个圈为欧拉圈. 一个图若有欧拉圈, 则称为欧拉图. 显然, 一个图若能一笔画出, 这个图必是欧拉圈或含有欧拉链.

定理 9 连通多重图 G 是欧拉图, 当且仅当 G 中无奇点.

证明: 必要性是显然的, 只证明充分性.

不妨设 G 至少有 3 个点, 对边数 $q(G)$ 进行数学归纳, 因 G 是连通图, 不含奇点,故 $q(G) \geqslant 3$. 首先 $q(G) = 3$ 时,G 显然是欧拉图. 考察 $q(G) = n + 1$ 的情况,因 G 是不含奇点的连通图,并且 $p(G) \geqslant 3$,故存在三个点 u、v、w,使 (u, v),$(w, v) \in E$. 从 G 中除去边 (u, v),(w, v),增加新边 (u, w),得到新的多重图 G'. G' 有 $q(G) - 1$ 条边,并且仍不含奇点,G' 至多有两个分图. 若 G' 是连通的,那么根据归纳假设,G' 有欧拉圈 C'. 把 C' 中的 (w, u) 这一条边换成 (w, v),(v, u);即得 G 中的欧拉圈. 现设 G' 有两个分图 G_1,G_2. 设 v 在 G_1 中,根据归纳假设,G_1,G_2 分别有欧拉圈 C_1,C_2. 则把 C_2 中的 (u, w) 这条边换成 (u, v),C_1 及 (v, w);即得 G 的欧拉圈.

推论 连通多重图 G 有欧拉链,当且仅当 G 恰有两个奇点.

证明:必要性是显然的. 现设连通多重图 G 恰有两个奇点 u、v,在 G 中增加一个新点 w 及新边 (w, v)、(w, u),得连通多重图 G',由定理 1,G' 有欧拉圈 C',从 C' 中丢去点 w 及点 w 的关联边 (w, v)、(w, u),即得 G 中的一条联结 u、v 的欧拉链.

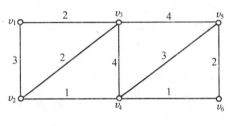

图 8.23

上述定理和推论提供了识别一个图能否一笔画出的较为简单的办法. 如在前面提到的七桥问题(见图 8.1(b)),有 4 个奇点. 所以不能一笔画出. 如图 8.23,有 2 个奇点,可以一笔画出来. 从奇点 v_2 开始,一笔画到奇点 v_5.

8.5.2 邮路问题

邮路问题的实质是形成欧拉圈的问题. 当路径的端点中无奇次点时,图即为欧拉圈,它就是最短邮路经过的网络. 当有奇次点时,应改变奇次点为偶次点,即在奇次点对之间增加多重边. 当添加边的权值总和为最小时,便可求得最短路径的欧拉圈(或最短邮路). 求解最短邮路的方法一般采用奇偶点图上作业法,其步骤为:

(1) 添加重复边. 从奇次点开始添加重复边,直至图中不存在奇次点时结束,所添加的边的权值与原边相同. 为防止添加边时使偶次点转为奇次点,应注意:

① 当两奇次点为相邻点时,可直接在两奇次点之间添加重复边;

② 当一对奇次点有共同的偶次点为邻点时,可通过偶次点增加两条重复边,分别联接两侧的奇次点;

③ 当两奇次点之间存在若干个偶次点时,可找出联接两奇次点且权值为最小的链,对链内各边添加重复边.

(2) 判别最优方案.

① 图的每一边上最多有一条重复边;

214

② 图中每个重复边的权值不大于该圈总权的一半.

求图 8.24(a) 网络中,邮递员能尽快返回邮局的最短邮路.

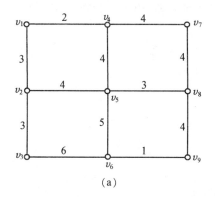 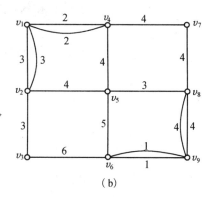

(a)   (b)

图 8.24

首先,对网络添加重复边.

图中 v_2, v_4, v_6, v_8 为奇次点,

当 v_2 与 v_4 成对时,可添加 ① $(v_2, v_5) + (v_5, v_4)$,② $(v_2, v_1) + (v_1, v_4)$.

当 v_2 与 v_6 成对时,可添加 ③ $(v_2, v_3) + (v_3, v_6)$,④ $(v_2, v_5) + (v_5, v_6)$.

当 v_2 与 v_8 成对时,可添加 ⑤ $(v_2, v_5) + (v_5, v_8)$.

共五种方案,从中选出添加边权值最小者:

$$\sum w_{ij} = \min\left(w_{25} + w_{54}, \boxed{w_{21} + w_{14}}, w_{23} + w_{36}, w_{25} + w_{56}, w_{25} + w_{58}\right)$$
$$= \min\left(4 + 4, \boxed{3 + 2}, 3 + 6, 4 + 5, 4 + 3\right) = 5$$

取 $(v_2, v_1) + (v_1, v_4)$ 为添加边方案,使 v_2、v_4 变为偶次点.

剩下 v_6、v_8,有共同的偶次点 v_5、v_9,因而添加重复边的方案有:① $(v_6, v_5) +$ (v_5, v_8),② $(v_6, v_9) + (v_9, v_8)$.

共两种方案,从中选出添加边权值最小者:

$$\sum w_{ij} = \min\left(w_{65} + w_{58}, \boxed{w_{69} + w_{98}}\right) = \min\left(5 + 3, \boxed{1 + 4}\right) = 5$$

取 $(v_6, v_9) + (v_9, v_8)$ 为添加边方案,使 v_6、v_8 变为偶次点.

至此,图中已不存在奇次点. 如图 8.24(b)

然后,判别最优方案.

① 图中每一边上最多有一条重复边.

该条件已满足.

② 图中每个重复边的权值不大于该圈总权的一半.

取重复边:$(v_2, v_1) + (v_1, v_4)$,其权为:$3 + 2 = 5$.

  圈为:$(v_2, v_1, v_4, v_5, v_2)$,其权为:$3 + 2 + 4 + 4 = 13$. 满足要求.

215

取重复边：$(v_6, v_9) + (v_9, v_8)$，其权为：$1 + 4 = 5$.

圈为：$(v_6, v_9, v_8, v_5, v_6)$，其权为：$1 + 4 + 3 + 5 = 13$. 满足要求.

从而每个重复边的权值均不大于该圈总权的一半. 由此得到图 8.24(b) 所示的最短邮路. 其总路径为 53.

对于最短邮路的判别困难之处在第(2)步，该问题比较复杂，目前已有比较好的算法.

8.6 应用举例

【例1】 某仓库需要存放 8 种药品 A、B、C、D、E、F、G、H，为确保安全，下列药品不能存放在同一仓库内：A – F，A – C，A – H，F – E，E – G，G – H，H – B，B – D，D – C，F – G，F – B，E – D，G – C，G – D. 问存放这 8 种药品至少需要多少间仓库.

【解】 本问题可以用图的基本概念来求解. 建立模型时，用图中的点代表药品，用边代表两药品不能存放在同一仓库，通过寻找完全图来决定需要多少间仓库.

用 8 个点分别代表 8 种药品，哪两种药品不能存放于同一仓库，就在代表它们的两个点上连边，这时可得到图 8.25.

从图中寻找到一个由 2 点组成的完全图是很容易的，说明最少应需要 2 间仓库.

从图中寻找到一个由 3 点组成的完全图也是可以的，如 G、E、F 组成完全图，说明最少应需要 3 间仓库.

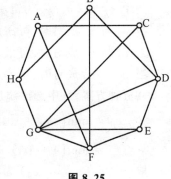

图 8.25

从图中寻找到一个由 4 点组成的完全图已不可能，由此得到最少应需要 3 间仓库就可以存放上述 8 种药品.

从图中寻找到的由 3 点 G、E、F 组成的完全图，说明 G、E、F 必须占用 3 间仓库，且各占一间. 此外与 G 不相连、彼此也不相连的点还有 A、B，说明它们可以与 G 存放在同一间仓库内；与 F 不相连、彼此也不相连的点还有 H、D，说明它们可以与 F 存放在同一间仓库内；最后还有点 C 与 E 不相连，C 可与 E 存放在同一间仓库内.

因此存放这 8 种药品最少需要 3 间仓库，A、B、G 存放一间，D、H、F 存放一间，C、E 存放一间. 从解题中可以知道，存放方法不是惟一的.

【例2】 求图 8.26(a) 所示连通赋权图的最大支撑树.

【解】 求解连通图的支撑树有破圈法和避圈法两种，当求解最小支撑树时，破圈法为每步任取一圈，去其权最大之边，直至最后；避圈法为每步在未选的边中，

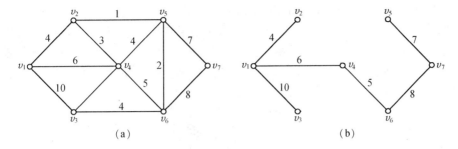

图 8.26

取一最小权的边,使之不成圈.现要求最大支撑树,同样可采用破圈法和避圈法,但规则相反.破圈法求最大支撑树为每步任取一圈,去其权最小之边,直至最后;避圈法求最大支撑树为每步在未选的边中,取一最大权的边,使之不成圈.

(1)破圈法求最大支撑树

① 取圈 (v_1, v_2, v_4, v_1),去其最小边 (v_2, v_4);

② 取圈 (v_1, v_4, v_3, v_1),去其最小边 (v_3, v_4);

③ 取圈 (v_4, v_5, v_6, v_4),去其最小边 (v_5, v_6);

④ 取圈 $(v_1, v_2, v_5, v_4, v_1)$,去其最小边 (v_2, v_5);

⑤ 取圈 $(v_4, v_5, v_7, v_6, v_4)$,去其最小边 (v_4, v_5);

⑥ 取圈 $(v_1, v_4, v_6, v_3, v_1)$,去其最小边 (v_6, v_3)

至此,已无圈可破,所得之树即为最大树,见图 8.26(b).

(2)避圈法求最大支撑树

① 先在图中取最大边 (v_1, v_3);

② 在 (v_1, v_3) 相邻边中取最大边 (v_1, v_4);

③ 在 (v_1, v_3)、(v_1, v_4) 相邻边中取最大边 (v_4, v_6),与已选边不构成圈;

④ 在 (v_1, v_3)、(v_1, v_4)、(v_4, v_6) 相邻边中取最大边 (v_6, v_7),与已选边不构成圈;

⑤ 在 (v_1, v_3)、(v_1, v_4)、(v_4, v_6)、(v_6, v_7) 相邻边中取最大边 (v_5, v_7),与已选边不构成圈;

⑥ 在 (v_1, v_3)、(v_1, v_4)、(v_4, v_6)、(v_6, v_7)、(v_5, v_7) 相邻边中取最大边 (v_1, v_2),与已选边不构成圈.

再取边将构成圈,至此已求得图的最大树,结果与破圈法求解结果图 8.26(b)相同.

【例3】 某工厂需要使用某种设备,在每年年初,工厂领导就要决定是购置新设备还是继续使用原有设备.已知设备的购置费为:第 1、2 年初为 11 万元 / 台,第 3、4 年初为 12 万元 / 台,第 5 年初为 13 万元 / 台.设备的维护费为:第 1 年 5 万元 / 台,第 2 年 6 万元 / 台,第 3 年 8 万元 / 台,第 4 年 11 万元 / 台,第 5 年 18 万元 /

台.如何确定该工厂的设备更新方案?

【解】 用点 v_1, v_2, v_3, v_4, v_5 分别表示各年年初状态,点 v_6 表示第 5 年末状态.各边的权 a_{ij} 表示第 i 年初至第 j 年初设备购置费及维护费之和(如第 2 年初购买,使用 2 年后更新,有 $a_{24} = 11 + 5 + 6 = 22$),于是可建立设备更新的模型,如图 8.27.

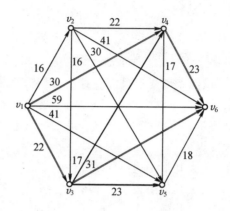

图 8.27

这样,确定该工厂的设备更新方案实际就等价于寻求从 v_1 到 v_6 的最短路问题.该问题可使用标号法或走步法求解,走步法求解见表 8.2.

表 8.2　走步法运算表

			w_{ij}				P		l_j^k			
i \ j	1	2	3	4	5	6		$k=1$	$k=2$	$k=3$		
1	0	16	22	30	41	59	v_1	0	0	0	V	√
2		0	16	22	30	41	v_2	16	16	16		
3			0	17	23	31	v_3	22	22	22	V	
4				0	17	23	v_4	30	30	30		√
5					0	18	v_5	41	41	41		
6						0	v_6	59	53	53	V	√

求解结果有两条最短路:① $v_1 \to v_3 \to v_6$;② $v_1 \to v_4 \to v_6$. 即第 ① 方案是第 1 年初购置新设备用至第 2 年末,再于第 3 年初购置新设备用至第 5 年末;第 ② 方案是第 1 年初购置新设备用至第 3 年末,再于第 4 年初购置新设备用至第 5 年末.两个方案的总费用均为 53 万元／台.

【例 4】 甲乙双方交战于 A 岸,如图 8.28,甲方为了切断乙方的退路及后援,拟炸毁江中的桥梁,江心 B、C、D、E 共有四个岛,建有桥 13 座与 A、F 两岸相连.试问:怎样做才能使炸毁的桥梁数目最少,又使乙方无法以桥为通道退回 F 岸?

218

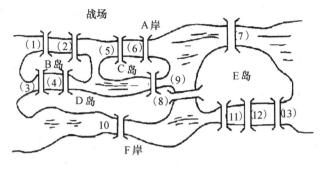

战场

A岸

B岛

C岛

E岛

D岛

F岸

图 8.28

【解】 可将该问题转化为图论的模型. 首先,将 A、F 两岸及江心四岛以点 A、F、B、C、D、E 表示. 其次,以边表示通道,权数表示两地(岸与岛之间)桥梁的数目,于是可得图 8.29(a) 的模型. 其中,D、E 二岛间的 9 号桥用两条弧表示,因为乙方既可从 A 岸过 7 号桥至 E 岛,再经 D 岛,最后过 10 号桥返回 F 岸;又可从 A 岸过桥先过(1、2、或 5、6 号桥,继过 3、4 或 8 号桥)到 D 岛,经 9 号桥至 E 岛再过 11、12、13 号桥往 F 岸. 故而将 9 号桥视为方向相反权均为 1 的两弧是很必要的.

因乙方去向为 F 岸,故将 A 作为源点,F 作为汇点,权数为容量,这样图 8.29(a) 即为一个流网络,炸毁桥梁数目最小就是要在 A 与 F 之间求一个最小截集,求出的最小截量便是应炸毁的桥梁数,最小截集中的弧就是应炸毁的桥名称.

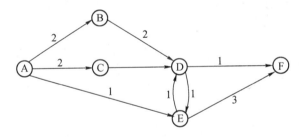

图 8.29(a)

求解方法可采用标号法,具体过程如下:

(1) 取零流($f^0 = 0$)为初始可行流,根据标号结果可寻找到一条增广链:$\mu_1 = \{A,B,D,F\}$,调整量 $\theta_1 = 1$,得到一个新的可行流 $f^1 = 1$,见图 8.29(b).

(2) 在可行流($f^1 = 1$)的基础上,根据标号结果可再寻找到一条增广链:$\mu_2 = \{A,C,D,E,F\}$,调整量 $\theta_2 = 1$,得到一个新的可行流 $f^2 = 2$,见图 8.29(c).

(3) 在可行流($f^2 = 2$)的基础上,根据标号结果可再寻找到一条增广链:$\mu_3 = \{A,E,F\}$,调整量 $\theta_3 = 1$,得到一个新的可行流 $f^3 = 3$,见图 8.29(d).

(4) 在可行流($f^3 = 3$)的基础上进行标号,发现只有 A、B、C、D 可以标号,E、F 无法标号,即终点无法标号,说明在可行流($f^3 = 3$)中已寻求不到从起点到终点的增广链,$f^3 = 3$ 已是网络的最大流,见图 8.29(e).

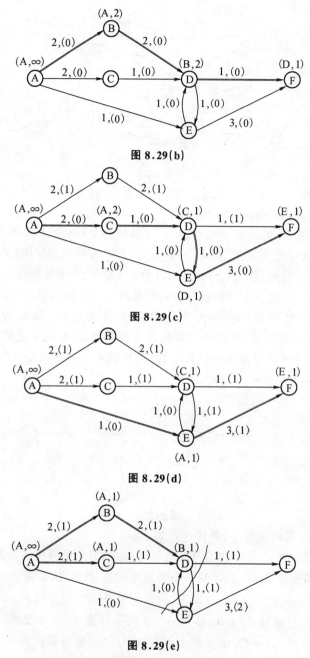

图 8.29(b)

图 8.29(c)

图 8.29(d)

图 8.29(e)

这时 S = (A,B,C,D), T = (E,F), 最小截集 A* = {(A,E),(D,E),(D,F),
(E,D)}. 最小截量为 3. 说明甲方最少要炸毁 3 座桥梁(编号为(7)、(9)、(10)) 才
可以切断乙方的退路.

【例 5】 某单位有一批商品要运送给客户, 可能运送的路线如图 8.30 所示,

220

各路线运送能力和运送费用单价已标注在图上,应如何组织运送,才能使该单位所花费的费用最少.

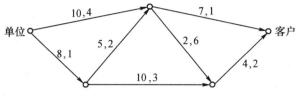

图 8.30

本题问题的实质就是求从该单位到客户之间的最小费用最大流问题,其求解如下:

(1) 给结点编号,并取零流为初始可行流,$f^0 = 0$. 见图 8.31(a).

(2) 构造赋权有向图 $W(f^0)$. 见图 8.31(b).

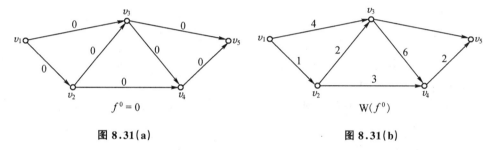

图 8.31(a)　　　　　　　　　　图 8.31(b)

(3) 求图 $W(f^0)$ 中从 v_1 到 v_5 的最短路. 可利用标号法,求得最短路为: $v_1 \to v_2 \to v_3 \to v_5$.

(4) 在原网络图中找到对应最短路的增广链 $\mu = \{(v_1, v_2), (v_2, v_3), (v_3, v_5)\}$,沿 μ 对 f^0 进行调整,调整量:

$$\theta = \min \left\{ \min_{\mu^+} (c_{ij} - f_{ij}^{k-1}), \min_{\mu^-} f_{ij}^{k-1} \right\} = \min \left\{ \min_{\mu^+} (8 - 0, 5 - 0, 7 - 0) \right\} = 5$$

则:$f_{12}^1 = 0 + 5 = 5, f_{23}^1 = 0 + 5 = 5, f_{35}^1 = 0 + 5 = 5$,其他不变. 得到新的可行流 $f^1 = 5$. 见图 8.31(c).

(5) 构造赋权有向图 $W(f^1)$. 见图 8.31(d).

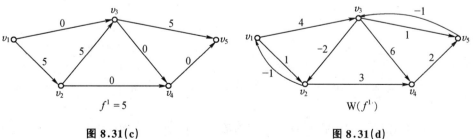

图 8.31(c)　　　　　　　　　　图 8.31(d)

(6) 求图 $W(f^1)$ 中从 v_1 到 v_5 的最短路. 可利用走步法, 求得最短路为: $v_1 \rightarrow v_3 \rightarrow v_5$.

(7) 在原网络图中找到对应最短路的增广链 $\mu = \{(v_1, v_3), (v_3, v_6)\}$, 沿 μ 对 f^1 进行调整, 调整量:
$$\theta = \min \left\{ \min_{\mu^+} (c_{ij} - f_{ij}^{k-1}), \min_{\mu^-} f_{ij}^{k-1} \right\} = \min \{\min (10 - 0, 7 - 5)\} = 2$$
则: $f_{13}^2 = 0 + 2 = 2, f_{35}^2 = 5 + 2 = 7$, 其他不变. 得到新的可行流 $f^2 = 7$. 见图 8.31(e).

(8) 再构造赋权有向图 $W(f^2)$. 见图 8.31(f).

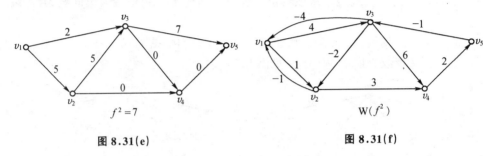

图 8.31(e)　　　　　　　　图 8.31(f)

(9) 求图 $W(f^2)$ 中从 v_1 到 v_5 的最短路. 求得最短路为: $v_1 \rightarrow v_2 \rightarrow v_4 \rightarrow v_5$.

(10) 在原网络图中找到对应最短路的增广链 $\mu = \{(v_1, v_2), (v_2, v_4), (v_4, v_5)\}$, 沿 μ 对 f^2 进行调整, 调整量:
$$\theta = \min \left\{ \min_{\mu^+} (c_{ij} - f_{ij}^{k-1}), \min_{\mu^-} f_{ij}^{k-1} \right\} = \min \{\min (8 - 5, 3 - 0, 4 - 0)\} = 3$$
则: $f_{12}^3 = 5 + 3 = 8, f_{24}^3 = 0 + 3 = 3, f_{45}^3 = 0 + 3 = 3$, 其他不变. 得到新的可行流 $f^3 = 10$. 见图 8.31(g).

(11) 再构造赋权有向图 $W(f^3)$. 见图 8.31(h).

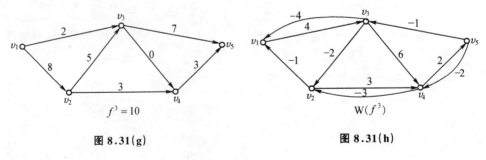

图 8.31(g)　　　　　　　　图 8.31(h)

(12) 求图 $W(f^3)$ 中从 v_1 到 v_5 的最短路. 求得最短路为: $v_1 \rightarrow v_3 \rightarrow v_2 \rightarrow v_4 \rightarrow v_5$.

(13) 在原网络图中找到对应最短路的增广链 $\mu = \{(v_1, v_3), (v_3, v_2), (v_2,$

v_4),(v_4,v_5)},沿 μ 对 f^3 进行调整,调整量:

$$\theta = \min \{\min_{\mu^+}(c_{ij} - f_{ij}^{k-1}), \min_{\mu^-} f_{ij}^{k-1}\}$$

$$= \min \{\min_{\mu^+}(10 - 2, 10 - 3, 4 - 3), \min_{\mu^-}(5)\} = 1$$

则:$f_{13}^4 = 2 + 1 = 3, f_{23}^4 = 5 - 1 = 4, f_{24}^4 = 3 + 1 = 4, f_{45}^4 = 3 + 1 = 4$,其他不变. 得到新的可行流 $f^4 = 11$. 见图 8.31(i).

(14)再构造赋权有向图 W(f^4). 见图 8.31(j).

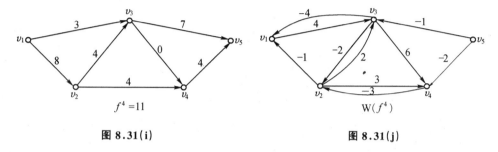

图 8.31(i)   图 8.31(j)

在图 W(f^4)中已找不到从 v_1 到 v_6 的最短路. 则 f^4 即为最小费用最大流. 最大流量为 11. 最小费用为:$8 \times 1 + 3 \times 4 + 4 \times 2 + 4 \times 3 + 7 \times 1 + 4 \times 2 = 55$.

因此该单位应采用图 8.31(i)所示的运送分配方案,才能使其所花费的费用最少.

习　题

1. 设 G 是一个连通图,不含奇点. 证明:从 G 中丢失任一条边后,得到的图仍是连通图.

2. 已知9个人 v_1、v_2、$\cdots$、v_9 中 v_1 和两人握过手,v_2、v_3 各和4个人握过手,v_4、v_5、v_6、v_7 各和5个人握过手,v_8、v_9 各和6个人握过手,证明这9个人中一定可以找出3人互相握过手.

3. 用破圈法和避圈法找出图 8.32 中各图的一个支撑树.

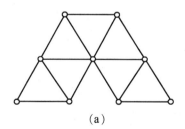

(a)

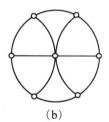

(b)

图 8.32

4. 用破圈法和避圈法找出图 8.33 中各图的最小树.

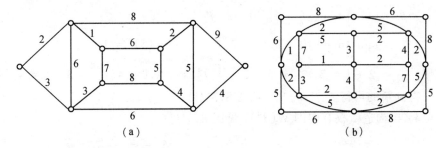

图 8.33

5. 有 9 个城市 v_1、v_2、$\cdots$、v_9，其公路网络如图 8.34 所示. 弧旁数字是该段公路的长度,有一批货物从 v_1 运到 v_9,问走那条路最近.

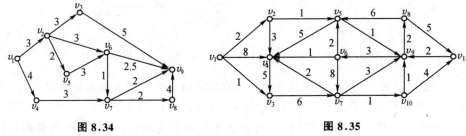

图 8.34   图 8.35

6. 用标号法求图 8.35 中从 v_1 到各点的最短路.

7. 用走步法求图 8.36 中从 v_1 到各点的最短路.

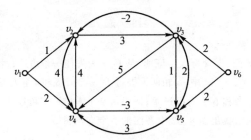

图 8.36

8. 用标号法求图 8.37 中从 v_1 到各点的最短路;指出对 v_1 来说哪些点是不可到达的.

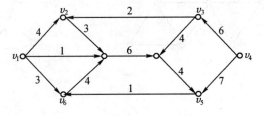

图 8.37

224

9. 在图 8.38 所示的网络中,弧旁的数字是"c_{ij},(f_{ij})".试确定所有的截集;并求出最小截集;证明指出的流是最大流.

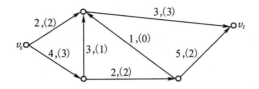

图 8.38

10. 求图 8.39 所示网络的最大流.弧旁的数字是"c_{ij},(f_{ij})".

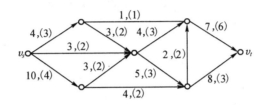

图 8.39

11. 求图 8.40 所示网络的最大流.弧旁的数字是"c_{ij}".

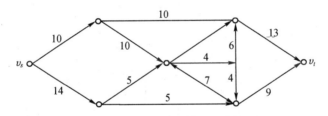

图 8.40

12. 有两家工厂 x_1 和 x_2 生产同一种商品,商品通过图 8.41 所示网络运送到市场 y_1,y_2,y_3,利用标号法确定从工厂到市场所能运送商品的最大总量.

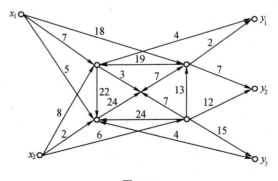

图 8.41

225

13. 求图 8.42 所示网络的最小费用最大流. 弧旁数字为"b_{ij}, c_{ij}".

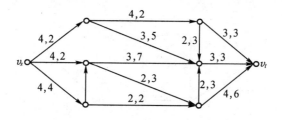

图 8.42(a)

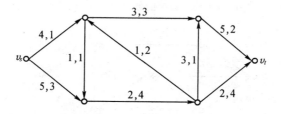

图 8.42(b)

14. 求图 8.43 所示的中国邮路问题.

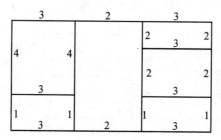

图 8.43

9 网络计划技术

用网络分析的方法编制的计划图称为网络计划. 用网络计划对计划任务进行安排和控制, 以保证实现预定目标的科学的计划管理技术称为网络计划技术. 网络计划技术是 20 世纪 50 年代末发展起来的一种编制大型工程进度计划的有效方法. 1956 年, 美国杜邦公司在制定企业不同业务部门的系统规划时, 制定了第一套网络计划. 这种计划借助于网络表示各项工序与所需要的时间, 以及各项工序的相互关系. 通过网络分析研究工程费用与工期的相互关系. 并找出在编制计划时及计划执行过程中的关键线路. 这种方法称为关键线路法. 我国从 60 年代开始运用网络计划技术, 著名数学家华罗庚教授, 结合我国实际情况, 在吸收国外网络计划技术理论的基础上, 将其统一命名为统筹法.

国内外网络计划技术应用的实践表明, 网络计划具有一系列优点, 特别适用于生产技术复杂, 工作项目繁多, 且联系紧密的一些跨部门的工作计划. 例如新产品研制开发, 大型工程项目, 生产技术准备, 设备大修等计划. 还可以应用在人力、物力、财力等资源的安排, 合理组织报表、文件流程等方面. 网络计划技术在我国应用最多的还是工程项目的施工组织与管理, 并取得了巨大的经济效益.

9.1 网络图

为编制网络计划, 首先需绘制网络图. 网络图是由结点(点)、弧及权所构成的有向图, 即有向的赋权图.

结点表示一个事项(或事件), 它是一个或若干个工序的开始或结束, 是相邻工序在时间上的分界点. 结点用圆圈和里面的数字表示, 数字表示结点的编号, 如①, ②, … 等.

弧表示一个工序. 一项工程可由若干个工序组成, 网络图中表示工序的弧用箭线"→"表示.

权表示为完成某个工序所需要的时间或资源等数据, 通常标注在箭线下面或其他合适的位置上.

某工程项目由 12 项工序组成, 各个工序所需要的时间以及工序之间的相互关系如表 9.1 所示. 该工程项目的网络图如图 9.1 所示.

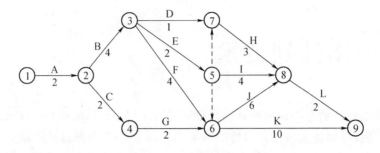

图 9.1

表 9.1 某工程项目工序时间及相互关系表

序号	工序名称	工序时间（月）	紧前工序
1	A	2	/
2	B	4	A
3	C	2	A
4	D	1	B
5	E	2	B
6	F	4	B
7	G	2	C
8	H	3	D,E
9	I	4	E
10	J	6	E,F,G
11	K	10	E,F,G
12	L	2	H,I,J

在图 9.1 中,箭线 A、B、C、…、L 分别代表 12 个工序. 箭线下面的数字表示为完成该工序所需的时间(月). 结点 ①、②、…、⑨ 分别表示某一或某些工序的开始和结束. 例如,结点 ② 表示 A 工序的结束和 B、C 工序的开始,即 A 工序结束后,后两个工序才能开始.

在网络图中,用一条弧和两个相邻结点表示一个确定的工序. 例如,⑥ → ⑧ 表示一个确定的工序 J,工序开始的结点常以 ① 表示,称为箭尾结点;工序结束的结点常以 ⑪ 表示,称为箭头结点. ① 称为箭尾事项,⑪ 称为箭头事项. 工序的箭尾事项与箭头事项称为该工序的相关事项. 在一张网络图上,只能有一个始点结点和一个终点结点,分别表示工程的开始和结束,其他结点既表示上一个(或若干个)工序的结束,又表示下一个(或若干个)工序的开始.

为正确反映工程中各个工序的相互关系,在绘制网络图时,应遵循以下规则:

(1)方向、时序与结点编号

网络图是有向图,按照工艺流程的顺序,规定工序从左向右排列. 网络图中的

228

各个结点都有一个时间(某一个或若干个工序开始或结束的时间),一般按各个结点的时间顺序编号.为了便于修改编号及调整计划,可以在编号过程中.留出一些编号.始点编号可以从 1 开始,也可以从零开始.

(2) 工序、虚工序

工序是指为了完成工程项目,在工艺技术和组织管理上相对独立的工作或活动.一项工程一般由多项工序组成.工序需要消耗一定的人力、物力等资源和时间.工序用实箭线和结点表示,如图 9.1 中工序 G:②→⑥等.

虚工序是指为了表达相邻工序之间的衔接关系,而实际上并不存在的工序.虚工序不需要人力、物力等资源和时间.虚工序用虚箭线和结点表示,如在图 9.1 中虚工序:⑤→⑥,表示在 E 工序结束后,K 工序才能开始.

(3) 紧前工序与紧后工序

以本工序的开始结点(开始事项)为结束结点(结束事项)的工序是本工序的紧前工序.若是虚工序,则往前顺沿.如图 9.1 中,工序 E 的紧前工序是 B,而工序 H 的紧前工序是 D、E.只有在紧前工序完成后,本工序才能开始.

以本工序的结束结点(结束事项)为开始结点(开始事项)的工序是本工序的紧后工序.若是虚工序,则往后顺沿.如图 9.1 中,工序 G 的紧后工序是 J、K,而工序 E 的紧后工序是 H、I、J、K.只有本工序在完成后,紧后工序才能开始.

(4) 相邻的两个结点之间只能有一条弧

即一个工序用确定的两个相关事项表示,某两个相邻结点只能是一个工序的相关事项.在计算机上计算各个结点和各个工序的时间参数时,相关事项的两个结点只能表示一道工序,否则将造成逻辑上的混乱.如图 9.2(a)的画法是错误的,若要表示工序 C 在 A、B 完成后进行,可以使用虚工序,改成图 9.2(b)的画法.

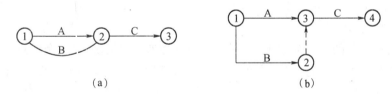

(a)   (b)

图 9.2

(5) 网络图中不能有缺口和回路

在网络图中,除始点、终点外,其他各个结点的前后都应有弧连接,即图中不能有缺口.使网络图从始点经任何路线都可以到达终点.否则,将使某些工序失去与其紧后(或紧前)工序应有的联系.

在网络图中,不应有回路,即不可有循环现象.否则,将使组成回路的工序永远不能结束,工程永远不能完工.如在图 9.3 的网络图中出现③→④→⑤→⑥→⑧→②→③情况,显然是错误的.

229

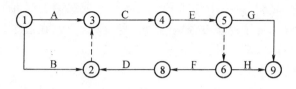

图 9.3

（6）平行作业

为缩短工程的完工时间，在工艺流程和生产组织条件允许的情况下．某些工序可以同时进行，即可采用平行作业的方式．如在图9.1中，工序 D、E、F 三个工序即可平行作业．

（7）交叉作业

对需要较长时间才能完成的一些工序，在工艺流程与生产组织条件允许的情况下，可以不必等待工序全部结束后再转入其紧后工序，而是分期分批地转入．这种方式称为交叉作业．交叉作业可以缩短工程周期．如某工序 A 在进行到一半时，新的工序 B 可以开始，这时可采用图 9.4(a) 表示，而工序 D 在完成一半时，工序 E 已完成，这时可以进行 D 的后一半工序，这时可采用图 9.4(b) 表示．特别要注意的是严禁在网络图的弧上引入或引出箭线．

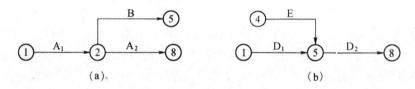

图 9.4

（8）始点和终点

为表示工程的开始和结束，在网络图中只能有一个始点和一个终点．当工程开始时有几个工序平行作业，或在几个工序结束后完工，用一个始点、一个终点表示．若这些工序不能用一个始点或一个终点表示时，可用虚工序把它们与始点或终点连接起来．

（9）网络图的分解与综合

根据网络图的不同需要，一个工序所包括的工作内容可以多一些，即工序综合程度较高．也可以在一个工序中所包括的工作内容少一些，即工序的综合程度较低，实际工作中可根据需要进行．

（10）网络图与时间坐标

直接在图上标注时间的网络图称为标时网络计划，而在图上加绘时间坐标的网络图称为时标网络计划．时标网络计划中，为使网络图清楚和便于在图上填写有关的时间数据与其他数据,弧线应尽量采用水平线或具有一段水平线的折线.

网络图的绘制一般是根据工程的各工序已确定的逻辑关系(包括工艺关系和组织关系)进行绘制.当已知紧前工序时,绘制网络图的步骤是:

首先,绘制没有紧前工序的工序,使其具有相同的开始结点,保证网络图只有一个起点.

然后,依次绘制其他工序.这些工序的绘制条件是所有紧前工序都已经绘制出来.在绘制中,可能的情形有:

(1)当所要绘制的工序只有一个紧前工序时,则将该工序箭线直接画在其紧前工序箭线之后即可.

(2)当所要绘制的工序有多个紧前工序时,应按以下四种情况分别予以考虑:

① 对所要绘制的工序(本工序),如果在其紧前工序之中存在一项只作为本工序紧前工序的工序,则应将本工序箭线直接画在该紧前工序箭线之后,然后用虚箭线将其他紧前工序箭线的箭头结点与本工序箭线的箭尾结点分别相连,以表达它们之间的逻辑关系.

② 对所要绘制的工序(本工序),如果在其紧前工序之中存在多项只作为本工序紧前工序的工序,应先将这些紧前工序箭线的箭头结点合并(利用虚箭线或直接合并),再从合并后的结点开始,画出本工序箭线,最后用虚箭线将其他紧前工序箭线的箭头结点与本工序箭线的箭尾结点分别相连,以表达它们之间的逻辑关系.

③ 对所要绘制的工序(本工序),如果不存在情况 ① 和情况 ② 时,应判断本工序的所有紧前工序是否都同时作为其他工序的紧前工序.如果上述条件成立,应先将这些紧前工序箭线的箭头结点合并(利用虚箭线或直接合并)后,再从合并后的结点开始画出本工序箭线.

④ 对于所要绘制的工序(本工序),如果既不存在情况 ① 和情况 ②,也不存在情况 ③ 时,则应将本工序箭线单独画在其紧前工序箭线之后的中部,然后用虚箭线将其各紧前工序箭线的箭头结点与本工序箭线的箭尾结点分别相连,以表达它们之间的逻辑关系.

(3)当各项工序箭线都绘制出来之后,应合并那些没有紧后工序之工序箭线的箭头结点,以保证网络图只有一个终点结点.

(4)当确认所绘制的网络图正确后(包括没有多余的虚工序),即可进行结点编号.

以上所述是已知每一项工序的紧前工序时的绘图方法,当已知每一项工序的紧后工序时,也可按类似的方法进行网络图的绘制,只是其绘图顺序由前述的从左向右改为从右向左.

9.2 网络计划的时间参数

为了编制网络计划,要计算网络图中各个事项及各个工序的有关时间.

9.2.1 工序时间

为完成某一工序所需要的时间称为该工序的工序时间,用 T_{ij} 表示.确定工序时间有两种方法.

(1)一点时间估计法

在确定工序的时间时,只给出一个时间值.在具备劳动定额资料的条件下,或者在具有类似工序的作业时间消耗的统计资料时,可以根据这些资料,用分析对比的方法确定工序时间.

(2)三点时间估计法

在不具备劳动定额和类似工序的时间消耗的统计资料,且工序时间较长,未知的和难以估计的因素较多的条件下,对完成工序可估计三种时间,然后计算它们的平均时间作为该工序的工序时间.

估计的三种时间是:

最乐观时间.在顺利情况下,完成工序所需要的最少时间,常用符号 a 表示;

最可能时间.在正常情况下,完成工序所需要的时间,常用符号 m 表示;

最悲观时间.在不顺利情况下,完成工序所需要的最多时间,常用符号 b 表示.

显然,完成工序所需要的上述三种时间都具有一定的概率.根据经验,这些时间的概率分布可以认为近似于正态分布,一般情况下,可按下列公式计算作业时间:

$$T = \frac{a + 4m + b}{6}$$

方差为:

$$\sigma^2 = \left(\frac{b-a}{6}\right)^2$$

工程完工时间等于网络计划中决定工程工期的各工序的平均时间之和.假设所有工序的作业时间相互独立,且具有相同分布,决定工程工期的工序有 s 道,则工程完工时间可以认为是一个正态分布.其均值为:

$$T_E = \sum_{i=1}^{s} \frac{a_i + 4m_i + b_i}{6}$$

方差为:

232

$$\sigma_E^2 = \sum_{i=1}^{s} \left(\frac{b_i - a_i}{6} \right)^2$$

根据 T_E 与 σ_E^2 即可计算出工程的不同完工时间的概率.

9.2.2 事项时间

(1) 事项最早时间

若事项为某一工序或若干工序的箭尾事项,事项最早时间为各工序的最早可能开始时间. 若事项为某一或若干工序的箭头事项,事项最早时间为各工序的最早可能结束时间. 通常是按箭头事项计算事项最早时间,用 T_j^E 表示,它等于从始点事项起到本事项最长路线的时间长度. 计算事项最早时间是从始点事项开始,自左向右逐个事件向前计算.

假定始点事项的最早时间等于零,即 $T_1^E = 0$,箭头事项的最早时间等于箭尾事项最早时间加上工序时间. 当同时有两个或若干个箭线指向箭头事项时. 选择各工序的箭尾事项最早时间与各自工序时间的最大值. 即

$T_1^E = 0$

$T_j^E = \max\{T_i^E + T_{ij}\}$ $\qquad (j = 2, \cdots, n)$

在网络图 9.1 中各事项的最早时间为:

$T_1^E = 0$

$T_2^E = T_1^E + T_{12} = 0 + 2 = 2$

$T_3^E = T_2^E + T_{23} = 2 + 4 = 6$

$T_4^E = T_2^E + T_{24} = 2 + 2 = 4$

$T_5^E = T_3^E + T_{35} = 6 + 2 = 8$

$T_6^E = \max\{T_3^E + T_{36}, T_4^E + T_{46}, T_5^E\} = \max\{6 + 4, 4 + 2, 8\} = 10$

$T_7^E = \max\{T_3^E + T_{37}, T_5^E\} = \max\{6 + 1, 8\} = 8$

$T_8^E = \max\{T_5^E + T_{58}, T_6^E + T_{68}, T_7^E + T_{78}\} = \max\{8 + 4, 10 + 6, 8 + 3\} = 16$

$T_9^E = \max\{T_6^E + T_{69}, T_8^E + T_{89}\} = \max\{10 + 10, 16 + 2\} = 20$

将上述计算结果计入各事项旁边"⊥"内左边,见图 9.5.

(2) 事项最迟时间

即箭头事项各工序的最迟必须结束的时间,或箭尾事项各工序的最迟必须开始的时间.

为了尽量缩短工程的完工时间,把终点事项的最早时间,即工程的最早结束时间作为终点事项的最迟时间. 事项最迟时间通常按箭尾事项的最迟时间计算,用 T_i^L 表示. 计算从右向左反顺序进行. 箭尾事项的最迟时间等于箭头事项的最迟时间减去工序的作业时间. 当箭尾事项同时引出两个以上箭线时,该箭尾事项的最

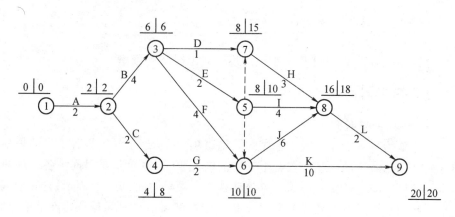

图 9.5

迟时间必须同时满足这些工序的最迟必须开始的时间.所以在这些工序的最迟必须开始的时间中选一个最早(时间值最小)的时间,即

$$T_n^L = T_n^E(n \text{ 为终点事项})$$

$$T_i^L = \min\{T_j^L - T_{ij}\} \qquad (i = n-1, \cdots, 2, 1)$$

在网络图 9.1 中各事项的最迟时间为:

$$T_9^L = T_9^E = 20$$

$$T_8^L = T_9^L - T_{89} = 20 - 2 = 18$$

$$T_7^L = T_8^L - T_{78} = 18 - 3 = 15$$

$$T_6^L = \min\{T_9^L - T_{69}, T_8^L - T_{68}\} = \min\{20 - 10, 18 - 6\} = 10$$

$$T_5^L = \min\{T_7^L, T_6^L, T_8^L - T_{58}\} = \min\{15, 10, 18 - 4\} = 10$$

$$T_4^L = T_6^L - T_{46} = 10 - 2 = 8$$

$$T_3^L = \min\{T_7^L - T_{37}, T_6^L - T_{36}, T_5^L - T_{35}\} = \min\{15 - 1, 10 - 4, 10 - 2\} = 6$$

$$T_2^L = \min\{T_4^L - T_{24}, T_3^L - T_{23}\} = \min\{8 - 2, 6 - 4\} = 2$$

$$T_1^L = T_2^L - T_{12} = 2 - 2 = 0$$

将上述计算结果计入各事项旁边"⊥"内右边,见图 9.5.

9.2.3 工序的最早开始时间、最早结束时间、最迟结束时间与最迟开始时间

(1) 工序的最早开始时间

任何一个工序都必须在其紧前工序结束后才能开始.紧前工序最早结束时间即为工序最早可能的开始时间,简称为工序的最早开始时间,用 T_{ij}^{ES} 表示.它等于该工序箭尾事项的最早时间,即

$$T_{ij}^{ES} = T_i^E$$

234

（2）工序的最早结束时间

工序的最早结束时间是工序最早可能结束时间的简称，用 T_{ij}^{EF} 表示．它等于工序最早开始时间加上该工序的作业时间，即

$$T_{ij}^{EF} = T_{ij}^{ES} + T_{ij}$$

在图 9.1 中，工序的最早开始时间和最早结束时间为：

$$T_{12}^{ES} = T_1^E = 0 \qquad\qquad T_{12}^{EF} = T_{12}^{ES} + T_{12} = 0 + 2 = 2$$

$$T_{23}^{ES} = T_2^E = 2 \qquad\qquad T_{23}^{EF} = T_{23}^{ES} + T_{23} = 2 + 4 = 6$$

$$T_{24}^{ES} = T_2^E = 2 \qquad\qquad T_{24}^{EF} = T_{24}^{ES} + T_{24} = 2 + 2 = 4$$

$$T_{35}^{ES} = T_3^E = 6 \qquad\qquad T_{35}^{EF} = T_{35}^{ES} + T_{35} = 6 + 2 = 8$$

$$T_{36}^{ES} = T_3^E = 6 \qquad\qquad T_{36}^{EF} = T_{36}^{ES} + T_{36} = 6 + 4 = 10$$

$$T_{37}^{ES} = T_3^E = 6 \qquad\qquad T_{37}^{EF} = T_{37}^{ES} + T_{37} = 6 + 1 = 7$$

$$T_{46}^{ES} = T_4^E = 4 \qquad\qquad T_{46}^{EF} = T_{46}^{ES} + T_{46} = 4 + 2 = 6$$

$$T_{58}^{ES} = T_5^E = 8 \qquad\qquad T_{58}^{EF} = T_{58}^{ES} + T_{58} = 8 + 4 = 12$$

$$T_{68}^{ES} = T_6^E = 10 \qquad\qquad T_{68}^{EF} = T_{68}^{ES} + T_{68} = 10 + 6 = 16$$

$$T_{69}^{ES} = T_6^E = 10 \qquad\qquad T_{69}^{EF} = T_{69}^{ES} + T_{69} = 10 + 10 = 20$$

$$T_{78}^{ES} = T_7^E = 8 \qquad\qquad T_{78}^{EF} = T_{78}^{ES} + T_{78} = 8 + 3 = 11$$

$$T_{89}^{ES} = T_8^E = 16 \qquad\qquad T_{89}^{EF} = T_{89}^{ES} + T_{89} = 16 + 2 = 18$$

（3）工序的最迟结束时间

在不影响工程最早结束时间的条件下，工序最迟必须结束的时间，简称为工序的最迟结束时间，用 T_{ij}^{LF} 表示．它等于工序的箭头事项的最迟时间．即

$$T_{ij}^{LF} = T_j^L$$

（4）工序的最迟开始时间

在不影响工程最早结束时间的条件下，工序最迟必须开始的时间，简称为工序的最迟开始时间，用 T_{ij}^{LS} 表示．它等于工序最迟结束时间减去工序的作业时间，即

$$T_{ij}^{LS} = T_{ij}^{LF} - T_{ij}$$

在图 9.1 中，工序的最迟结束时间和最迟开始时间为：

$$T_{12}^{LF} = T_2^L = 2 \qquad\qquad T_{12}^{LS} = T_{12}^{LF} - T_{12} = 2 - 2 = 0$$

$$T_{23}^{LF} = T_3^L = 6 \qquad\qquad T_{23}^{LS} = T_{23}^{LF} - T_{23} = 6 - 4 = 2$$

$$T_{24}^{LF} = T_4^L = 8 \qquad\qquad T_{24}^{LS} = T_{24}^{LF} - T_{24} = 8 - 2 = 6$$

$$T_{35}^{LF} = T_5^L = 10 \qquad\qquad T_{35}^{LS} = T_{35}^{LF} - T_{35} = 10 - 2 = 8$$

$$T_{36}^{LF} = T_6^L = 10 \qquad\qquad T_{36}^{LS} = T_{36}^{LF} - T_{36} = 10 - 4 = 6$$

$$T_{37}^{LF} = T_7^L = 15 \qquad\qquad T_{37}^{LS} = T_{37}^{LF} - T_{37} = 15 - 1 = 14$$

$$T_{46}^{LF} = T_6^L = 10 \qquad\qquad T_{46}^{LS} = T_{46}^{LF} - T_{46} = 10 - 2 = 8$$

$$T_{58}^{LF} = T_8^L = 18 \qquad\qquad T_{58}^{LS} = T_{58}^{LF} - T_{58} = 18 - 4 = 14$$

$$T_{68}^{LF} = T_8^L = 18 \qquad\qquad T_{68}^{LS} = T_{68}^{LF} - T_{68} = 18 - 6 = 12$$

$$T_{69}^{LF} = T_9^L = 20 \qquad\qquad T_{69}^{LS} = T_{69}^{LF} - T_{69} = 20 - 10 = 10$$

$$T_{78}^{LF} = T_8^L = 18 \qquad\qquad T_{78}^{LS} = T_{78}^{LF} - T_{78} = 18 - 3 = 15$$

$$T_{89}^{LF} = T_9^L = 20 \qquad\qquad T_{89}^{LS} = T_{89}^{LF} - T_{89} = 20 - 2 = 18$$

9.2.4 工序的总时差和自由时差

(1) 工序的总时差

工序的总时差是指在不影响工程最早结束时间的条件下,工序最早开始(或结束)时间可以推迟的时间,用 T_{ij}^{TF} 表示.它等于工序的最迟开始时间与最早开始时间(或最迟结束时间与最早结束时间)的差,即:

$$T_{ij}^{TF} = T_{ij}^{LF} - T_{ij}^{EF}$$

或者

$$T_{ij}^{TF} = T_{ij}^{LS} - T_{ij}^{ES}$$

工序总时差越大,表明该工序在整个网络中的机动时间越大.

(2) 工序的自由时差

工序的自由时差又称单时差,是指在不影响紧后工序最早开始时间的条件下,工序最早结束时间可以推迟的时间,用 T_{ij}^{FF} 表示.它等于紧后工序的最早开始时间的最小值与本工序最早结束时间的差,即:

$$T_{ij}^{FF} = \min T_{jk}^{ES} - T_{ij}^{EF}$$

在图 9.1 中,工序的总时差和自由时差为:

$$T_{12}^{TF} = T_{12}^{LS} - T_{12}^{ES} = 0 - 0 = 0$$

$$T_{12}^{FF} = \min(T_{23}^{ES}, T_{24}^{ES}) - T_{12}^{EF} = \min(2,2) - 2 = 0$$

$$T_{23}^{TF} = T_{23}^{LS} - T_{23}^{ES} = 2 - 2 = 0$$

$$T_{23}^{FF} = \min(T_{35}^{ES}, T_{36}^{ES}, T_{37}^{ES}) - T_{23}^{EF} = \min(6,6,6) - 6 = 0$$

$$T_{24}^{TF} = T_{24}^{LS} - T_{24}^{ES} = 6 - 2 = 4$$

$$T_{24}^{FF} = T_{46}^{ES} - T_{24}^{EF} = 4 - 4 = 0$$

$$T_{35}^{TF} = T_{35}^{LS} - T_{35}^{ES} = 8 - 6 = 2$$

$$T_{35}^{FF} = \min(T_{58}^{ES}, T_{68}^{ES}, T_{78}^{ES}) - T_{35}^{EF} = \min(8,10,8) - 8 = 0$$

$$T_{36}^{TF} = T_{36}^{LS} - T_{36}^{ES} = 6 - 6 = 0$$

$$T_{36}^{FF} = \min(T_{68}^{ES}, T_{89}^{ES}) - T_{36}^{EF} = \min(10,16) - 10 = 0$$

$$T_{37}^{TF} = T_{37}^{LS} - T_{37}^{ES} = 14 - 6 = 8$$

$$T_{37}^{FF} = T_{78}^{ES} - T_{37}^{EF} = 8 - 7 = 1$$

236

$$T_{46}^{TF} = T_{46}^{LS} - T_{46}^{ES} = 8 - 4 = 4$$

$$T_{46}^{FF} = \min(T_{68}^{ES}, T_{89}^{ES}) - T_{46}^{EF} = \min(10, 16) - 6 = 4$$

$$T_{58}^{TF} = T_{58}^{LS} - T_{58}^{ES} = 14 - 8 = 6$$

$$T_{58}^{FF} = T_{89}^{ES} - T_{58}^{EF} = 16 - 12 = 4$$

$$T_{68}^{TF} = T_{68}^{LS} - T_{68}^{ES} = 12 - 10 = 2$$

$$T_{68}^{FF} = T_{89}^{ES} - T_{68}^{EF} = 16 - 16 = 0$$

$$T_{69}^{TF} = T_{69}^{LS} - T_{69}^{ES} = 10 - 10 = 0$$

$$T_{69}^{FF} = T_{9}^{E} - T_{69}^{EF} = 20 - 20 = 0$$

$$T_{78}^{TF} = T_{78}^{LS} - T_{78}^{ES} = 15 - 8 = 7$$

$$T_{78}^{FF} = T_{89}^{ES} - T_{78}^{EF} = 16 - 11 = 5$$

$$T_{89}^{TF} = T_{89}^{LS} - T_{89}^{ES} = 18 - 16 = 2$$

$$T_{89}^{FF} = T_{9}^{E} - T_{89}^{EF} = 20 - 18 = 2$$

通过上述网络计划时间参数计算过程可以看出,计算过程具有一定的规律和严格的程序,因此网络计划时间参数的计算可以在计算机上进行计算,也可以用表格法与矩阵法计算.

9.3 网络计划的关键线路

9.3.1 关键线路与关键工序

在网络图中,从始点开始,按照各个工序的顺序,连续不断地到达终点的一条通路称为线路. 如在图 9.1 中,从始点到终点可有多条线路,各条线路的组成及所需要的时间如下:

(1) ① → ② → ③ → ⑤ → ⑦ → ⑧ → ⑨   总时间: 13 月

(2) ① → ② → ③ → ⑤ → ⑧ → ⑨   总时间: 14 月

(3) ① → ② → ③ → ⑤ → ⑥ → ⑧ → ⑨   总时间: 16 月

(4) ① → ② → ③ → ⑤ → ⑥ → ⑨   总时间: 18 月

(5) ① → ② → ③ → ⑥ → ⑧ → ⑨   总时间: 18 月

(6) ① → ② → ③ → ⑥ → ⑨   总时间: 20 月

(7) ① → ② → ③ → ⑦ → ⑧ → ⑨   总时间: 12 月

(8) ① → ② → ④ → ⑥ → ⑧ → ⑨   总时间: 14 月

(9) ① → ② → ④ → ⑥ → ⑨   总时间: 16 月

在各条线路上,完成各个工序的时间之和是不完全相等的. 其中,完成各个工序所需要的时间最长的线路称为关键线路,在图中用粗线或双箭线表示.在图9.1中,第(6)条线路就是条关键线路,其表示如图9.6.

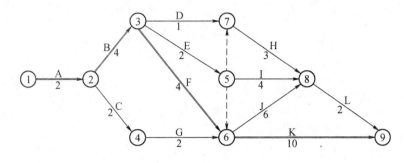

图 9.6

组成关键线路的各工序称为关键工序,关键线路上的结点称为关键结点.

关键线路是网络计划的重点,如果能够缩短组成关键线路的各关键工序所需的时间,就可以缩短工程的完工时间.而缩短非关键线路上的各个工序所需要的时间,却不能使工程完工时间提前.即使是在一定范围内适当地拖长非关键线路上各个工序所需要的时间(不超过其总时差),也不至于影响工程的完工时间.

编制网络计划的基本思想就是在一个庞大的网络计划中找出关键线路.对各关键工序,优先安排资源,挖掘潜力,采取相应措施,尽量压缩需要的时间.而对非关键线路上的各个工序,只要在不影响工程完工时间的条件下,抽出适当的人力、物力等资源,用在关键工序上,以达到缩短工程工期,合理利用资源等目的.在执行计划过程中,还可以明确工作重点,对各个关键工序加以有效控制和调度.

关键线路是相对的,也是可以变化的.在采取一定的技术组织措施之后,关键线路有可能变为非关键线路,而非关键线路也有可能变为关键线路.

9.3.2 关键线路的确定

确定网络计划关键线路的方法主要有线路枚举法、关键工序法及标号法等.

1) 线路枚举法

线路枚举法是列举网络计划中所有线路,其中线路最长的就是关键线路,如前述所示.

2) 关键工序法

关键线路上的工序是关键工序,关键工序的机动时间最小,即总时差最小.通过网络计划时间参数的计算,可以得出各工序的总时差,总时差最小的工序就是关键工序,由关键工序组成的线路就是关键线路.

图9.1中,网络计划的各个工序的时间参数计算结果显示,①→②、②→③、③→⑥、⑥→⑨四个工序的总时差最小,为零,因此这四个工序组成关键线路,得

238

到关键线路为 ① → ② → ③ → ⑥ → ⑨.

3）标号法

标号法是一种快速寻找关键线路的常用方法. 用标号法确定关键线路的步骤如下：

① 设网络计划始点结点的标号值为零，即 $b_1 = 0$；

② 其他结点的标号值等于以该结点为完成结点的各个工序的起始结点标号值加其工序时间之和的最大值，即：

$$b_j = \max\{b_i + T_{ij}\}$$

从网络计划的起始结点顺着箭线方向按结点编号从小到大的顺序逐次算出标号值，并标注在结点上方. 标注时宜用双标号法进行标注，即用源结点（得出标号值的结点）作为第一标号，用标号值作为第二标号.

③ 将结点都标号后，从网络计划的终点结点开始，从右向左按源结点寻求出关键线路.

如用标号法求图 9.7(a) 所示网络计划的关键线路.

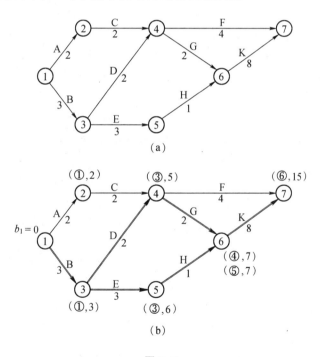

图 9.7

结点 ① $b_1 = 0$

结点 ② $b_2 = b_1 + T_{12} = 0 + 2 = 2$ 标号为：$(①,2)$

结点 ③ $b_3 = b_1 + T_{13} = 0 + 3 = 3$ 标号为：$(①,3)$

239

结点 ④ $b_4 = \max\{b_2 + T_{24}, b_3 + T_{34}\} = \max\{2 + 2, 3 + 2\} = 5$ 标号为:$(③, 5)$

结点 ⑤ $b_5 = b_3 + T_{35} = 3 + 3 = 6$ 标号为:$(③, 6)$

结点 ⑥ $b_6 = \max\{b_4 + T_{46}, b_5 + T_{56}\} = \max\{5 + 2, 6 + 1\} = 7$ 标号为:$(④, 7), (⑤, 7)$

结点 ⑦ $b_7 = \max\{b_4 + T_{47}, b_6 + T_{67}\} = \max\{5 + 4, 7 + 8\} = 15$ 标号为:$(⑥, 15)$

从网络计划的终点结点开始,从右向左按源结点寻求出关键线路为:

① → ③ → ④ → ⑥ → ⑦

① → ③ → ⑤ → ⑥ → ⑦

共两条,工期为 15.

在一个网络计划中,至少有一条关键线路,也可能有多条关键线路,关键线路愈多,按计划工期完成任务的难度愈大. 故一个网络计划中不宜有过多的关键线路.

在关键线路上,可能有虚工序的存在.

在网络计划中,关键结点有下面的一些特性,掌握好这些特性,对网络计划时间参数的计算很有帮助.

(1) 关键工序两端的结点必为关键结点,但两关键结点间的工序不一定是关键工序.

(2) 以关键结点为完成结点的工序的总时差和自由时差相等.

(3) 当关键结点间有多项工序,且工序间的非关键结点只有一个内向箭线和一个外向箭线时,则该线路段上的各项工序的总时差皆相等. 它们的自由时差除以关键结点为完成结点的工序的自由时差等于总时差外,其他工序的自由时差皆为零.

(4) 当关键结点间有多项工序,且工序间的非关键结点大于一个外向箭线而仅有一个内向箭线时,该线路上的各项工序的总时差不一定相等,它们的自由时差除以关键结点为完成结点的工序的自由时差等于总时差外,其他工序的自由时差皆为零.

(5) 当关键结点间有多项工序,且工序间的非关键结点有多个内向箭线时,则线路段上的各项工序的总时差不一定相等,它们的自由时差也不一定为零.

9.4 网络计划的优化

网络计划的优化,是指在既定的条件下,对初步拟定的网络计划方案,利用时差不断调整和改善,使之达到工期最短、成本最低、资源最优的目的. 衡量网络计划是否达到最优,应综合评定工期、成本、资源消耗等技术经济指标. 但目前还没有一个能全面反映这些指标的数学模型,因此,只能根据不同的既定条件,按某一期望实现的目标来衡量是否达到最优的计划方案.

9.4.1 网络计划的时间优化

时间是一种特殊的资源.对工期要求紧迫的工程项目,应千方百计地采取措施,调整修改初始网络计划,以达到时间最短的目的,或者满足指令的时间要求.这种以工期为目标,调整初始网络计划的过程称为网络计划的时间优化.

网络计划的时间优化可以采取下列措施与途径:

(1)采取技术措施,缩短关键工序的作业时间;

(2)采取组织措施,将连续施工的工序调整为平行施工;

(3)充分利用非关键工序的总时差,合理调配技术力量及人、财、物力等资源,缩短关键工序的作业时间.

通常网络计划的时间优化是通过缩短关键工序的作业时间来实现的,所缩短的关键工序必须是:

对质量和安全影响不大的工序;

有充足备用资源的工序;

需要增加的费用最少的工序.

若在调整中发现关键工序变成非关键工序,则应将其时间延长,确保其仍为关键工序,否则不能有效的缩短网络计划的总工期.

某工程初始网络计划如图 9.8(a) 所示,计划工期为 60 天,实际给定的工期为50 天,不满足要求.在这种情况下,首先应对该网络计划进行计算,找出其关键线路为 ① → ③ → ⑥,关键工序为 B 和 G.由于计划工期不满足要求,必须缩短关键工序的时间.若工序 B 不能缩短,工序 G 可缩短 10 天,那么可将工序 G 的时间改

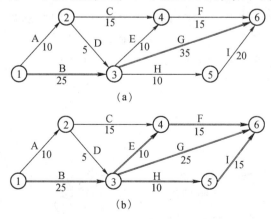

图 9.8

为 25 天．这时候会发现,网络计划的关键线路已经改变,变成 ① → ③ → ⑤ → ⑥,工期为 55 天,没有有效地缩短工期;工序 G 也变成了非关键工序．因而只能先将工序 G 缩短 5 天,改为 30 天,这样可先缩短工期 5 天．在此基础上,进行第二次优化调整,重新确定关键线路为 ① → ③ → ⑥ 和 ① → ③ → ⑤ → ⑥ 两条,工期为 55 天,若工序 I 可缩短 5 天,那么可将工序 G 调整为 25 天,同时将工序 I 调整为 15 天．这时网络计划总工期可变为 50 天,满足给定的工期要求,但同时也可看出,这时网络计划的关键线路增加了,变成 3 条,关键工序的数量也由最先的两个变成调整后的 6 个,调整后的网络计划如图 9.8(b) 所示．

9.4.2 网络计划的费用优化

在编制网络计划过程中,研究如何使得工程在既定的完工时间条件下,所需要的费用最少,或者在限制费用的条件下,工程完工时间最短,这就是网络计划费用优化所要研究和解决的问题．

为完成一项工程,所需要的费用可分为两大类:

(1) 直接费用。包括直接生产工人的工资及附加费,设备、能源、工具及材料消耗等直接与完成工作有关的费用．

为缩短工序的作业时间,需要采取一定的技术组织措施,相应地要增加一部分直接费用．在一定条件下和一定范围内,工序的作业时间越短,直接费用越多．缩短工序单位时间所增加的费用称为直接费率．

(2) 间接费用。包括管理人员的工资、办公费等．

间接费用,通常按照施工时间的长短分摊,在一定的生产规模内,工序的作业时间越短,分摊的间接费用越少．大部分情况下,间接费用有一个间接费率,直接与完工时间相乘计算间接费用．

完成工程项目(由各工序组成)的直接费用、间接费用、总费用与工程完工(完成各工序)时间即工期的关系,如图 9.9 所示．从图中可以看出,工程总费用有一个最低点,对应的工期目标就是费用优化的目标．

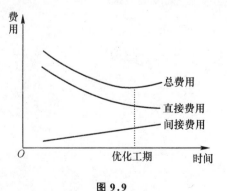

图 9.9

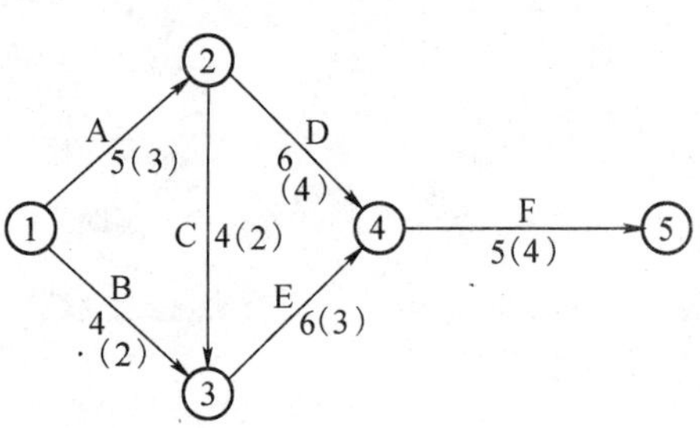

括号外为正常时间,括号内为最短时间

图 9.10

242

某工程项目的初始网络计划如图9.10所示.该工程共有6项工序,各工序的正常完成时间以及最短完成时间和直接费用见表9.2,工程间接费率为0.25万元／月.

表 9.2 工程工序时间与费用

工 序	A	B	C	D	E	F
正常时间(月)	5	4	4	6	6	5
正常费用(万元)	3.0	2.0	3.0	3.0	3.0	4.0
最短时间(月)	3	2	2	4	3	4
最大费用(万元)	3.8	3.2	3.2	3.6	3.6	4.5
直接费率(万元／月)	0.4	0.6	0.1	0.3	0.2	0.5

按照正常完工时间,工程关键线路为 A、C、E、F,工期为 20 个月,工程总直接费用为:$3.0 + 2.0 + 3.0 + 3.0 + 3.0 + 4.0 = 18.0$ 万元,间接费用为:$20 \times 0.25 = 5.0$ 万元,工程总费用为 23.0 万元.

调整该网络计划,缩短完工时间,先缩短工序 C 的时间到 2 个月,这时工期变为 18 个月,工程总直接费用为:$3.0 + 2.0 + 3.2 + 3.0 + 3.0 + 4.0 = 18.2$ 万元,间接费用为:$18 \times 0.25 = 4.5$ 万元,工程总费用为 22.7 万元,有所下降.

继续调整,再缩短工序 E 的时间到 3 个月,这时工期变为 16 个月,工程关键线路发生变化,说明缩短 E 的时间到 3 个月,并没有使工期有效地缩短,因此缩短工序 E 的时间到 2 个月,这时工程关键线路不发生变化,工期变为 16 个月,总直接费用为:$3.0 + 2.0 + 3.2 + 3.0 + 3.4 + 4.0 = 18.6$ 万元,间接费用为:$16 \times 0.25 = 4.0$ 万元,工程总费用为 22.6 万元,仍有所下降.

继续调整,这时工程关键线路有两条,要保证有效地缩短工期,必须同时在所有关键线路上调整关键工序的时间.缩短工序 E 的时间到 3 个月,同时缩短 D 工序的时间到 4 个月,这时工期变为 15 个月,总直接费用为:$3.0 + 2.0 + 3.2 + 3.3 + 3.6 + 4.0 = 19.1$ 万元,间接费用为:$15 \times 0.25 = 3.75$ 万元,工程总费用为 22.85 万元,有所增加,本次调整没有降低工程总费用,调整无效.

从调整过程中发现,每次调整必须调整关键工序的时间,并且调整中不能使关键工序变成非关键工序,否则不能有效地缩短工期,降低间接费用.另外若调整的关键工序的总直接费率大于工程的间接费率,调整不可能降低总费用,调整工作无效.上述问题在实施完第二步调整后,该网络计划已获得费用最低,工程总费用为 22.6 万元,工期 16 个月.

9.4.3 网络计划的资源优化

网络计划中的资源是指为完成工序任务所需要的人力、材料、机械设备和资金等的统称.完成一项工程任务所需的资源量基本上是不变的,不可能通过资源优化将其减少.资源优化是通过改变工序的开始时间,使资源按时间的分布符合优

化目标,资源优化中几个常用术语解释如下:

资源强度. 一项工序在单位时间内所需的某种资源数量. 工序 $i-j$ 的资源强度用 r_{ij} 表示.

资源需用量. 网络计划中各项工序在某一单位时间内所需某种资源数量之和. 第 t 天资源需用量用 R_t 表示.

资源限量. 单位时间内可供使用的某种资源的最大数量,用 R_a 表示.

资源优化通常有两种不同的目标,一是在资源供应受限制的情况下,合理安排各项工序的进度,使工程的完成时间最短;二是在工程规定的完成时间条件下,合理安排各项工序的进度,实现资源的均衡利用.

1) 资源有限 — 工期最短的优化

资源有限 — 工期最短的优化是调整计划安排,以满足资源限制条件,并使工程完成时间拖延最少的过程.

资源有限 — 工期最短的优化过程是从网络计划的起始工序开始,逐一进行检查,若资源需用量超过限量,则推迟某一工序的开始时间,这时有可能会延长工程的完成时间,在具体确定时,应推迟那些使工程延长完成时间增加最小的工序.

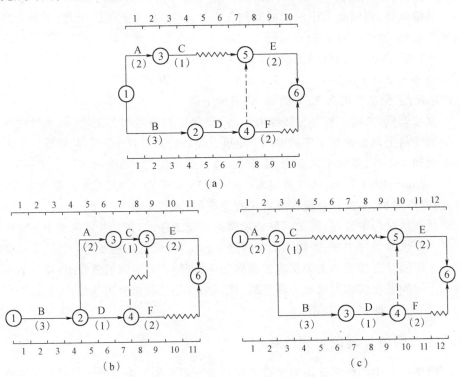

图 9.11

244

图 9.11(a) 所示为某工程的时标网络计划,箭线下方括号内数字为该工序使用起重设备的数量. 图中,工序 A 和 B 都要使用起重设备,而可供使用的起重设备仅有 4 台,因此必须推迟一项工序,以满足资源限量的要求.

若推迟工序 A 到第 5 天开始,则将使工程延长完成时间 1 天,见图 9.11(b).

若推迟工序 B 到第 3 天开始,则将使工程延长完成时间 2 天,见图 9.11(c).

两种方案中,显然是推迟工序 A 到第 5 天开始既满足了资源限量的需要,又使工程完成时间延长最小,满足优化要求.

2) 工期固定 — 资源均衡的优化

工期固定 — 资源均衡的优化是调整网络计划的工序安排,在工程保持完成时间不变的条件下,使资源需用量尽可能均衡的过程.

资源均衡可以大大减少工程建设各种临时设施(如仓库、堆场、加工场、临时供水供电设施等生产设施和工人临时住房、办公房屋、食堂、浴室等生活设施)的规模,从而可以省工程费用.

衡量资源均衡的指标一般有三种:

(1) 不均衡系数 K

$$K = \frac{R_{\max}}{R_m}$$

式中: $R_{\max}$ —— 最大的资源需用量;

R_m —— 资源需用量的平均值;

$$R_m = \frac{1}{T}(R_1 + R_2 + R_3 + \cdots\cdots + R_T) = \frac{1}{T}\sum_{t=1}^{T} R_t$$

资源需用量不均衡系数愈小,资源需用量均衡性愈好.

(2) 极差值 ΔR

$$\Delta R = \max\left[\left|R_t - R_m\right|\right]$$

资源需用量极差值愈小,资源需用量均衡性愈好.

(3) 均方差值 σ^2

$$\sigma^2 = \frac{1}{T}\sum_{t=1}^{T}(R_t - R_m)^2$$

为使计算较为简便,上式可作变换,结果为: $\sigma^2 = \dfrac{1}{T}\sum_{t=1}^{T} R_t^2 - R_m^2$

工期固定 — 资源均衡的优化采用的是"削峰填谷"的优化原理,即充分利用各工序所具有的时差,调整工序的开始和完成时间,使调整后的资源需用量小于原安排的资源需用量,从而实现规定工期条件下的资源均衡. 具体调整方法是:

(1) 对网络计划进行计算　　计算各工序的总时差和自由时差,确定关键线路和关键工序;

245

（2）调整顺序　调整宜自网络计划终点结点开始,从右向左逐次进行.按工序完成结点的编号值从大到小的顺序进行调整,同一个完成结点的工序则先调整开始时间较迟的工序.在所有工序都按上述顺序自右向左进行了一次调整之后,再按上述顺序自右向左进行多次调整,直至所有工序既不能向右移也不能向左移为止.

（3）工序可移性的判断　由于工程的完成时间不变,即工期固定,故关键工序不能移动,非关键工序是否可移,主要看是否"削峰填谷".

某工程时标网络计划如图 9.12（a）所示,箭线下括号内数字为该工序所需要的资源量,若工程完成时间不变,如何确定各工序的开始时间,使得其资源消耗相对均衡.

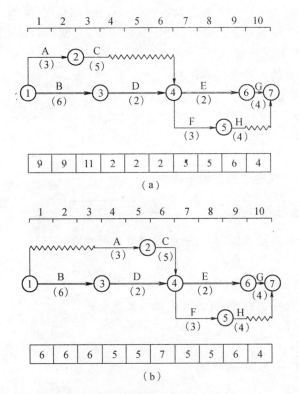

图 9.12

图 9.12（a）中下方已显示了该工程各工序按最早开工时间开始的资源消耗情况,根据前述的衡量资源均衡情况的指标,可以计算出:

$$\text{不均衡系数 } K = \frac{11}{\frac{1}{10}(9+9+11+2+2+2+5+5+6+4)} = \frac{11}{5.5} = 2$$

246

极差值 $\Delta R = \max\{|11 - 5.5|, |2 - 5.5|\} = 5.5$

均方差值 $\sigma^2 = \frac{1}{10}[(9 - 5.5)^2 + (9 - 5.5)^2 + (11 - 5.5)^2 + (2 - 5.5)^2 +$
$(2 - 5.5)^2 + (2 - 5.5)^2 + (5 - 5.5)^2 + (5 - 5.5)^2 + (6 - 5.5)^2 + (4 - 5.5)^2] = 9.25$

由于图9.12(a)为时标网络图,可知关键线路和各工序的时差.进行调整优化时,首先应保持关键线路不动,这样才能确保工程完成时间不变.

根据前述调整顺序,先考虑工序H,移动前资源总量需要6,向右移动一个单位,移动后资源总量为8,大于移动前的量,不能调整H,这样F也就不能移动.

再考虑工序C,移动前资源总量需要11,向右移动一个单位,移动后资源总量为7,小于移动前的量,可以移动,再向右移动一个单位,仍然可以,一直可移动3个单位.

最后考虑工序A,由于C已经向右移动了3个单位,A就可以向右移动,移动前资源总量需要9,向右移动一个单位,移动后资源总量为9,再向右移动一个单位,资源总量为5,可以移动,一直可移动3个单位.调整移动后的网络计划如图9.12(b)所示.

重新开始,进行第2次调整,这时所有工序都已不满足移动条件,至此该网络计划资源均衡的优化工作结束.优化调整后的衡量资源均衡情况的指标为:

不均衡系数 $K = \dfrac{7}{\frac{1}{10}(6 + 6 + 6 + 5 + 5 + 7 + 5 + 5 + 6 + 4)} = \dfrac{7}{5.5} = 1.27$

极差值 $\Delta R = \max\{|7 - 5.5|, |4 - 5.5|\} = 1.5$

均方差值 $\sigma^2 = \frac{1}{10}[(6 - 5.5)^2 + (6 - 5.5)^2 + (6 - 5.5)^2 + (5 - 5.5)^2 + (5 -$
$5.5)^2 + (7 - 5.5)^2 + (5 - 5.5)^2 + (5 - 5.5)^2 + (6 - 5.5)^2 + (4 - 5.5)^2] = 0.65$

很明显,资源已经得到了优化.

9.5 应用举例

【例1】 已知网络图的资料如表9.3,试绘制该网络图.

表9.3 网络图资料表

工 序	A	B	C	D	E	F
紧前工序	—	—	—	B	B	C、D
工序时间(天)	8	5	2	6	3	4

【解】 根据网络图的绘制方法,现已知紧前工序,绘制过程如下:

(1) 绘出无紧前工序的工序:A、B、C,见图9.13(a).

(2) 绘制D工序,D前只有一个工序,直接在B后绘制D,见图9.13(b).

(3) 绘制E工序,E前只有一个工序,直接在B后绘制E,见图9.13(c).

(4) 绘制G工序,G前有两个工序,由于工序C在紧前工序栏中只出现一次,可在C后直接绘制G工序,D工序可用虚箭线引到G前面,见图9.13(d).

(5) 全部工序绘完后,将没有紧后工序的工序的完成结点合并,见图9.13(e).

(6) 进行检查,删去多余虚工序,进行结点编号,标注工序时间参数,见图9.13(f),绘图结束.

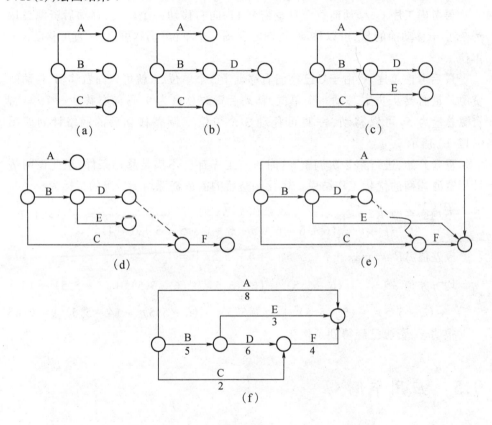

图 9.13

【例2】 某工程项目标时网络计划如图9.14所示,图中箭线下方为工序时间(月).试确定该工程的完工时间,并按工序计算网络计划的时间参数,确定出关键线路.

【解】 本题为网络计划时间参数的计算问题,当计算出工序的6个时间参数后,便可确定出工程的完工时间、关键线路等.

网络计划按工序计算时间参数可根据按事项计算时间参数推导而来.

248

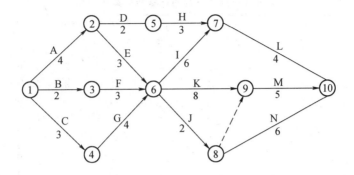

图 9.14

工序的最早开始和结束时间：

$$T_{1j}^{ES} = T_1^E = 0$$

$$T_{ij}^{EF} = T_{ij}^{ES} + T_{ij}$$

$$T_{ij}^{ES} = T_i^E = \max\{T_h^E + T_{hi}\} = \max\{T_{hi}^{ES} + T_{hi}\} = \max\{T_{hi}^{EF}\}$$

（$h - i$ 为 $i - j$ 的紧前工序）

工程的完成时间（即工期）：

$$T_c = T_n^E = \max\{T_{in}^{EF}\}（n \text{ 为终点事项}）$$

工序的最迟结束和开始时间：

$$T_{in}^{LF} = T_c$$

$$T_{ij}^{LS} = T_{ij}^{LF} - T_{ij}$$

$$T_{ij}^{LF} = T_j^L = \min\{T_k^L - T_{jk}\} = \min\{T_{jk}^{LF} - T_{jk}\} = \min\{T_{jk}^{LS}\}$$

（$j - k$ 为 $i - j$ 的紧后工序）

工序的总时差和自由时差：

$$T_{ij}^{TF} = T_{ij}^{LF} - T_{ij}^{EF}$$

$$T_{ij}^{FF} = \min\{T_{jk}^{ES} - T_{ij}^{EF}\}$$

根据上述推导出的按工序计算时间参数的公式，对图 9.14 所示网络进行计算，计算结果列于表 9.4 中．

表 9.4 的计算结果显示，网络计划以终点结点为完成结点的工序的最早结束时间最大值为 20，即该工程的完工时间是 20 个月．

表 9.4 的计算结果显示出 A、C、E、G、K、M 共 6 项工序的总时差为零，这 6 项工序为关键工序，它们构成的线路为关键线路，关键线路共两条：

A→E→K→M．即：① → ② → ⑥ → ⑨ → ⑩

C→G→K→M．即：① → ④ → ⑥ → ⑨ → ⑩

表 9.4　网络计划时间参数计算成果

工序	$i-j$	T_{ij}	T_{ij}^{ES}	T_{ij}^{EF}	T_{ij}^{LF}	T_{ij}^{LS}	T_{ij}^{TF}	T_{ij}^{FF}	备　注
A	1－2	4	0	4	4	0	0	0	关键工序
B	1－3	2	0	2	4	2	2	0	
C	1－4	3	0	3	3	0	0	0	关键工序
D	2－5	2	4	6	13	11	7	0	
E	2－6	3	4	7	7	4	0	0	关键工序
F	3－6	3	2	5	7	4	2	2	
G	4－6	4	3	7	7	3	0	0	关键工序
H	5－7	3	6	9	16	13	7	4	
I	6－7	6	7	13	16	10	3	0	
J	6－8	2	7	9	14	12	5	0	
K	6－9	8	7	15	15	7	0	0	关键工序
L	7－10	4	13	17	20	16	3	3	
M	9－10	5	15	20	20	15	0	0	关键工序
N	8－10	6	9	15	20	14	5	5	

【例 3】　某工程项目按图 9.15(a) 所示网络计划正在进行．箭线上方数字为工序缩短一天需增加的费用(元／天)，箭线下方括号外数字为工序正常时间，括号内数字为工序最快时间．原计划工程 170 天完成，但由于工程开工准备不充分，使得基础工程(工序 1－2) 在第 75 天时才刚刚完成，为确保工程如期完成，网络计划是否需要调整，如何调整？

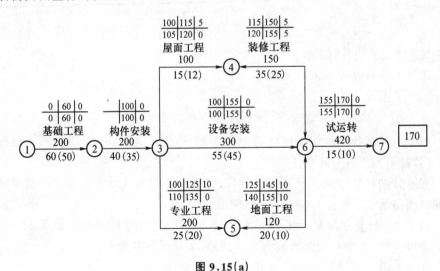

图 9.15(a)

【解】 本题是网络计划计算和工期优化问题的综合题. 由于工程开工准备不充分,导致基础工程工序延长了时间,而该工序是关键工序,将使得工程完成时间延长,若要保持完成时间不变,必须对尚未进行的工序进行调整,压缩工序的时间,使得剩余的全部工序在 95 天内完成. 在剩余工序的调整中,必须选择赶工费用少的工序进行调整,以确保获得最优方案.

首先对网络计划进行计算,计算结果可直接标在图中工序的箭线上方,标注格式为:

工序最早开始时间	工序最早结束时间	工序总时差
工序最迟开始时间	工序最迟结束时间	工序自由时差

计算结果显示本工程的关键线路是 ① → ② → ③ → ⑥ → ⑦,工序 1 – 2(基础工程)为关键工序,关键工序时间延长将导致工程完工时间延长为 185 天,原定工程 170 天完成已不可能,网络计划需要调整.

(1) 在余下的关键工序中,工序 2 – 3(构件工程)的赶工费率最低,故可调整该工序,40 – 35 = 5(天),增加费用为 5 天 × 200 元 / 天 = 1 000 元,工程完工时间变为 185 – 5 = 180(天)

(2) 在余下的关键工序中,工序 3 – 6(设备安装)的赶工费率最低,但必须考虑与该工序平行的各项工序,调整时间不能超过平行工序的最小总时差,故只能压缩 5 天,增加费用为 5 天 × 300 元 / 天 = 1 500 元,工程完工时间变为 180 – 5 = 175(天).

此时关键工序又增加了工序 3 – 4(屋面工程)和工序 4 – 6(装修工程).

(3) 考虑剩余关键工序,必须同时压缩工序 3 – 6 和工序 3 – 4,或工序 3 – 6 和工序 4 – 6.

工序 3 – 6 与工序 3 – 4 的赶工费率和最低为 300 + 100 = 400(元 / 天),但工序 3 – 4 只能调整 3 天,因而必须同时调整工序 3 – 6 与工序 3 – 4,3 天增加费用为 3 × (300 + 100) = 1 200(元),工程完工时间变为 175 – 3 = 172(天).

(4) 剩下的关键工序中,工序 6 – 7(试运转)赶工费率最低,调整该工序 2 天,增加费用 2 天 × 420 元 / 天 = 840 元,工程完工时间变为 172 – 2 = 170(天).

通过以上调整,已将拖延的 15 天时间全部调整过来,工程完工时间仍为 170 天. 但增加了赶工费用 1 000 + 1 500 + 1 200 + 840 = 4 540(元),调整后的网络计划见图 9.15(b).

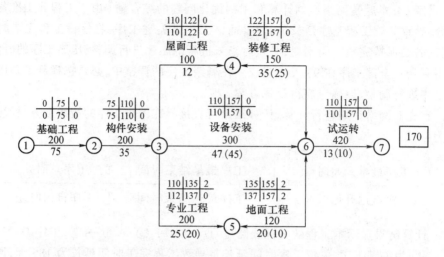

图 9.15(b)

【例4】 某工程项目网络计划如图9.16(a)所示,图中箭线下方括号外为正常时间,括号内为最短时间,箭线上方括号外为正常直接费,括号内为最短时间直接费.工程间接费率为0.8千元／天,试对该网络计划进行费用优化.

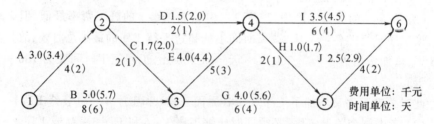

图 9.16(a)

【解】 本题属于网络计划的费用优化问题,在工程正常完成情况下,总费用较高.通过缩短部分关键工序的时间,可降低工程的完成时间,从而可节约间接费,尽管这时可能会增加一部分直接费,但若增加的直接费率(或组合直接费率)小于间接费率时,仍有可能探求到最优方案.

(1)计算工程各项工序的直接费率

工序的直接费率等于工序最短时间直接费与正常时间直接费的差与工序可最大缩短时间的比值,将计算结果标在网络图各工序的箭线上方,见图9.16(b).

(2)探求网络计划的关键线路

利用标号法,求解网络计划的关键线路,确定关键工序,并用双线表示.见图9.16(b).本网络计划关键线路为①→③→④→⑥,关键工序为B、E、I,工程完工时间即工期为19天.

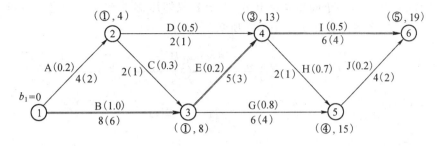

图 9.16(b)

(3) 计算工程总费用

工程直接费为:

$$3.0 + 5.0 + 1.5 + 1.7 + 4.0 + 4.0 + 1.0 + 3.5 + 2.5 = 26.2(千元)$$

工程间接费为:

$$0.8 \times 19 = 15.2(千元)$$

工程总费用为:

$$26.2 + 15.2 = 41.4(千元)$$

(4) 进行第一次压缩

网络计划只有一条关键线路 B - E - I,直接费率最低的关键工序为 E,其直接费率为 0.2 千元／天(以下简写为 0.2),小于间接费率 0.8 千元／天(以下简写为 0.8).故将 E 压至最短持续时间 3,找出关键线路,发现关键线路已经改变为 B - G - J,工序 E 被压缩成了非关键工序,将其松弛至 4,使之仍为关键工序,且不影响已形成的关键线路 B - G - J 和 B - E - I. 第一次压缩后的网络计划如图 9.16(c) 所示.

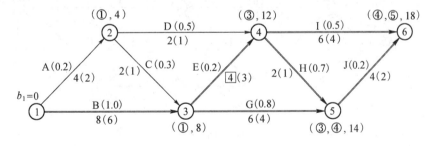

图 9.16(c)

(5) 进行第二次压缩

经第一次压缩后,网络有三条关键线路:B - E - I、B - E - H - J、B - G - J. 共有 4 个压缩方案:① 压 B,直接费率为 1.0;② 压 E、G,组合直接费率为 0.2 + 0.8 = 1.0;③ 压 E、J,组合直接费率为 0.2 + 0.2 = 0.4;④ 压 I、J,组合直接费率为 0.5 + 0.2 = 0.7. 采用诸方案中直接费率和组合直接费率最小的第 ③ 方案,即压 E、J,组合直接费率为 0.4,小于间接费率 0.8. 由于 E 只能压缩 1 天,J 也随之只可压缩 1 天. 压缩后的网络计划如图 9.16(d) 所示.

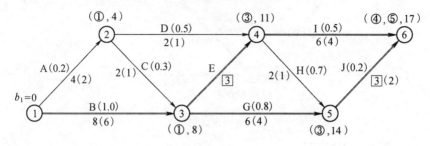

图 9.16(d)

(6) 进行第三次压缩

经第二次压缩后,此时只有两条关键线路:B - E - I,B - G - J,H 未经压缩而被动地变成了非关键工序. 由于 E 已不可压缩,目前可有 2 个压缩方案:① 压 B,直接费率为 1.0;② 压 I、J,组合直接费率为 0.5 + 0.2 = 0.7. 取第 ② 方案,由于 J 只能压缩 1 天,I 随之只可压缩 1 天. 压缩后关键线路不变,故可不重新画图.

(7) 进行第四次压缩

经第三次压缩后,此时关键线路仍为:B - E - I,B - G - J. 由于 E、J 已不可压缩,目前只有 1 个压缩方案,即压 B,直接费率为 1.0. 由于 B 的直接费率为 1.0,大于间接费率 0.8,压缩 B 并不能有效地降低工程总费用. 优化网络计划即为第三次压缩后的网络计划,如图 9.16(e) 所示. 工程完工时间为 16 天.

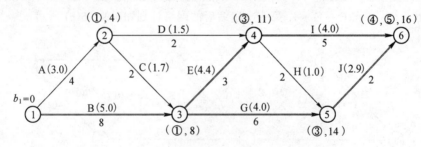

图 9.16(e)

(8) 确定优化调整后的各工序的直接费用

E 被压缩 2 天,直接费变为 4.4 千元;I 被压缩 1 天,直接费变为 4.0 千元;J 被压缩 2 天,直接费变为 2.9 千元.

(9) 计算优化后的总费用

工程直接费为:

$$3.0 + 5.0 + 1.5 + 1.7 + 4.4 + 4.0 + 1.0 + 4.0 + 2.9 = 27.5(千元)$$

工程间接费为：

$$0.8 \times 16 = 12.8(千元)$$

工程总费用为：

$$27.5 + 12.8 = 40.3(千元)$$

优化结果表明工程总费用已得到降低.

【例5】 某工程网络计划如图 9.17(a) 所示,箭线长度表示该工序的时间(单位:天),箭线下方括号内数字为该工序的资源需要量,该工程资源限量为 12,试对该网络计划进行优化.

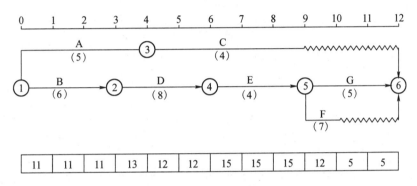

图 9.17(a)

【解】 本题属于资源有限－工期最短的优化问题,其优化方法是从网络起点检查每天的资源需要量,若超过资源限量值,则推迟某些工序的开始时间,选择推迟的工序必须是使网络计划完成时间增加最小的工序.

当有两个工序 α、β 的资源需要量的和超过限量时,一般有两种调整方案,即 β 移至 α 后和 α 移至 β 后,若 β 移至 α 后,工程完成时间即工期增量为:

$$\Delta T_{\alpha、\beta} = T_{\alpha}^{EF} - T_{\beta}^{ES} - T_{\beta}^{TF}$$

取两种调整方案中工期增加最小者进行调整.

(1) 从网络起点检查,第 4 天的资源需用量 $R_4 = 13 > R_a = 12$,进行调整

① 将工序 1－3 移到 2－4 后面,$\Delta T_{2-4,1-3} = 6 - 0 - 3 = 3$,增加工期 3 天;

② 将工序 2－4 移到 1－3 后面,$\Delta T_{1-3,2-4} = 4 - 3 - 0 = 1$,增加工期 1 天;

采用方案 ②,将工序 2－4 移到 1－3 后,结果见图 9.17(b).

(2) 再进行检查,第 8 天的资源需用量 $R_8 = 15 > R_a = 12$,进行调整

① 将工序 4－5 移到 3－6 后面,$\Delta T_{3-6,4-5} = 9 - 7 - 0 = 2$,增加工期 2 天;

② 将工序 4－6 移到 3－6 后面,$\Delta T_{3-6,4-6} = 9 - 7 - 2 = 0$,不增加工期;

③ 将工序 3－6 移到 4－5 后面,$\Delta T_{4-5,3-6} = 10 - 4 - 4 = 2$,增加工期 2 天;

④ 将工序 4－6 移到 4－5 后面,$\Delta T_{4-5,4-6} = 10 - 7 - 2 = 1$,增加工期 1 天;

⑤ 将工序 3－6 移到 4－6 后面,$\Delta T_{4-6,3-6} = 11 - 4 - 4 = 3$,增加工期 3 天;

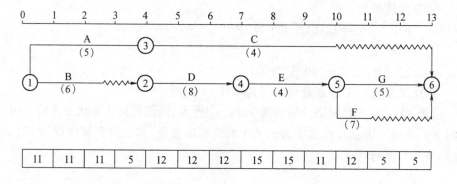

图 9.17(b)

⑥ 将工序 4－5 移到 4－6 后面，$\Delta T_{4-6,4-5} = 11 - 7 - 0 = 4$，增加工期 4 天；采用方案②，将工序 4－6 移到 3－6 后，结果见图 9.17(c)．

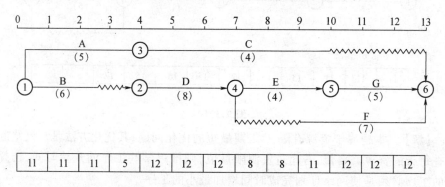

图 9.17(c)

(3) 再进行检查，资源需用量均已满足要求，这时工程完成时间即工期为 13 天．

在调整过程中可以看出，工序的移动主要是利用其已有的时差，这样可最大限度地减小工期的增加量．

【例 6】 某工程网络计划如图 9.18(a) 所示，箭线长度表示该工序的时间(单位：天)，箭线下方括号内数字为该工序的资源需要量，要求工期不变，试对该网络计划进行优化．

【解】 本题属于工期固定－资源均衡的优化问题，其优化方法是在确保关键工序不动的情况下，充分利用各工序的时差改变工序的开始和完成时间，以最大限度地降低资源需要量．调整工作从终点向起点进行，调整的条件是看工序移动后有没有降低资源需用量，即是否"削峰填谷"．

(1) 计算衡量资源均衡的指标

不均衡系数：

256

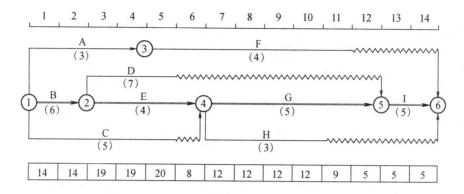

图 9.18(a)

$$K = \cfrac{20}{\cfrac{1}{14}(14 + 14 + 19 + 19 + 20 + 8 + 12 + 12 + 12 + 12 + 9 + 5 + 5 + 5)}$$

$$= \frac{20}{11.86} = 1.69$$

极差值 $\Delta R = \max\{|20 - 11.86|, |5 - 11.86|\} = 8.14$

均方差值 $\sigma^2 = \dfrac{1}{14}(14^2 + 14^2 + 19^2 + 19^2 + 20^2 + 8^2 + 12^2 + 12^2 + 12^2 + 12^2 + 9^2 + 5^2 + 5^2 + 5^2) - 11.86^2 = 24.34$

（2）进行优化调整

① 考虑结点 6，较晚开始的工序是 4－6，移动前资源总需要量为 12，向后移动 1 天后资源总需要量为 12，移动 2 天后资源总需要量为 8，可向后移动 4 天，均能降低资源需用量．其次是工序 3－6，移动前资源总需要量为 20，向后移动 1 天资源总需要量为 12，可向后移动；当再向后移动 1 天时，移动前资源总需要量为 8，移动后为 12，故不可移动．工序 3－6 只能向后移动 1 天．

② 考虑结点 5，可移动的工序只有 2－5，移动前资源总需要量为 19，向后移动 1 天后资源总需要量为 15，再移动 1 天后为 16，可以向后移动 2 天；若再向后移动 1 天，移动前资源总需要量为 16，移动后为 16，可以考虑向后再移动 1 天；继续向后移动 1 天，这时移动前资源总需要量为 8，移动后为 16，故不能向后移动．工序 2－5 可向后移动 3 天．

③ 考虑结点 4，可移动的工序只有 1－4，移动前资源总需要量为 14，向后移动 1 天后资源总需要量为 20，移动不能降低资源需用量，故工序 2－4 不能移动．

④ 考虑结点 3，可移动的工序只有 1－3，移动前资源总需要量为 14，向后移动 1 天后资源总需要量为 12，移动能降低资源需用量，但只能向后移动 1 天．

⑤ 考虑结点 2 和 1，无可移动的工序．至此，第一遍检查结束．优化调整后的网络计划如图 9.18(b)所示．

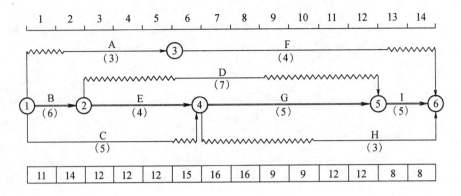

图 9.18(b)

⑥ 进行第二遍检查,考虑结点 6,只有 3 – 6 可以移动,可向后移动 2 天. 其他结点的相关工序都已不能再移动. 结束优化调整,网络计划如图 9.18(c) 所示.

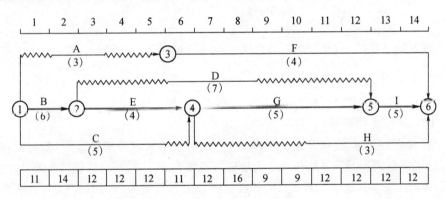

图 9.18(c)

(3) 计算优化后的衡量资源均衡指标

不均衡系数

$$K = \frac{16}{\frac{1}{14}(11 + 14 + 12 + 12 + 12 + 11 + 12 + 16 + 9 + 9 + 12 + 12 + 12 + 12)}$$

$$= \frac{16}{11.86} = 1.35$$

极差值 $\Delta R = \max\{|16 - 11.86|, |9 - 11.86|\} = 4.14$

均方差值 $\sigma^2 = \frac{1}{14}(11^2 + 14^2 + 12^2 + 12^2 + 12^2 + 11^2 + 12^2 + 16^2 + 9^2 + 9^2 + 12^2 + 12^2 + 12^2 + 12^2) - 11.86^2 = 2.77$

与初始值相比,三项指标都已降低.

258

习 题

1. 已知网络计划资料如下表，试绘制网络图．

工序	A	B	C	D	E	H	G	I	J
紧前工序	E	H、A	J、G	H、I、A	—	—	H、A	—	E

2. 已知网络计划资料如下表，试绘制网络计划图，计算事项的最早和最迟时间，确定该网络计划的关键线路．

工序	A	B	C	D	E	F	G	H	I	J	K
时间	22	10	13	8	15	17	15	6	11	12	20
紧前工序	—	—	B、E	A、C、H	—	B、E	E	F、G	F、G	A、C、I、H	F、G

3. 已知网络计划资料如下表，试绘制网络计划图，计算各工序的时间参数，并确定该网络计划的关键线路．

工序	A	B	C	D	E	F	G	H	I
时间	3	2	4	5	3	4	2	1	2
紧前工序	—	A	A	C	B、C	B	D、E	E、F	G、H

4. 用标号法确定图 9.19 所示网络计划的关键线路．

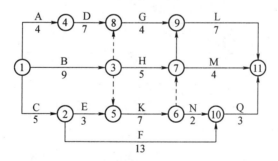

图 9.19

5. 某工程项目由 10 项工序组成，其网络计划如图 9.20 所示．图中箭线上方为工序名称，箭线下方括号外为工序的正常持续时间，括号内为最短持续时间，单位：天．

（1）确定该工程网络计划的关键线路和完工时间．

（2）若工程在第 6 天结束时检查发现：工序 A 还需要 2 天才能完成，工序 E 刚好完成．试说明工序 A、B 对后续工序的影响；若要求完工时间不变，各工序调整的优先顺序为：G、F、J、H、C、

259

E,则该网络如何调整?

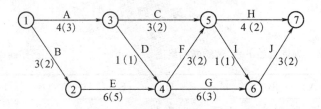

图 9.20

6. 已知某工程网络计划如图 9.21 所示. 图中箭线上方括号外为工序正常持续时间直接费,括号内为最短时间直接费,箭线下方括号外为工序正常持续时间,括号内为最短持续时间,费用单位:千元,时间单位:天. 若间接费率为 0.8 千元／天,试对该网络进行费用优化.

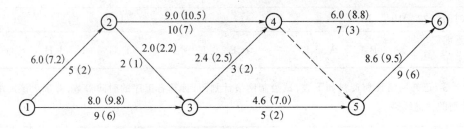

图 9.21

7. 已知某工程网络计划如图 9.22 所示. 图中箭线上方括号外为工序名称,括号为该工序所需要消耗的资源量,箭线下方为工序的持续时间,单位:天.

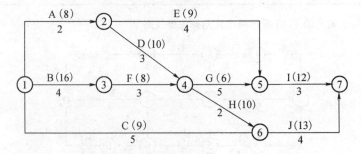

图 9.22

(1) 求在规定的完成时间 15 天内,尽可能实现资源均衡供应的网络计划安排.

(2) 若可供资源最大为 25,求该网络计划最短的工期安排.

10　存贮论

存贮论(Theory of Storage)又称库存论,是运筹学各个分支中在实际应用方面最早获得成效的分支之一. 早在 1915 年,哈里斯(F.Harris)针对银行货币的储备问题进行了详细的研究,建立了一个确定性的存贮费用模型,并求得了最优解,即最佳批量公式.1934 年威尔逊(R.H.Wilson)重新得出了这个公式,后来人们称这个公式为经济订购批量公式(简称为 EOQ 公式).20 世纪世纪 50 年代存贮论真正作为一门理论发展起来,1958 年威汀(T.M.Whitin)发表了"存贮管理的理论"一书,随后阿罗(K.J.Arrow)等发表了"存贮和生产的数学理论研究",毛恩(P.A.Moran)在 1959 年写了"存贮理论". 此后,存贮论成了运筹学中的一个独立分支,并陆续对随机或非平稳需求的存贮模型进行了广泛深入的研究.

所谓存贮论,就是专门研究经济资源最佳存贮策略的理论与方法,它用定量的方法描述存贮物品的存贮状态和动态供求关系,研究不同状态和不同供应关系情况下的存贮费用结构,从而确定经济上最为合理的存贮策略.

10.1　存贮论的基本理论

10.1.1　问题的提出

在日常生活和生产实际中,经常遇到"供应"与"需求"不协调的问题,需要借助"存贮"手段来调节. 这类问题就是所谓存贮问题.

【例 1】　某厂与外商签订合同,一年供应外商 3 万件产品. 由于这 3 万件产品不能在短期内生产出来,又不能一件一件地把产品提供给外商,从而构成了需求产品量与供应产品量之间的矛盾. 为了解决这个矛盾,工厂就需修建仓库或利用已有仓库,把每天生产出来的产品贮存起来,分批分期地把 3 万件产品提供给外商.

【例 2】　某水电站,每天都要消耗一定的水量以推动水轮机发电. 如果不在丰水期把水积存起来,到枯水期就可能因缺少足够的水量而停止发电. 为了解决这个矛盾,就需要修建水库,把水存贮起来,以供全年均衡地发电.

上面两个例,都是需求与供应(补充)不协调的问题,且都是通过存贮这个手段来解决的. 在现实中这样的问题非常普遍. 这类问题被称为存贮问题,可用图10.1 表示. 实际上,它是一个以存贮为中心,把供应(补充)与需求分别看作输入与输出的控制系统问题．通常,把这样的系统称为存贮系统．

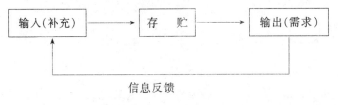

图 10.1

然而,由于种种原因,供应与需求往往是不平衡的．有时会发生存贮过多,形成供过于求,造成积压;有时会发生存贮太少,形成供不应求,造成缺货．这两种供应与需求不协调的情况都会引起相应的损失．例如:库存产品过多,不仅占用大量的流动资金,而且需要大量的库存费及其管理费;库存产品过少,又可能不满足需要,要赔偿缺货的损失费．又如发电站水库蓄水过多,遇到洪汛就可能引起灾难;蓄水过少,又会影响发电．这就需要研究如何合理地进行存贮．存贮论就是研究合理地处理供应、库存、需求之间的关系,以确定最佳的存贮策略的一门学科．

10.1.2 基本概念

1) 需求

对存贮来说,由于需求,从存贮中取出一定的数量,使存贮量减少,这就是存贮的输出．

有的需求是间断式的,有的需求是连续均匀的．图 10.2 和图 10.3 分别表示 t 时间内的输出量皆为 $S - W$,但两者的输出方式不同．图 10.2 表示输出是间断的,图 10.3 表示输出是连续的．

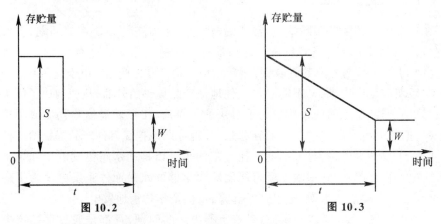

图 10.2　　　　　　　　　　　图 10.3

有的需求是确定性的,如钢厂每月按合同卖给电机厂矽钢片 10 吨．有的需求是随机性的,如书店每日卖出去的书可能是 1 000 本,也可能是 800 本．但是经过大

262

量的统计以后,可能会发现每日售书数量的统计规律,称之为有一定的随机分布的需求.

2) 补充(订货或生产)

存贮由于需求而不断减少,必须加以补充,否则最终将无法满足需求.补充就是存贮的输入.

补充的途径可以是从外地或外单位订货,也可以是自己进行生产.补充的方式可以是成批进入存贮系统(订货一般属于这种情况,它是每隔一段时间补充一次),也可以是某一个速率均匀地进入存贮系统(生产一般属于这种情况).对于这两种不同的补充方式其库存量的变化是直线上升和跳跃式上升.

如果采用订货方式进行补充,其要素有:

(1) 订货批量.一次订货的数量,用 Q 表示.

(2) 订货间隔时间.两次订货之间的时间间隔,用 T 表示.

(3) 订货提前期.从签订订货合同到货存于仓库为止所用时间,用 L 表示.

采用订货方式进行补充的存贮问题要解决的基本问题:如何确定订货的时间间隔(即多少时间补充一次);如何确定订货的批量(即每次补充多少).

如果采用生产方式进行补充,也有类似情况.要素是:生产批量,生产间隔时间(由于生产后可直接贮存,因而不需要提前期).要解决的基本问题:如何确定生产的时间间隔;如何确定每批生产的数量.

3) 费用

存贮系统的费用主要包括订货费(或生产费)、存贮费及缺货损失费.

(1) 订货费、生产费

订货费指一次订货所需费用.包括两项费用,一是订购费,如手续费,通讯联络费,差旅费等,它与订货的数量无关(固定费用);二是货物的成本费,如货物本身的价格,运输费等,它与订货的数量有关(可变费用).

由于货物本身的单价与存贮系统费用无关,因此通常可不考虑货物的成本费.这样,订货费即指订购费.

生产费指自行生产一次,以补充存贮所需的费用.包括两项费用,一是装配费(或生产准备已需费用),如工、夹具的更新与安装费,机器的购置与调试费,材料的准备费等,它与生产产品的数量无关(固定费用);二是生产产品的费用,如材料费、加工费等,它与生产产品的数量有关(可变费用).

与订货费类似,生产费可不考虑生产产品的费用,因此生产费即指装配费.

(2) 存贮费

存贮费指保存物资所需费用.包括使用仓库费、占用流动资金所应付利息、保险费、存贮物资的税金、管理费、保管过程中的损坏变质等支出的费用.

(3) 缺货费

缺货费指存贮的物资供不应求引起的损失费．包括失去销售机会的损失,停工待料的损失,以及不能履行合同而缴纳罚款等,它与缺货数量及缺货时间有关．

在不允许缺货情况下,费用处理方式是缺货费为无穷大．

4) 存贮策略

存贮策略是指什么情况下对存贮进行补充,以及补充数量的多少．下面是一些比较常见的存贮策略．

(1) T——循环策略:不论实际的存贮状态如何,总是每隔一个固定的时间 T,补充一个固定的存贮量 Q.

(2) (T,S) 策略:每隔一个固定时间 T 补充一次,补充的数量以补足一个固定的最大值 S 为准．因此,每次补充的数量是不固定的,要视实际存贮量而定．当存贮(余额)为 y 时,补充数量 $Q = S - y$.

(3) (s,S) 策略:当存贮(余额)为 y,若 $y > s$,则不对存贮进行补充;若 $y \leqslant s$,则对存贮进行补充,补充数量 $Q = S - y$,补充后存贮量达到最大存贮量 S,s 称为订货点(保险存贮量、安全存贮量、警戒点等),在很多情况下,实际存贮量需要通过盘点才能得知．若每隔一个固定的时间 T 盘点一次,得知当时存贮 y,然后根据存贮 y 是否超过订货点 s,决定是否订货,订货多少,这样的策略称为(T,s,S) 策略．

确定存贮策略时,首先是把实际问题抽象为数学模型．在形成模型过程中,对一些复杂的条件尽量简化,只要模型能反映问题的本质就可以了．然后对模型用数学的方法加以研究,得出数量的结论．这结论是否正确,还要拿到实践中加以检验．如结论与实际不符,则要对模型重新加以研究和修改．

一个存贮系统中,存贮量因需求而减少,随补充而增加,如在直角坐标系中,以时间 t 为横轴,实际存贮量 y 为纵轴,则描述存贮系统实际存贮量动态变化规律的图像称为存贮状态图．对于同一个存贮问题,不同存贮策略的存贮状态图是不同的．存贮状态图是存贮论研究的重要工具．

存贮问题经长期研究已得出一些行之有效的模型．从存贮模型来看主要有两类:一类叫作确定性模型,即模型中的数据皆为确定的数值;另一类叫作随机性模型,即模型中含有随机变量,而不是确定的数值．另外,还有一些其他类型的存贮模型．本章将分别介绍一些常用的存贮模型,并从中得出相应的存贮策略．

10.2　确定性存贮模型

10.2.1　模型 I:不允许缺货,生产时间很短

在研究建立模型时,需要作一些假设,目的是使模型简单,易于理解,便于计

算. 为此作如下假设:

(1) 需求是连续、均匀的,即需求速度 R(单位时间的需求量)为已知常数.

(2) 补充可以瞬时实现,即补充时间近似为零.

(3) 单位存贮费 C_1(单位时间单位存贮物的存贮费用)为已知常数,单位订货费(或装配费)C_3(每订购一次的固定费用)为已知常数,由于不允许缺货,故单位缺货费 C_2(单位时间内每缺少一单位存贮物的损失)为无穷大.

(4) 每次订货量(或生产量)Q 不变.

现根据上述假定条件,来考虑存贮系统是怎样运行的. 从存贮量为 $y(t)$ 的任一时刻开始,货物以 R 的速度减少,直至减到零为止. 此时,必须立即进行补充,以便满足需求. 对于该模型,只有当存贮量减少到零时,才进行补充,没必要在存贮量减少到零之前,就给予补充,否则就会增加不必要的存贮费用.

又因每次补充量(订货量)Q,需求速度 R 均不变,故每两次补充的间隔时间也相等. 这是一个典型的 T—— 循环策略,其存贮状态图可由图 10.4 所示:

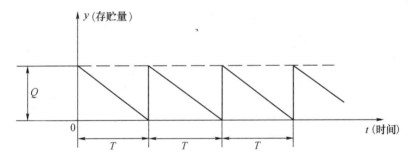

图 10.4

由于不允许出现缺货(缺货费用无穷大),所以在研究这种模型时不再考虑缺货费用. 那么,在上述假设条件下如何确定存贮策略呢?衡量一个存贮策略优劣最直接的标准,是计算该策略下在单位时间内(或一个计划期内)所耗用的总费用,为此需要导出费用函数. 通常是导出单位时间内的总费用函数 $C(Q)$.

先考虑一个周期 T 的费用(各周期完全相同)

令 $y(t)$ 为 t 时刻的存贮量. 则对任一周期 T 内的费用函数,可表示为:

费用 / 周期 = 一次订购费 + 一个周期存贮费

$$= C_3 + \int_0^T C_1 \cdot y(t) \cdot dt$$

$$= C_3 + \int_0^T C_1 \cdot (Q - RT) \cdot dT$$

$$= C_3 + C_1 QT - \frac{1}{2} C_1 RT^2$$

其中 $T = Q/R$,将其代入得:

$$\text{费用}/\text{周期} = C_3 + \frac{C_1}{2R}Q^2$$

将上式两边同乘单位时间的周期数$(1/T = R/Q)$,便得到单位时间的费用函数:

$$C(Q) = \frac{C_3 R}{Q} + \frac{C_1}{2}Q \tag{10.1}$$

由于Q值是正值,上式右端第一项具有倒数函数的形式,是单调递减的,第二项是Q的线性函数,是单调递增的. 因此,两者之和有惟一的极小值. 见图10.5.

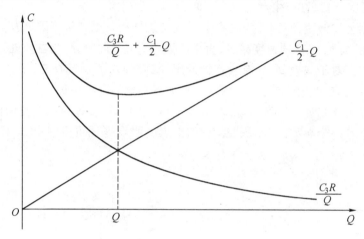

图 10.5

令

$$\frac{\mathrm{d}C(Q)}{\mathrm{d}Q} = -\frac{C_3 R}{Q^2} + \frac{C_1}{2} = 0$$

$$Q^* = \sqrt{\frac{2C_3 R}{C_1}} \tag{10.2}$$

这便是存贮理论中著名的经济订货量(Economic Order Quantity)公式,简称EOQ公式,又称Wilson Harris公式,或经济批量公式等.

由于$T = Q/R$,因此,最佳订货周期为:

$$T^* = \sqrt{\frac{2C_3}{RC_1}} \tag{10.3}$$

把最优的Q^*代入费用函数,得单位时间的极小费用为:

$$C^* = \sqrt{2C_1 C_3 R} \tag{10.4}$$

此式虽没有考虑货物本身的成本,但不影响导出上述经济批量公式. 如果需要考虑货物成本,只要在最小费用加上一项$R \times K$(单位成本)即可.

【例3】 一家出租汽车公司平均每月使用汽油 8 000 千克. 汽油价格每千克1.05 元,每次订购费3 000 元,存贮费每月每千克0.03 元. 试求经济批量和每月的

266

最小库存总费用.

【解】 该问题符合模型一的假定条件,因此可直接应用上述公式. 已知 $R = 8\,000$ 千克／月,$C_1 = 0.03$ 元／千克·月,$C_3 = 3\,000$ 元,$K = 1.05$ 元／千克,则有:

$$Q^* = \sqrt{\frac{2C_3 R}{C_1}} = \sqrt{\frac{2 \times 3\,000 \times 8\,000}{0.03}} = 40\,000(\text{千克})$$

$$T^* = \frac{Q^*}{R} = \frac{40\,000}{8\,000} = 5(\text{月})$$

$$C^* = \sqrt{2C_1 C_3 R} + KR$$
$$= \sqrt{2 \times 0.03 \times 3\,000 \times 8\,000} + 1.05 \times 8\,000$$
$$= 9\,600(\text{元／月})$$

即每隔 5 个月订货一次,每次订货量为 40\,000 千克,最小库存总费用为 9\,600 元／月.

在应用 EOQ 公式时,注意到一个重要特性,即该模型"不太敏感". 就是说即使输入参数的值有较大误差或变化,用 EOQ 公式仍能给出一个较好的结果. 如例 3 中,假定订购费用 C_3 事实上不是 3\,000 元,而是 6\,000 元,这时 Q 值应修正为:

$$Q = \sqrt{\frac{2 \times 6\,000 \times 8\,000}{0.03}} = \sqrt{2} \times 4\,000 \text{ 千克}$$

其结果大约是原来的 1.41 倍,换句话说,输入中有 100% 的误差,而输出结果只产生 41% 的误差. 周期与费用函数也具有同样的特性. 显然,这种特性来自平方根的形式.

由此可见,即使对参数值的确定并无多大把握,还可以应用 EOQ 公式. 这种情况也许是颇为常见的. 如存贮费用实际上很难从固定管理费中划分出来,往往是估算的,应该列入订购费用的一些项目可能被漏掉等等. 虽然参数值不很精确,但仍可以获得较好的结果,所以 EOQ 模型能够得到较为广泛的应用.

另外,订货一般不会随订随到,总要拖后一段时间,如果这段时间是固定且已知,假定为 L. 那么,当存贮量跌到 RL 时,就应立即订货,等存贮量下降为零时,货物正好得到补充. 考虑了这一因素,上面求得 EOQ 公式并未发生任何变化,仍旧是经济批量,只是在每次订货时,提前时间 L 就可以了.

10.2.2 模型 Ⅱ:不允许缺货,生产需要一定时间

该模型假定库存的补充是逐渐进行的,而不是立刻完成的,其补充速度为 P. 如物品是厂内自制,而不是外购,则情况就是如此. 此时,P 表示生产速度,P 必须大于 R. 除此之外,其他条件与模型 Ⅰ 完全相同.

考察该存贮系统的运行情况. 假定初始存贮状态 $y(t) = 0$,补充是以 P 的速

度增长,同时,需求以 R 的速度消耗. 由于 $P > R$,因此存贮状态 $y(t)$ 以 $(P-R)$ 的速度在增长. 这一增长过程一直持续到时间 T_P,这是生产总批量 Q 所需的时间,达到存贮状态的极大水平,其值为:

$$\max\left[\,y(t)\,\right] = T_p(P - R) = Q\left(1 - \frac{R}{P}\right)$$

其中

$$T_p = P/Q$$

当存贮状态 $y(t)$ 达到极大水平后,便开始以速度 R 减少,直至下降到零. 据此,可以画出该存贮系统的存贮状态图,见图 10.6.

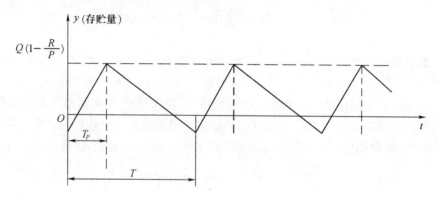

图 10.6

建立费用函数. 同模型 I 的方法一样,考察单位时间的费用.

从存贮状态图中可以看出,两次补充的间隔周期

$$T = T_p + Q\left(1 - \frac{R}{P}\right)\bigg/R = \frac{Q}{P} + Q\left(1 - \frac{R}{P}\right)\bigg/R = \frac{Q}{R}$$

取任一周期,计算其费用有:

$$费用 / 周期 = C_3 + \int_0^{T_P} C_1 \cdot (P - R)t\mathrm{d}t + \int_{T_P}^T C_1 \cdot \left[\,Q\left(1 - \frac{R}{P}\right) - R(t - T_p)\right]\mathrm{d}t$$

整理后得:

$$费用 / 周期 = C_3 + \frac{C_1 Q^2}{2R}\left(1 - \frac{R}{P}\right)$$

将上式两边同乘以单位时间的周期数 $(1/T = R/Q)$,便得到单位时间的费用函数

$$C(Q) = \frac{C_3 R}{Q} + \frac{C_1 Q}{2}\left(1 - \frac{R}{P}\right) \tag{10.5}$$

对上式中的 $C(Q)$ 微分,并令其等于零,求解得:

$$经济批量:Q^* = \sqrt{\frac{2C_3 R}{C_1}\left(\frac{P}{P - R}\right)} \tag{10.6}$$

268

最佳周期：$T^* = \sqrt{\dfrac{2C_3}{C_1 R}\left(\dfrac{P}{P-R}\right)}$ $\qquad\qquad$ (10.7)

最小费用：$C^* = \sqrt{2C_1 C_3 R\left(\dfrac{P-R}{P}\right)}$ $\qquad\qquad$ (10.8)

上述一组公式与式(10.2) $\sim$ (10.4)相比较，只差一个因子 $\left(\sqrt{\dfrac{P}{P-R}}\right)$，如果生产货物的速度 P 很大，即 $P \gg R$ 时，$\left(\sqrt{\dfrac{P}{P-R}}\right) \to 1$，这时这两组公式就相同了．

另外，模型 Ⅱ 可计算出最佳生产时间 T_P^* 和最高存贮量 S^*

最佳生产时间：$T_P^* = \sqrt{\dfrac{2C_3 R}{C_1 P}\left(\dfrac{1}{P-R}\right)}$ $\qquad\qquad$ (10.9)

最高存贮量：$S^* = T_P^*(P-R) = \sqrt{\dfrac{2C_3 R(P-R)}{C_1 P}}$ $\qquad\qquad$ (10.10)

【例 4】 某装配车间每月需要零件甲 400 件，该零件由厂内生产，生产率为每月 800 件，每批生产准备费为 100 元，每月每件零件的存贮费为 0.5 元，试求最小费用与经济批量．

【解】 该问题符合模型 Ⅱ 的假定条件，因此可直接应用上述公式．已知 $C_1 = 0.5$ 元 /(件·月)，$C_3 = 100$ 元，$R = 400$ 件 / 月，$P = 800$ 件 / 月，于是有：

$$Q^* = \sqrt{\dfrac{2C_3 R}{C_1}\left(\dfrac{P}{P-R}\right)} = \sqrt{\dfrac{2 \times 100 \times 400}{0.5}\left(\dfrac{800}{800-400}\right)} = 566 \text{ 件}$$

$$T^* = Q^*/R = 566/400 = 1.4 \text{（月）}$$

$$T_P^* = Q^*/P = 566/800 = 0.7 \text{（月）}$$

$$C^* = \sqrt{2C_1 C_3 R\left(\dfrac{P-R}{P}\right)} = \sqrt{2 \times 0.5 \times 100 \times 400 \times \dfrac{800-400}{800}}$$
$$= 141.4 \text{（元 / 月）}$$

$$S^* = T_P^*(P-R) = 0.7 \times (800-400) = 280 \text{（件）}$$

即每次的经济批量为 566 件，这 566 件只需 0.7 月可完成，相隔 0.7 月后，进行第二批量的生产，周期为 1.4 月，最大存贮水平为 280 件，最小费用为 141.4 元 / 月．

10.2.3 模型 Ⅲ：允许缺货，生产时间很短

模型 Ⅲ 与模型 Ⅰ 相比，差别在于模型 Ⅲ 允许出现缺货．假定单位时间内每件缺货损失为 C_2，至于是否一定要出现缺货，缺货多少？这正是需要决策的．直觉上是这样的想法：缺货损失与存贮费用相比较，可能相当小．因此，在费用方面权衡轻重之后，觉得还是两者兼有的好．那么，最优的策略就有可能是审慎地让存货耗完，而在补充库存之前，积攒起一些缺货量．

现在假定初始贮存状态 $y(t) = S$，经过时间 S/R，下降为零．但此时并不立

即补充,要降到零水平以下．这里负的存贮表示已"卖掉"但尚未"发出"的货物．等达到时间周期 T 时补充一个批量 Q．由以上分析,便可画出该模型的存贮状态图,见图 10.7．

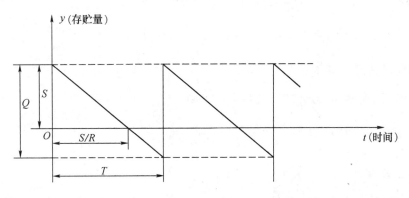

图 10.7

根据存贮状态图,可以写出任一周期 T 内的费用函数

$$费用 / 周期 = C_3 + \int_0^{S/R} G \cdot (S - Rt)\mathrm{d}t + \int_{S/R}^T C_2 \cdot R(t - S/R)\mathrm{d}t$$

积分并整理得:

$$费用 / 周期 = C_3 + \frac{C_1}{2R}S^2 + \frac{C_2}{2R}(Q - S)^2$$

同样,考虑单位时间的费用,即在上式两边同乘单位时间的周期数($1/T = R/Q$),得:

$$C = \frac{C_3 R}{Q} + \frac{C_1 S^2}{2Q} + \frac{C_2(Q - S)^2}{2Q} \tag{10.11}$$

对于模型 Ⅲ 来说,需要决策的量有两个:一是批量 Q,二是缺货量,而缺货量完全可以由 S 来描述．因此,取 Q 和 S 为两个待求的决策变量,即在使总费用 C 最小的情况下,求出 Q 和 S 的取值．利用二元微分求极值的方法进行求解

令

$$\frac{\partial C}{\partial S} = \frac{C_1 S}{Q} - \frac{C_2(Q - S)}{Q} = 0$$

得

$$S = \frac{C_2}{C_1 + C_2}Q$$

令

$$\frac{\partial C}{\partial Q} = -\frac{C_3 R}{Q^2} - \frac{C_1 S^2}{2Q^2} + \frac{C_2(Q - S)}{Q} - \frac{C_2(Q - S)^2}{2Q^2} = 0$$

得

270

$$Q = \sqrt{\frac{1}{C_2}(2C_3R + C_1S^2 + C_2S^2)}$$

联立求解方程组

$$\begin{cases} S = \dfrac{C_2}{C_1 + C_2}Q \\[4mm] Q = \sqrt{\dfrac{1}{C_2}(2C_3R + C_1S^2 + C_2S^2)} \end{cases}$$

得

$$Q^* = \sqrt{\frac{2C_3R}{C_1}\left(\frac{C_1 + C_2}{C_2}\right)} \tag{10.12}$$

$$S^* = \sqrt{\frac{2C_3R}{C_1}\left(\frac{C_2}{C_1 + C_2}\right)} \tag{10.13}$$

$$T^* = \frac{Q^*}{R} = \sqrt{\frac{2C_3}{C_1R}\left(\frac{C_1 + C_2}{C_2}\right)} \tag{10.14}$$

$$C^* = \sqrt{2C_1C_3R\left(\frac{C_2}{C_1 + C_2}\right)} \tag{10.15}$$

最大缺货量为：$$Q^* - S^* = \sqrt{\frac{2C_3R}{C_2}\left(\frac{C_2}{C_1 + C_2}\right)} \tag{10.16}$$

与不允许缺货的模型 Ⅰ 的最小费用相比,多一个因数 $\sqrt{C_2/(C_1 + C_2)}$. 另外,从计算结果可看出,缺货损失费 C_2 越大,则缺货量越小,当 C_2 趋于无穷大时,就变为不允许缺货的情况,得出与模型 Ⅰ 完全相同的结果.

【例 5】 已知需求速度 $R = 100$ 件／月,订购费用 $C_3 = 5$ 元,单位贮存费 $C_1 = 0.4$ 元/(件·月),允许缺货,其单位缺货损失为 $C_2 = 0.15$ 元/(件·月),求单位时间最小费用,并画出最小费用下的存贮状态图.

【解】 利用上述公式,可计算

$$Q^* = \sqrt{\frac{2C_3R}{C_1}\left(\frac{C_1 + C_2}{C_2}\right)} = \sqrt{\frac{2 \times 5 \times 100}{0.4}\left(\frac{0.15 + 0.4}{0.15}\right)} = 96(\text{件})$$

$$S^* = \sqrt{\frac{2C_3R}{C_1}\left(\frac{C_2}{C_1 + C_2}\right)} = \sqrt{\frac{2 \times 5 \times 100}{0.4}\left(\frac{0.15}{0.15 + 0.4}\right)} = 26(\text{件})$$

$$T^* = \frac{Q^*}{R} = \frac{96}{100} = 0.96(\text{月})$$

$$C^* = \sqrt{2C_1C_3R\left(\frac{C_2}{C_1 + C_2}\right)} = \sqrt{\frac{2 \times 0.4 \times 5 \times 0.15 \times 100}{0.15 + 0.4}} = 10.46(\text{元}/\text{月})$$

答:最小费用 $C^* = 10.46$ 元／月,存贮状态图如图 10.8.

10.2.4 模型 Ⅳ:有批发折扣的经济批量模型

在上述各种模型中,其计算的最后结果都未包括货物本身的成本. 这并不是

271

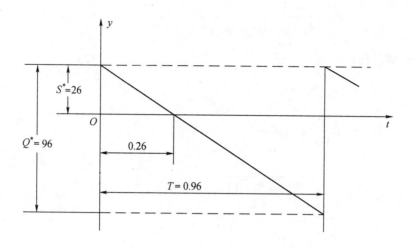

$$\text{图 10.8}$$

因为没有考虑这一项费用,而是即使在总费用函数中加入单位时间的货物成本($R \times k$),由于这一项中不含变量 Q,当对 Q 微分时,该项就自然消失了. 不过,实际生活中有很多场合,当订货量越大时,每件货物的价格就可能越低,即所谓有批发折扣,这样订货量就势必受影响. 下面就讨论带批发折扣的经济批量模型,其他假定条件完全同模型 Ⅰ.

记货物单价为 $K(Q)$,设 $K(Q)$ 按 n 个数量等级变化.

$$K(Q) = \begin{cases} K_1 & (0 \leqslant Q < Q_1) \\ K_2 & (Q_1 \leqslant Q < Q_2) \\ \vdots \\ K_n & (Q_n \leqslant Q) \end{cases}$$

这里,i 代表价格折扣的分界点,而且一般有:$K_1 > K_2 > \cdots\cdots > K_n$

在没有考虑单位时间货物本身的成本时,费用函数为:

$$C = C_3 \cdot \frac{R}{Q} + \frac{C_1}{2} Q$$

加入单位时间货物成本后,费用函数变为:

$$C(Q) = C_3 \cdot \frac{R}{Q} + \frac{C_1}{2} Q + RK(Q) \tag{10.17}$$

即单位时间所需总费用(见图 10.9)

在没有考虑批发折扣因素时,最佳批量 $Q^* = \sqrt{2C_3 R / C_1}$,且 Q^* 位于范围 (Q_2, Q_3) 中,此时,存贮系统的最小单位时间费用为 $\sqrt{2C_3 C_1 R} + RK_2$,从图中可以看到,订货量不能小于 Q^*,否则将会使费用增加,但是订货量大于 Q^*,就有可能使得货物成本方面的节省超过存贮费用方面的增加,这是因为订货量超过分界

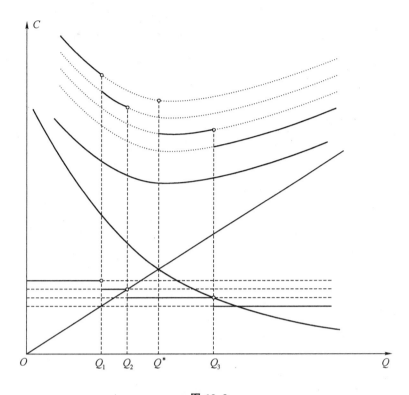

图 10.9

点后有价格折扣,但只能以分界点为限,哪怕超过一点,也只能是不必要地提高存贮费用.因此,Q^* 是最佳订货量的一个可能值,Q_4、Q_5 等都是如此.

从以上分析,可以归纳出有批发折扣情况的经济批量算法步骤:

第一步:根据费用函数 $C(Q) = C_3 \cdot \dfrac{R}{Q} + \dfrac{C_1}{2}Q + RK_i (i = 1, 2, \cdots, n)$,求出最佳批量 $Q^* = \sqrt{2C_3R/C_1}$,并确定 Q^* 落在哪个区间,假定在 (Q_i, Q_{i+1}),此时,总费用为 $\sqrt{2C_3C_1R} + RK_i$.

第二步:取 Q 等于 $Q_{i+1}, Q_{i+2}, \cdots, Q_n$,并代入费用函数进行比较,最后选取总费用最小者所对应的 Q 值作为最佳批量.

【例 6】 某报社必须定期补充纸张的库存量,假定新闻纸以大型卷筒进货,每次订货费用(包括采购手续、运输费等)为 25 元,纸张的价格按下列进货批量进行折扣:

买 1 ~ 9 筒,单价为 12.00 元

买 10 ~ 49 筒,单价为 10.00 元

买 50 ~ 99 筒,单价为 9.50 元

买 100 筒以上.单价为 9.00 元

另外,印刷车间的消耗率为每星期 32 筒,存贮纸张的费用(包括保险、占用资金的利息)为每星期每筒 1 元.要求算出最佳订货批量和每周的最小费用.

【解】 已知 $R = 32$ 筒／周,$C_1 = 1$ 元／(筒·周),$C_3 = 25$ 元

利用 EOQ 公式计算:

$$Q^* = \sqrt{\frac{2C_3R}{C_1}} = \sqrt{\frac{2 \times 25 \times 32}{1}} = 40 \text{ 筒}$$

因 Q^* 落在 $10 \sim 49$,每筒价格为 10.00 元,故每周的总费用为

$$
\begin{aligned}
C(Q^*) &= \sqrt{2C_3C_1R} + R \times 10 \\
&= \sqrt{2 \times 1 \times 25 \times 32} + 32 \times 10 \\
&= 360 \text{ 元／周}
\end{aligned}
$$

显然,没有什么能刺激人们愿意把批量订在 40 筒以下,订货一到 50 筒这个分界点,就可打折扣,这也许值得利用.继续演算,如订货量为 50 筒,计算每周的总费用为:

$$
\begin{aligned}
C(50) &= \frac{C_3R}{50} + \frac{50C_1}{2} + 9.5R \\
&= \frac{25 \times 32}{50} + \frac{50 \times 1}{2} + 9.5 \times 32 \\
&= 345 \text{ 元／周}
\end{aligned}
$$

费用有所下降,说明订 50 筒是有利的.而没有必要去考虑订 $51,52,\cdots,99$ 筒.不过,也许有理由订 100 筒,这时又有折扣,每周总费用为

$$C(100) = 346 \text{ 元／周}$$

通过比较,最后确定:最佳订货批量为 50 筒.最小费用为 345 元／周.

10.3 随机性存贮模型

在确定性存贮模型中,需求(即销售)速度等是确定不变的.然而,不论是日常生活还是生产实际中,需求速度等随机的现象是很多的.这一类存贮问题称为随机性存贮问题.本节将介绍一种常见的单阶段随机需求模型.

单阶段需求模型是指把一个存贮周期作为时间的最小单位,而且只在周期开始时刻作一次决策,确定出订货量或生产量.也就是说,进货量的决定是一次性的,即使库存货物销售完,也不补充进货.

对于确定性存贮模型,曾以存贮系统的费用来衡量存贮策略的优劣.相类似,则以存贮系统的期望收益值或期望损失值来衡量存贮策略的优劣.

为了讲清楚随机性存贮问题的解法,先通过一个例题介绍求解的思路.

【例 7】　某商店拟在新年期间出售一批日历画片,每售出一千张可赢利 70 元.如果在新年期间不能售出,必须削价处理,作为画片出售.由于削价,一定可以售完,此时每千张赔损 40 元.根据以往的经验,市场需求的概率见表 10.1.

表 10.1

需求量 γ(单位:千张)	0	1	2	3	4	5
概率 $P(T)\left(\sum\limits_{\gamma=0}^{5}P(\gamma)=1\right)$	0.05	0.10	0.25	0.35	0.15	0.10

每年只能订货一次,问应订购日历画片几千张才能使获利的期望值最大?

【解】　如果该店订货 4 千张,计算获利的可能数值.

当市场需求为 0 时获利为 $(-40)\times 4 = -160$ 元

当市场需求为 1 时获利为 $(-40)\times 3 + 70\times 1 = -50$ 元

当市场需求为 2 时获利为 $(-40)\times 2 + 70\times 2 = 60$ 元

当市场需求为 3 时获利为 $(-40)\times 1 + 70\times 3 = 170$ 元

当市场需求为 4 时获利为 $(-40)\times 0 + 70\times 4 = 280$ 元

当市场需求为 5 时获利为 $(-40)\times 0 + 70\times 4 = 280$ 元

订购量为 4 千张时获利的期望值

$$E[C(4)] = (-160)\times 0.05 + (-50)\times 0.10 + 60\times 0.25 + 170\times 0.35$$
$$+ 280\times 0.15 + 280\times 0.10$$
$$= 131.5 \text{ 元}$$

按上述算法列出表 10.2.

表 10.2

订货量 \ 需求量 (获利)	0	1	2	3	4	5	获利的期望值
0	0	0	0	0	0	0	0
1	-40	70	70	70	70	70	64.5
2	-80	30	140	140	140	140	118.0
3	-120	-10	10	210	210	210	144.0*
4	-160	-50	60	170	280	280	131.5
5	-200	-90	20	130	240	350	102.5

由表 10.2 可知获利期望值最大者为 144.0 元.经比较后可知该店订购 3 千张日历画片可使获利期望值最大.

本例还可以从相反角度考虑求解.当订货量为 Q 时,可能发生滞销赔损(供过于求的情况),也可能发生因缺货而失去销售机会(供不应求的情况).把这两种损失合起来考虑,取损失期望值最小者所对应的 Q 值.

当该店订购量为 2 千张时,计算其损失的可能值:

当市场需求量为 0 时滞销损失为 $(-40) \times 2 = -80$ 元

当市场需求量为 1 时滞销损失为 $(-40) \times 1 = -40$ 元

当市场需求量为 2 时滞销损失为 $(-40) \times 0 = 0$ 元

(以上三项皆为供货大于需求时滞销损失)

当市场需求量为 3 时缺货损失为 $(-70) \times 1 = -70$ 元

当市场需求量为 4 时缺货损失为 $(-70) \times 2 = -140$ 元

当市场需求量为 5 时缺货损失为 $(-70) \times 3 = -210$ 元

(以上三项皆为供货小于需求时,失去销售机会而少获利的损失.)

当订货量为 2 千张时,缺货和滞销两种损失之和的期望值

$$E[C(2)] = (-80) \times 0.05 + (-40) \times 0.10 + 0 \times 0.25$$
$$+ (-70) \times 0.35 + (-140) \times 0.15 + (-210) \times 0.10$$
$$= -74.5 \text{ 元}$$

按此算法列出表 10.3.

表 10.3

订货量(单位:千张)	0	1	2	3	4	5
损失的期望值	-192.5	-128	-74.5	-48.5*	-61	-90

比较表中期望值以 -48.5 最大,因采用负数表示损失,即 48.5 为损失最小值.该店订购 3 千张日历画片可使损失的期望值最小.这结论与前边得出的结论一样,都是订购日历画片 3 千张.这说明对同一问题可以从两个不同的角度去考虑,一是考虑获得最多,一是考虑损失最小.这两种考虑确实有差别,但对具体问题实质上是一个问题的不同表示形式.因此处理这类问题时,可根据情况选其一.

10.3.1　模型 V:需求是随机离散的

报童问题:报童每天售报数量是一个随机变量.报童每售出一份报纸赚 k 元.如报纸未能售出,每份赔 h 元.每日售出报纸份数 f 的概率 $P(r)$ 根据以往的经验是已知的,问报童每日最好准备多少份报纸?

这个问题是报童每日报纸的订货量 Q 为何值时,赚钱的期望值最大.即如何适当地选择 Q 值,使因不能售出报纸的损失及因缺货失去销售机会的损失,两者期望值之和最小.现在用计算损失期望值最小的办法求解.

【解】　设售出报纸数量为 r,其概率 $P(r)$ 为已知,$\sum_{r=0}^{\infty} P(r) = 1$.

设报童订购报纸数量为 Q.

276

① 供过于求时$(r \leqslant Q)$，报纸因不能售出而承担的损失，其期望值为：

$$\sum_{r=0}^{Q} h(Q-r)P(r)（参见例7）$$

② 供不应求时$(r > Q)$，因缺货而少赚钱的损失，其期望值为：

$$\sum_{r=Q+1}^{\infty} k(r-Q)P(r)$$

综合①，②两种情况，当订货量为Q时，损失的期望值为：

$$E[C(Q)] = h\sum_{r=0}^{Q}(Q-r)P(r) + k\sum_{r=Q+1}^{\infty}(r-Q)P(r) \qquad (10.18)$$

要从式中确定Q的值，使$E[C(Q)]$最小.

由于报童订购报纸的份数只能取整数，r是离散变量，所以不能用求导数的方法求极值.为此设报童每日订购报纸份数最佳量为Q，其损失期望值应有：

(1) $E[C(Q)] \leqslant E[C(Q+1)]$

(2) $E[C(Q)] \leqslant E[C(Q-1)]$

从(1)出发进行推导，有：

$$h\sum_{r=0}^{Q}(Q-r)P(r) + k\sum_{r=Q+1}^{\infty}(r-Q)P(r)$$

$$\leqslant h\sum_{r=0}^{Q+1}(Q+1-r)P(r) + k\sum_{r=Q+2}^{\infty}(r-Q-1)P(r)$$

经化简后得

$$(k+h)\sum_{r=0}^{Q}P(r) - k \geqslant 0$$

即

$$\sum_{r=0}^{Q}P(r) \geqslant \frac{k}{k+h}$$

从(2)出发进行推导，有：

$$h\sum_{r=0}^{Q}(Q-r)P(r) + k\sum_{r=Q+1}^{\infty}(r-Q)P(r)$$

$$\leqslant h\sum_{r=0}^{Q-1}(Q-1-r)P(r) + k\sum_{r=Q}^{\infty}(r-Q+1)P(r)$$

经化简后得

$$(k+h)\sum_{r=0}^{Q-1}P(r) - k \leqslant 0$$

即

$$\sum_{r=0}^{Q-1}P(r) \leqslant \frac{k}{k+h}$$

报童应准备的报纸最佳数量 Q 应按下列不等式确定：

$$\sum_{r=0}^{Q-1} P(r) \leqslant \frac{k}{k+h} \leqslant \sum_{r=0}^{Q} P(r) \tag{10.19}$$

从最大赢利来考虑报童应准备的报纸数量．设报童订购报纸数量为 Q，获利的期望值为 $E[C(Q)]$，其余符号和前面推导时表示的意义相同．

当需求 $r \leqslant Q$ 时，报童只能售出 r 份报纸，每份赚 k 元，共赚 $k \cdot r$ 元，未售出的报纸，每份赔 h 元，滞销损失为 $h(Q-r)$ 元．

此时赢利的期望值为：

$$\sum_{r=0}^{Q} [kr - h(Q-r)] P(r)$$

当需求 $r > Q$ 时，报童因为只有 Q 份报纸可供销售，赢利的期望值为 $\sum_{r=Q+1}^{\infty} k \cdot QP(r)$，无滞销损失．由以上分析知赢利的期望值

$$E[C(Q)] = \sum_{r=0}^{Q} k \cdot r \cdot P(r) - \sum_{r=0}^{Q} h(Q-r)P(r) + \sum_{r=Q+1}^{\infty} k \cdot Q \cdot P(r)$$

为使订购 Q 赢利的期望值最大，应满足下列关系式：

(1) $E[C(Q+1)] \leqslant E[C(Q)]$

(2) $E[C(Q-1)] \leqslant E[C(Q)]$

从(1) 可推导出

$$k \sum_{r=0}^{Q+1} \cdot rP(r) - h \sum_{r=0}^{Q+1} (Q+1-r)P(r) + k \sum_{r=Q+2}^{\infty} (Q+1)P(r)$$

$$\leqslant k \sum_{r=0}^{Q} r \cdot P(r) - h \sum_{r=0}^{Q} (Q-r)P(r) + k \sum_{r=Q+1}^{\infty} Q \cdot P(r)$$

经化简后得

$$kP(Q+1) - h \sum_{r=0}^{Q} P(r) + k \sum_{r=Q+1}^{\infty} P(r) \leqslant 0$$

进一步化简得

$$k \left[1 - \sum_{r=0}^{Q} P(r) \right] - h \sum_{r=0}^{Q} P(r) \leqslant 0$$

$$\sum_{r=0}^{Q} P(r) \geqslant \frac{k}{k+h}$$

同理从(2) 推导出

$$\sum_{r=0}^{Q-1} P(r) \leqslant \frac{k}{k+h}$$

用不等式

$$\sum_{r=0}^{Q-1} P(r) \leqslant \frac{k}{k+h} \leqslant \sum_{r=0}^{Q} P(r)$$

278

确定 Q 的值,这一公式与式(10.19)完全相同.

尽管报童问题中损失最小的期望值与赢利最大的期望值是不同的,但确定 Q 值的条件是相同的.无论从哪一方面考虑,报童的最佳订购份数是一个确定的数值.在下面的模型 Ⅵ 中将进一步说明这个问题.

现利用式(10.19)解例 7 的问题.

已知:$k = 7, h = 4, \dfrac{k}{k + h} = 0.637, P(0) = 0.05, P(1) = 0.10, P(2) = 0.25, P(3) = 0.35, \sum\limits_{r = 0}^{2} P(r) = 0.40 < 0.637 < \sum\limits_{r = 0}^{3} P(r) = 0.75$,因此该店应订购日历画片 3 千张.

【例 8】 某店拟出售甲商品,每单位甲商品成本 50 元,售价 70 元.如不能售出必须削价为 40 元,减价后一定可以卖出.已知售货量 r 的概率服从泊松分布.

$$P(r) = \frac{\mathrm{e}^{-\lambda} \lambda^{r}}{r!} (\lambda \text{ 为平均售出数})$$

根据以往经验,平均售出数为 6 单位($\lambda = 6$).求该店订购量.

【解】 该店的缺货损失,每单位商品为 $70 - 50 = 20$ 元,滞销损失,每单位商品为 $50 - 40 = 10$ 元,利用公式(10.19),其中 $k = 20, h = 10$.

$$\frac{k}{k + h} = \frac{20}{20 + 10} = 0.667, P(r) = \frac{\mathrm{e}^{-6} 6^{r}}{r!}, \sum_{r = 0}^{Q} P(r) \text{ 记作 } F(Q), \text{可查统计表}$$

$$F(6) = \sum_{r = 0}^{6} \frac{\mathrm{e}^{-6} 6^{r}}{r!} = 0.606\,3, \qquad F(7) = \sum_{r = 0}^{7} \frac{\mathrm{e}^{-6} 6^{r}}{r!} = 0.744\,0$$

因 $F(6) < \dfrac{k}{k + h} < F(7)$,故订货批量应为 7 单位,此时损失的期望值最小.

答:该店订货量应为 7 单位甲商品.

【例 9】 上题中如缺货损失为 10 元,滞销损失为 20 元,在这种情况下该店订货量应为多少?

【解】 利用公式(10.19),其中 $k = 10, h = 20$.

$$\frac{k}{h + k} = \frac{10}{20 + 10} = 0.333\,3$$

查统计表,找与 0.333 3 相近的数.

$$F(4) = \sum_{r = 0}^{4} \frac{\mathrm{e}^{-6} 6^{r}}{r!} = 0.258\,1, \qquad F(5) = \sum_{r = 0}^{5} \frac{\mathrm{e}^{-6} 6^{r}}{r!} = 0.445\,7$$

$F(4) < 0.333\,3 < F(5)$,故订货量应为甲商品 5 单位.

答:该店订货量应为 5 单位甲商品.

模型 Ⅴ 只解决一次订货问题,对报童实际上每日订货策略问题也应当认为解决了.但模型中有一个严格的约定,即两次订货之间没有联系,都看作独立的一次订货.这种存贮策略也可称之为定期定量订货.

10.3.2　模型 Ⅵ：需求是连续的随机变量

设：货物单位成本为 K，货物单位售价为 P，单位存贮费为 C_1，需求 r 是连续的随机变量，密度函数为 $\phi(r)$，$\phi(r)\mathrm{d}r$ 表示随机变量在 r 与 $r+\mathrm{d}r$ 之间的概率，其分布函数 $F(\alpha)=\int_0^\alpha\phi(r)\mathrm{d}r(\alpha>0)$，生产或订购的数量为 Q，问如何确定 Q 的值使赢利的期望值最大？

【解】　首先考虑当订购数量为 Q 时，实际销售量应是 $\min[r,Q]$，也就是当需求为 r 且 r 小于 Q 时，实际销售量为 r；$r\geqslant Q$ 时，实际销售量只能是 Q. 须支付的存贮费用：

$$C_1(Q)=\begin{cases}C_1\cdot(Q-r)\cdot r & r\leqslant Q\\0 & r>Q\end{cases}$$

货物的成本为 KQ，本阶段订购量为 Q，赢利为 $W(Q)$，赢利的期望值记作 $E[W(Q)]$.

本阶段的赢利：$W(Q)=P\cdot\min[r,Q]-KQ-C_1(Q)$

即

　　　　赢利 = 实际销售货物的收入 - 货物成本 - 支付的存贮费用

赢利期望值：

$$E[W(Q)]=\int_0^Q Pr\phi(\gamma)\mathrm{d}r+\int_Q^\infty PQ\phi(\gamma)\mathrm{d}r-KQ-\int_0^Q C_1(Q-r)\phi(\gamma)\mathrm{d}r$$

$$=\int_0^\infty Pr\phi(\gamma)\mathrm{d}r-\int_\varphi^\infty Pr\phi(\gamma)\mathrm{d}r+\int_Q^\infty PQ\phi(\gamma)\mathrm{d}r-KQ-\int_0^Q C_1(Q-r)\phi(\gamma)\mathrm{d}r$$

$$=PE(r)-\left\{P\int_Q^\infty(r-Q)\phi(\gamma)\mathrm{d}r+\int_0^Q C_1(Q-r)\phi(\gamma)\mathrm{d}r+KQ\right\}$$

式中：PE—— 常量(称为平均盈利)；

$P\displaystyle\int_Q^\infty(r-Q)\phi$—— 因缺货失去销售机会损失的期望值；

$(r)\mathrm{d}x+\displaystyle\int_0^Q C_1(Q-r)$—— 因滞销受到损失的期望值(只考虑了贮存费)；

γ—— 常量

记

$$E[C(Q)]=P\int_Q^\infty(r-Q)\phi(\gamma)\mathrm{d}r+C_1\int_0^Q(Q-r)\phi(\gamma)\mathrm{d}r+KQ$$

$$\tag{10.20}$$

为使赢利期望值极大化，有下列等式：

$$\max E[W(Q)]=PE(r)-\min E[C(Q)]\tag{10.21}$$

$$\max E[W(Q)]+\min E[C(Q)]=PE(r)\tag{10.22}$$

式(10.21)表明了赢利最大与损失极小所得出的 Q 值相同.式(10.22)表明最大赢利期望值与损失极小期望之和是常数.从表10.2与表10.3中对应着相同的 Q,去掉表10.3中数据的负号后,两者期望值之和皆为192.5,称之为该问题的平均盈利.

根据上面的分析,求赢利极大可转为求 $E[C(Q)]$(损失期望值)极小.当 Q 可连续取值时,$E[C(Q)]$ 是 Q 的连续函数,可利用微分法求最小.

$$\frac{\mathrm{d}E[C(Q)]}{\mathrm{d}Q} = \frac{\mathrm{d}}{\mathrm{d}Q}\Big[P\int_Q^\infty (r-Q)\phi(\gamma)\mathrm{d}r + C_1\int_0^Q (Q-r)\phi(\gamma)\mathrm{d}r + KQ \Big]$$
$$= C_1\int_0^Q \phi(\gamma)\mathrm{d}r - P\int_Q^\infty \phi(\gamma)\mathrm{d}r + K$$

令

$$\frac{\mathrm{d}E[C(Q)]}{\mathrm{d}Q} = 0,$$

记

$$F(Q) = \int_0^Q \phi(\gamma)\mathrm{d}r$$

即

$$C_1 F(Q) - P[1 - F(Q)] + K = 0$$
$$F(Q) = \frac{P - K}{C_1 + P} \tag{10.23}$$

由上式可解出 Q,并记为 Q^*,Q^* 为 $E[C(Q)]$ 的驻点.又因

$$\frac{\mathrm{d}^2 E[C(Q)]}{\mathrm{d}Q^2} = C_1\phi(\Theta) + P\phi(\Theta) > 0$$

知 Q^* 为 $E[C(Q)]$ 的极小值点,在本模型中也是最小值点.

若 $P - K \leqslant 0$,显然由于 $F(Q) \geqslant 0$,等式不成立,此时 Q^* 取零值.即售价低于成本时,不需订货(或生产).

式中只考虑了失去销售机会的损失,如果缺货时要付出的费用 $C_2 > P$ 时,应有

$$E[C(Q)] = C_2\int_Q^\infty (r-Q)\phi(\gamma)\mathrm{d}r + C_1\int_0^Q (Q-r)\phi(\gamma)\mathrm{d}r + KQ$$

$$\tag{10.24}$$

按上述方法推导得:

$$F(Q) = \int_0^Q \phi(\gamma)\mathrm{d}r = \frac{C_2 - K}{C_1 + C_2} \tag{10.25}$$

模型 V 及模型 VI 都是只解决一个阶段的问题,从一般情况来考虑,上一阶段未售出的货物可以在第二阶段继续出售.这时应该如何制定存贮策略呢?

假设第一阶段未能售出的货物数量为 I,作为本阶段初的存贮,有

$$\min E[C(Q)] = K(Q - I) + C_2 \int_Q^\infty (r - Q)\phi(\gamma)\mathrm{d}r + \int_0^Q (Q - r)\phi(\gamma)\mathrm{d}r - KI$$

$$+ \min \left\{ C_2 \int_Q^\infty (r - Q)\phi(\gamma)\mathrm{d}r + C_1 \int_0^Q (Q - r)\phi(\gamma)\mathrm{d}r + KQ \right\}$$

与式(10.24)相同

利用 $F(Q) = \int_0^Q \phi(\gamma)\mathrm{d}r = \dfrac{C_2 - K}{C_1 + C_2}$，求出 Q^* 的值，相应的存贮策略为：当 $I \geqslant Q^*$ 时，本阶段不订货；当 $I < Q^*$ 时，本阶段应订货，订货量为 $Q = Q^* - I$，使本阶段的存贮量达到 Q^*，这时赢利期望值最大．

这种策略也可以称作定期订货，订货量不定的存贮策略．

【例 10】 已知 $K = 0.1, C_1 = 0.2, C_2 = 3.8$，需求服从正态分布，密度函数：

$$P(x) = \frac{1}{\sqrt{2\pi}\sigma} \mathrm{e}^{-\frac{(x - a)^2}{2\sigma^2}} \quad (\text{这里 } a = 3 \times 10^6, \sigma = 1 \times 10^6)$$

试求经济批量 Q^*．

【解】 利用公式(10.25)有

$$\frac{C_2 - K}{C_1 + C_2} = \frac{3.8 - 0.1}{3.8 + 0.2} = 0.925\,0$$

$$\int_0^Q P(x)\mathrm{d}x = \int_0^Q \frac{1}{\sqrt{2\pi}\sigma} \mathrm{e}^{-\frac{(x - a)^2}{2\sigma^2}}$$

$$= \int_{\frac{0 - a}{\sigma}}^{\frac{Q - a}{\sigma}} \frac{1}{\sqrt{2\pi}} \mathrm{e}^{-\frac{\gamma^2}{2}}\mathrm{d}y$$

$$= F_{0.1}\left(\frac{Q - a}{\sigma}\right) - F_{0.1}\left(\frac{0 - a}{\sigma}\right)$$

$$F_{0.1}\left(\frac{Q - 3 \times 10^6}{10^6}\right) - F_{0.1}\left(\frac{0 - 3 \times 10^6}{10^6}\right) = 0.925\,0$$

于是

$$F_{0.1}\left(\frac{Q - 3 \times 10^6}{10^6}\right) = 0.925\,0 + F_{0.1}(-3) = 0.925\,0 + [1 - F(3)]$$

$$= 0.925\,0 + 1 - 0.998\,7$$

$$= 0.925\,0 + 1 - 0.998\,7 = 0.926\,3$$

查标准正态分布表得：

$$\frac{Q - 3 \times 10^6}{10^6} = 1.45$$

从而得

$$Q^* = 3 \times 10^6 + 1.45 \times 10^6 = 4.45 \times 10^6$$

10.4　其他类型的存贮问题

前面介绍了一些基本存贮模型,得到了一些基本公式,据此可以解决许多存贮问题.但是,实际存贮问题是多种多样的,为能顺利解决这些问题,不仅要掌握建立存贮模型的基本思路和方法,还要了解一些常见的存贮模型及寻求其最佳存贮策略的方法.

10.4.1　(s,S) 型存贮模型

1) 问题

设单位货物的成本为 K,单位存贮费为 C_1,单位缺货费为 C_2,每次订购费为 C_3;需求 r 是连续随机变量,其密度函数为 $\varphi(r)$,显然有 $\int_0^\infty \varphi(r)\mathrm{d}r = 1$,分布函数 $F(x) = \int_0^x \varphi(r)\mathrm{d}r, x > 0$;期初存贮量为 I,订购批量为 Q,此时库存量达到 $S = I + Q$,试确定 S 与 s 的值,使损失的期望值最小(或盈利的期望值最大).

2) 问题的分析与求解

(1) 总费用期望值.因期初存贮量为 I,订购量为 Q,则库存量达到 $S = I + Q$,本阶段所需各种费用有:

订货费:$C_3 + KQ = C_3 + K(S - I)$

存贮费(期望值):$\int_0^S C_1(S - r)\varphi(r)\mathrm{d}r$

缺货费(期望值):$\int_S^\infty C_2(r - S)\varphi(r)\mathrm{d}r$

总费用(期望值):

$$C(S) = C(I + Q)$$
$$= C_3 + K(S - I) + \int_0^S C_1(S - r)\varphi(r)\mathrm{d}r + \int_S^\infty C_2(r - S)\varphi(r)\mathrm{d}r$$

(2) 优化.仿照模型 V 的情形:令 $\dfrac{\mathrm{d}C(S)}{\mathrm{d}S} = 0$,可得

$$F(S) = \int_0^S \varphi(r)\mathrm{d}r = \frac{C_2 - K}{C_1 + C_2} = N \tag{10.26}$$

称 N 为临界值,显然 $N < 1$.

(3) 确定存贮策略.由 $\int_0^S \varphi(r)\mathrm{d}r = N$ 确定 S^* 的值,即 (s, S) 中的 S.同时有 $Q^* = S^* - I$.

3) 确定 (s, S) 中的 s

这里称 s 为订货点. 每阶段初检查库存,当库存量 $I < s$ 时,需订货,订购数量:$Q = S - I$;当 $I \geqslant s$ 时,本阶段不订货.

如果本阶段不订货则可以节省订购费 C_3,问题是原有储量 I 达到什么水平才可以不订货?下面即讨论寻求订货点 s 的方法.

s 应使下面的不等式成立

$$Ks + C_1 \int_0^s (s - r) \varphi(r) dr + C_2 \int_s^\infty (r - s) \varphi(r) dr$$

$$\leqslant C_3 + KS + C_1 \int_0^s (s - r) \varphi(r) dr + C_2 \int_s^\infty (r - s) \varphi(r) dr \quad (10.27)$$

显然,当 $s = S$ 时不等式(10.27)成立.

当 $s < S$ 时,不等式左端的存贮费用期望值小于右端存贮费用期望值,而左端缺货费用期望值大于右端缺货费用期望值,左端 Ks 小于右端 $C_3 + KS$,因此,使不等式(10.27)成立的 s 值还是可能存在的. 如果有多个 s 值都使不等式(10.27)成立,则选取其中最小者作为本模型 (s, S) 存贮策略的 s 值.

不等式(10.27)也可写成如下形式:

$$C_3 + K(S - s) + C_1 \left[\int_0^s (S - r) \varphi(r) dr - \int_0^s (s - r) \varphi(r) dr \right]$$

$$+ C_2 \left[\int_s^\infty (r - s) \varphi(r) dr - \int_s^\infty (r - s) \varphi(r) dr \right] \geqslant 0$$

4) 需求是离散型随机变量时的 (s, S) 型存贮策略

(1) 设需求量 r 取值为 $r_0, r_1, \cdots, r_m (r_i < r_{i+1})$,相应概率依次为:$P(r_0)$,$P(r_1), \cdots, P(r_m)$,有:$\sum_{i=0}^m P(r_i) = 1$

原有存贮量为 I(在本阶段内为常数),阶段初订货量为 Q,存贮量达到 $I + Q$.

(2) 本阶段的各种费用.

订货费:$C_3 + KQ$

存贮费(期望值):$\sum_{r \leqslant I+Q} C_1(I + Q - r) P(r)$

缺货费(期望值):$\sum_{r > I+Q} C_2(r - I - Q) P(r)$

本阶段总费用:

$$C(I + Q) = C_3 + KQ + \sum_{r \leqslant I+Q} C_1(I + Q - r) P(r) + \sum_{r > I+Q} C_2(r - I - Q) P(r)$$

($r = I + Q$ 时存贮及缺货费均为零).

记 $S = I + Q$,上式可写成

$$C(S) = C_3 + K(S - I) + \sum_{r \leqslant S} C_1(S - r) P(r) + \sum_{r > S} C_2(r - S) P(r)$$

(3) 求 S 的值,使 $C(S)$ 最小.

284

当 S 取得 r_i 时记为 S_i，则有：

$$\Delta S_i = S_{i+1} - S_i = r_{i+1} - r_i = \Delta r_i > 0 \qquad (i = 0, 1, \cdots, m-1)$$

$$C(S_{i+1}) = C_3 + K(S_{i+1} - I) + \sum_{r \leqslant S_{i+1}} C_1(S_{i+1} - r)P(r)$$
$$+ \sum_{r > S_{i+1}} C_2(r - S_{i+1})P(r)$$

$$C(S_i) = C_3 + K(S_i - I) + \sum_{r \leqslant S_i} C_1(S_i - r)P(r) + \sum_{r > S_i} C_2(r - S_i)P(r)$$

$$C(S_{i-1}) = C_3 + K(S_{i-1} - I) + \sum_{r \leqslant S_{i-1}} C_1(S_{i-1} - r)P(r)$$
$$+ \sum_{r > S_{i-1}} C_2(r - S_{i-1})P(r)$$

为使 $\min C(S_i)$，S_i 应满足下列不等式：

① $C(S_{i+1}) - C(S_i) \geqslant 0$

② $C(S_i) - C(S_{i-1}) \leqslant 0$

即

$$\Delta C(S_i) = C(S_{i+1}) - C(S_i) = K\Delta S_i + C_1 \Delta S_i \sum_{r \leqslant S_i} P(r) - C_2 \Delta S_i \sum_{r > S_i} P(r)$$
$$= K\Delta S_i + C_1 \Delta S_i \sum_{r \leqslant S_i} P(r) - C_2 \Delta S_i \Big[1 - \sum_{r \leqslant S_i} P(r) \Big]$$
$$= K\Delta S_i + (C_1 + C_2)\Delta S_i \sum_{r \leqslant S_i} P(r) - C_2 \Delta S_i \geqslant 0$$

由于 $\Delta S_i > 0$，所以有：

$$K + (C_1 + C_2) \sum_{r \leqslant S_i} P(r) - C_2 \geqslant 0$$

即

$$\sum_{r \leqslant S_i} P(r) \geqslant \frac{C_2 - K}{C_1 + C_2} = N(临界值)$$

同理，由 ② 可得：

$$\sum_{r \leqslant S_{i-1}} P(r) \leqslant \frac{C_2 - K}{C_1 + C_2} = N$$

于是得到确定 S_i 的不等式：

$$\sum_{r \leqslant S_{i-1}} P(r) < N = \frac{C_2 - K}{C_1 + C_2} \leqslant \sum_{r \leqslant S_i} P(r) \qquad (10.28)$$

取满足式(10.28) 的 S_i 为 S^*，从而即可确定出

$$Q^* = S^* - I$$

（4）确定订货点 s 的方法．将不等式(10.27) 对应地改写成需求为离散随机变量的情形即有：

$$Ks + \sum_{r \leqslant s} C_1(s - r)P(r) + \sum_{r > s} C_2(r - s)P(r) \leqslant C_3 + KS$$
$$+ \sum_{r \leqslant S} C_1(S - r)P(r) + \sum_{r > S} C_2(r - S)P(r) \tag{10.29}$$

若有多个 s 值都满足式(10.29),则取最小者为订货点.

【例11】 某厂对原料 A 需求量的概率见表 10.4. 已知每箱原料 A 的成本为 8 元,存贮费 0.2 元/箱,订购手续费每次 18 元,缺货费每箱 28 元,仓库原有存货 12 箱. 试求最佳存贮策略 (s, S) 及相应的最小总费用.

表 10.4

需量	16	17	18	19	20	21	22	23
概率	0.05	0.05	0.10	0.15	0.15	0.25	0.20	0.05

【解】 由题意知: $K = 8, C_1 = 0.2, C_2 = 28, C_3 = 18, I = 12.$

(1) 临界值 $N = \dfrac{28 - 8}{0.2 + 28} \approx 0.709\ 2$

(2) 求 S^*

因

$$\sum_{r \leqslant 20} P(r) = 0.5, \qquad \sum_{r \leqslant 21} P(r) = 0.75$$

而

$0.50 < 0.709\ 2 < 0.75$,所以 $S^* = 21, Q'' = S^* - I = 21 - 12 = 9.$

$$\min C(S) = C(S^*)$$
$$= C_3 + K(S^* - I) + \sum_{r \leqslant S^*} C_1(S^* - r)P(r) \sum_{r > S^*} C_2(r - S^*)P(r)$$
$$= 18 + 8 \times 9 + 0.2 \times \{(21 - 16) \times 0.05 + (21 - 17) \times 0.05$$
$$+ (21 - 18) \times 0.10 + (21 - 19) \times 0.15 + (21 - 20) \times 0.15 + 0\}$$
$$+ 28 \times \{(22 - 21) \times 0.20 + (23 - 21) \times 0.05\}$$
$$= 98.64$$

(3) 利用公式(10.29)确定 s

$S = 21$,公式(10.29)右端为

$18 + 8 \times 21 + 0.2\{(21 - 16) \times 0.05 + (21 - 17) \times 0.05 + (21 - 18) \times$ $0.10 + (21 - 19) \times 0.15 + (21 - 20) \times 0.15\} + 28\{(22 - 21) \times 0.20 +$ $(23 - 21) \times 0.05\}$

$= 194.64$

依次令 $s = 16, 17, \cdots, 21$,计算公式(10.29)左端的值,第一个使不等式成立的 s 值即为所求.

当 $s = 16$ 时

286

左 = $8 \times 16 + 0.20 \times 0 + 28\{(17-16) \times 0.05 + (18-16) \times 0.10$

$\quad + (110.16) \times 0.15 + (20-16) \times 0.15 + (21-16) \times 0.25$

$\quad + (22-16) \times 0.20 + (23-16) \times 0.05\}$

$\quad = 242.80 > 194.64$

当 $s = 17$ 时

左 = $8 \times 17 + 0.20 \times (17-16) \times 0.05 + 28\{(18-17) \times 0.10$

$\quad + (110.17) \times 0.15 + (20-17) \times 0.15 + (21-17) \times 0.25$

$\quad + (22-17) \times 0.20 + (23-17) \times 0.05\}$

$\quad = 224.21 > 194.64$

当 $s = 18$ 时

左 = $207.03 > 194.64$

当 $s = 19$ 时

左 = $192.67 < 194.64$

所以 $s = 19$. 表明只要库中尚有 19 箱原料 A,本期就可以不进货.

(s, S) 存贮策略是定期订货,订货数量的多少要根据上期末的库存 I 来确定,有 $Q = S - I$. 对不易清点数量的货物,常将库存分为两堆,一堆的数量为 s,其余的为另一堆. 平时从另一堆中取用,当动用了数量为 s 的一堆时,期末即订货. 否则期末不订货. 俗称两堆法.

【例12】 某摩托车销售公司聘请了一位运筹学顾问,以求减少与存贮摩托车有关的费用. 该顾问经调查销售情况,搜集并研究有关数据后得出如下结果:

一个月中能售出的摩托车数在区间 $[75, 100]$ 内服从均匀分布,且分布密度

$$f(x) = \begin{cases} 1/25, & \text{当 } 75 \leq x \leq 100 \\ 0, & x > 100 \text{ 或 } x < 75 \end{cases}$$

采购一批摩托车的准备费 $C_3 = 5\,000$ 元,每辆摩托车的进价为 4 000 元,存贮费含两部分:一部分为占用资金的利息,为 $4\,000 \times 0.12 = 480$(元/(辆·年)) = 40(元/(辆·月));另一部分为保管及清洗费,为 20(元/(辆·月)). 若库中已无存货,购车顾客到达后立即进货平均每辆 4 300 元. 请为该公司制定最佳存贮策略.

【解】 (1)由题意 $K = 4\,000$,$C_1 = 60$,$C_2 = 4\,300$,$C_3 = 5\,000$. 计算临界值

$$N = \frac{C_2 - K}{C_1 + C_2} = \frac{4\,300 - 4\,000}{60 + 4\,300} \approx 0.069$$

由公式(10.22)即有

$$\int_{75}^{S} \frac{1}{25} \mathrm{d}x = \frac{1}{25}[S - 75] = 0.069$$

解方程得:$S^* = 76.7$

(2)利用公式(10.27)确定订货点 s. 式(10.27)的右端为

$$5\,000 + 4\,000 \times 76.7 + 60\int_{75}^{76.7}(76.7 - x)\frac{1}{25}dx + 4\,300\int_{76.7}^{100}(x - 76.7)\frac{1}{25}dx$$

$$= 311800 + \frac{60}{25}\left[76.7x - \frac{x^2}{2}\right]_{75}^{76.7} + \frac{4\,300}{25}\left[\frac{x^2}{2} - 76.7x\right]_{76.7}^{100}$$

$$\approx 311\,800 + 4.468 + 46\,688.54 \approx 358\,492$$

$$\text{左} = 4\,000s + \frac{60}{25}\left[sx + \frac{x^2}{2}\right]_{75}^{s} + \frac{4\,300}{25}\left[\frac{x^2}{2} - sx\right]_{s}^{100}$$

$$= 4\,000s + 1.2s^2 - 180s + 6\,750 + 86s^2 - 17\,200s + 860\,000$$

按公式(10.27)得方程:

$$87.2s^2 - 13\,380s + 50\,8258 = 0$$

解得:

$$s = \frac{13\,380 \pm \sqrt{(13\,380)^2 - 4 \times 87.2 \times 508\,258}}{2 \times 87.2}$$

$$s_1 = 84.292, s_2 = 69.147$$

取最小者,$s = 69.147$ 即是该问题的订货点.

顾问向公司提供的信息是:当摩托车的库存量降至 69 辆以下时就应进货,使库存量达到 77 辆.

注意:本节讨论的 (s, S) 型存贮策略,其中 $s - S$ 的最优性主要根据成本函数是凸函数这个事实. 如果成本函数不满足这个性质,一般说,$s - S$ 策略将不再是最优的.

10.4.2 允许缺货,生产需一定时间的产 — 销存贮模型

(1)假设条件:除允许缺货及生产需一定时间外,其他条件同模型 Ⅲ.

(2)存贮状态图见图 10.10.

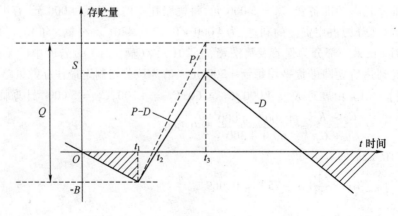

图 10.10

在图 10.10 中，$[0, t_2]$ 时间内库存量为零，t_1 时达到最大缺货量 $B = Dt_1 = (P - D)(t_2 - t_1)$. 　　　　　　　　　　　　　　　　　　　　　　　(*)

$[t_1, t_2]$ 时间内从 t_1 开始生产，除满足需求外，还补 $[0, t_1]$ 时的短缺，到 t_2 时短缺补完，库存量仍为零.

$[t_2, t_3]$ 时间内，存贮量从 0 渐增，到 t_3 时达到最大，

$$S = (P - D)(t_3 - t_2) = D(t - t_3)$$

t_3 时刻停止生产.

$[t_3, t]$ 时间内存贮量以需求速度 D 由最大库存量 S 减少到零.

(3) 费用分析. 在 $[0, t]$ 时间内所需费用为

① 存贮费：$\frac{1}{2} C_1 S(t - t_2) = \frac{1}{2} C_1(P - D)(t_3 - t_2)(t - t_2)$ 　　　　(**)

由 $(P - D)(t_3 - t_2) = D(t - t_2)$，得

$$t_3 - t_2 = \frac{D}{P}(t - t_2) \quad 代入式(**)得存贮费的表达式为$$

$$\frac{1}{2} C_1(P - D)\frac{D}{P}(t - t_2)^2$$

② 缺货费为：

$$\frac{1}{2} C_2 t_1 t_2 D = \frac{1}{2} C_2 \frac{P - D}{P} t_2^2 D$$

③ 准备费为 C_3.

所以，在 $[0, t]$ 时间内总费用平均值为

$$C(t, t_2) = \frac{1}{t}\left\{\frac{1}{2} C_2 D \frac{P - D}{P} t_2^2 + \frac{1}{2} C_1 D \frac{P - D}{P}(t - t_2)^2 + C_3\right\}$$

④ 优化：令

$$\frac{\partial C(t, t_2)}{\partial t} = 0, \qquad \frac{\partial C(t, t_2)}{\partial t_2} = 0$$

联立解得

$$t^* = \sqrt{\frac{2C_3}{C_1 D}} \cdot \sqrt{\frac{C_1 + C_2}{C_2}} \cdot \sqrt{\frac{P}{P - D}} \tag{10.30}$$

$$t_2^* = \frac{C_1}{C_1 + C_2}\sqrt{\frac{2C_3}{C_1 D}} \cdot \sqrt{\frac{C_1 + C_2}{C_2}} \cdot \sqrt{\frac{P}{P - D}} \tag{10.31}$$

用二元函数求极值方法可以判定 t^* 与 t_2^* 为 $C(t, t_2)$ 的最小值点.

由于在 $[t_1, t_3]$ 的产量 $P(t_3 - t_1)$ 恰好满足了在 $(0, t)$ 的需求量 Dt，令此量为 Q，则有

$$Q^* = Dt^* = \sqrt{\frac{2C_3 D}{C_1}} \cdot \sqrt{\frac{C_1 + C_2}{C_2}} \cdot \sqrt{\frac{P}{P - D}} \tag{10.32}$$

最大存贮量

$$S^* = D(t^* - t_3) = \sqrt{\frac{2C_3D}{C_1}} \cdot \sqrt{\frac{C_2}{C_1 + C_2}} \cdot \sqrt{\frac{P - D}{P}} \qquad (10.33)$$

最大缺货量

$$B^* = D\frac{P - D}{P}t_2^* = \sqrt{\frac{2C_1C_3D}{(C_1 + C_2)C_2}} \cdot \sqrt{\frac{P - D}{P}} \qquad (10.34)$$

$$\min C(t, t_2) = C(t^*, t_2^*) = \sqrt{2C_1C_3D} \cdot \sqrt{\frac{C_2}{C_1 + C_2}} \cdot \sqrt{\frac{P - D}{P}}$$

$$(10.35)$$

10.4.3 带有约束条件的存贮问题

有些实际的存贮问题远较本章所介绍的模型复杂,本章给出的公式不能用来求其解,此时也可利用运筹学的其他方法求解. 如水库贮水的调度问题,利用动态规划或排队论的方法也都得到了满意的结果. 下面对库容有限制的存贮问题介绍一种线性规划方法.

1) 问题的提出

设仓库的最大容量为 M,原有库存量为 I,将整个计划期分为 m 个存贮周期. 已知在第 j 个周期中,货物的售出单价为 a_j,单位货物的成本为 b_j. 试确定使整个计划期销售利润最大的存贮策略.

2) 分析与求解

设 y_j 为第 j 个周期的进货量;x_j 为第 j 个周期的销售量;f 是整个计划期的总利润,则目标函数为

$$\max f = \sum_{j=1}^{m} (a_jx_j - b_jy_j)$$

约束条件

(1) 库容约束:$I + \sum_{j=1}^{K} (y_j - x_j) \leqslant M \qquad (K = 1, 2, \cdots, m)$

(2) 每个周期的销售量不能超过该周期的库存量,即

$$x_k \leqslant I + \sum_{j=1}^{K-1} (y_j - x_j) \qquad (K = 1, 2, \cdots, m)$$

(3) 非负约束:$x_j, y_j \geqslant 0 \qquad (j = 1, 2, \cdots, m)$

这样便得到该问题的 LP 模型:

$$\max f = \sum_{j=1}^{m} (a_jx_j - b_jy_j)$$

$$\text{s. t.}\begin{cases} I + \sum_{j=1}^{K} (y_j - x_j) \leqslant M & (K = 1,2,\cdots m) \\ x_k \leqslant I + \sum_{j=1}^{K-1} (y_j - x_j) & (K = 1,2,\cdots,m) \\ x_j, y_j \geqslant 0 & (j = 1,2,\cdots,m) \end{cases}$$

可用单纯形法求解.

若 x_j, y_j 为非负整数,则为整数规划(IP)模型,可用分枝定界法或割平面法求解;根据模型的具体情况,有时也可用动态规划(DP)或 0—1 规划求解.

习　题

1. 分别说明下列概念的涵义:订购费、存贮费、缺货损失费、存贮周期、存贮策略.

2. 设某工厂每年需用某种原料 1 800 吨,不需每日供应,但不得缺货. 设每吨每月的保管费为 60 元,每次订购费为 200 元,试求最佳订购量.

3. 某混凝土预制厂,在年度内以下变速率向某重点工程提供 18 000 块预应力大型层面板. 吊装方案确定随运随吊,不许缺货. 每块屋面板库存费 0.2 元/月,每一生产周期的设置费 600 元,屋面板成本费 $k = 200$ 元/块. 试求最佳经济批量 Q^*、最佳生产周期 t^*、年度内最小总库存费用及全年总生产费用.

4. 若第 3 题中原数据不变,但允许缺货,单位产品每月缺货损失费为 0.5 元. 试求最佳生产批量、最佳库存量、最佳生产周期、最大缺货量及全年最小总库存费用.

5. 某厂对某种材料的全年需求量为 1 040 t,其单价为 1 200 元/t. 每次采购该种材料的订货费为 2 040 元,每年保管费为 170 元/t. 试求工厂对该材料的最优订货批量、每年订货次数及全年的费用. 如果可以考虑缺货,并且缺货损失费为每年每吨 500 元,试问此时最优订货批量是多少?每年应订货几次?每年存贮总费用多少?

6. 已知需求速度 $D = 100$ 件,订购费 $C_3 = 5$ 元,单位存贮费 $C_1 = 0.4$ 元,允许缺货,单位缺货损失 $C_2 = 0.15$ 元. 求单位时间最小费用,并画出最小费用下的存贮状态图.

7. 某车间每月需要零件甲 400 件,该零件由厂内生产,生产率为每月 800 件. 每批生产准备费为 100 元,每月每个零件的存贮费为 0.5 元,试求最小费用及经济批量.

8. 某公司采用无安全存量的存贮策略,每年使用某种零件 100 000 件,每件每年的保管费为 3 元,每次订购费为 60 元,试求:

(1) 经济订购批量

(2) 如每次订购费为 0.60 元,每次订购多少?

9. 设某工厂生产某种零件,每年需要量为 18 000 个,该厂每月生产 3 000 个,每次生产的装配费为 500 元,每个零件的存贮费为 0.15 元,求每次生产的最佳批量.

10. 某生产每月用量为 4 件,装费为 50 元,存贮费每月每件为 8 元,求产品每次最佳生产及最小费用. 若生产速度每月可生产 10 件,求每次生产量及最小费用.

11. 某厂每月需要某种机械零件 2 000 件,每件成本 150 元,每年的存贮费用为成本的 16%,

每次订购费 100 元,求 EOQ 及最小费用.

12. 在第 11 题中如允许缺货,求库存量 S 及最大缺货量,设缺货费为 $C_2 = 200$ 元.

13. 某医院药房每年需某种药 1 000 瓶,每次订购费用需要 5 元,每瓶煞费苦心每年保管费为 0.40 元,每瓶单价 2.50 元.制药厂提出的价格折扣条件为:

(1) 订购 100 瓶时,价格折扣为 5%.

(2) 订购 300 瓶时,价格折扣为 10%.

问该医院应否接受有折扣的条件?

14. 某报社印刷车间必须定期补充纸张的库存量.假定新闻纸以大型卷筒进货,每次的订购费用(包括采购手续、运输费等)为 25 元,纸张的价格按下列进货批量进行折扣:

买 1 ~ 9 筒单价为 12.00 元

买 10 ~ 49 筒单价为 10.00 元

买 50 ~ 99 筒单价为 9.50 元

买 100 筒以上单价为 9.00 元

另外,印刷车间的消耗率是每星期 32 筒,存贮纸张的费用为每星期每筒 1 元.试求最佳订货批量和每周的最小费用.

15. 某公司采用无安全存量的存贮策略,每年需电感 5 000 个,每次订购费 50 元,保管费用每年每个 1 元,不允许缺货.若采购少量电感每个单价 3 元,若一次采购 1 500 个以上则每个单价 1.8 元,问该公司每次应采购多少个?

16. 某报刊门市部出售电影画报,批发价格为每册 2 元,零售价格 2.5 元.当月售不出时,下月降价每册 1 元可以全部售出.根据过去的统计数字,每月的销售量的概率分布为:

X	200	202	205	215	220	226	228	230
$P(x)$	0.02	0.06	0.10	0.20	0.30	0.22	0.06	0.04

求最佳订购批量.

17. 某商店定购一种皮鞋,每双皮鞋批发价格为 45 元,零售价格为 60 元.已知每年售货量 K(随机变量)服从泊松分布:

$$P(k) = \frac{\lambda^k e^{-\lambda}}{k!} \qquad (k = 0, 1, 2, \cdots)$$

其中 $\lambda = 2$(千双).如今年皮鞋销售不出去,明年降价为每双 30 元完全可以售出.问今年该商店定购多少皮鞋最为合适?

18. 某商品的进货价格为每件 8 元,售价为每件 15 元,存贮费为每月每件 0.2 元,假定该商品的需求(销售)服从正态分布,分布密度 $p(x) = \frac{1}{\sqrt{2\pi}\sigma} e^{-\frac{(x-a)^2}{2\sigma^2}}$,其中均值 $a = 1 500$ 件,标准方差为 25,试求经济批量 Q.

19. 设某公司计划购进装饰材料供所属工程队使用.已知每箱材料购价为 800 元,订购费 $C_3 = 60$ 元,存贮费每箱 $C_1 = 40$ 元,缺货损失费每箱 $C_2 = 1 015$ 元,原有存贮量 $I = 10$ 箱.又知工程队对材料需求的概率为:

$$P(r = 30 箱) = 0.20, P(r = 40 箱) = 0.20, P(r = 50 箱) = 0.40, P(r = 60 箱) = 0.20$$

试确定该公司订购装饰材料的最佳订购量和最佳订货点.

20. 某工厂对原料需求的概率为:

$P(r = 80) = 0.1$, $P(r = 90) = 0.2$, $P(r = 100) = 0.3$,

$P(r = 110) = 0.3$, $P(r = 120) = 0.1$

已知:订购费 $C_3 = 2\,825$ 元,原料的单位成本 $K = 850$ 元,存贮费 $C_1 = 45$ 元,缺货费 $C_2 = 1\,250$ 元.试确定该厂的最佳存贮策略.

21. 某工地计划订购一台新型起重机,按合同规定订购机器时可以同时购买一定数量的部件作为备用件.已知某部件若同机器一起购买,每件 500 元,若当该部件损坏后再重新订购,则因临时订货及机器停转等原因每件需付出 10 000 元.根据以往统计资料已知该部件的损坏情况见表 10.5,试确定在购买起重机时应购买多少个这种备用件?

表 10.5

损坏件数	0	1	2	3	4	5	6
相应的损坏概率	0.90	0.05	0.02	0.01	0.01	0.1	0

22. 某厂对原料的需求概率见表 10.6

表 10.6

需求量 $r(t)$	20	30	40	50	60
概率 $P(r)$	0.1	0.2	0.3	0.3	0.1

每次订购费 $C_3 = 500$ 元,原料每吨 $K = 400$ 元,每吨原料存贮费 $C_1 = 50$ 元,缺货费每吨 $C_2 = 600$ 元.该厂希望制订 (s, S) 型存贮策略,试求 s 及 S.

23. 分析题:

【案例 1】 SunRed 音响公司

SunRed 音响公司为汽车和家庭生产并销售音响系统.该音响系统的 CD 唱机需要从外单位购置.Optima 公司是 SunRed 公司惟一的 CD 唱机供应商.

SunRed 公司的采购经理每 4 周提交 1 份购买 CD 唱机的申请.该公司每年的总需求量为 6 000 单位,全年工作日为 300 天,单位唱机的成本为 $ 80.因为 Optima 公司保证在收到购买申请的 5 天内供货,所以很少出现缺货的情况.

与每次购买有关的购买成本为 $ 15,这些成本包括准备申请、检查并装载货物、更新存货记录、为支付签发支票等.此外,公司在保险、贮存、处理以及税收上的成本每年每单位产品 $ 8.

从这年制订计划初,SunRed 公司将进行全面的成本控制计划,以提高利润,增强公司产品在市场上的竞争力.与存货问题有关的购买方案可能是一个大幅降低成本的途径.

【讨论】

(1) 如果你是采购经理,确定 CD 唱机的最优订货批量(EOQ)

(2) 确定合适的再订货点.

(3) 如果实施了最优库存订购计划,公司能节约多少成本?

【案例2】 通用汽配批发中心

Titer 通用汽配批发中心位于市中心,是一家汽车配件的批发商. 该公司的主要零售网位于批发中心 500 公里的范围内. 如果批发中心有货,零售商在通知 Titer 批发中心 2 天后就能收到订货,如果批发中心没有货,这些零售商就会到别的批发中心去订货,这样 Titer 会有失去顾客的危险.

Titer 批发中心批发各种品牌的汽车配件. 其中丰田车配件是其批发产品收入的重要来源. Titer 从海外的一家丰田配件批发中心订购产品的,从下订单到收到货物要花 3 周时间. 从通信、处理文件和单据到通关,Titer 估计每次订货所花成本为 ＄50,Titer 所采购的配件的平均价格约为建议零售价格的 60％,并且存货的每月库存成本为 Titer 采购配件平均价格的 1％. 配件的平均零售价格为 ＄170.

Titer 现在想制定 1999 年度的库存计划. 该公司准备将服务水平保持在 95％,以不致丧失很多订购客户. 公司统计了 1997 年和 1998 年的每月销售量数据. 同时对 1999 年的销量作了预测,其数据如表 10.7 所示:

表 10.7

	1	2	3	4	5	6	7	8	9	10	11	12
97	5	11	20	42	74	42	32	16	12	12	20	40
98	8	12	28	52	84	52	34	20	12	15	27	43
预测 99	9	15	32	57	90	62	40	25	16	14	27	50

【讨论】

(1) 请你制定 Titer 批发中心的库存计划;

(2) 确定再订货点的方式和计算总成本;

(3) 对不确定的需求模式,有一些什么办法来处理?

11　矩阵对策

11.1　引言

11.1.1　对策论(Game Theory) 的定义

前几章讨论的问题,都是决策者单方根据各种客观条件来选择最优方案. 但在客观现实中,经常碰到的是有利害冲突、有竞争关系的多方所参加的决策问题,这就是所谓的对策问题. 有厉害冲突的多方所采取的决策称为对策. 对策的理论模型称为对策模型,而用数学的观点和方法来研究对策(即竞争问题) 的理论称为对策论.

11.1.2　对策论的诞生与发展简况

关于竞争胜负的研究有很长的历史,可以追溯到几千年以上. 如:我国古代"齐王赛马"的故事等. 但用数学的方法研究对策问题却是本世纪才开始的.

1912 年,E. Zermelo 用集合论的方法研究了下国际象棋;1921 年,Borel 研究了同样的问题并首次提出了"最优策略(Optimum Strategy)"的概念.

1928 年和1937 年,Von Neumann 发表了两篇论文,证明了著名的"极小极大(min max)"定理. 为对策论奠定了重要的理论基础.

1944 年,Von Neumann 与D. Morgenstern 合作出版了第一本对策论专著:"对策论与经济行为"(Theory of Games and Economic Behavior). 这本著作的出版标志着对策论的诞生.

之后,对策论在军事、经济、地质勘探、捕鱼、抗灾和贸易竞争等方面得到了广泛应用.

目前,国际上有许多学者从事对策论的研究,并创有对策论学会和刊物. 我国虽然也有一些人从事这方面的研究,但与世界水平相比尚有很大差距.

对策论具有十分广泛的实际背景,因此,对策论的研究具有广阔的前景.

11.1.3　对策的例子

以下举几个有代表性的例子.

【例1】　(决斗问题)　两个人进行决斗,都拿着已装上子弹的手枪,站在$2N$

步开外,然后面对面走近,在每一步他们都可以决定是否打出惟一的一发子弹.当然,离得越近,打得越准,若一方开火没打中,对方马上就会知道,那么什么时候开火好呢?

【例2】 (销售竞争问题) 有两个工厂,生产同一种消费品,质量相仿,两厂应选择怎样的销售策略最为有利?

【例3】 (包、剪、锤游戏) (该游戏众所周知,故略).

另外,各种体育比赛、各种市场竞争以及国际上的军事、政治和经济等方面的冲突都属于对策问题.

11.2　对策论的基本概念

11.2.1　局中人(Player)

上述的四个例子,都有一个共同的特点,就是每一例都至少有两个竞争对手参加,他们在竞争中各自进行决策.在一场竞争或斗争中的决策者称为该局对策的局中人.

如果一场对策,只有 2 个局中人,则称之为 2 人对策.如例2、例3和例4.如果多于 2 个局中人,则称之为多人对策或 n 人对策.如例1,以及 3 人下跳棋等.

在多人对策里,若局中人之间有合作现象,则称为合作对策(Cooperative Games),否则称为非合作对策(Non - Cooperative Games).

上述对策的分类可表示如下:

$$
\text{对策}
\begin{cases}
2\ \text{人对策} \\
n\ \text{人对策}(n>2)
\begin{cases}
\text{合作对策} \\
\text{非合作对策}
\end{cases}
\end{cases}
$$

11.2.2　策略(Strategy)

在对策中,每一个局中人都想选择适当的行动方案,进行竞争以便获胜.像这些每个局中人可能用以指导自己自始至终如何行动的一个方案,称为策略(Strategy),由所有策略构成的集合,称为策略集(Strategy Set).

若每个局中人只有有限个策略,则称相应的对策为有限对策(Finite Games),否则称为无限对策(Infinite Games).如前述的例4就是有限对策,而例1则为无限对策.

296

11. 2. 3　支付与支付函数

当每个局中人所采取的策略确定后,他们就会得到相应的收益或损失,称为局中人的支付(payoff). 不同的策略会导致不同的支付,因此,支付是策略的函数,称为支付函数(payoff function).

比如:在例 4 中,若规定"赢"一次得一分,"平"一次得 0 分,"输"一次得 - 1 分,则甲乙两个局中人在每一局对策中支付的可能为: + 1,0 或 - 1. 将这两个局中人的三个策略"包、剪、锤"分别记为:$\alpha_1,\alpha_2,\alpha_3$ 和 β_1,β_2 和 β_3,则甲乙两人的策略集分别为:$S_1 = \{\alpha_1,\alpha_2,\alpha_3\}, S_2 = \{\beta_1,\beta_2,\beta_3\}$,两人的支付函数分别记为:

$$f_1(\alpha,\beta) \text{ 和 } f_2(\alpha,\beta), \quad \alpha \in S_1, \quad \beta \in S_2$$

若在任一局对策中,全体局中人支付得总和为 0,则该对策称为零和对策,否则称为非零和对策(non-zerosum games).

在前例中,显然:$f_1(\alpha,\beta) + f_2(\alpha,\beta) = 0, \forall (\alpha,\beta) \in S_1 \times S_2$,故为零和对策.因此,对策又可表示如下分类:

$$\text{对策}\begin{cases}\text{有限对策}\begin{cases}\text{有限零和对策}\\\text{有限非零和对策}\end{cases}\\\text{无限对策}\begin{cases}\text{无限零和对策}\\\text{无限非零和对策}\end{cases}\end{cases}$$

11.3　矩阵对策的概念及模型

两个人零和对策称为矩阵对策,这是最简单的一类对策模型.

先看一个例子:由前所述,"包、剪、锤"游戏中,甲、乙双方各有三种不同的策略,分别为:$S_1 = \{\alpha_1,\alpha_2,\alpha_3\}, S_2 = \{\beta_1,\beta_2,\beta_3\}$,每一情况下,甲的支付情况可由下表给出:

表 11. 1

甲的支付　乙的策略　甲的策略	β_1(包)	β_2(剪)	β_3(锤)
α_1(包)	0	- 1	1
α_2(剪)	1	0	- 1
α_3(锤)	- 1	1	0

如果把表 11. 1 中的数字用矩阵的形式表示,则有:

$$A = \begin{bmatrix} 0 & -1 & 1 \\ 1 & 0 & -1 \\ -1 & 1 & 0 \end{bmatrix}$$

我们把 A 称为甲的支付矩阵. 显然, 乙的支付矩阵为 $-A$. 因此, 该对策可记为:

$$G = \{S_1, S_2, A\}.$$

一般地, 若局中人 Ⅰ, Ⅱ 的策略集分别为:

$$S_1 = \{\alpha_1, \alpha_2, \cdots, \alpha_m\}, \qquad S_2 = \{\beta_1, \beta_2, \cdots, \beta_n\}$$

为了与后面的概念区分开来, 称 α_i 为 Ⅰ 的纯策略, β_j 为 Ⅱ 的纯策略, 对于纯策略 α_i, β_j 构成的策略偶 (α_i, β_j) 称为纯局势. 若 Ⅰ 的支付矩阵为: $A = (\alpha_{ij})_{m \times n}$, α_{ij} 表示局势 (α_i, β_j) 下局中人 Ⅰ 的支付, 则矩阵对策可记为:

$$G = \{S_1, S_2, A\}$$

此即矩阵对策模型. 下面研究矩阵对策的解.

11.4 矩阵对策的纯策略解(鞍点解)

在矩阵对策中, 各局中人应该如何选择自己的策略, 才能使自己获得最优的支付值呢?

用一个例子来说明这个问题.

【例5】 设两人零和对策 $G = \{S_1, S_2, A\}$, 其中 $S_1 = \{\alpha_1, \alpha_2, \alpha_3, \alpha_4\}$, $S_2 = \{\beta_1, \beta_2, \beta_3\}$, 而且局中人 Ⅰ 的支付矩阵为:

$$A = \begin{bmatrix} -6 & 2 & -7 \\ 5 & 3 & 6 \\ 18 & 0 & -8 \\ -2 & -12 & 7 \end{bmatrix}$$

两位局中人都想自己的支付最大化.

假设每一位局中人都是理智的, 从矩阵 A 进行逻辑推理可知: 如果局中人 Ⅰ 采取 α_3 作策略, 虽有可能获得最大支付18, 但是, 局中人 Ⅱ 分析到 Ⅰ 的这种心理, 就会采取 β_3 策略, 使 Ⅰ 不仅得不到最大值18, 反而取得很坏的结果 -8; 同样, 局中人 Ⅱ 为了得到最大支付 $+12$(即局中人 Ⅰ 的支付 -12), 会采取 β_2 作为策略, 但局中人 Ⅰ 也会猜到 Ⅱ 的这种心理, 而采取 α_2 作策略, 这样局中人 Ⅱ 只能得到 -3.

从以上的分析可以看出, 局中人 Ⅰ 选取最优策略时应该考虑到 Ⅱ 也是十分理智与精明的, Ⅱ 的策略是要以 Ⅰ 支付最少为目的, 所以不能存在任何侥幸心理. 局中人 Ⅱ 也应作同样的考虑. 因此, 应当分析自己每一个策略可能得到的最坏结果, 然后从中选取最为有利的策略, 即: "从最坏处着手, 往最好处努力". 这就

298

是矩阵对策中选取最优策略的原则. 下面用前例来说明这个原则.

对局中人 Ⅰ, 各策略的最坏结果分别为:

$$\min\{-6,2,-7\} = -7$$
$$\min\{5,3,6\} = 3$$
$$\min\{18,0,-8\} = -8$$
$$\min\{-2,-12,7\} = -12$$

这些最坏的情况中, 最好的结果是:

$$\max\{-7,3,-8,-12\} = 3$$

即局中人 Ⅰ 只要选取 α_2, 不管局中人 Ⅱ 选取什么策略, 都可以保证支付不少于 3.

同样, 对局中人 Ⅱ, 各策略的最坏的结果分别为:

$$\max\{-6,5,18,-2\} = 18$$
$$\max\{2,3,0,-12\} = 3$$
$$\max\{-7,6,-18,7\} = 7$$

在这些最坏的情况中, 最好的结果(损失最小) 是

$$\min\{18,3,7\} = 3$$

即局中人 Ⅱ 只要采取 β_2, 则无论局中人 Ⅰ 采取什么策略, 最大损失值不会大于 3.

显然, 若局中人 Ⅰ 不存在侥幸心理, 就应采取策略 α_2; 这时, 从矩阵 A 可以看出, 如果局中人 Ⅱ 不选取 β_2, 则他的支付会更差. 同样如果局中人 Ⅱ 选取 β_2, 而 Ⅰ 不选 α_2, 则 Ⅰ 的支付会更差. 由此可见, 如果局中人都是理智的, 就会分别选取 α_2, β_2, 这才是他们的最优纯策略. 一般的定义如下:

定义 1 对于矩阵对策 $G = \{S_1, S_2, A\}$, 如果存在纯局势 (α_i^*, β_j^*), 使得对任意 $j = 1, \cdots, n$, 及任意 $i = 1, \cdots, m$, 有:

$$\alpha_{ij}^* \leqslant \alpha_{i^* j^*} \leqslant \alpha_{i j}^*$$

则称局势 (α_i^*, β_j^*) 为对策 G 在纯策略中的解. 亦称其为 G 的鞍点(saddle point); α_i^*, β_j^* 分别称为局中人 Ⅰ, Ⅱ 的最优纯策略(optimum pure strategy), $\alpha_{i^* j^*}$ 称为对策 G 的值(value), 记为 V_G.

从定义出发, 容易证明:

定理 1 矩阵对策 $G = \{S_1, S_2, A\}$ 存在最优纯策略的充分必要条件为:

$$\max_i(\min_j \alpha_{ij}) = \min_j(\max_i \alpha_{ij})$$

【例 6】 已知 $G = \{S_1, S_2, A\}$, 其中, $S_1 = \{\alpha_1, \alpha_2, \alpha_3, \alpha_4\}$, $S_2 = \{\beta_1, \beta_2, \beta_3, \beta_4\}$

$$A = \begin{bmatrix} 8 & 6 & 8 & 6 \\ 1 & 3 & 4 & -3 \\ 9 & 6 & 7 & 6 \\ -3 & 1 & 10 & 3 \end{bmatrix}$$

求对 G 的解和值.

【解】 对于局中人 Ⅰ 来说

$$\min_j \alpha_{1j} = \alpha_{12} = \alpha_{14} = 6$$

$$\min_j \alpha_{2j} = \alpha_{24} = -3$$

$$\min_j \alpha_{3j} = \alpha_{32} = \alpha_{34} = 6$$

$$\min_j \alpha_{4j} = \alpha_{41} = -3$$

从而知

$$\max_i (\min_j \alpha_{ij}) = \alpha_{12} = \alpha_{14} = \alpha_{32} = \alpha_{34} = 6$$

相应的策略为 α_1,或 α_3;

对于局中 Ⅱ 来说,有:

$$\max_i \alpha_{i1} = \alpha_{31} = 9$$

$$\max_i \alpha_{i2} = \alpha_{12} = \alpha_{32} = 6$$

$$\max_i \alpha_{i3} = \alpha_{43} = 10$$

$$\max_i \alpha_{i4} = \alpha_{14} = \alpha_{34} = 6$$

从而

$$\min_j (\max_i \alpha_{ij}) = \alpha_{12} = \alpha_{32} = \alpha_{14} = \alpha_{34} = 6$$

相应的策略为 β_2 和 β_4;

由于

$$\max_i (\min_j \alpha_{ij}) = \min_j (\max_i \alpha_{ij}) = 6$$

故知:(α_1,β_2),(α_3,β_2),(α_1,β_4) 和 (α_3,β_4) 四个局势均为 G 的鞍点,且 $V_G = 6$.

从上例可知,对策的解可以是不惟一的,但对策的值是惟一的.

一般来说,当对策解不惟一时,有下面的两条性质:

(1) 无差别性:若 $(\alpha_{i_1},\beta_{j_1})$ 与 $(\alpha_{i_2},\beta_{j_2})$ 是矩阵对策 G 的两个解,则

$$\alpha_{i_1 j_1} = \alpha_{i_2 j_2}$$

(2) 可交换性:若 $(\alpha_{i_1},\beta_{j_1})$ 与 $(\alpha_{i_2},\beta_{j_2})$ 是矩阵对策 G 的两个解,则 $(\alpha_{i_1},\beta_{j_2})$ 与 $(\alpha_{i_2},\beta_{j_1})$ 也是对策的解.

那么,是否每一个矩阵对策都有纯策略解(鞍点)呢?回答是否定的.如例 4(包、剪、锤游戏)就没有鞍点,因为从其支付矩阵 A 中可以算出:

$$\max_i (\min_j \alpha_{ij}) = -1$$

$$\min_j (\max_i \alpha_{ij}) = 1$$

显然,

$$\max_i (\min_j \alpha_{ij}) \neq \min_j (\max_i \alpha_{ij}) = 6$$

由定理 1 可知无纯策略解.

对于纯策略意义下无解的对策问题,局中人应如何决策呢?这就是下节要讨论的问题.

11.5 矩阵对策的混合策略解

11.5.1 混合策略与混合扩充

对于那些没有最优纯策略的对策问题,实质上是不存在使对立双方达到平衡的局势,因此,局中人采取任何一种纯策略,都有一定的风险. 所以,在这种情况下,局中人必须隐瞒自己选取策略的意图. 可以设想局中人随机地选取纯策略来进行对策. 即在一局对策中,局中人 Ⅰ 以概率 $x_i(0 \leqslant x_i \leqslant 1)$ 来选取纯策略 α_i,$(i = 1,2,\cdots,m)$,其中的 $x_1,x_2,\cdots,x_m$ 满足 $\sum\limits_{i=1}^{m} x_i = 1, x_i \geqslant 0$. 于是得到一个 m 维的概率向量 $\boldsymbol{X} = (x_1,x_2,\cdots,x_m)$. 同样对于局中人 Ⅱ,有相应的一个 n 维的概率向量 $\boldsymbol{Y} = (y_1,y_2,\cdots,y_n)$,满足 $\sum\limits_{j=1}^{n} y_j = 1, y_j \geqslant 0(j = 1,2,\cdots,n)$ y_j 表示局中人 Ⅱ 选取纯策略 β_j 的概率. 由此,引入以下概念:

若给定一个矩阵对策 $G = \{S_1,S_2,A\}$,其中 $S_1 = \{\alpha_1,\alpha_2,\cdots,\alpha_m\}$,$S_2 = \{\beta_1,\beta_2,\cdots,\beta_n\}$,$\boldsymbol{A} = (\alpha_{ij})_{m \times n}$,则把纯策略集对应的概率向量:

$$\boldsymbol{X} = (x_1,x_2,\cdots,x_m), x_i \geqslant 0, \sum_{i=1}^{m} x_i = 1 \quad (i = 1,2,\cdots,m)$$

与

$$\boldsymbol{Y} = (y_1,y_2,\cdots,y_n), y_j \geqslant 0 \quad (j = 1,2,\cdots,n), \sum_{j=1}^{n} y_j = 1$$

分别称作局中人 Ⅰ、Ⅱ 的混合策略,$(\boldsymbol{X},\boldsymbol{Y})$ 称为一个混合局势.

显然,纯策略可以看成是混合策略的特殊情况,所以有时把混合策略简称为策略.

如果局中人 Ⅰ 选取的策略为 $\boldsymbol{X} = (x_1,x_2,\cdots,x_m)$,局中人 Ⅱ 选取的策略为 $\boldsymbol{Y} = (y_1,y_2,\cdots,y_n)$;由于两局中人分别选取策略 α_i,β_j 的事件可以看成相互独立的,所以局势 (α_i,β_j) 出现的概率是 $x_i y_j$,从而可知局中人 Ⅰ 支付 α_{ij} 的概率是 $x_i y_j$,于是,数学期望值:$E(X,Y) = \sum\limits_{i=1}^{m} \sum\limits_{j=1}^{n} \alpha_{ij} x_i y_j$ 就是局中人 Ⅰ 的支付值.

令

$$S_1^* = \left\{ \boldsymbol{X} = (x_1, \cdots, x_m) \,\middle|\, x_i \geqslant 0, i = 1, \cdots, m; \sum_{i=1}^{m} x_i = 1 \right\}$$

$$S_2^* = \left\{ \boldsymbol{Y} = (y_1, \cdots, y_n) \,\middle|\, y_j \geqslant 0, j = 1, \cdots, m; \sum_{j=1}^{n} y_j = 1 \right\}$$

$$E = \left\{ E(\boldsymbol{X}, \boldsymbol{Y}) \,\middle|\, \boldsymbol{X} \in S_1^*, \boldsymbol{Y} \in S_2^* \right\}$$

则称 $G^* = \{S_1^*, S_2^*, E\}$ 为 G 的混合扩充.

定义 2 如果存在 $\boldsymbol{X}^* \in S_1^*$, $\boldsymbol{Y}^* \in S_2^*$, 满足对任意 $\boldsymbol{X} \in S_1^*$ 及 $\boldsymbol{Y} \in S_2^*$ 均有:

$$E(\boldsymbol{X}, \boldsymbol{Y}^*) \leqslant E(\boldsymbol{X}^*, \boldsymbol{Y}^*) \leqslant E(\boldsymbol{X}^*, \boldsymbol{Y})$$

则称 $(\boldsymbol{X}^*, \boldsymbol{Y}^*)$ 为 G(在混合策略下的) 解, 而 $\boldsymbol{X}^*$, $\boldsymbol{Y}^*$ 分别称为局中人 Ⅰ、Ⅱ 的最优(混合) 策略, $E(\boldsymbol{X}^*, \boldsymbol{Y}^*)$ 称为对策 G(在混合意义下的) 值, 记为 V_G^*.

【例 7】 设 $G = \{S_1, S_2, A\}$, 其中 $S_1 = \{\alpha_1, \alpha_2\}$, $S_2 = \{\beta_1, \beta_2\}$, $A = \begin{pmatrix} 1 & 3 \\ 4 & 2 \end{pmatrix}$, 求它的解及值.

【解】 显然该问题无鞍点解. 设局中人 Ⅰ、Ⅱ 的策略分别为:

$$\boldsymbol{X} = (x_1, x_2), \quad x_1 \geqslant 0, \quad x_2 = 1 - x_1 \geqslant 0$$
$$\boldsymbol{Y} = (y_1, y_2), \quad y_1 \geqslant 0, \quad y_2 = 1 - y_1 \geqslant 0$$

则局中人 Ⅰ 支付的数学期望为:

$$E(\boldsymbol{X}, \boldsymbol{Y}) = \sum_{i=1}^{2} \sum_{j=1}^{2} \alpha_{ij} x_i y_j = \boldsymbol{X} \boldsymbol{A} \boldsymbol{Y}^{\mathrm{T}}$$

$$= -4\left(x_1 - \frac{1}{2}\right)\left(y_1 - \frac{1}{4}\right) + \frac{5}{2}$$

可见: 当 $x_1 = \frac{1}{2}$ 时, $E(\boldsymbol{X}, \boldsymbol{Y}) = \frac{5}{2}$. 即当局中人 Ⅰ 以概率 $\frac{1}{2}$ 选取 α_1 或 α_2 时, 他至少支付 $\frac{5}{2}$. 同样局中人 Ⅱ 只有取 $y_1 = \frac{1}{4}$, $y_2 = \frac{3}{4}$, 才能保证其支付不多于 $\frac{5}{2}$.

记 $\boldsymbol{X}^* = \left(\frac{1}{2}, \frac{1}{2}\right)$, $\boldsymbol{Y}^* = \left(\frac{1}{4}, \frac{3}{4}\right)$.

易证明: $E(\boldsymbol{X}, \boldsymbol{Y}^*) \leqslant E(\boldsymbol{X}^*, \boldsymbol{Y}^*) \leqslant E(\boldsymbol{X}^*, \boldsymbol{Y})$

对一切 $\boldsymbol{X}^* \in S_1^*$, $\boldsymbol{Y}^* \in S_2^*$ 成立. 由定义 1 知: $\boldsymbol{X}^* = \left(\frac{1}{2}, \frac{1}{2}\right)$, $\boldsymbol{Y}^* = \left(\frac{1}{4}, \frac{3}{4}\right)$, 分别是局中人 Ⅰ、Ⅱ 的最优策略, 且 $V_G^* = \frac{5}{2}$.

11.5.2 解的基本定理

对于一般的矩阵对策有如下定理.

定理 2(基本定理) 任意一个矩阵对策 $G = \{S_1, S_2, A\}$, 其中 $S_1 =$

302

$\{\alpha_1, \alpha_2, \cdots, \alpha_m\}, S_2 = \{\beta_1, \beta_2, \cdots, \beta_n\}, \boldsymbol{A} = (\alpha_{ij})_{m \times n}$，一定有解（在混合策略意义下），且如果 G 的值是 V，则以下两组不等式的解是局中人 Ⅰ、Ⅱ 的最优策略：

$$\begin{cases} \sum_{i=1}^{m} \alpha_{ij} x_i \geqslant V \quad (j = 1, \cdots, n) \\ x_i \geqslant 0 \qquad (i = 1, \cdots, m, \sum_{i=1}^{m} x_i = 1) \end{cases} \tag{11.1}$$

$$\begin{cases} \sum_{j=1}^{n} \alpha_{ij} y_j \leqslant V \quad (i = 1, \cdots, m) \\ y_j \geqslant 0 \qquad (j = 1, \cdots, n, \sum_{j=1}^{n} y_j = 1) \end{cases} \tag{11.2}$$

【证明】 （略）

定理 3 若 (X^*, Y^*) 是对策 G（同前）的最优混合局势，则对某一个 i 或 j，有：

（1）若 $x_i^* \neq 0$，则 $\sum_{j=1}^{n} \alpha_{ij} y_j^* = V(G$ 的值$)$

（2）若 $y_j^* \neq 0$，则 $\sum_{i=1}^{m} \alpha_{ij} x_i^* = V$

（3）若 $\sum_{j=1}^{n} \alpha_{ij} y_j^* < V$，则 $x_i^* = 0$

（4）若 $\sum_{i=1}^{m} \alpha_{ij} x_i^* > V$，则 $y_j^* = 0$

【证明】 （略）

这两个定理说明矩阵对策总是有解的，而且提出了解所有满足的条件，为求解矩阵对策奠定了基础．

11.6 矩阵对策的解法

11.6.1 图解法

图解法是求解矩阵对策的特殊解法之一，只适用于那些"至少有一个局中人，只有两种可供选择的策略的矩阵对策"的求解．

【例 8】 已知：$G = \{S_1, S_2, \boldsymbol{A}\}$，其中 $S_1 = \{\alpha_1, \alpha_2\}, S_2 = \{\beta_1, \beta_2\}, \boldsymbol{A} = \begin{pmatrix} 5 & 35 \\ 20 & 10 \end{pmatrix}$，求矩阵对策的解和值．

【解】 作混合扩充：$S_1^* = \{x, 1-x\}$，$S_2^* = \{y, 1-y\}$，对于局中人 Ⅰ，若局中人 Ⅱ 选取 β_1, β_2，则 Ⅰ 支付的期望分别为：

$$V = 5x + 20(1-x) = 20 - 15x$$
$$V = 35x + 10(1-x) = 25x + 10$$

作图见图 11.1.

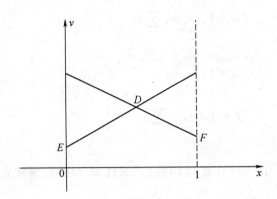

图 11.1

局中人 Ⅰ 用"最大最小"原则选取自己的策略，即：

$$\max_{0 \leqslant x \leqslant 1} \left[\min (20 - 15x, 10 + 25x) \right]$$

从图 11.1 可以看出：$\min_{0 \leqslant x \leqslant 1} (20 - 15x, 10 + 25x)$ 就是折线 EDF，从而知 D 点为所求的极值点，易得 D 点坐标为：$D\left(\dfrac{1}{4}, 16\dfrac{1}{4}\right)$，即 $x = \dfrac{1}{4}$，$v = 16\dfrac{1}{4}$. 所以，Ⅰ 的最优混合策略为：$\boldsymbol{X}^* = \left(\dfrac{1}{4}, \dfrac{3}{4}\right)$.

同理，对局中人 Ⅱ 而言有：

$$V = 5y + 35(1-y) = 35 - 30y$$
$$V = 20y + 10(1-y) = 10 + 10y$$

作草图见图 11.2.

最小最大点为：$G\left(\dfrac{5}{8}, 16\dfrac{1}{4}\right)$，即 $y = 5$，$v = 16\dfrac{1}{4}$. 因此，Ⅱ 的最优解为 $\boldsymbol{Y}^* = \left(\dfrac{5}{8}, \dfrac{3}{8}\right)$，对策值为：$v = 16\dfrac{1}{4}$.

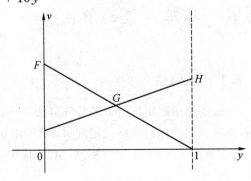

图 11.2

【**例9**】 已知：$G = \{S_1, S_2, A\}$，其中 $S_1 = \{\alpha_1, \alpha_2\}$，$S_2 = \{\beta_1, \beta_2, \beta_3, \beta_4\}$，

$A = \begin{bmatrix} 2 & 3 & 1 & 5 \\ 4 & 1 & 6 & 0 \end{bmatrix}$，求对策的解和值.

【**解**】 显然无鞍点，作混合扩充：$S_1^* = \left\{ (x, 1-x) \middle| x \in [0,1] \right\}$，$S_2^* = \left\{ (y_1, y_2, y_3, y_4) \middle| y_j \geqslant 0, j = 1, \cdots, 4; \sum_{j=1}^{4} y_j = 1 \right\}$，对于局中人 Ⅰ，若 Ⅱ 选取 β_1，$\beta_2, \beta_3, \beta_4$ 时，Ⅰ 的支付期望值分别为：

$$v = 2x + 4(1-x) = 4 - 2x \tag{1}$$
$$v = 3x + (1-x) = 2x + 1 \tag{2}$$
$$v = x + 6(1-x) = -5x + 6 \tag{3}$$
$$v = 5x \tag{4}$$

作草图见图 11.3.

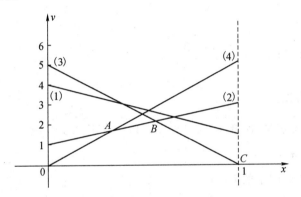

图 11.3

从图 11.3 可以看出，B 点坐标即为所求的极值点，式(2)、(3) 联立求出 B 点坐标为：$\left(\frac{5}{7}, \frac{17}{7} \right)$，即 $x^* = \frac{5}{7}$，$v = \frac{17}{7}$，所以 Ⅰ 的最优解为 $\boldsymbol{X}^* = \left(\frac{5}{7}, \frac{2}{7} \right)$；同理可得：

$$v = 2y_1 + 3y_2 + y_3 + 5y_4 \tag{5}$$
$$v = 4y_1 + y_2 + 6y_3 \tag{6}$$

显然，已无法作出它们的图象. 但可以用上节的定理 2 求出 Ⅱ 的最优解.

将 $x = \frac{5}{7}$ 分别代入方程(1) ~ (4)得：

$$\begin{cases} 4 - 2x = 4 - \dfrac{10}{7} = \dfrac{18}{7} > \dfrac{17}{7} = v \\ 2x + 1 = 2 \times \dfrac{5}{7} + 1 = v \\ -5x + 6 = 5 \times \dfrac{5}{7} + 6 = v \\ 5x = \dfrac{25}{7} > \dfrac{17}{7} = v \end{cases}$$

由定理 2 知:$y_1^* = 0$,$y_4^* = 0$;$y_2^* > 0$,$y_3^* > 0$,代入(5)、(6) 得:

$$\begin{cases} 3y_2^* + y_3^* = v = \dfrac{17}{7} \\ y_2^* + 6y_3^* = v = \dfrac{17}{7} \end{cases}$$

得:$y_2^* = \dfrac{5}{7}$,$y_3^* = \dfrac{2}{7}$

故 Ⅱ 的最优策略为 $\boldsymbol{Y}^* = \left(0, \dfrac{5}{7}, \dfrac{2}{7}, 0\right)$.

11.6.2 优势法

考虑一般的矩阵对策 $G = \{S_1, S_2, A\}$,其中 $S_1 = \{\alpha_1, \alpha_2, \cdots, \alpha_m\}$,$S_2 = \{\beta_1, \beta_2, \cdots, \beta_n\}$,$\boldsymbol{A} = (\alpha_{ij})_{m \times n}$.

定义 3 若对固定的 i,j,有

$$\alpha_{ij} \geqslant \alpha_{kj} \qquad (j = 1, 2, \cdots, n)$$

则称 α_i 优超 α_j,记为 $\alpha_i \infty \alpha_k$;

若对固定的 j 和 l,有

$$\alpha_{ij} \leqslant \alpha_{il}$$

则称 β_j 优超 β_l,记为 $\beta_j \infty \beta_l$.

定理 4 设 G 中的某个 α_{i_0} 被其余的 α_i,$i \neq i_0$,$1 \leqslant i \leqslant m$ 之一优超,由 G 可得 $G' = \{S_1', S_2, \boldsymbol{A}'\}$,其中

$$S_1' = \{\alpha_1, \cdots, \alpha_{i_0} - 1, \alpha_{i_0} + 1, \cdots, \alpha_m\},$$
$$\alpha'_{ij} = \alpha_{ij} \qquad (i \neq i_0, i = 1, \cdots, m)(j = 1, \cdots, n)$$

则 $V_G = V_{G'}$,且 G' 中局中人 Ⅱ 的最优策略就是 G 中 Ⅱ 的最优策略;而且若 $(x_1, \cdots, x_{i_0} - 1, x_{i_0} + 1, \cdots, x_m)$ 是 Ⅰ 在 G' 中的最优解,则 $(x_1, \cdots, x_{i_0} - 1, 0, x_{i_0} + 1, \cdots, x_m)$ 为 Ⅰ 在 G 中的最优解.

【**例 10**】 已知某矩阵对策 G 的支付矩阵为:

306

$$A = \begin{bmatrix} 3 & 4 & 0 & 3 & 0 \\ 5 & 0 & 2 & 5 & 9 \\ 7 & 3 & 9 & 5 & 9 \\ 4 & 6 & 8 & 7 & 6 \\ 6 & 0 & 8 & 8 & 3 \end{bmatrix}$$

【解】 显然无鞍点,由于 A 的阶数为 5×5,因此,直接用图解法也不能凑效. 但用优超法可使问题简化. 根据定义可知: $\alpha_4 \propto \alpha_1, \alpha_3 \propto \alpha_2$,由定理 1 问题可简化为:

$$A_1 = \begin{bmatrix} 7 & 3 & 9 & 5 & 9 \\ 4 & 6 & 8 & 7 & 6 \\ 6 & 0 & 8 & 8 & 3 \end{bmatrix}$$

由 A_1 又可看出: $\beta'_2 \propto \beta'_4, \beta'_2 \propto \beta'_5$,于是又得:

$$A_2 = \begin{bmatrix} 7 & 3 \\ 4 & 6 \\ 6 & 0 \end{bmatrix}$$

从 A_2 又可看出: $\alpha'_1 \propto \alpha'_3$,因此得:

$$A_3 = \begin{bmatrix} 7 & 3 \\ 4 & 6 \end{bmatrix}$$

对于 A_3 所对应的矩阵对策 G_3 可用图解法求得最优解和值分别为: $X_3^* = \left(\dfrac{1}{3}, \dfrac{2}{3} \right)$,

$Y_3^* = \left(\dfrac{1}{2}, \dfrac{1}{2} \right), V_{G_3} = 5$,反复运用定理 1,即可得到对策 G 的解为:

$$X^* = \left(0, 0, \frac{1}{3}, \frac{2}{3}, 0 \right)$$
$$Y^* = \left(\frac{1}{2}, \frac{1}{2}, 0, 0, 0 \right)$$

值为: $V = 5$.

可见,利用优势法可以把一些高阶矩阵转化为低阶矩阵对策问题.

11.6.3 简化计算法

对于矩阵元素比较复杂而难以计算的问题可以用简化计算法把问题简化成同解问题.

定理 5 若矩阵对策:

$$G_1 = \{ S_1, S_2, A_1 = (\alpha_{ij})_{m \times n} \},$$
$$G_2 = \{ S_1, S_2, A_2 = (\alpha_{ij} + d)_{m \times n} \},$$

其中 d 为常数,则 G_1 与 G_2 有相同的解,且对策的值相差一个常数 d,即: $V_{G_2} = V_{G_1} + d$.

由定理 2 易得:

推论 1　若矩阵对策:

$$G_1 = \{S_1, S_2, \boldsymbol{A}_1 = (\alpha_{ij})_{m \times n}\},$$

$$G_2 = \{S_1, S_2, \boldsymbol{A}_2 = (k\alpha_{ij})_{m \times n}\},$$

其中 $k > 0$ 为常数,则 G_1 和 G_2 同解,且: $V_{G_2} = kV_{G_1}$.

【例 11】　已知某矩阵对策 G 的支付矩阵如下:

$$\boldsymbol{A} = \begin{bmatrix} 3600 & 1200 \\ 1200 & 1800 \end{bmatrix}$$

求它的解和值.

【解】　由于数字较大,不便作图求解,故可用推论 1,取 $k = \dfrac{1}{600}$,则可得同解矩阵:

$$\boldsymbol{A}_1 = \begin{bmatrix} 6 & 2 \\ 2 & 3 \end{bmatrix}$$

再由定理 1,取 $d = -2$,进一步简化为:

$$\boldsymbol{A}_2 = \begin{bmatrix} 4 & 0 \\ 0 & 1 \end{bmatrix}$$

易求得 $\boldsymbol{A}_2$ 的解为: $\boldsymbol{X}_2^* = \left(\dfrac{1}{5}, \dfrac{4}{5}\right)$, $\boldsymbol{Y}_2^* = \left(\dfrac{1}{5}, \dfrac{4}{5}\right)$,值 $V_{G_2} = \dfrac{4}{5}$

所以原问题的解为: $\boldsymbol{X}^* = \left(\dfrac{1}{5}, \dfrac{4}{5}\right)$, $\boldsymbol{Y}^* = \left(\dfrac{1}{5}, \dfrac{4}{5}\right)$

值 $V_G = 600 \times (V_{G_2} + 2) = 600 \times \left(\dfrac{4}{5} + 2\right) = 1\,680$.

11.6.4　线性规划解法

以上三种方法只能解决一些特殊的矩阵对策,而对于一般的矩阵对策问题需要用线性规划的方法求解.

首先需要把一般的矩阵对策求解问题化成线性规划问题.

考虑一般的问题: $G = \{S_1, S_2, \boldsymbol{A}\}$,其中 $S_1 = \{\alpha_1, \alpha_2, \cdots, \alpha_m\}$,$S_2 = \{\beta_1, \beta_2, \cdots, \beta_n\}$,其混合扩充为: $G^* = \left\{S_1^*, S_2^*, E(X, Y) = \displaystyle\sum_{i=1}^{m} \sum_{j=1}^{n} \alpha_{ij} x_i y_j\right\}$.

当局中人选定任一混合策略 $\boldsymbol{X} = (x_1, x_2, \cdots, x_m)$ 时,便确定了 n 个数:

$$\sum_{i=1}^{m} \alpha_{ij} x_i \quad (j = 1, 2, \cdots, n)$$

因为局中人 I 的支付期望值为:

$$V_1 = E(X, Y) = \sum_{i=1}^{m} \sum_{j=1}^{n} \alpha_{ij} x_i y_j = \sum_{i=1}^{m} x_i \left(\sum_{j=1}^{n} \alpha_{ij} y_j\right) = \sum_{j=1}^{n} \left(\sum_{i=1}^{m} \alpha_{ij} x_i\right) y_j$$

所以,局中人 II 必定选取这样的混合策略 $Y' = (y'_1, \cdots, y'_n)$,使得 V_1 值最小. 对于 I 的每组混合策略,都可以算出这样的期望支付值. 根据有界集合必有上确界之原理,其中存在一个最大的,局中人 I 自然要选择能实现这个最大期望支付的混合策略 $X^* = (x_1^*, \cdots, x_m^*)$,即

$$V_1^* = \sum_{j=1}^{n} \Big(\sum_{i=1}^{m} x_i^* \alpha_{ij} \Big) y'_j = \max_{x \in S_1^*} \Big[\min_{1 \le j \le n} \Big(\sum_{i=1}^{m} \alpha_{ij} x_i \Big) \Big] \qquad (11.3)$$

同理有:

$$V_2^* = \min_{y \in S_2^*} \Big[\max_{1 \le i \le m} \Big(\sum_{j=1}^{n} \alpha_{ij} y_j \Big) \Big] \qquad (11.4)$$

由基本定理知必有: $V_1^* = V_2^* = V$. 不失一般性,假设 $V > 0$,令 $x'_i = x_i / V$, $i = 1, 2, \cdots, m$,则基本定理中的式(11.1)变为:

$$\begin{cases} \sum_{i=1}^{m} \alpha_{ij} x'_i \ge 1 & (i = 1, 2, \cdots, n) \\ \sum_{i=1}^{m} x'_i = \dfrac{1}{V} \\ x'_i \ge 0 & (i = 1, \cdots, m) \end{cases}$$

结合式(11.3)知问题归结为:

$$\min z(X') = \sum_{i=1}^{m} x'_i$$

$$(\text{I}) \begin{cases} \sum_{i=1}^{m} \alpha_{ij} x'_i \ge 1 & (j = 1, \cdots, n) \\ x'_i \ge 0 & (i = 1, \cdots, m) \end{cases}$$

同理 II 的最优混合策略可以化归为:

$$\max z(Y') = \sum_{j=1}^{n} y'_j$$

$$(\text{II}) \begin{cases} \sum_{j=1}^{n} \alpha_{ij} y'_j \le 1 & (i = 1, \cdots, m) \\ y'_j \le 0 & (j = 1, \cdots, n) \end{cases}$$

于是值大于零的矩阵对策的求解可以转化成为求解一对互为对偶的线性规划问题(I)和(II). 由对偶理论,只须求解其中一个就可以了.

【例 12】 设有一个矩阵对策,其局中人 I 的支付矩阵为

$$A = \begin{bmatrix} 3 & 2 & 3 \\ 2 & 3 & 4 \\ 5 & 4 & 2 \end{bmatrix}$$

求最优解及值.

【解】 显然无鞍点解,且不可降阶用图解法求解. 设 Ⅰ、Ⅱ 的混合策略分别为 $\boldsymbol{X} = (x_1, x_2, x_3)$,$\boldsymbol{Y} = (y_1, y_2, y_3)$,对策的值为 v,则由上述讨论可知该问题可化为:

$$\min z(X') = \sum_{i=1}^{3} x'_i = x'_1 + x'_2 + x'_3$$

$$(\text{Ⅰ}') \begin{cases} 3x'_1 + 2x'_2 + 5x'_3 \geqslant 1 \\ 2x'_1 + 3x'_2 + 4x'_3 \geqslant 1 \\ 3x'_1 + 4x'_2 + 2x'_3 \geqslant 1 \\ x'_1, x'_2, x'_3 \geqslant 0 \end{cases}$$

$$\max z(Y') = \sum_{j=1}^{3} y'_j = y'_1 + y'_2 + y'_3$$

$$(\text{Ⅱ}') \begin{cases} 3y'_1 + 2y'_2 + 3y'_3 \leqslant 1 \\ 2y'_1 + 3y'_2 + 4y'_3 \leqslant 1 \\ 5y'_1 + 4y'_2 + 2y'_3 \leqslant 1 \\ y'_j \geqslant 0 \quad (j = 1,2,3) \end{cases}$$

通过线性规划$(\text{Ⅰ}')$或$(\text{Ⅱ}')$可得:

$$x'_1 = 0, \quad x'_2 = \frac{3}{16}, \quad x'_3 = \frac{2}{16}, \quad Z(X') = \frac{5}{16}$$

$$y'_1 = \frac{2}{16}, \quad y'_2 = 0, \quad y'_3 = \frac{3}{16}$$

因为 $\dfrac{1}{v} = Z(X') = \dfrac{5}{16}$, $\quad x'_i = x_i/v$, $\quad y_j = y_j/v \quad (i,j = 1,2,3)$

所以 $x_1 = 0$, $x_2 = \dfrac{3}{5}$, $x_3 = \dfrac{2}{5}$, $v = \dfrac{16}{5}$, $y_1 = \dfrac{2}{5}$, $y_2 = 0$, $y_3 = \dfrac{3}{5}$

即原问题得解为 $\boldsymbol{X}^* = \left(0, \dfrac{3}{5}, \dfrac{2}{5}\right)$,$\boldsymbol{Y}^* = \left(\dfrac{2}{5}, 0, \dfrac{3}{5}\right)$,值为:$V = \dfrac{16}{5}$.

需要说明的是,矩阵对策直接化为线性规划(求解)的必要条件是对策 $v > 0$. 下面来看一个反例.

【例 13】 "包、剪、锤"游戏的支付矩阵为:

$$\boldsymbol{A} = \begin{bmatrix} 0 & -1 & 1 \\ 1 & 0 & -1 \\ -1 & 1 & 0 \end{bmatrix}$$

试求对策的解和值.

【解】 若直接化为线性规划问题,则可得到:

$$\max z(Y') = y'_1 + y'_2 + y'_3$$

$$\text{s.t.} \begin{cases} -y'_2 + y'_3 \leqslant 1 \\ y'_1 - y'_3 \leqslant 1 \\ -y'_1 + y'_2 \leqslant 1 \\ y'_j \geqslant 0 \qquad (j = 1,2,3) \end{cases}$$

由单纯形法求解可得最终单纯形表：

	$c_j \to$		1	1	1	0	0	0
C_B	Y'_B	b	y'_1	y'_2	y'_3	y'_4	y'_5	y'_6
1	y'_1	1	0	-1	1	1	0	0
1	y'_2	2	1	-1	0	1	1	0
0	y'_3	3	0	0	0	1	1	1
			0	3	0	-2	-1	0

由最优性原理知该线性规划无最优解,亦即原对策无解. 这显然与基本定理矛盾.

按照上一节定理 2,将本问题变换一下,取 $d = 1$,令 $b_{ij} = a_{ij} + d$,则得：

$$\boldsymbol{B} = \begin{bmatrix} 1 & 0 & 2 \\ 2 & 1 & 0 \\ 0 & 2 & 1 \end{bmatrix}$$

化成线性规划问题

$$\max z(Y') = y'_1 + y'_2 + y'_3$$

$$\text{s.t.} \begin{cases} y'_1 + 2y'_3 \leqslant 1 \\ 2y'_1 + y'_2 \leqslant 1 \\ 2y'_2 + y'_3 \leqslant 1 \\ y'_j \geqslant 0 \qquad (j = 1,2,3) \end{cases}$$

由单纯形法得最终单纯形表：

	$c_j \to$		1	1	1	0	0	0
C_B	Y'_B	b	y'_1	y'_2	y'_3	y'_4	y'_5	y'_6
1	y'_1	1/3	1	0	0	1/9	4/9	-2/9
1	y'_2	1/3	0	1	0	-2/9	1/9	4/9
0	y'_3	1/3	0	0	1	4/9	-2/9	1/9
	$C_j - Z_j$		0	0	0	-1/3	-1/3	-1/3

可见：$\boldsymbol{Y'} = \left(\dfrac{1}{3}, \dfrac{1}{3}, \dfrac{1}{3}\right)$,$v' = 1$,$\boldsymbol{X'} = \left(\dfrac{1}{3}, \dfrac{1}{3}, \dfrac{1}{3}\right)$

所以原问题的解为：$\boldsymbol{Y}^* = \left(\dfrac{1}{3}, \dfrac{1}{3}, \dfrac{1}{3}\right)$,$\boldsymbol{X}^* = \left(\dfrac{1}{3}, \dfrac{1}{3}, \dfrac{1}{3}\right)$,$V = 1 - 1 = 0$.

311

通过适当变换,问题就解决了,从结果看到原来对策的值 $v = 0$,不满足 $v > 0$ 的条件,这正是直接用线性规划求解失败的原因. 那么在求解之前如何判断对策值的符号呢?

定理 6 若已知矩阵对策 $G = \{S_1, S_2, A = (\alpha_{ij})_{m \times n}\}$没有鞍点解,且 $\alpha_{ij} \geq 0$ $(i = 1, 2, \cdots, m; j = 1, 2, \cdots, n,)$ 则对策的值 $v > 0$.

【例 14】 设有一个矩阵对策,局中人 I 的支付矩阵为:

$$A = \begin{bmatrix} 5 & 3 & 4 \\ -4 & 4 & 8 \\ 1 & 3 & 2 \\ -6 & 4 & 3 \end{bmatrix}$$

求其解.

【解】 显然无鞍点,用优势法降阶为:

$$A_1 = \begin{bmatrix} 5 & 3 \\ -4 & 4 \end{bmatrix}$$

因有负元素,故须作变换,令 $d = |-4| = 4$,则得到

$$A_2 = \begin{bmatrix} 9 & 7 \\ 0 & 8 \end{bmatrix}$$

化为线性规划问题:

$$\max z(Y') = y'_1 + y'_2$$

$$\text{s.t.} \begin{cases} 9y'_1 + 7y'_2 \leq 1 \\ 8y'_2 \leq 1 \\ y'_1, y'_2 \geq 0 \end{cases}$$

解之得:

$$y'_1 = \frac{1}{72}, \quad y'_2 = \frac{1}{8}, \quad Z(Y') = 5/36, \quad x'_1 = \frac{1}{9}, \quad x'_2 = \frac{1}{36}$$

从而得:

$$v_2 = \frac{1}{Z(Y')} = 36/5, \quad x_1 = \frac{4}{5}, \quad x_2 = \frac{1}{5}, \quad y_1 = \frac{1}{10}, \quad y_2 = \frac{9}{10}$$

故原问题的解为:

$$X^* = \left(\frac{4}{5}, \frac{1}{5}, 0, 0 \right), \quad Y^* = \left(\frac{1}{10}, \frac{9}{10}, 0 \right)$$

对策的值为: $v = v_2 - 4 = \frac{16}{5}$.

本章只介绍了最简单的对策问题:二人零和对策,即矩阵对策. 事实上,对策论的内容十分广泛,还包括非零和对策、合作对策、微分对策和局中人地位非平等的主从对策等.

312

习 题

1. 思考题:

(1) 策略与决策有何区别?

(2) 为什么说混合策略是纯策略的推广?

(3) 二人对策能产生合作吗?

(4) 前几章所学的优化问题可以看成是对策问题吗?为什么?

2. 求解下列矩阵对策,其中支付矩阵 A 为:

$$(1)\ A = \begin{bmatrix} -2 & 12 & -4 \\ 1 & 4 & 8 \\ -5 & 2 & 3 \end{bmatrix} \qquad (2)\ A = \begin{bmatrix} 2 & 7 & 2 & 1 \\ 2 & 2 & 3 & 4 \\ 3 & 5 & 4 & 4 \\ 2 & 3 & 1 & 6 \end{bmatrix}$$

3. 甲、乙两个企业生产同一种电子产品,两个企业都想通过改革管理获得更多的市场销售份额. 甲企业的策略有:(1) 降低产品价格;(2) 提高产品质量,延长保修年限;(3) 推出新产品. 乙企业考虑的措施有:(1) 增加广告费;(2) 增设维修网点,扩大维修服务;(3) 改进产品性能. 假定市场份额一定,由于各自采取的策略不同,通过预测,今后两个企业的市场占有份额变动情况如表 11.2 所示(正值为增加份额,负值为减少的份额). 试通过对策分析,确定两个企业各自的最优策略.

表 11.2

		乙企业策略		
		β_1	β_2	β_3
甲企业策略	α_1	10	-1	3
	α_2	12	10	-5
	α_3	6	8	5

4. 用图解法求解下列矩阵对策,其中 A 为:

$$(1)\ \begin{bmatrix} 12 & 1 \\ 3 & 5 \end{bmatrix} \qquad (2)\ \begin{bmatrix} 4 & 2 & 3 & -1 \\ -4 & 0 & -2 & -2 \end{bmatrix}$$

5. 求解下列矩阵对策,其中 A 为:

$$(1)\ \begin{bmatrix} 4 & 5 & 6 \\ 6 & 4 & 5 \\ 5 & 6 & 4 \end{bmatrix} \qquad (2)\ \begin{bmatrix} 30 & 20 & 20 \\ 20 & 20 & 44 \\ 20 & 38 & 20 \end{bmatrix} \qquad (3)\ \begin{bmatrix} 2 & 0 & 2 \\ 0 & 3 & 1 \\ 1 & 2 & 1 \end{bmatrix}$$

6. 已知矩阵对策 $\begin{bmatrix} 4 & 0 & 0 \\ 0 & 0 & 8 \\ 0 & 6 & 0 \end{bmatrix}$ 的最优解为 $X^* = \left(\dfrac{6}{16}, \dfrac{3}{13}, \dfrac{4}{13}\right)$, $Y^* = \left(\dfrac{6}{16}, \dfrac{3}{13}, \dfrac{4}{13}\right)$,对策值

$V = \dfrac{24}{13}$. 求下列矩阵对策的最优解和对策值:

$$(a)\ \begin{bmatrix} 6 & 2 & 2 \\ 2 & 2 & 10 \\ 2 & 8 & 2 \end{bmatrix} \qquad (b)\ \begin{bmatrix} -2 & -2 & 2 \\ 6 & -2 & -2 \\ -2 & 4 & -2 \end{bmatrix} \qquad (c)\ \begin{bmatrix} 32 & 20 & 20 \\ 20 & 20 & 44 \\ 20 & 38 & 20 \end{bmatrix}$$

12 决策论

12.1 决策的基本概念及分类

决策(Decision Making)就是为达到某种预定的目标,在若干可供选择的行动方案中,选取一合适方案的过程.

自从人类有意识、有选择的活动出现,就有了决策活动.我国古代文献"史记"、"资治通鉴"和"孙子兵法"等著作中,都记载了丰富的决策思想、方法和案例.但是,决策以完整的理论成为管理科学的一个重要部分,仅仅是近五十年的事.实际上,为人们提供决策方法正是运筹学的任务.而决策论主要是研究如何从许多可行方案中选择合适的方案.

在决定过程中,人们首先要了解所论问题的有关情况,然后找出所有可能的行动方案;最后从中选出最合适的方案.

决策的分类方法很多,但常见的主要有以下几种.

诺贝尔经济学奖获得者西蒙(H.Simon)把决策分为两大类:程序化决策和非程序化决策.程序化决策,是指在日常工作中经常重复出现的例行决策活动.在处理这类决策时,决策者不必每次都做新的决策,完全可以按照这套例行程序来做出决定,所以程序化决策也叫定型化决策.与此相反,非程序化决策,是不重复出现的、新颖的、无结构的决策活动.处理这种决策就需要决策者具有创造性及大量判断能力.

按决策者所处的层次进行划分,可分为高层、中层和基层决策.高层决策,是由上层领导所做的战略性决策,大多属于非程序化决策;中层决策,是中层管理人员所做的管理性决策;基层决策则是基层管理人员所做的技术性决策;大多属于程序化决策.

按决策者掌握的信息来进行分类,可分为确定型、不确定型和随机型决策.前几章介绍的内容基本上都属于确定型决策问题,它是人们掌握其客观上的状态及对它采取各种行动必然会产生的后果的一类决策问题.不确定型决策是指对于未来的状态发展虽有所了解,但因资料不全,或因工作量较大或时间较长无法估计或推测其中每一自然状态发生的可能性有多大的情况下,对方案做出选择.而那些能估计出各个状态出现概率的非确定性决策问题称为随机决策或风险决策问题.

要对一个问题进行决策,至少应具备以下几个条件;

(1) 问题的性质和目标要求必须明确;

(2) 列出可能出现的客观情况(自然状态);

(3) 列出可能采取的可行方案;

(4) 每一行动方案在各自然状态下的经济损益值能计算出来.

本章主要介绍适用于不确定型及随机型决策的常用方法.这些方法只能帮助决策者进行各种可能的分析选择,提供参考,而不是代替决策者进行决策.下面讨论的决策问题,只是考虑目标极大化问题.其他情况可以等价地化成极大化问题.

12.2 随机型决策

随机型决策或风险型决策问题,存在着不止一种自然状态,即状态集 $I = \{S_1, S_2, \cdots, S_n\}, n \geqslant 2$,将自然状态看作随机变量 S,其概率分布 $P(S_i) = P_j, j = 1, 2, 3, \cdots, n, \sum\limits_{j=1}^{n} P_j = 1$ 为已知.

一般模型如表 12.1 所示.

表 12.1

效益值\方案	状 态					
	S_1	S_2	$\cdots$	S_j	$\cdots$	S_n
	概 率					
	$P(S_1)$	$P(S_2)$	$\cdots$	$P(S_j)$	$\cdots$	$P(S_n)$
A_1	a_{11}	a_{12}	$\cdots$	a_{1j}	$\cdots$	a_{1n}
A_2	a_{21}	a_{22}	$\cdots$	a_{2j}	$\cdots$	a_{2n}
$\vdots$	$\vdots$	$\vdots$		$\vdots$		$\vdots$
A_i	a_{i1}	a_{i2}	$\cdots$	a_{ij}	$\cdots$	a_{in}
$\vdots$	$\vdots$	$\vdots$		$\vdots$		$\vdots$
A_m	a_{m1}	a_{m2}	$\cdots$	a_{mj}	$\cdots$	a_{mn}

表 12.1 有时常为决策的效益矩阵.下面介绍随机型决策的几种常用的优选原则.

12.2.1 最大概率原则

最大概率原则的基本思想是将风险型决策问题,化为确定型决策问题.在各种状态中,只选取发生概率最大的状态作为决策依据.

【例 1】 考虑下列效益矩阵

用最大概率准则决定采用何种方案效益最好？

【解】 从表12.2中可以看出$P_2 = 0.6$最大,根据最大概率准则,只考虑S_2这种状态下的决策.

表 12. 2　　　　　　　　　　（单位:千元）

	$P_1 = 0.1$	$P_2 = 0.6$	$P_3 = 0.3$
A_1	50	25	-2
A_2	35	27	1
A_3	20	15	2

显然:$\max\{25,27,15\} = 27$

故应采取方案A_2.

一般来说,先取$P_{j^*} = \max\{P_j(S_j) \mid j = 1,2,\cdots,n\}$,然后求出满足条件:$a_{i^* j^*}$
$= \max\{a_{ij^*} \mid i = 1,2,\cdots,m\}$的$i^*$,最后找出与$i^*$对应的方案$A_{i^*}$即为在最大概率准则下的最优方案.

这种方法虽然简单,但当各状态概率值比较接近且效益值又相差较大时,风险很大,如例1中,若$P_1 = 0.3$,$P_2 = 0.4$,$P_3 = 0.3$时,此法就不合适了.

12. 2. 2　最大期望值原则

最大期望值准则的基本思想是把每个方案的效益值看作离散型随机变量,其可能取的值就是对应在各种状态下的效益值,求出各方案的效益期望值$E(A_i)$,然后进行比较,选择效益期望值最大的方案作为最优方案.

对于表12.1所示的一般模型,各方案的效益期望值为:

$$E(A_i) = \sum_{j=1}^{n} p_j \cdot \alpha_{ij} \qquad (i = 1,2,\cdots,m)$$

最优方案A_{i^*}满足

$$E(A_{i^*}) = \max_{1 \leqslant i \leqslant m}\{E(A_i)\}$$

在这种原则下进行决策,常用以下两种方法.

1）矩阵法

有些问题利用矩阵运算,比较简单明了. 矩阵法是利用矩阵方法来求方案的效益期望值,再通过比较进行决策.

设决策问题为表12.1所示,则

方案集:$D = \{A_1, A_2, \cdots, A_m\}$

状态集:$I = \{S_1, S_2, \cdots, S_n\}$

效益值矩阵 $\boldsymbol{B} = (a_{ij})_{m \times n}$

$$p_j = p(S_j), \qquad \sum_{j=1}^{n} p_j = 1$$

设：
$$p = (p_1, p_2, \cdots, p_n)^{\mathrm{T}}$$
$$E(A) = (E(A_1), E(A_2), \cdots, E(A_m))^{\mathrm{T}}$$
则

$$E(A) = \boldsymbol{B} \cdot \boldsymbol{P} = \begin{bmatrix} a_{11} & a_{12} & \cdots & a_{1n} \\ a_{21} & a_{22} & \cdots & a_{2n} \\ \vdots & \vdots & & \vdots \\ a_{m1} & a_{m2} & \cdots & a_{mn} \end{bmatrix} \begin{bmatrix} p_1 \\ p_2 \\ \vdots \\ p_4 \end{bmatrix} = \begin{bmatrix} E(A_1) \\ E(A_2) \\ \vdots \\ E(A_m) \end{bmatrix}$$

然后选取满足
$$E(A_{i*}) = \max_{1 \leq i \leq m} \{E(A_i)\}$$
的方案 A_{i*}. 作为最优方案. 若 A_i^* 不惟一,可以任选最小效益较大的一个作为最优方案.

【例 2】 某矿对一生产问题进行决策,有关资料如表 12.3 所示. 试用矩阵法决策.

表 12.3 （单元:万元）

	$P_1 = 0.3$	$P_2 = 0.5$	$P_3 = 0.2$
A_1	2	4	6
A_2	1	3	2
A_3	1	5	5
A_4	2	3	2

【解】 $\boldsymbol{P} = (0.3, 0.5, 0.2)^{\mathrm{T}}$

$$\boldsymbol{B} = \begin{bmatrix} 2 & 4 & 6 \\ 1 & 3 & 2 \\ 1 & 5 & 5 \\ 2 & 3 & 2 \end{bmatrix}$$

$$E(A) = \boldsymbol{B}\boldsymbol{P} = \begin{bmatrix} 3.8 \\ 2.2 \\ 3.8 \\ 2.5 \end{bmatrix}$$

$$E(A_{i*}) = \max\{3.8, 2.2, 3.8, 2.5\} = 3.8$$

显然:A_1 与 A_3 的效益期望值都为 3.8,但 A_1 的最小效益值为 2 万元,大于 A_3 的最小效益值 1 万元,因此,选择 A_1 为最优方案.

2）决策树法

用决策树进行决策,是一种比较直观的方法．它把方案、状态、结果和状态概率等用一棵"树"来表示,将效益期望值也标在树上,直接通过比较而进行决策．

决策树由以下部分构成．

（1）决策点与决策枝

用小方框代表决策节点,从决策点引出的直线称为决策枝(方案枝),每枝代表一个方案 A_i,如图 12.1 所示；

（2）事件节点与概率枝

用小圆圈结点表示事件节点,从节点引出的直线称为概率枝,每枝代表一种状态 S_j,并注明其出现的概率 P_j,如图 12.2 所示．

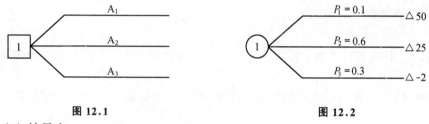

图 12.1   图 12.2

（3）结果点

用三角结点表示结果点,它代表某一方案在某一状态下的结果,效益值标在结果点旁边,如图 12.2 所示．

【例3】 某采煤区有三个工作面可同时采煤,因情况复杂,提出了三个方案:（A_1）两个综采,一个炮采;（A_2）全部综采;（A_3）全部炮采．考虑到管理水平变化,根据各方面的意见,搜集的收益数据见表 12.4,要求确定合理采煤方案,使吨煤收入最多．

表 12.4   （单位:吨）

	管 理 状 况		
	大有改进 $P_1 = 0.3$	一般 $P_2 = 0.6$	较差 $P_3 = 0.1$
A_1	7	3	-3
A_2	5	2	-1
A_3	2.3	2	1

【解】 可按下列步骤进行决策:

（1）画出问题的决策树(图 12.3)

（2）计算各节点的期望收益,然后填在决策树图中相应的节点上面．

$$E(A_1) = 0.3 \times 7 + 0.6 \times 3 + 0.1 \times (-3) = 3.6$$

$$E(A_2) = 0.3 \times 5 + 0.6 \times 2 + 0.1 \times (-1) = 2.6$$

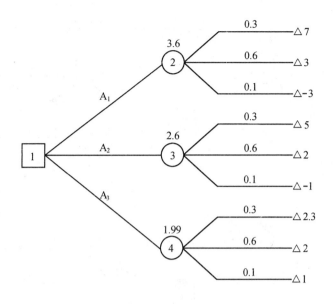

图 12.3

$$E(A_3) = 0.3 \times 2.3 + 0.6 \times 2 + 0.1 \times 1 = 1.99$$

(3) 决策:比较所得的期望收益可知 A_1 方案最优.

【例 4】 某工厂有位推销员,计划某天到甲乙两公司推销一批产品,与每个公司洽谈成交的概率和上午谈还是下午谈有关,到甲公司谈成交的概率上午为 0.8,下午为 0.7;到乙公司谈成的概率上午的概率为 0.5,下午为 0.4. 如果在某公司谈成则不需再到另一公司,又若上午在某公司没谈成,可等下午继续谈,也可下午去另一公司. 与甲公司成交后,可获利润 8 000 元,与乙公司成交后,可获利润 10 000 元. 问此推销员应如何安排行动方案?

【解】 设 x_1, y_1 分别表示上、下午与甲公司洽谈成功;x_2, y_2 分别表示上、下午与甲公司洽谈失败;x_3, y_3 分别表示上、下午与乙公司洽谈成功;x_4, y_4 分别表示上、下午与乙公司洽谈失败. 则:$p(x_1) = 0.8, p(y_1) = 0.7, p(x_2) = 0.2, p(y_2) = 0.3, p(x_3) = 0.5, p(y_3) = 0.4, p(x_4) = 0.5, p(y_4) = 0.6$.

(1) 画出决策树如图 12.4.

(2) 计算各节点的效益期望值,并进行决策.
$$E(6) = 0.7 \times 8\,000 + 0.3 \times 0 = 5\,600$$
$$E(7) = 0.4 \times 10\,000 + 0.6 \times 0 = 4\,000$$

因为 $E(6) > E(7)$

所以划去"下午去乙"的方案,标以"×"号,如图 12.4 所示,并将 $E(6)$ 的值标在决策点 4 的上方.

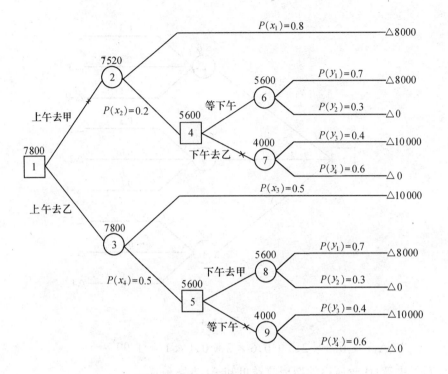

图 12.4

同理，$E(8) = 5\,600, E(9) = 4\,000$，

因为 $E(8) > E(9)$

所以去掉"等下午"的方案，并将 $E(8)$ 的值标在决策点 5 的上方.

$$E(2) = 0.8 \times 8\,000 + 0.2 \times 5\,600 = 7\,520$$

$$E(3) = 0.5 \times 10\,000 + 0.5 \times 5\,600 = 7\,800$$

因为 $E(3) > E(2)$

所以去掉"上午去甲"的方案.

（3）决策．综合以上结果，可以看出最优方案为：上午去乙公司，如果没有谈成功，则下午去甲公司.

【例 5】 某电子企业可生产 3 种类型的洗煤产品，由于采取的工艺不同，成本亦不同．每种产品销售都有可能出现两种情况，一种是产销对路销量大，另一种则是产销不对路销量少，所得效益值如表 12.5 所示，用决策树进行决策.

【解】 （1）画决策树如图 12.5.

（2）计算各节点效益期望值

$$E(2) = 0.4 \times 100 + 0.6 \times (-20) = 28$$

$$E(3) = 0.4 \times 75 + 0.6 \times 10 = 36$$

320

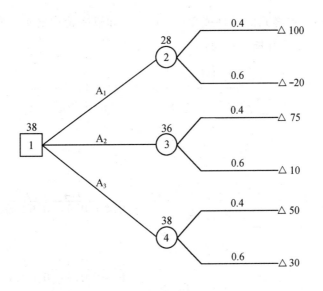

图 12.5

$$E(4) = 0.4 \times 50 + 0.6 \times 30 = 38$$

（3）决策

经比较知 $E(A_3)$ 最大，故生产 A_3 为最优方案．

为了减小风险，该企业决定组织一个市场调研组对用户进行走访，以了解这 3 种产品受欢迎的程度，然后对调查结果研究，修正原来的概率．即将市场信息反馈给领导．调查组收到的反映有 2 种，一是产品质量好，颇受欢迎；二是质量不稳定，不受欢迎．由于走访的用户有限，可能反映市场情况不全面，但这种概率较小，经比较，分析确定的条件概率如表 12.5 所示．

表 12.5

$P\left(T_k\middle|S_j\right)$ 市场情况 报 告	S_1(销量大) $P_1 = 0.4$	S_2(销量小) $P_2 = 0.6$
T_1(受欢迎)	0.9	0.15
T_2(不受欢迎)	0.1	0.85

表中的数字，如 $p\left(T_1\middle|S_1\right) = 0.9$ 表示市场受欢迎及得到真实报告受欢迎的概率也是 0.9.

进行市场调研的目的，是得到条件概率 $p\left(T_j\middle|S_k\right)$，并以此作为修正后的状态

概率. 利用市场调查得到的条件概率 $p\left(T_k \middle| S_j\right)$ 和概率论中的贝叶斯(Bayes)公式,即可达此目的. 贝叶斯公式为:

$$p\left(S_j \middle| T_k\right) = \frac{p(S_j)\, p\left(T_k \middle| S_j\right)}{\sum\limits_{j=1}^{n} p(S_j)\, p\left(T_k \middle| S_j\right)} \qquad (k = 1, 2, \cdots, m ; j = 1, 2, \cdots, n)$$

$$(12.1)$$

对于本例有:

$$p\left(S_1 \middle| T_1\right) = \frac{p(S_1)\, p\left(T_1 \middle| S_1\right)}{\sum\limits_{j=1}^{2} p(S_j)\, p\left(T_1 \middle| S_j\right)} = \frac{0.4 \times 0.9}{0.4 \times 0.9 + 0.6 \times 0.15} = 0.8$$

$$p\left(S_2 \middle| T_1\right) = \frac{p(S_2)\, p\left(T_1 \middle| S_2\right)}{\sum\limits_{j=1}^{2} p(S_j)\, p\left(T_1 \middle| S_j\right)} = \frac{0.6 \times 0.15}{0.4 \times 0.9 + 0.6 \times 0.15} = 0.2$$

$$p\left(S_1 \middle| T_2\right) = \frac{p(S_1)\, p\left(T_2 \middle| S_1\right)}{\sum\limits_{j=1}^{2} p(S_j)\, p\left(T_2 \middle| S_j\right)} = \frac{0.4 \times 0.1}{0.4 \times 0.1 + 0.6 \times 0.85} = 0.073$$

$$p\left(S_2 \middle| T_2\right) = \frac{p(S_2)\, p\left(T_2 \middle| S_2\right)}{\sum\limits_{j=1}^{2} p(S_j)\, p\left(T_2 \middle| S_j\right)} = \frac{0.6 \times 0.85}{0.4 \times 0.1 + 0.6 \times 0.85} = 0.93$$

以上这些数据求出后,即可画出新的决策树如图 12.6 所示. 然后计算各节点的效益期望值,并记在相应的节点上方.

$$E(4) = 100 \times 0.8 + 0.2 \times (-20) = 76$$
$$E(5) = 0.8 \times 75 + 0.2 \times 10 = 62$$
$$E(6) = 0.8 \times 50 + 0.2 \times 30 = 46$$
$$E(7) = 0.073 \times 100 + 0.93 \times (-20) = -11.28$$
$$E(8) = 0.073 \times 75 + 0.93 \times 10 = 14.78$$
$$E(9) = 0.073 \times 50 + 0.93 \times 30 = 31.55$$

可见,在反馈信息为 T_1 即受欢迎的情况下,最优方案是生产 A_1;在反馈信息为 T_2 即不受欢迎的情况下,最优方案为生产 A_3.

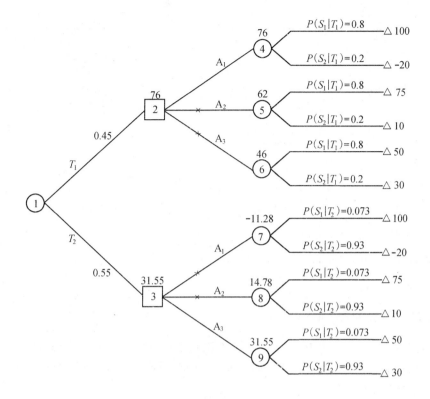

图 12.6

12.3 不确定型决策

前面已经提出,非确定(Uncertainty)型决策是对自然状态出现的概率无法确定,这时就要采取一些不必知道状态概率的决策方法. 以下介绍一些常见的方法,这些方法只是决策者优选的"原则",所选原则不同,得到的最优方案亦不同.

12.3.1 悲观原则(Max - min 原则)

此原则也称为 Wald 法. 其基本思想类似于第 6 章里介绍的矩阵对策的鞍点解的求法,即总把事情估计得很不利(效益最小),最优方案则是从各方案的最坏情形中,取一个最好的方案. 即取

$$a_{i*j*} = \max_{1 \leqslant i \leqslant m} \max_{1 \leqslant j \leqslant n} a_{ij} \tag{12.2}$$

所对应的 A_{i*} 作为最优方案.

【例 6】 某公司生产某产品,有 3 种生产方案,其效益情况如表 12.6 所示.

表 12.6 （单位:千元）

效益值 \ 状态 \ 方案	顾客很欢迎(S_1)	顾客不太欢迎(S_2)
A_1	200	-20
A_2	150	20
A_3	100	60

试用悲观原则确定最优方案.

【解】 $i = 1$ 时, $\min\limits_{1 \leqslant j \leqslant 2} a_{1j} = \min\{200, -20\} = -20$

$i = 2$ 时, $\min\limits_{1 \leqslant j \leqslant 2} a_{2j} = \min\{150, 20\} = 20$

$i = 3$ 时, $\min\limits_{1 \leqslant j \leqslant 2} a_{3j} = \min\{100, 60\} = 60$

从而 $\max\limits_{1 \leqslant i \leqslant 3} \min\limits_{1 \leqslant j \leqslant 2} a_{ij} = \max\limits_{1 \leqslant i \leqslant j}\{-20, 20, 60\} = 60$

即 A_3 为最优方案.

12.3.2　乐观原则(Max – max)

与 Max – min 原则相反, Max – max 原则总把事情估计得最好(效益最大). 因此又称乐观原则. 即选 $a_{i \cdot j \cdot} = \max\limits_{1 \leqslant i \leqslant m} \max\limits_{1 \leqslant j \leqslant n} a_{ij}$ 所对应的方案 $A_{i \cdot}$ 作为最优方案.

【例7】 用乐观原则确定例6的最优方案.

【解】 $\max\limits_{1 \leqslant j \leqslant 2} a_{1j} = \max\limits_{1 \leqslant i \leqslant j}\{200, -20\} = 200$

$\max\limits_{1 \leqslant j \leqslant 2} a_{2j} = \max\limits_{1 \leqslant i \leqslant j}\{150, -20\} = 150$

$\max\limits_{1 \leqslant j \leqslant 2} a_{3j} = \max\limits_{1 \leqslant i \leqslant j}\{100, 60\} = 100$

所以 $\max\limits_{1 \leqslant i \leqslant 3} \max\limits_{1 \leqslant i \leqslant j} a_{ij} = \max\limits_{1 \leqslant i \leqslant j}\{200, 150, 100\} = 200$

即 A_1 为最优方案.

12.3.3　折衷原则(Hurwicz 原则)

折衷原则是决策者为了克服完全乐观或完全悲观的情绪, 而采取的一种折衷办法. 即根据历史经验先确定一个乐观系数 $\alpha(0 \leqslant \alpha \leqslant 1)$, 然后求每个方案的折衷效益值 H_i, 即

$$H_i = \alpha \cdot \min\limits_{1 \leqslant j \leqslant n}\{a_{ij}\} + (1 - \alpha) \max\limits_{1 \leqslant j \leqslant n}\{a_{ij}\} \qquad (i = 1, \cdots, m) \qquad (12.3)$$

最后比较多个方案的折衷值, 选择其中最大者所对应的方案作为最优方案.

显然, 当 $\alpha = 1$ 时, 就是乐观原则, 当 $\alpha = 0$ 时, 则为悲观原则.

【例8】 仍以例6来说明, 取 $\alpha = 0.3$, 则 $1 - \alpha = 0.7$. 由公式(12.3)得:

$$H_1 = 0.7 \times 200 + 0.3 \times (-20) = 134$$

$$H_2 = 0.7 \times 150 + 0.3 \times 20 = 111$$

$$H_3 = 0.7 \times 100 + 0.3 \times 60 = 88$$

显然 H_1 最小,即 A_1 为最优方案.

若取 $\alpha = 0.4$,则 $1 - \alpha = 0.6$

$$H_1 = 0.4 \times 200 + 0.6 \times (-20) = 68$$

$$H_2 = 0.4 \times 150 + 0.6 \times 20 = 72$$

$$H_3 = 0.4 \times 100 + 0.6 \times 60 = 76$$

H_3 最大,所以 A_3 为最优方案.

可见选取不同的 α,结果亦不同.

12.3.4　等可能原则(Laplace 原则)

在不知道哪种状态出现的可能性大或小的时候,只好认为它们的出现是等可能的,即

$$p(S_1) = p(S_2) = \cdots = p(S_n) = \frac{1}{n}$$

因此,各方案的效益期望值为:

$$E(A_i) = \frac{1}{n} \sum_{j=1}^{n} a_{ij} \qquad (i = 1, 2, \cdots, m)$$

而最优方案应满足:

$$E(A_i *) = \max_{1 \leqslant i \leqslant m} \{E(A_i)\} \tag{12.4}$$

【例 9】　仍以例 6 来说明,在 Laplace 原则下

$$p(S_1) = p(S_2) = \frac{1}{2}$$

由公式(12.4):$E(A_1) = \frac{1}{2}(200 - 20) = 90,$

$$E(A_2) = \frac{1}{2}(150 + 20) = 85,$$

$$E(A_3) = \frac{1}{2}(100 + 60) = 80$$

因为 $\max\{90, 85, 80\} = 90$

所以 A_1 为最优方案.

12.3.5　最小遗憾原则(Savage 原则)

该原则又称 min - max 后悔原则.其基本思想是将每一种状态下的最优值(效益最大)定为理想目标,并将该状态下其他效益值与最优值的差称为未达到理想之后悔值.然后把每个方案的最大后悔值找出来,再从中找出最小者所对应的方

案作为最优方案. 即先求

$$N_{ij} = \max_{1 \leqslant k \leqslant m} a_{ki} - a_{ij} \qquad (i = 1, \cdots, m; j = 1, \cdots, n) \qquad (12.5)$$

并构成一个后悔矩阵 $\boldsymbol{N} = (N_{ij})_{m \times n}$,然后根据该矩阵选取每个方案对应的最大后悔值,最后从中选取最小者.

【例 10】 试用 Savage 原则确定例 6 的最优方案

【解】 由表 12.7 可以得到:

$$\max_{1 \leqslant k \leqslant 3} a_{k1} = \max\{200, 150, 100\} = 200$$

$$\max_{1 \leqslant k \leqslant 3} a_{k2} = \max\{-20, 20, 60\} = 60$$

因此,由公式(12.5)可得后悔矩阵如下:

$$(N_{ij})_{3 \times 2} = \begin{bmatrix} 0 & 80 \\ 50 & 40 \\ 100 & 0 \end{bmatrix}$$

每个方案对应的最大后悔值为:

$$N_1 = \max\{0, 80\} = 80$$

$$N_2 = \max\{50, 40\} = 50$$

$$N_3 = \max\{100, 0\} = 100$$

从而:$\min\{80, 50, 100\} = 50$,因此 A_2 最优.

习　题

1. 某公司需要决定一个部件是自己制造(A_1),还是到市场采购(A_2),这取决于市场上对该公司用这种部件装配的产品的需求量. 对市场需求情况及效益情况,据以往资料如表 12.7 所示.

表 12.7 (单位:千元)

	需要量低(S_1) $P(S_1) = 0.2$	需要量低(S_2) $P(S_2) = 0.5$	需要量低(S_3) $P(S_3) = 0.3$
自制 A_1	-20	40	100
采购 A_2	10	50	80

试用最大概率准则进行决策.

2. 某企业会计预测在今后三年内产品销售情况很好的可能为 50%,一般的可能为 20%,差的可能为 30%,为生产这种产品,企业面临的问题是改造旧设备还是购置新设备. 根据预测,今后三年的净收益(万元)情况如表 12.8 所示.

表 12.8

方案	销售情况		
	很好	一般	差
改造旧设备	6	5	3
购置新设备	8	6	0

问该企业在改造旧设备和购置新设备的两种方案中应该选择哪一种较为有利?

3. 对第一题用矩阵法进行决策.

4. 对第一题用决策树法进行决策.

5. 设决策矩阵如表 12.9 所示. 矩阵元素为年成本. (1) 如果 $p_j (j = 1,2,3)$ 是未知的,用悲观原则、乐观原则、最小遗憾原则、折衷原则和 Laplace 原则分别求出最优决策.

(2) 如果 $p_j (j = 1,2,3)$ 是未知的,且 α 是乐观系数, α 取什么值,方案 A_2 与 A_3 是一样的?

(3) 若 $p_1 = 0.2, p_2 = 0.7, p_3 = 0.1$,且矩阵元素为年利润,用期望值法会选出哪一个方案?

表 12.9

成本	状 态		
	S_1	S_2	S_3
	概 率		
方案	p_1	p_2	p_3
A_1	20	100	1 200
A_2	180	180	180
A_3	500	120	100

6. 某工厂为降低成本,需改进一项工艺,而获取新工艺的途径有:自行研究成功的可能性为 0.6;购买专利,成功的可能性为 0.8. 不论哪种成功,生产规模都有两种方案可供选择,一是产量不变,二是增加产量. 如果研究和谈判都失败,则仍按原工艺进行生产,并保持产量不变. 市场情况及效益情况如表 12.10 所示. 试对自行研究还是购买专利进行决策.

表 12.10

效益值 / 方案	状态 概率	价格低(S_1) $P(S_1) = 0.1$	价格中(S_2) $P(S_2) = 0.5$	价格高(S_3) $P(S_3) = 0.4$
买专利成功 0.8	产量不变	− 200	50	150
	产量增加	− 300	50	250
研究成功 0.6	产量不变	− 200	0	200
	产量增加	− 300	− 250	600
按原工艺生产		− 100	0	100

7. 某公司有 50 000 元多余资金,如用于某项开发事业估计成功率为 96% ,成功时一年获利 12% ,但一旦失败,有丧失全部资金的危险. 如把资金存放到银行中,则可稳得年利 6% . 为获取更多情报,该公司求助于咨询服务,咨询费用为 500 元,但咨询意见只是提供参考,帮助下决心. 据过去咨询公司类似 200 例咨询意见实施结果,情况见表 12.11.

表 12.11

咨询意见 ＼ 实施结果	投资成功	投资失败	合　计
可以投资	154 次	2 次	156 次
不宜投资	38 次	6 次	44 次
合　计	192 次	8 次	200 次

试用决策树法分析:(a) 该公司是否值得求助于咨询服务;(b) 该公司多余资金应如何合理使用?

13 排队论

排队论,又称随机服务系统理论或等待线理论,是研究排队拥挤现象的一门学科,也是运筹学的一个重要分支.它通过对要求获得某种服务的对象所产生的随机性聚散现象的研究,来解决服务系统最优设计与最优控制问题.1909年,丹麦哥本哈根电话公司的 A.K.Erlang 对电话拥挤问题进行了试验,发表了题为"概率与电话通话理论"的文章,开创了排队论的历史.其后,排队论逐步发展并得到了较为广泛的应用.本章主要介绍了单服务台和多服务台情况下的负指数排队系统,以及一般服务时间的 M/G/1 模型.

13.1 排队论的基本知识

人们在日常工作和生活中,经常会遇到各种各样的拥挤、排队现象.例如,到火车站售票口买票的旅客,到医院就诊的患者,到银行交纳水、电、煤气费的用户,上下班时乘坐公共汽车的职工等,常常都需要排队等候才能接受或得到服务.还有电话的传呼与交换,计算机网站的访问以及水库水量的调度等问题,也是一类排队问题.因此,"排队"是指处于服务机构中要求服务的对象的一个等待队列,而"排队论"则是研究各种排队现象的理论.

在排队论中,一般把要求服务的对象称为"顾客",把从事服务的结构或人称为"服务台".比如上述事例中的"旅客"、"患者"、"用户"和"职工"等都是顾客,而"售票口"、"医生"、"银行收银员"和"公共汽车"则分别对应于提供服务的服务台,他们形成了"顾客 — 服务台"结构的排队系统.

在排队系统中,一般讲,顾客到达的时刻和服务台进行服务的时间是无法预知的,因此,随机性是排队系统的一个共性.

13.1.1 基本定义和符号

1) 排队系统的基本特征

一般的排队过程可以描述为:顾客为了获得某种服务而到达服务设施,若服务台被占用,不能立即得到服务但又被允许排队等待时,则加入等待队列,获得服务后立即离开系统.从研究的角度看,排队系统具有三个基本特征,即输入过程、服务机构、排队规则.

（1）输入过程

顾客到达排队系统的过程称为输入过程．在这个过程中,顾客的来源和到达排队系统的情况是多种多样的,顾客总体或者是有限的,或者是无限的．顾客到达的方式可能是连续的,也可能是离散的,可能是单个到达,也可能是成批到达．顾客到达的间隔时间可能是确定型的,也可能是随机型的．顾客的到达可能是相互独立的,也可能是相互关联的．输入过程最基本的特征是顾客到达间隔时间的概率分布．

通常,可以用一定的符号表示相继到达间隔时间分布和服务时间分布,比如：M 表示负指数分布或普阿松分布；G 表示一般随机分布；D 表示确定型分布．

（2）服务机构

在服务机构中,包含了服务台的数目、接受服务的顾客数以及服务时间和服务方式等,这些因素都是不确定的,其中服务台数目与服务时间是主要因素．

（3）排队规则

排队规则是指从队列中挑选顾客进行服务的规则．常见的服务规则是"先到先服务",即按到达的先后次序接受服务,先到达的顾客先接受服务．其他的规则包括"后到先服务"、"随机服务"和"优先权服务".

2）表示排队系统的 Kendall 符号

为了简单明了地描述一个排队系统,D.G.Kendall(1953) 引入了一套符号:用斜线分开的三个字母来说明一个排队系统的基本特征,即

$$A/B/C$$

其中,A 表示顾客到达间隔时间的概率分布；B 表示服务时间的概率分布；C 表示服务台的数目．

上述符号称作排队系统的基本模型,如图 13.1 所示,它含有如下约定:顾客总体是无限的,顾客单个到达,排队规则是先到先服务,服务台是平行设置的,每个服务台每次只对一个顾客服务．例如,M/M/2 表示输入和服务时间都是负指数分布、两个服务台的排队模型,G/M/1 表示输入具有一般分布、服务时间是负指数分布的排队模型．

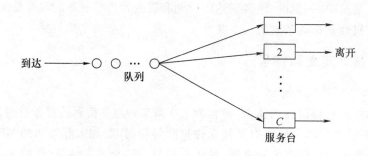

图 13.1　排队过程的一般模型

13.1.2 排队系统的主要数量指标

在排队系统中,主要的、基本的特性指标有以下几个:

(1) 排队队长

系统内排队等待的顾客数称为排队队长,其平均值用 L_q 表示.

(2) 队长

系统内的顾客总数简称队长,它等于排队队长与正在接受服务顾客数的总和. 其平均值用 L 表示.

(3) 等待时间

顾客进入系统后的排队等待时间简称等待时间,一般用 W_q 表示平均等待时间.

(4) 停留时间

顾客在系统内的时间简称停留时间,它等于排队等待时间与接受服务时间的总和. 其平均时间用 W 表示.

在讨论排队模型时,除上述定义和符号之外,也需要采用下列一些符号:

λ —— 平均到达率,即单位时间内到达的顾客数;

μ —— 平均服务率,即单位时间内接受服务的顾客数;

C —— 并列服务台的个数;

$\rho = \dfrac{\lambda}{\mu}$ —— 服务强度.

13.1.3 排队论的研究内容、目的和方法

通常,排队论研究的相关问题可大体分成统计问题和最优化问题两大类.

统计问题是排队系统建模中的一个组成部分,它主要研究对现实数据的处理问题. 在输入数据的基础上,首先要研究顾客相继到达的间隔时间是否独立同分布,如果是独立同分布,还要研究分布类型以及有关参数的确定问题. 类似地,对服务时间也要进行相应的研究.

排队系统的优化问题涉及到系统的设计、控制以及有效性评价等方面的内容.

排队论本身不是一种最优化方法,它是一种分析工具. 常见的系统最优设计问题是在系统设置之前,根据已有的顾客输入与服务过程等资料对系统的前景进行估计或预测,依此确定系统的参数.

系统最优控制问题是根据顾客输入的变化而对现有服务系统进行的适度调整,即根据系统的实际情形,制定一个合理的控制策略,并据此确定系统运行的最佳参数.

总之,合理地设计和保持服务系统的最优运营是现代决策者面临的一个主要问题,也是人们研究排队论的最终目的.作为一种分析工具,处理排队问题的过程可以概括为以下四步:

(1) 确定排队问题的各个变量,建立它们之间的相互关系;

(2) 根据已知的统计数据,运用适当的统计检验方法以确定相关的概率分布;

(3) 根据所得到的概率分布,确定整个系统的运行特征;

(4) 根据服务系统的运行特征,按照一定的目的,改进系统的功能.

13.2 M/M/1 排队模型

按照 Kendall 记号,M/M/1 表示服务台数目 $C = 1$ 的排队模型,其顾客到达间隔时间服从参数为 λ 的普阿松分布(Poisson distribution),服务时间遵从参数为 $\dfrac{1}{\mu}$ 的指数分布(Exponential distribution),顾客的到达和服务都是相互独立、随机的.

13.2.1 M/M/1 系统的状态方程

令 S_n 表示系统内有 n 位顾客时所处的状态.现给定一个很短的时间增量 Δt,并且不考虑 Δt 时间内有两名或两名以上顾客到达或接受服务的情况.因而,从时刻 t 到 $t + \Delta t$ 的瞬间,S_n 必处于下列情形之一:

(1) 在时刻 t 为 S_{n-1},在 Δt 时间内有一位顾客到达.

(2) 在时刻 t 为 S_n,在 Δt 时间内,顾客未到达,服务也未完.

(3) 在时刻 t 为 S_{n+1},在 Δt 时间内,顾客未到达,服务已结束并减少了一位顾客.

在时间 $(t, t + \Delta t)$ 内,有一位顾客到达系统的概率为 $\lambda \Delta t$,有一位顾客接受完服务后离开的概率为 $\mu \Delta t$,而没有顾客到达、服务也没有完成的概率为:

$$(1 - \lambda \Delta t)(1 - \mu \Delta t) = 1 - \lambda \Delta t - \mu \Delta t + \lambda \mu \Delta t^2$$
$$\approx 1 - \lambda \Delta t - \mu \Delta t \quad (\text{设 } \Delta t^2 \approx 0)$$

因而在时刻 $t + \Delta t$,状态 S_n 发生的概率是上述(1)、(2)、(3)任一种情形出现的概率之和,即

$$P_n(t + \Delta t) = \lambda \Delta t P_{n-1}(t) + (1 - \lambda \Delta t)(1 - \mu \Delta t) P_n(t) + \mu \Delta t P_{n+1}(t)$$
$$(13.1)$$

设 $\Delta t \to 0$,经过对式(13.1)的简单变换,则根据微分定义有:

$$\lim_{\Delta t \to 0} \frac{P_n(t + \Delta t) - P_n(t)}{\Delta t} = \frac{\mathrm{d}P_n(t)}{\mathrm{d}t}$$

由上式,可导出如下的差分方程式:

$$\frac{\mathrm{d}P_n(t)}{\mathrm{d}t} = \lambda P_{n-1}(t) - (\lambda + \mu)P_n(t) + \mu P_{n+1}(t) \tag{13.2}$$

当 $n \geq 1$ 时,式(13.2)成立;当 $n = 0$ 时,因为对应于状态 S_{n-1} 的事件不存在,故有

$$P_0(t + \Delta t) = (1 - \lambda\Delta t)P_0(t) + \mu P_1(t)$$

同理,可得

$$\frac{\mathrm{d}P_0(t)}{\mathrm{d}t} = -\lambda P_0(t) + \mu P_1(t) \tag{13.3}$$

当给定初始条件后,根据式(13.2)和式(13.3)即可解 $P_n(t)$. 这里的 $P_n(t)$ 与 t 无关,是平稳状态下的 P_n,即

$$P_n = \lim_{t \to \infty} P_n(t)$$

因此,为便于叙述,可以分别将式(13.2)和式(13.3)中的 $P_n(t)$、$P_0(t)$、$P_1(t)$ 简单记作 P_n、P_0、P_1. 令式中的导数为 0,则得出下述平稳状态的差分方程式:

$$-\lambda P_0 + \mu P_1 = 0 \tag{13.4}$$

$$\lambda P_{n-1} - (\lambda + \mu)P_n + \mu P_{n+1} = 0 \qquad (n \geq 1) \tag{13.5}$$

令 $\rho = \dfrac{\lambda}{\mu}$,且 $\rho < 1$. 将 ρ 代入式(13.4)和式(13.5),求得

$$P_n = \rho^n P_0 \tag{13.6}$$

因为 $\rho < 1$,并根据所有概率之和为 1 的条件,即

$$\sum_{n=0}^{\infty} P_n = \sum_{n=0}^{\infty} \rho^n P_0 = 1$$

可以解得

$$P_0 = \frac{1}{\sum\limits_{n=0}^{\infty} \rho^n} = \frac{1}{\dfrac{1}{1-\rho}} = 1 - \rho \tag{13.7}$$

代入式(13.6),得

$$P_n = \rho^n(1 - \rho) \tag{13.8}$$

13.2.2　M/M/1 系统模型的应用

综上所述,可以得出:$\rho = \dfrac{\lambda}{\mu} < 1$ 是系统能够达到统计平衡状态的充分必要条件;在 $\rho \geq 1$ 的情况下,系统没有平稳解. 通过简单推导,可以利用已求出的 P_n 分别计算系统的下列一些数量指标:

(1)系统中至少有 k 个顾客的概率 $P(n \geq k)$

$$P(n \geq k) = \sum_{n=k}^{\infty} P_n = \rho^k \tag{13.9}$$

（2）平均队长 L，即统计平衡状态下系统内滞留顾客的平均数 L

$$L = \sum_{n=0}^{\infty} nP_n = \sum_{n=0}^{\infty} n\rho^n(1-\rho) = \frac{\rho}{1-\rho} = \frac{\lambda}{\mu-\lambda} \tag{13.10}$$

（3）平均等待队长，即排队等待顾客数的数学期望 L_q

$$L_q = \sum_{n=1}^{\infty} (n-1)P_n = \sum_{n=1}^{\infty} nP_n - \sum_{n=1}^{\infty} P_n$$

$$= L - \sum_{n=1}^{\infty} P_n = \frac{\rho}{1-\rho} - \rho = \frac{\rho^2}{1-\rho} \tag{13.11}$$

（4）顾客在系统内的平均滞留时间 W

在 W 时间内到达的顾客平均个数为 λW. 显然，由于 $L = \lambda W$，则

$$W = \frac{L}{\lambda} = \frac{1}{\mu-\lambda} \tag{13.12}$$

（5）顾客排队等待的平均等待时间 W_q. 因为 $L_q = \lambda W_q$，所以

$$W_q = \frac{L_q}{\lambda} = \frac{\rho}{\mu(1-\rho)} = \frac{\lambda}{\mu(\mu-\lambda)} \tag{13.13}$$

【例1】 在某一窗口，顾客的到达间隔时间服从普阿松分布，平均到达间隔时间为 20 分钟. 设该窗口对每一位顾客的平均服务时间为 15 分钟，时间单位为小时，则排队系统的平均到达率 $\lambda = 3$（人／小时）、平均服务率 $\mu = 4$（人／小时）. 若窗口前可以无限排队，试计算下列的系统特性量：

（1）顾客到达时不等待的概率；

（2）系统内顾客多于 5 人的概率；

（3）系统内顾客的平均人数；

（4）系统内顾客的平均等待人数；

（5）顾客在系统内的平均滞留时间；

（6）顾客的平均等待时间.

由已知的 λ 和 μ 计算得系统的服务强度 $\rho = \dfrac{\lambda}{\mu} = \dfrac{3}{4} = 0.75$. 由于 $\rho < 1$，系统存在平稳解.

（1）对应于计算系统空闲时的概率，由式（13.7）得：

$$P_0 = 1 - \rho = 1 - 0.75 = 0.25$$

（2）将 $k = 5$ 代入式（13.9）得：

$$P_5 = P(n \geqslant 5) = \rho^5 = (0.75)^5 = 0.2373$$

（3）由式（13.10）得：

$$L = \frac{\lambda}{\mu-\lambda} = \frac{3}{4-3} = 3（人）$$

（4）由式（13.11）得

$$L_q = \frac{\rho^2}{1-\rho} = \frac{0.75^2}{1-0.75} = 2.25(\text{人})$$

（5）由式（13.12）得：

$$W = \frac{1}{\mu - \lambda} = \frac{1}{4-3} = 1(\text{小时})$$

（6）由式（13.13）得：

$$W_q = \frac{\lambda}{\mu(\mu - \lambda)} = \frac{3}{4(4-3)} = 0.75(\text{小时}) = 45(\text{分})$$

13.3　M/M/C 排队模型

M/M/C 表示服务台数目 $C \geqslant 2$ 的排队模型,其顾客到达间隔时间服从参数为 λ 的普阿松分布,服务时间遵从参数为 $\frac{1}{\mu}$ 的指数分布. 系统内并排 C 个服务台,顾客在系统内仅排成一列等待服务,排队空间是无限的.

13.3.1　M/M/C 系统的状态方程

与单一服务台情况下的 M/M/1 模型相同,在平稳状态下,类似地可以推出 M/M/C 系统的差分方程式:

$$\frac{\mathrm{d}P_0(t)}{\mathrm{d}t} = -\lambda P_0(t) + \mu P_1(t) \tag{13.14}.$$

$$\frac{\mathrm{d}P_n(t)}{\mathrm{d}t} = \lambda P_{n-1}(t) - (\lambda + n\mu)P_n(t) + (n+1)\mu P_{n+1}(t) \quad (1 \leqslant n < C) \tag{13.15}$$

$$\frac{\mathrm{d}P_n(t)}{\mathrm{d}t} = \lambda P_{n-1}(t) - (\lambda + C\mu)P_n(t) + C\mu P_{n+1}(t) \quad (C \leqslant n) \tag{13.16}$$

令 $\rho = \frac{\lambda}{C\mu}$,根据式（13.14）~（13.16）即可求出平稳解. 在平稳状态下,令上述各式中的导数为 0,则有差分方程式:

$$-\lambda P_0 + \mu P_1 = 0 \tag{13.17}$$

$$\lambda P_{n-1} - (\lambda + n\mu)P_n + (n+1)\mu P_{n+1} = 0 \quad (1 \leqslant n < C) \tag{13.18}$$

$$\lambda P_{n-1} - (\lambda + C\mu)P_n + C\mu P_{n+1} \quad (C \leqslant n) \tag{13.19}$$

将 $\rho = \frac{\lambda}{C\mu}$ 逐次代入式（13.17）~（13.19）,并利用 P_0 即可求得状态概率 P_n:

$$P_n = \begin{cases} \dfrac{1}{n!}C^n\rho^n P_0 & (0 \leqslant n < C) \\[3mm] \dfrac{1}{C!}C^C\rho^n P_0 & (n \geqslant C) \end{cases} \qquad (13.20)$$

利用全概率之和为 1 的条件,将上式代入

$$\sum_{n=0}^{\infty} P_n = 1$$

即可求得 P_0:

$$P_0 = \left(\sum_{n=0}^{C-1} \frac{C^n \rho^n}{n!} + \frac{C^C \rho^C}{C!(1-\rho)} \right)^{-1} \qquad (13.21)$$

式中 $\rho < 1$.

13.3.2 M/M/C 系统模型的应用

通过式(13.20)、式(13.21),我们可以计算系统的下列一些数量指标:

(1) 系统中至少有 C 个顾客的概率 $P(n \geqslant C)$

$$P(n \geqslant C) = \sum_{n=C}^{\infty} P_n = \frac{(C\rho)^C P_0}{C!(1-\rho)} \qquad (13.22)$$

(2) 平均等待队长,即 C 个服务台情况下的排队等待顾客数的数学期望 L_q

$$L_q = \sum_{n=C}^{\infty}(n-C)P_n = \sum_{k=0}^{\infty} kP_{k+C} = \sum_{k=0}^{\infty} k \frac{C^C \rho^{k+C}}{C!}P_0 = \frac{C^C \rho^{C+1}}{C!(1-\rho)^2}P_0 \qquad (13.23)$$

(3) 平均队长 L,即统计平衡状态下系统内滞留顾客的平均数 L

$$L = \sum_{n=0}^{\infty} nP_n = \sum_{n=C+1}^{\infty}(n-C)P_n + C\sum_{n=C+1}^{\infty}P_n + \sum_{n=1}^{C} nP_n$$

$$= L_q + C\rho = L_q + \frac{\lambda}{\mu} \qquad (13.24)$$

(4) C 个服务台情况下排队等待的顾客平均等待时间 W_q

$$W_q = \frac{L_q}{\lambda} = \frac{(C\rho)^C}{C!C\mu(1-\rho)^2}P_0 \qquad (13.25)$$

(5) 顾客在系统内的平均滞留时间 W

$$W = \frac{L}{\lambda} = W_q + \frac{1}{\mu} \qquad (13.26)$$

【例 2】   在某服务系统中,顾客的到达间隔时间服从平均到达间隔时间为 20 分钟的普阿松分布. 设有 3 个并列的服务台,各服务台能力相同,每个服务台对每一位顾客的平均服务时间为 15 分钟. 各服务台前自成一队,排队空间无限,试计算下列的系统特性量:

(1) 顾客到达时不等待的概率;

（2）系统内顾客多于 5 人的概率；

（3）系统内顾客的平均等待人数；

（4）系统内顾客的平均人数；

（5）顾客的平均等待时间；

（6）顾客在系统内的平均滞留时间.

若时间单位为小时，则显然知排队系统的平均到达率 $\lambda = 3$（人／小时），平均服务率 $\mu = 4$（人／小时）. 由于 $C = 3$，则 $\rho = \dfrac{\lambda}{C\mu} = \dfrac{3}{3 \times 4} = 0.25$，满足了 $\rho < 1$ 的条件，系统存在平稳解. 依下列步骤计算

（1）对应于计算系统空闲时的概率，即 $P_0 + P_1 + P_2$. 由式（13.20）和式（13.21）得：

$$P_0 = \left[\sum_{n=0}^{2} \frac{3^n \left(\frac{1}{4} \right)^n}{n!} + \frac{3^3 \left(\frac{1}{4} \right)^3}{3! \left(1 - \frac{1}{4} \right)} \right]^{-1}$$

$$= \left[1 + 3 \times \frac{1}{4} + \frac{1}{2!} \left(3 \times \frac{1}{4} \right)^2 + \frac{3^3 \left(\frac{1}{4} \right)^3}{3! \left(1 - \frac{1}{4} \right)} \right]^{-1}$$

$$= (1 + 0.75 + 0.28 + 0.09)^{-1} \approx 0.471\,7$$

$$P_0 + P_1 + P_2 = \left\{ 1 + \frac{\lambda}{\mu} + \frac{1}{2} \left(\frac{\lambda}{\mu} \right)^2 \right\} P_0$$

$$= \left(1 + 0.75 + \frac{1}{2} \times 0.75^2 \right) \times 0.471\,7 \approx 0.958\,1$$

（2）由式（13.22）得

$$P(n \geqslant 5) = \frac{(5 \times 0.25)^5 \times 0.4717}{5! (1 - 0.25)} \approx 0.016\,0$$

（3）由式（13.23）得

$$L_q = \frac{C^C \rho^{C+1}}{C! (1 - \rho)^2} P_0 = \frac{3^3 \times 0.25^4}{3! (1 - 0.25)^2} \times 0.471\,7 \approx 0.031\,3 \text{（人）}$$

（4）由式（13.24）得

$$L = L_q + \frac{\lambda}{\mu} = 0.031\,3 + \frac{3}{4} = 0.781\,3 \text{（人）}$$

（5）由式（13.25）得

$$W_q = \frac{L_q}{\lambda} = \frac{0.031\,3}{3} \approx 0.010\,4 \text{（小时）} = 37.44 \text{（秒）}$$

（6）由式（13.26）得

$$W = \frac{L}{\lambda} = \frac{0.781\,3}{3} \approx 0.260\,8 \text{（小时）} = 938.76 \text{（秒）}$$

13.4 M/G/1 排队模型

M/G/1 表示单个服务台的排队系统,其顾客到达间隔时间服从参数为 λ 的普阿松分布,服务时间遵从一般分布,顾客在系统内排成一列等待服务,队长是无限的.

在排队系统 M/G/1 中,服务时间 T 是一随机变量,其期望值与方差分别用 $E(T)$ 和 $V(T)$ 表示.在平稳状态下,系统的一些主要数量指标计算如下:

(1) 系统空闲的概率 P_0

$$P_0 = 1 - \lambda E(T) \tag{13.27}$$

(2) 平均队长 L

$$L = \lambda E(T) + \frac{\lambda^2 \{ V(T) + [E(T)]^2 \}}{2[1 - \lambda E(T)]} \tag{13.28}$$

(3) 平均等待队长 L_q

$$L_q = L - \lambda E(T) \tag{13.29}$$

(4) 顾客在系统内的平均滞留时间 W

$$W = \frac{L}{\lambda} \tag{13.30}$$

(5) 顾客排队等待的平均等待时间 W_q

$$W_q = \frac{L_q}{\lambda} \tag{13.31}$$

【例3】 A,B 两条铁路线交叉于 C 点.假定 A,B 线路上的机车车辆到达 C 点的间隔时间都服从普阿松分布,A 线的平均到达率为 4 次／小时,B 线为 8 次／小时;A 线的机车车辆通过时间固定为 4 分钟,B 线固定为 2 分钟.总到达率 $\lambda = 4 + 8 = 12$ 次／小时 $= 0.2$ 次／分钟.设服务时间(即通过 C 点的时间)的概率分布分别为两条铁路线的到达率与总到达率之比(如表 13.1 所示).

表 13.1

服务时间(分钟)	概　率
4	1/3
2	2/3

因而平均服务时间

$$E(T) = 5 \times \frac{1}{3} + 2 \times \frac{2}{3} = 3(\text{分钟})$$

服务时间方差

338